SystemVerilog 設計スタートアップ

VerilogからSystemVerilogへ
ステップアップするための第一歩

Design Wave Magazine 編集部 編

CQ出版社

まえがき

　私のSystemVerilogに対する興味の始まりは，SystemVerilogの前身ともいえるSuperlog言語だと思います．手元の資料をひっくり返してみると，2001年に開催された第10回International HDL Conference（現在のDVCon）のSuperlogに関するチュートリアルで使われたスライドで，米国CoDesign Automation社のホームページに公開されていたものを印刷して保管していました．

　結局，直接Superlogに触れる機会はなく，実際に触れることになったのは，HDLについての普及推進組織であるAccelleraがSystemVerilog 3.0の規格を承認した2002年からということになります．このとき，SystemVerilog言語リファレンス・マニュアル（LRM）をAccelleraのホームページからダウンロードして精読しました．

　SystemVerilog 3.0の規格が承認された2002年頃は，ムーアの法則に従って開発すべきハードウェアの集積度が向上しており，新しい設計手法を確立することが焦眉の急とされていました．当時，日本ではC言語やC++をベースとしたシステム・レベル設計手法（いわゆるCベース設計）が注目されており，展示会などでもSystemVerilogよりもSystemCに人気が集まっていたように記憶しています．

　SystemCについては，2005年にTLM（transaction level modeling）1.0がリリースされ，より高位（トランザクション・レベル）の検証をサポートする方向へ向かいました．一方SystemVerilogは，設計記述だけでなくアサーションや検証言語（OpenVera）の機能を取り込み，2004年にはSystemVerilog 3.1aとなり，最終的にはIEEE 1800として2005年11月にIEEE標準になりました．

　2000年代の前半には，ハードウェアの検証言語として複数の言語が存在しており，再利用やツールのサポート状況などを考えると，どこかで統一されることが望ましいと感じていました．これは，複数の言語を習得するコストや対応するツールの購入・保守，ASIC/FPGAなどでのツールの変更によるサポート状況の違い，IP（intellectual property）としての流通などを考えたとき，あまりにも多くの言語が存在すると対応が大変になるためです．そのため，この問題が早い段階で解消してほしいと感じていました．

　これまでのところ，大きな流れとしてSystemCとSystemVerilogの二つが主要な言語となってきたと感じます．とくに現状のRTL（register transfer level）設計を改善するには，SystemVerilogが重要になると思います．Verilog HDLの機能を引き継ぎながら，設計については現状のVerilog HDLよりもコンパクトに記述できますし，従来からVerilog HDLにおいて問題とされていた部分も改善されました．これまでのVerilog HDLの弱点だった検証については，アサーションや制約付きランダム・テスト生成といった既存の検証言語で実現できているものが取り入れられており，見劣りしないものとなりました．そうした点では，SystemVerilogは"カイゼン"アプローチで設計現場を変えていこうとしていると言えます．

　今の大規模ハードウェア開発では，設計用IPや検証用IPの調達・利用，設計再利用，検証環境の再利用が多く行われており，いきなり新しい言語や新しいツールを導入するよりも，今までの環境を良くしていく"カイゼン"アプローチのほうが現実的です．

とは言え，IEEE 1800-2005の規格書は664ページもあり，そう簡単にうまく使えるものではありません．そのため，ある程度だれでも使えるようなガイドブックが必要で，設計については1998年にReuse Methodology Manual for System on a Chip Designsが，検証についても2005年にVerification Methodology Manual for SystemVerilog（通称VMM）が米国で出版されました（邦訳は「ベリフィケーション・メソドロジ・マニュアル」，CQ出版社 刊）．現在の開発ではこうしたインフラとなる設計・検証についての知見をベースに，いかに良いものを素早く作っていくかが重要なポイントになっていると思います．

最近，私が問題に感じているのは，こうした情報に日本語で触れられる機会が少ない点です．とくに最近の言語や設計手法の考えかたについて，日本語で解説したものが必要だと感じます．ハードウェア設計の難易度は上がっており，英語が苦手な私などもその考えかたを理解するのに苦労することがしばしばです．

本書は，SystemVerilogを用いて設計や検証を行う技術者を対象に，SystemVerilogの文法ガイドから，アサーションの解説，シミュレーションの手順やモデリングの説明，VMMの活用法までを網羅的に日本語で紹介しています．本書が，難易度の上がっているハードウェア設計・検証の一助になれば幸いです．

なお，本書の記事の作成やサンプル記述の検証にあたり，日本シノプシス（第2章，第5章，第6章，第14章～第18章）とメンター・グラフィックス・ジャパン（第7章～第9章）にご協力いただきました．また，SystemVerilogおよびVMMに関して，日本シノプシスの黒坂 均氏，明石 貴昭氏，米国Synopsys社の佐藤 克哉氏にご助言をいただきましたので，ここに感謝いたします．

2008年3月　赤星 博輝（執筆者代表）

SystemVerilog設計スタートアップ

目次

まえがき …………………………………………………………………………… 2
執筆者紹介 ………………………………………………………………………… 10

第1部　SystemVerilogイントロダクション 編　　11

第1章　SystemVerilog，まずはココに注目！ …………………………………… 13

システムLSI開発の現場に多数の記述言語がはんらん…13／単なる改版ではなく，まったく新しい言語…14／システム・レベルやビヘイビア合成の比重が高まる…15／機能検証で三つの新しい手法が台頭…16／乱立する検証言語の統一を目指す…17／言語上の改良・追加機能は四つ…18／設計者と検証エンジニアの言語を統一…19／設計記述についてはチェッカの整備が必要…20

第2章　記述能力，再利用性，検証機能を強化したSystemVerilog ………… 21

記述量を削減し，モデリングと検証のための機能を強化…21／always文を大幅に改良…22／case文のアトリビュートの問題を解消…23／冗長な記述が不要に…24／階層に関する機能を多数追加…25／インターフェースの概念を導入…26／さまざまな2値のデータ型を用意…29／アサーションやランダム生成などの検証機能を標準装備…29／「検証に対する機能」の導入は少し敷居が高い…33

第2部　SystemVerilog構文 編　　35

第3章　Verilog HDL文法ガイド ………………………………………………… 37

記述スタイル ……………………………………………………………………… 37

3-1　モジュール構造 …………………………………………………………… 37

基本構造…37／宣言部でネット信号や変数などを宣言…37／コメントは2種，フリー・フォーマット…38

3-2　RTL記述 …………………………………………………………………… 39

3-2-1　assignによる組み合わせ回路 ………………………………………… 39
3-2-2　functionによる組み合わせ回路 ……………………………………… 40
3-2-3　alwaysによる組み合わせ回路 ………………………………………… 41
3-2-4　alwaysによる順序回路 ………………………………………………… 41
ラッチ（レベル・センシティブ）…41／フリップフロップ（エッジ・センシティブ）…42／代入記号は2種類ある…42／カウンタとシフト・レジスタ…42
3-2-5　下位モジュール接続 …………………………………………………… 42
3-2-6　そのほかのRTL記述 …………………………………………………… 44
generateによる回路の切り替え…44／generateによる回路の繰り返し…45

3-3　テストベンチの基本 ……………………………………………………… 45

3-4　テストベンチ向き構文 ………………………………………………………………… 47
サブルーチンに相当する「タスク」…47／ループ構文など…48／システム・タスク…48／コンパイラ指示子…48

文法ガイド ………………………………………………………………………………………… 49

3-5　基本項目 ………………………………………………………………………………… 49
3-5-1　識別子 ……………………………………………………………………………… 49
通常の識別子…49／エスケープされた識別子…49
3-5-2　コメント，フォーマット ………………………………………………………… 49
コメント…49／ソース・フォーマット…49
3-5-3　論理値 ……………………………………………………………………………… 50
3-5-4　数値表現 …………………………………………………………………………… 50

3-6　モジュール構造 ………………………………………………………………………… 50

3-7　モジュール構成要素 …………………………………………………………………… 51
ポート宣言…51／レンジ…51／パラメータ宣言…52／変数宣言…52／変数型…52／変数名リスト…52／次元…52／イベント宣言…52／イベント名リスト…53／ネット宣言…53／ネット型…53／ネット名リスト…53／遅延…53／min_typ_max 定数式…53／プリミティブ・ゲート接続…54／ゲート・タイプ…54／信号強度…54／下位モジュール接続…54／パラメータ割り当て…55／ポート・リスト…55／generate ブロック…55／genvar 宣言…56／always ブロック…56／initial ブロック…56／function 定義…56／レンジまたは型…57／タスク・ポート型…57／ファンクション・ポート宣言…57／タスク・ファンクション内宣言…57／task 定義…58／タスク・ポート宣言…58／継続的代入…58

3-8　ステートメント ………………………………………………………………………… 59
タイミング・コントロール（各ステートメントの直前に記述できる）…59／イベント制御…59／イベント式…59／ブロッキング代入文…59／変数左辺…59／レンジ式…60／連接…60／ノン・ブロッキング代入文…60／ブロック…60／ブロック内宣言…61／if 文…61／case 文（casex，casez も同様）…61／ケース・アイテム（複数記述できる）…61／for 文…62／while 文…62／repeat 文…62／forever 文…62／wait 文…63／disable 文…63／force 文…63／release 文…63／タスク呼び出し（システム・タスクも同様）…64／イベント起動…64

3-9　式 ………………………………………………………………………………………… 65
式…65／演算子…65／演算の優先順位…66／文字列…66／1次子…66／数値…66／基数…66／ファンクション呼び出し…67

3-10　コンパイラ指示子 ……………………………………………………………………… 67

3-11　コンフィグレーション ………………………………………………………………… 67
ライブラリ記述…67／コンフィグレーション宣言…67／コンフィグレーション・ルール…68

第4章　SystemVerilog文法ガイド ……………………………………………………… 69

記述スタイル …………………………………………………………………………………… 69

4-1　RTL 記述 ………………………………………………………………………………… 69
4-1-1　データ・タイプの拡張 ……………………………………………………………… 69
基本データ・タイプ…69／unsigned と signed…70／ユーザ定義型（typedef）…71／列挙型（enum）…71／アンパック型配列とパック型配列…72／構造体（struct）と共用体（union）…72
4-1-2　新しい always 文 …………………………………………………………………… 73
always_comb…73／always_ff と always_latch…74

4-1-3 if文とcase文の拡張······74
unique…74／priority…75

4-1-4 モジュールの接続······75
.nameによるポート接続…76／.*によるポート接続…76

4-1-5 インターフェース······76
インターフェースの記述…76／インターフェースの呼び出し…77／インターフェース内の信号アクセス…78

4-2 テストベンチ記述······78

4-2-1 演算子の拡張······78

4-2-2 ランダム関数の拡張······78
$urandomと$urandom_range()…79

4-2-3 タスクとファンクションの拡張······80
引き数の参照渡し（ref）…80／引き数の名まえ渡し…80

4-3 アサーション記述······81

4-3-1 アサーションの構文······81
アサーション・ラベル…82／アサーション・ディレクティブ…82／プロパティ記述とシーケンス記述…82

4-3-2 assertを使ったアサーションの記述例······83

4-3-3 coverを使ったアサーションの記述例······83

文法ガイド······84

4-4 SystemVerilogで拡張された文法······84

4-4-1 データ・タイプ······84
基本データ・タイプ…84／unsigned…84／signed…85／ユーザ定義タイプ…85／列挙型…85

4-4-2 配列，構造体，共用体······85
アンパック型配列…85／パック型配列…85／構造体（アンパック型構造体）…85／パック型構造体…86／共用体（アンパック型共用体）…86／パック型共用体…86

4-4-3 always文······86
always_comb…86／always_ff…86／always_latch…86

4-4-4 unique，priority······86
unique…86／priority…87

4-4-5 モジュール接続······87
.name…87／.*…87

4-4-6 インターフェース······87
インターフェースの記述…87／インターフェースの呼び出し…87／インターフェースの内部信号のアクセス…88

4-4-7 演算子の拡張······88

4-5 アサーション構文······88
即時アサーション…88／並列（コンカレント）アサーション…88／アサーション・ディレクティブ…88／プロパティ…89／シーケンス…89

4-6 プロパティ演算子······90

4-7 シーケンス演算子······90

4-8 アサーション用システム関数······91

4-9　アサーション用システム・タスク……………………………………………91

第3部　SystemVerilog アサーション 編　　93

第5章　内部信号のふるまいをツールが自動監視するデバッグ手法……………95

アサーションを使う四つのメリット…96／即時アサーションはinitialなどのブロックで使う…97／並列アサーションで複数サイクルの動作をチェック…98／クロック指定やサイクル遅延を組み合わせる…99／条件付きの場合は｜->，｜=>を使用…100／サイクル遅延で幅のあるサイクルを指定する…102／連続繰り返しを利用して記述をコンパクトに…103／シミュレーション終了時まで続く場合は$を使う…104／連続ではない繰り返しの記述法は2種類ある…104／disable iffでアサーションをキャンセル…105／property宣言を使ってassertを分離する…106／任意のシーケンスに名まえを付ける…107／シーケンスでは引き数を利用できる…108／シーケンスどうしの演算が定義されている…108
コラム5-1　SystemVerilogのここが良い，ここが悪い…96／コラム5-2　SystemVerilogアサーションとPSLの比較…99

第6章　静的に解析するプロパティ検証にも利用可能……………………………111

信号のふるまいに対応した関数が定義されている…111／信号値の観測では実行順序に注意…113／ノンブロッキングのときチェックできない場合がある…114／アサーションは静的なプロパティ検証にも使える…114／ハフマン符号デコーダのバグを検出…116／インターフェース部をアサーションでチェック…117／仕様が明示されていなければアサーションの効果は低い…119

第4部　SystemVerilog シミュレーション演習 編　　121

第7章　基本的なシミュレーションの手順………………………………………123

使用するツールとサンプル設計…123／検証対象はキャッシュ・メモリ…124／3段階でシミュレーションを実行…132／シミュレータを起動する…132／ライブラリを準備してコンパイル…132／設計データをローディングする…134／波形を見ながらデバッグ…134／シミュレーションを実行する…135／波形で動作を確認する…136／メモリの内容を確認する…138／キャッシュを挿入する…140／疑似LRUアルゴリズムに従ってキャッシュを書き換え…141／キャッシュを含めてシミュレーションを実行する…141／ライト・スルー方式を採用…142／シミュレーション結果を確認する…143／信号パターンを編集して再シミュレーション…145

第8章　テストベンチの拡張の手順…………………………………………………147

パターンの自動発生とは…147／新しいソース・コードをダウンロード…148／ランダム・パターン発生記述を書く…154／ランダム・パターンによるシミュレーションを実行…157／同じランダム？ 本当のランダム？…157／シードを変更してシミュレーション…159／カバレッジを計測する…161／covergroupによるカバレッジ記述…166／カバレッジ記述はどこに書く？…168／カバレッジを使用してシミュレーション…168／GOALとWeightを変更…169／バッチ・モードでマルチセッション実行…170／複数セッションの結果を確認…172

第9章　アサーション・ベース検証の手順…………………………………………173

アサーション・ベース検証とは…173／時系列の信号変化を動作仕様として定義…174／SystemVerilogのインターフェース機能を用いる…175／インターフェース中にアサーションを記述…186／デバッグ情報が表示されるように設定する…187／Analysisウィンドウを表示する…188／シミ

ュレーションを実行する…190／waveウィンドウで確認する…191／ライト・バッファを挿入して動作を確認する…192／FAILポイントを解析する…197／アサーションを用いたカバレッジ…200／アサーションのその先には…202

第5部 SystemVerilogモデリング 編　205

第10章 SystemVerilogで簡易CPUバス・モデルを記述　207

簡易CPUバス・モデルをSystemVerilogで記述…208／新しいポート接続を使って記述量を大幅削減…215／モジュールをインターフェースに変更する…216／インターフェースの信号の入出力はmodportで明示…219／技術者本来の仕事に注力するためにツールを使う…219

コラム10-1　SystemVerilogとSystemC…208／コラム10-2　Verilog HDL 2001による実装例…220

第11章 DPI-Cを使ってC++モデルを接続する　225

SystemVerilogコードからCコードを呼び出す…225／CコードからSystemVerilogコードを呼び出す…227／Cファイルをコンパイルして DPI-C ライブラリを作成…229／シミュレーション時のライブラリ指定方法を規定…230／DPI-CとC++を利用してCPUモデルを記述する…231

第12章 簡易CPUバス・モデルのクラス記述　239

C++やSystemCのクラスと若干異なる…239／new関数でクラスを生成・初期化…240／includeディレクティブを使ってクラスを読み込む…242／連想配列を利用してコード量を減らそう…242／トップ階層は五つのモジュールで構成…243／メモリはlogic型配列からクラスのインスタンスに…245／CPUモジュールは2カ所だけ変更…247

コラム12-1　timeunitとtimeprecision…243／コラム12-2　連想配列を使ってMemory_Classクラスを実装する…246

第13章 再利用性に配慮したPCIバス検証環境の構築例　251

検証ステップは3段階…251／バス・ファンクショナル・モデルにinterfaceを使用可能…253／PCIバス・モデルをバス・レベルで検証…253／インターフェース内にバス・アクセス用タスクを実装…257／programを使ってテスト・プログラムを記述…257／modportによるポートの方向を指定する…258／汎用インターフェースを利用する…259／CPUバス・モデルを再利用してシステム・レベル検証…259／検証環境も再利用を考えて構築…263

コラム13-1　PCIバスについておさらい…255

第6部 Verification Methodology Manual (VMM) 活用 編　267

第14章 VMMの概要とvmm_logの使いかた　269

検証スペシャリストの"技"を学ぼう…269／人に対する教育やトレーニングが必要に…271／VMMとは？…271／まず、SystemVerilogのclassを理解する…272／レポートやエラー出力のためのライブラリvmm_log…276／エラー・メッセージを区別しよう…277／メッセージの出力レベルを切り替える…278／メッセージの出力レベルを後から変更できる…280

第15章 テストベンチの作成にVMMの部品を利用する　283

検証ターゲットはx, y平面の判定回路…283／検証で扱うデータはすべてvmm_dataから派生させる…

284／単体テストでは，まず四つのメソッドを作成…286／ランダム生成ではrandomizeを呼び出す…287／データのやり取りにはチャネルを使う…288／VMMのランダム生成は開始タイミングを制御…289／ランダム生成はトランザクタの一つの実装…290／ドライバはインターフェースとトランザクタで構成…291／vmm_envで呼び出し順序を定義…292／トップ階層やクロックを記述してテストベンチが完成…294

コラム15-1　VMMの歴史…284／コラム15-2　ランダム生成の威力…288

第16章　ランダム・テスト生成の機能を使いこなそう……297

VMM導入の三つの壁…297／少ない記述量でランダム値を生成できる…298／一部の変数のランダム生成を停止する…299／randによるランダム生成のON/OFF…299／vmm_atomic_genによるランダム生成のON/OFF…299／ランダム生成の設定の変更は実行シーケンスで行える…300／制約を使ったランダム生成…301／constraintで制約を与える…301／複数の制約を使ったランダム生成…301／制約をON/OFFしてランダム生成…301／データ・クラスの継承を利用して制約を追加…302／外部の制約を利用する…303／ダイレクト・テストへの切り替え…304／ランダム生成後に任意の処理を行う…305／ランダム生成を制御する…306

第17章　通知サービスとチャネルの使いかた……307

vmm_channelのおさらい…307／vmm_channelの使いかた…308／ブロッキングなどに利用できるpeek…309／vmm_channelのバッファ・サイズを変更…310／こっそり書き込むsneak…310／データ以外の情報を渡すnotify…311／ONE_SHOTはある1時点で有効なイベントを発生…311／ON_OFFは継続するON/OFFの状態を使った通知…313／チャネルにはnotifyイベントがセットされる…314／チャネルと通知の連携…314

第18章　大規模回路のための検証環境を作成する……317

教育には地道な取り組みが必要…317／チェックの自動化を検討する…317／リファレンス・モデルの開発には問題がある…318／ランダム生成を活用する…319／領域判定回路をチェックする環境を作成…319／出力値を取り出すモニタを作成…320／出力値を自動でチェックするスコアボードの作成手順…320

Appendix　SystemVerilogクロニクル……327

1. 1980年代前半，Verilog HDL誕生……327
2. 1980年代後半，ネットリスト形式と動作記述言語が乱立……328
3. 1980年代末，Verilog HDL vs. VHDL抗争勃発……330
4. 1990年代前半，市場競争に後押しされてシミュレータの性能が飛躍的に向上……331
5. 1990年代半ば，GUIツールや論理合成ツールでもベンダ間の買収合戦が激化……332
6. 1990年代末，フォーマル検証でも記述言語が乱立……334
7. 2000年代初め，ベンダはIEEE 1364-2001のサポートに消極的……335
8. 2000年ごろ，SystemVerilogの原型にあたるSuperlogが登場……337
9. 2002年夏，SystemVerilogが誕生……338

索引……340

初出一覧……343

執筆者紹介

高嶺 美夫（たかみね・よしお）
　株式会社ルネサス テクノロジ 製品技術本部 設計技術統括部 システム設計技術開発部 主管技師
　日立製作所に入社以来25年余り，コンピュータ設計や半導体設計向けの高速シミュレータ，機能検証，システム・レベル設計，高位合成技術などの研究開発に従事．JEITA EDA技術専門委員会 SystemVerilogワーキンググループメンバとして，言語標準化に携わっている．訳書に「SystemVerilogによるLSI設計」（2005年1月，丸善刊）がある．

赤星 博輝（あかほし・ひろき）
　株式会社ソリューション・デザイン・ラボラトリ 代表取締役
　1996年，九州大学大学院 博士後期課程修了（工学博士）．1996年，日本電気入社．EDAツール開発に従事．2000年にロジック・リサーチ入社．ディジタル設計および検証に従事．2006年，ソリューション・デザイン・ラボラトリにて，ディジタル設計・検証，組み込みソフトウェア開発・検証に従事．1995年，情報処理学会 山下記念研究賞受賞．

小林 優（こばやし・まさる）
　フリー・コンサルタント
　設立して10数年のコンサルタント会社から再度の独立を果たし，現在はフリー．モノづくりに近いところにポジションを置き，電気・電子離れに歯止めをかけたいとエンジニア育成にも励んでいるが，結局のところ前職と同じような業務に追われている毎日．koba@cobac.net

近藤 洋（こんどう・ひろし）
　株式会社エッチ・ディー・ラボ テクニカルグループ
　携帯電話，無線LAN，BluetoothなどのおよびLSIの開発に携わる．その設計経験で得たノウハウをもとに，現在トレーニング講師や講座開発業務を担当している．

森田 栄一（もりた・えいいち）
　メンター・グラフィックス・ジャパン株式会社 アプリケーションエンジニア・検証診断士
　検証畑のアプリケーション・エンジニアとして10年余り．最近は「検証診断士」と名乗って，お客様の検証環境に茶々を入れる毎日．

宮下 晴信（みやした・はるのぶ）
　富士ゼロックス株式会社
　講演や雑誌寄稿からブログへの転換を試みている自称検証エンジニア．詳細はGoogleで"Verification Engineer"を検索！

明石 貴昭（あかし・たかあき）
　日本シノプシス株式会社
　ケイデンス・デザイン・システムズ入社後，Verilog-XL，NC-Simシミュレータなどを担当．現在，日本シノプシスにて論理検証プラットホーム DiscoveryやSystemVerilog関連の仕事に従事している．旧EIAJ（現JEITA）1364-1995プロジェクトに参加し，現在はJEITA EDA技術専門委員会 SystemVerilogワーキンググループの副主査として，SystemVerilogの標準化に携わっている．

第1部

SystemVerilog
イントロダクション 編

SystemVerilog設計スタートアップ

第1章

SystemVerilog，まずはココに注目！

高嶺美夫

第1章ではSystemVerilogの大枠を理解していただくために，現在のディジタルLSI設計が抱える課題と，SystemVerilogの導入によって解決される項目について紹介する．SystemVerilogは，従来の設計（回路）記述に加えて，アサーション・ベース検証や制約付きランダム・テスト生成，機能カバレッジといった手法に対応した検証記述を備えている．単なるVerilog HDLの改版（バージョン・アップ）ではなく，まったく新しい言語ととらえたほうがいいようだ．　　　　　　　　　　（編集部）

　20年ぶりの新しい設計言語であるSystemVerilogが登場しました[注1-1]．"Verilog"という名を冠してはいますが，従来のVerilog HDLの延長線上では考えられない，新しい機能を備えた設計言語です．
　第1章ではSystemVerilog誕生の背景や，実設計に適用する際に考慮するべき課題などについて紹介します．

● システムLSI開発の現場に多数の記述言語がはんらん
　Verilog HDLが設計に用いられるようになってから，約15年が経過しました．その間，ディジタルLSIの回路規模は約1,000倍に増大し，"システムLSI"や"SOC（system on a chip）"といったことばがあたりまえのように用いられるようになりました．これに伴って，設計の効率化を目的とした手法やEDAツールの開発が進められています．最近，とくに目につくのが，システム・レベル設計への移行と機能検証[注1-2]手法の進歩です．
　システム・レベル設計とは，RTL（register transfer level）設計より前に，高い抽象度でLSI内部のアーキテクチャの検討を行ったり，携帯電話やディジタル・テレビなど，LSIを含むシステム全体を対象として最適化を行ったりする工程です．これは，開発の終盤で致命的な性能上の不良や機能不足などの不ぐあいが発生することを防止し，手戻りの少ない設計を行うことを目的として実施されます．また，機能検証は，現在のディジタルLSIの開発期間の半分，あるいはそれ以上を占める工程です．そのため，機能検証の効率化や高精度化が非常に重要な課題となっています．最近では，後述するアサーション・ベース検証や制約付きランダム・テスト生成などの手法が採用されています．
　一方，ASIC（application specific integrated circuit）やシステムLSIを設計する際の主流の言語となっ

注1-1：2005年11月，IEEE標準1800-2005として言語仕様が承認された．
注1-2：おもにRTL（register transfer level）におけるHDLシミュレーションや等価性検証，デバッグなどの作業を指す．「機能検証」と対になることばは「タイミング検証（遅延解析）」．

図1-1　LSI設計の世界には"公用語"がない
最近，LSI設計の現場では，Verilog HDL以外にも多数の言語が使われています．単一の言語でできるだけ多くの範囲をカバーできるようにしようというのがSystemVerilog標準化のねらいである．

ているVerilog HDLは，この間，ほとんど変化していません．正確に言うと，Verilog HDL 1995（Verilog 95）からVerilog HDL 2001（Verilog 2001）への改訂は行われたのですが，Verilog HDL 2001はEDAベンダによるツールのサポートが当初期待されたようには進まず，実際の設計現場で利用される機会も少ないのが現状です．

また，前述の機能検証手法を利用する場合，PSL（Property Specification Language）やe言語，Veraなど，それぞれ専用の言語を習得するという方法もあります．それぞれの言語には特有の長所があり，また，最近では言語仕様のオープン化も進んでいます．読者のみなさんの中にも，こうした言語を利用している方がいらっしゃるかもしれません．ただし，現段階ではサポートしているEDAベンダの数が限られているという問題があります．ツールを言語ごとにそろえなければならないとなると，これは適用の大きな障害となってしまいます．

システム・レベル設計では，システムの機能を表現したモデルやアルゴリズムの記述が必要となります．これに対して，Verilog HDLではその要求に応えることが困難です．この分野ではC言語やC＋＋，よりハードウェアの記述に適したSystemCなどが利用されています．

このように多数の言語が利用される状況の中で，設計言語を見直す必要性を，EDAベンダや半導体メーカなど，関係業界のだれもが感じていました（**図1-1**）．

● 単なる改版ではなく，まったく新しい言語

Verilog HDLの改訂は，IEEE（The Institute of Electrical and Electronics Engineers, Inc.）の専門委員会で5年ごとに行われることになっています．しかし，レビューや投票に時間がかかり，斬新な機能を早期に取り入れることが困難でした．そこでSystemVerilogの言語仕様の作成はEDAベンダが主体的に実施し，各社がいち早く対応することを約束しました．また，仕様策定をスピーディに行うことを目的として，業界主導の標準化団体Accelleraが言語仕様のとりまとめを行いました．

図1-2にSystemVerilogの位置づけを示します．Verilog HDL 2001の拡張仕様という形をとっていますが，Verilog HDLそのものも2005年版（IEEE P1364-2005）への改訂が同時に行われました[注1-3]．SystemVerilogはVerilog HDLの単なる改版（バージョン・アップ）ではなく，まったく新しい言語ととらえた

注1-3：ただし二つのVerilogが並存することによる問題の発生も予想されるため，2009年の完成を目標として，SystemVerilog言語仕様の次期改訂において，Verilog HDLとの統合作業が進められている．

第1章 SystemVerilog，まずはココに注目！

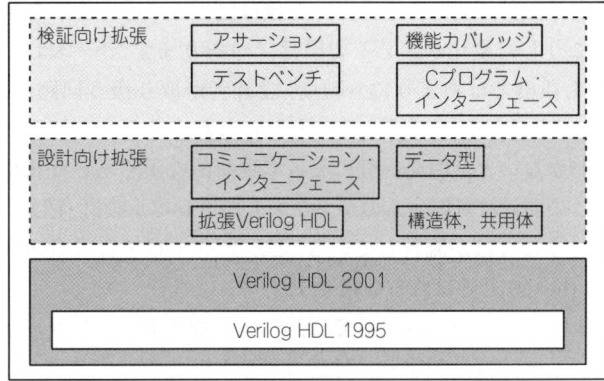

図1-2 SystemVerilogの位置づけ
もともとVerilog HDL 2001（IEEE Std 1364-2001）に対する拡張として策定されたが，大幅に機能が追加された結果，現在は設計と検証のための統合言語（HDVL：hardware design and verification language）となっている．

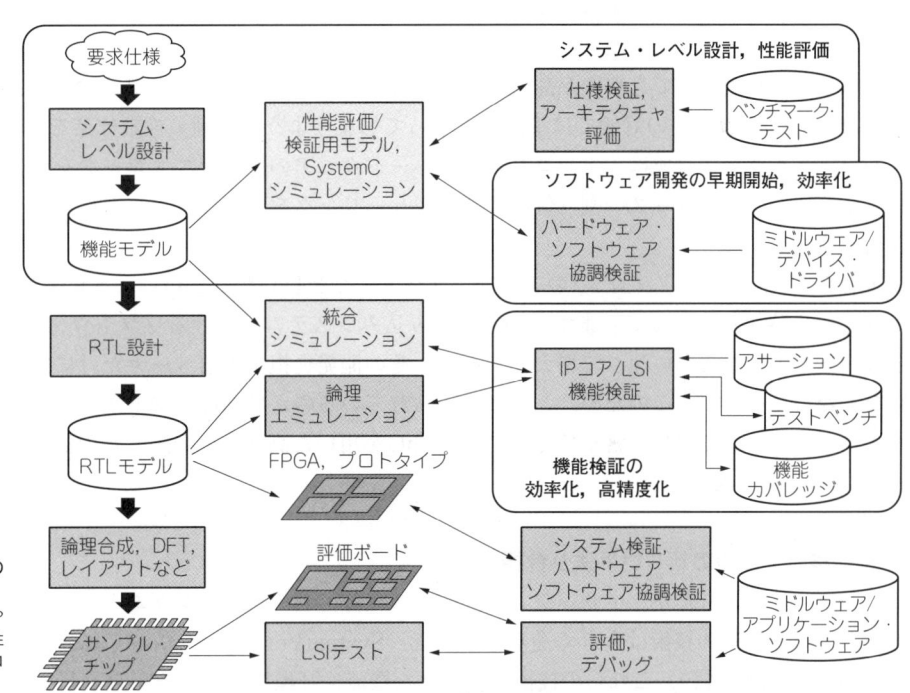

図1-3 システムLSIの開発フロー
システムLSIの大規模化やシステムの高機能化・高性能化に対応できる設計フローが求められている．

ほうがよいと思います．

しかしその一方で，新しい言語といいつつも，SystemVerilogに導入された機能の多くは，PSLなどによって有効性を実証済みの手法です．また前述のように，多くのEDAベンダが早期にサポートすることを表明しています．筆者がこの新しい言語に注目する理由がここにあります．

● システム・レベルやビヘイビア合成の比重が高まる

SystemVerilogについて説明する前に，ディジタルLSIの開発フローが今後どうなるかを考えてみましょう．

従来はRTL設計，シミュレーションを中心とした機能検証，論理合成というのがいわゆるフロントエ

ンドの設計の流れでしたが，今後は図1-3に示すようなフローに変化していくと筆者は考えています．

こうした変化が生じる要因は二つあります．一つは，回路規模の増大に対応するためには，現状のRTL設計ではあまりにも粒度(設計者が取り扱う回路設計単位)が小さすぎることです．もう一つは，"システムLSI"と呼ばれることからもわかるように，システムとしての機能や性能などを評価・検証しておかないと，開発終盤になって致命的な不ぐあいが検出される可能性が高まっているためです．

この問題に対応するのが，システム・レベル設計(EDA業界では最近，ESL：electronic system levelということばが流行している)と，ビヘイビア合成(behavioral synthesis)または高位合成(high level synthesis)と呼ばれる技術です．

システム・レベル設計では，対象となるLSI，あるいはシステム全体の機能をモデル化し，高速なシミュレーションにより，性能評価やLSI内部のバス構成，メモリ構成などのアーキテクチャの最適化，仕様レベルの機能検証などを行います．最近の携帯電話のようにゲームをしながら電話を受けたり，音楽を聴きながらメールをしたりなどといった複雑なマルチタスク処理や，ディジタル・テレビにおいて入力信号が乱れた場合でも映像が乱れないようにする処理など，RTLの機能検証では十分に評価できなかったり，RTL設計後の対処では手遅れとなってしまうような評価・検証作業を早期に実施します．

一方，ビヘイビア合成は，アルゴリズムやハードウェアの機能を，クロックを厳密に考慮せずに記述し，演算器などのリソースの割り付けやスケジューリングを含めてツールが最適化して論理を生成する技術です．

筆者ら(ルネサス テクノロジ)のような半導体メーカとしても，LSI(ハードウェア)を設計していれば十分という時代は終わっています．最近の組み込みシステムにおけるソフトウェアの開発規模は，LSIとは比べものにならない速さで増大しており，その開発負担を機器メーカだけに押し付けられる状況ではなくなっています．このため，とくに求められているのが早期にソフトウェア開発に着手できる環境の提供です．ここではC言語やC＋＋，SystemCを用いた高抽象度のモデルの活用に注目が集まっています．

● 機能検証で三つの新しい手法が台頭

冒頭にも述べましたが，アサーション・ベース検証，制約付きランダム・テスト生成，機能カバレッジなど，機能検証の技術は大きく進歩しました．SystemVerilogは，これらに対応した構文や機能を備えています．図1-4に，これらの技術を活用した機能検証環境のイメージを示します．

アサーション・ベース検証は，設計の内部やインターフェース部にアサーションと呼ばれるチェッカ・モジュールを埋め込み，シミュレーション実行中の異常な動作を検出・報告するものです．この検出は自動的に実施されるため，シミュレーション結果の波形表示などを目視によって詳細に確認する必要がなくなります．また，原因となるバグに比較的近い箇所で異常を検出できるので，シミュレーション結果の確認と異常検出時の原因追及が容易になります．

制約付きランダム・テスト生成は，テスト項目(テスト・シナリオ)に対応するシミュレーション・パターンを作成する際に，乱数を用いてパターンを生成するものです．乱数を用いることにより，(人間が作成できないような)多様な条件について検証することが容易になります．ただし，何も考えずに乱数でパターンを生成すると，非現実的で意味のない条件を生成してしまいます．そこで，有効なパターンのみを生成するように制約を与えることが重要になります．例えば，メモリ・アクセス時のアドレス

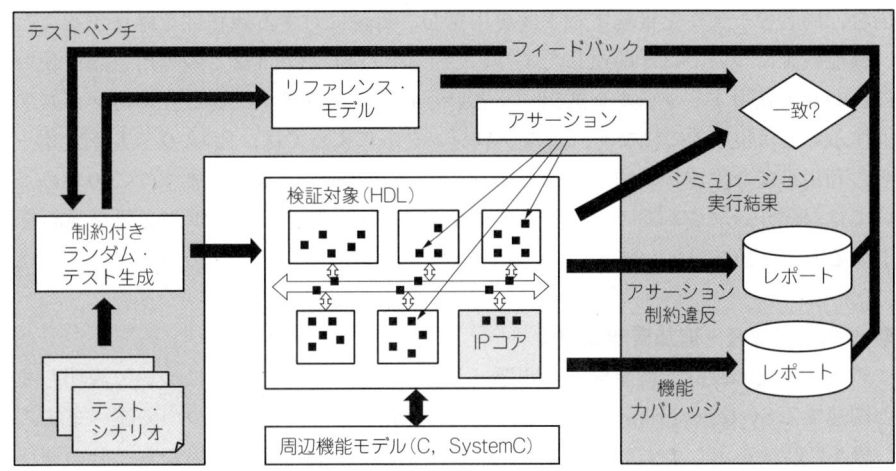

図1-4 機能検証環境
検証の効率化・高精度化のため，テストベンチはますます高機能になってきた．

を生成する場合に下位3ビットをつねにゼロとしたり，複数の信号の組み合わせについてある条件を生成する確率を指定するといった制約を与えることができます．ランダム・テスト生成によるパターンを印加して得られたシミュレーション結果は，リファレンス・モデルによって生成された期待値と比較されます．また，上述のアサーションを用いて異常動作を検出する際にも，このパターンが利用されます．

カバレッジは，シミュレーションによって意図する条件がどの程度チェックされたかを数値化し，検証の進ちょく度を表すものです．従来はHDLコードにおいて，各ステートメントが実行されたかとか，条件式が判定されたかなどをカバレッジの指標として用いていました（いわゆるコード・カバレッジ）．最近ではそれらに加えて，特定の動作（トランザクション）が実行されたかどうかを指標とする「機能カバレッジ」が，より実際的にシミュレーションの網羅性を示すものとして使用されています．さらに，カバレッジの評価結果をアサーション・ベース検証の結果などとともにランダム・テスト生成の制約に反映させる（例えば，網羅されなかったシミュレーション・パターンを優先的に生成させる）ことにより，より効率の良い検証を実施する手法も利用されています．

もう一つ，検証において考えておかなければならないことは，検証に関する資産（IPコアなど）の活用です．例えば，IPコアに検証のための機能，すなわちアサーションやランダム・テスト生成を行うトランザクタ，カバレッジの条件などをあらかじめ埋め込んでおくのです．このようなIPコアを利用することにより，LSI全体や関連するブロックの検証を効率良く行えるようになります．

● 乱立する検証言語の統一を目指す

システム・レベル設計やハードウェア・ソフトウェア協調検証に対して，C言語やC＋＋，SystemCを利用することが珍しくなくなっています．これは，もともとシステムの機能（アルゴリズム）がほとんどソフトウェア・プログラムとして記述されていること，モデリング言語としてC＋＋が有効な性質（オブジェクト指向）を備えていること，加えてC＋＋の特徴とハードウェア記述に適した特徴を兼ね備えたSystemCが登場したことなどが背景にあります．

このような機能をハードウェア記述言語に付加することも可能ですが，一方，モデリングと設計は別物と考えて，システム・レベル言語とハードウェア記述言語を使い分けるという選択もあります．この

場合，両者のモデルを接続する手段を用意し，接続に対する親和性を確保することが重要となります．

　機能検証については，前述したようにPSL，e言語，Veraなどの専用言語を使い分け，さらにそれらに合わせて使用するツールを選択するという状況にあります．ひとりのエンジニアがすべての言語に精通することは現実的ではなく，またプロジェクトによっては，EDAツールがサポートする言語の問題から，利用可能な手法が制約されてしまうといった問題が起きています．このため，とくに機能検証については言語が統一されること，少なくとも各EDAベンダのツールが必要な言語を同じレベルでサポートすることが望まれています．

● 言語上の改良・追加機能は四つ

　以上，上流の設計と機能検証の問題，および今後の設計フローについて説明しました．次に，これらと関連するSystemVerilogの特徴と，実際に適用する際の課題について述べます．

　表1に特徴を示します．ここではSystemVerilogを利用する立場から，その期待できる効果を述べます．

1）情報を効率良く記述する記法を導入

　SystemVerilogの設計言語としての第一の特徴は，設計（回路）をコンパクトに記述できることです．インターフェースの記述を階層化したり，C言語と同様の構造体，共用体などを用いることにより，記述量を数分の1程度とすることができます．これは単に記述工数を削減するだけでなく，可読性を向上させ，誤りを少なくします．また，保守を容易にして再利用性を高めることにつながります．

　SystemVerilogでは，設計抽象度を引き上げる，すなわち情報量を減らす（情報を間引く）のではなく，同じ情報を効率良く記述する記法を多数導入している点が大きな特徴です．

2）記述のあいまいさを排除

　Verilog HDLでは，RTLシミュレーション時に正しく動作していたものが，論理合成後に正しく動作しなくなるという問題がしばしば発生していました．これは多くの場合，設計者の意図と異なる回路が合成される（例えば，組み合わせ回路で実現することを期待している箇所にラッチが生成される）ことにより発生していました．

　SystemVerilogでは，組み合わせ回路やラッチ，フリップフロップの生成，およびcase文などの判定について，設計者の意図を明確に表現できる記法が用意されています．これにより，論理合成後の回

表1-1 SystemVerilogの特徴

分類	特徴	関連する構文
簡潔な設計（回路）記述	●コード量を1/2～1/5に削減可能 ●誤りを少なくし，保守を容易に	インターフェース，構造体，共用体，列挙型，外部定義型，暗黙のポート接続
記述のあいまいさの排除	●記述者の設計意図を明示	always_comb/always_latch/always_ff，unique/priority
機能検証の効率化	●アサーション・ベース検証，制約付きランダム・テスト・パターンによる検証，機能カバレッジの取得を容易に ●設計者と検証エンジニアのコミュニケーションを容易に ●検証容易なIPコアを提供	SystemVerilogアサーション（SVA），制約付きランダム・テスト生成，機能カバレッジ，インターフェース，クロッキング・ブロック
高抽象化記述	●システム・レベル・モデルとの接続を容易に ●ツールの処理効率を向上	Direct Programming Interface（DPI），2値型，クラス

路の動作を保証できるようになります．新しい記法の多くは，従来，論理合成ツールに対する指示（プラグマ）として記述していた情報を，統一された言語仕様の中で記述できるようにしたものです．ツール間の取り扱いや解釈の差を解消し，設計者の意図と異なる回路が生成される状況を避けることができます．

3）注目されている機能検証手法に対応

SystemVerilogの最大の特徴とも言える点が，最近はやりの検証手法を取り込んだことです．前述のアサーション・ベース検証，制約付きランダム・テスト生成，機能カバレッジなどを，一つの言語の中で利用することができます．このほかにも，テストベンチを簡潔に記述するための機能などを備えています．

一つの言語の中でこれらの手法を利用できることにより，設計資産としての再利用性が向上し，また後述するように設計者と検証エンジニアの間のコミュニケーションが円滑になるといった効果が期待できます．

4）高抽象化記述

SystemVerilogは，記述の抽象度を上げる記法を用意しており，同時にC言語などで記述した機能モデルとの接続が容易になるという特徴もあります．

前者については，C言語と同じ2値型が広範囲に導入されています．これにより，とくにシミュレーションの高速化が期待できます．

後者については，DPI（Direct Programming Interface）と呼ばれる新しいインターフェースが用意されました．Verilog HDLでは，Cプログラムとのインターフェースとして PLI が提供されていますが，PLI には，記述が煩雑でシミュレーション実行時の速度オーバヘッドが大きいといった問題があります．DPI はこうした問題を解消します．C モデルとの接続が容易になり，シミュレーション速度が向上することを期待できます．

● 設計者と検証エンジニアの言語を統一

SystemVerilogを利用することにより，システム・レベルのモデリングを除くほとんどの設計工程が一つの言語でカバーできることになります[注1-4]．これは設計チームにとって大きなメリットになります．

まず，言語習得については，移行期こそ習得のための相応の努力が必要となりますが，複数の言語を習得するよりははるかに楽になると期待されます．さまつなことですが，セミコロンなどの記号の使いかた一つとってみても，言語ごとに異なるスタイルを覚えることは非常に煩雑に感じます（そのうえ，これは設計業務の本質とは関係ない）．

プロジェクトを計画・管理する立場から言うと，利用できるツールの選択肢が増え，自由度が増すことにより，計画・管理が行いやすくなると期待できます．もっともこれは，課題として後述するように，EDAベンダのきちんとしたサポートが必要条件となります．

また，言語仕様として定義されたことにより，ツールに依存する制約が減少し，設計資産の活用がより円滑になると期待されます．

さらに，設計者と検証エンジニアが同じ言語を使用することにより，コミュニケーションが円滑にな

注1-4：その名称ゆえに誤解されがちだが，SystemVerilogではシステム・レベル・モデリングのための機能はそれほど強化されていない．一方，SystemCはシステム・レベル・モデリング向きの言語といえる．

ると期待できます．日本ではそれほど一般的ではありませんが，米国などの大規模な設計プロジェクトでは，与えられた仕様から回路を設計する設計者と，その回路を検証する検証エンジニアが分かれています．両者の職務を明確に区別し，異なる視点でクロスチェックを行うことにより，検証漏れが生じたり，市場に不良品が流れてしまうリスクを低減できると考えられています．

従来，設計者はもっぱらHDLのみを使用し，両者のインターフェースとなる仕様は不完全なフローチャートや自然言語で与えられることがほとんどでした．SystemVerilogを用いると，仕様をアサーションとして記述したり，設計者が設計の意図を明確に表現しやすくなります．これによりプロジェクト全体の設計生産性が向上することを期待できます．

● 設計記述についてはチェッカの整備が必要

SystemVerilogを導入・利用する際には，いくつか気をつけなければならない項目があります．

まず，現在Verilog HDLを入力としている各種EDAツールがSystemVerilogの必要な機能を完全にサポートするまでは，おもに設計（回路）記述において問題が生じる可能性があります．例えばシミュレータや論理合成ツールがSystemVerilogのある機能をサポートしていたとしても，そのほかの設計ツール（社内製ツールを含めて）がサポートしていないと，下流の設計工程で不ぐあいが生じる可能性があります．このように問題のある機能は，設計記述中の構文や構造を静的に解析する"チェッカ"と呼ばれるツールによって完全に排除する必要があります．つまり，社内で利用するツール全般のSystemVerilogのサポート状況を調査し，チェッカを整備することが必要となります．

ちなみに検証記述については，再利用性や移植性について留意すべき点はあるものの，上述のような設計上の致命的な問題はほとんどありません．SystemVerilogを使えるところから使っていく，という姿勢でよいと考えています．

もう一つ注意しなければならないのは，言語仕様に関するサポート状況を調べるだけでは，実用上問題がないのかどうかわからない機能が存在する点です．これはツール間の性能差と言語仕様の解釈の違いという形で現れる可能性があります．現状でも，例えば論理合成において，ツール間で能力差が顕著に現れます（生成される回路に優劣がある）．SystemVerilogでは，各ベンダとも新しい言語をサポートするということで，当初は実装の違いにより無視できない能力差が現れることが予想されます．代表的なものは，制約付きランダム・テスト生成です．ツール側のアルゴリズムによっては，パターン生成の効率に大きな差が生じる可能性があります．

言語仕様の解釈については，現時点で具体的にどのような問題が起こるのかを例示することは困難です．実際に言語仕様を策定しているのは限られた人数のエンジニアであるのに対して，今後，多数のEDAベンダやEDAユーザが評価にかかわってきます．そうなると，言語仕様上のあいまいな点が浮き彫りになってくる可能性があります．

＊　　　＊　　　＊

Verilog HDL 2001が登場したとき，「使ってみたい」と思いながら，現実にはそうならず，失望したことがありました．仕様の策定にEDAベンダの代表が含まれていなかったことがその一因と言われています．一方，SystemVerilogについては，大手EDAベンダの代表が主導で仕様策定を推進してきた経緯があります．すべての機能が早期に利用可能となることを期待したいと思います．

SystemVerilog設計スタートアップ

第2章

記述能力，再利用性，検証機能を強化した SystemVerilog

赤星博輝

　第2章ではSystemVerilogの特徴について解説する．SystemVerilogはVerilog HDL 2001（IEEE 1364-2001）に続くVerilog HDLの言語仕様である．すでに，多くのEDAベンダがサポートを表明している．SystemVerilogでは，記述量を減らしたり，記述ミスを減らすための構文が追加されている．また，通信方式の再利用に有効なインターフェースの概念に対応している．さらに，アサーションやランダム・テスト生成など，検証のための機能も新たに用意された．　　　　　　　　　　　　　　　　（編集部）

　ハードウェア記述言語を含む設計言語の進化は，設計する回路の大規模化および複雑化が一つの要因となっています．米国Intel社の創設者のひとりであるGordon E. Moore氏が「LSIに集積されるトランジスタ数は，2年で倍のペースで増える」と述べたムーアの法則で示されるように，LSIで実現できる回路規模は指数関数的に増加してきました．回路規模が大きくなることにより，その大規模な回路を効率良く設計する手段や設計検証項目が増大することへの対応が必要となります．また，事前の性能評価などの検討がより重要となってきました．
　Cベース設計では，C言語やC++などのデータ型を使ってシミュレーションすることで，検証速度を高速化しています．また，ビヘイビア合成を使うことにより，RTL設計より記述量を削減できるなどの利点もあります．さらに，最近のLSIでは機能をソフトウェアとして実現する比率が高く，ソフトウェア開発とリンクしやすいということもありますし，ハードウェアとソフトウェアを合わせたシステムとして包括的に設計を行える可能性もあります．

● 記述量を削減し，モデリングと検証のための機能を強化
　それではなぜ，わざわざSystemVerilogが開発されたのでしょうか？　これは，ハードウェアの設計ではVerilog HDLが主要な言語の一つであるからです．これまでの設計資産や設計手法を捨てて，新しい設計言語や新しい設計手法に移行することはそれほど簡単ではありません．ただし，既存のVerilog HDLにはいくつかの問題点がありますし，最近登場した言語と比べると機能的に遅れている点もあります．そのため，これまでのVerilog HDLの設計資産や設計手法をそのまま使用でき，さらに新しい機能が使えるようになったSystemVerilogが注目されています．
　SystemVerilogの新しい機能としては，以下の点を挙げることができます．
 - RTL記述をより効率的に行える
 - 高位のモデリングを容易に行える

● 検証向けの機能を言語仕様として用意している

設計を効率良く行う(端的に言えば，記述量を減らす)ためには，高位のビヘイビア・レベル記述を使う手法があります(ビヘイビア・レベル記述による設計はあまり普及していないが…)．これに対して，SystemVerilogではVerilog HDL言語を改良することで，RTLでも記述量を減らせるようになりました．これまでの設計手法を使用したまま記述量を減らせることは，設計者にとって利点となります．

また，これまでは高位のモデリングはC言語やC＋＋が中心的な役割を担っていましたが，SystemVerilogではC言語とのリンクも含め，高位のモデリングが行いやすくなりました．

検証についてはVerilog HDLのサポートが弱く，最近，検証のための専用言語(いわゆる検証言語)などを使用する事例が増えています．SystemVerilogでは検証に対する機能を大幅に追加し，別の言語を用いる必要がなくなりました．

ここでは，Verilog HDLの問題点や機能的に遅れている点を中心に，SystemVerilogで大きく変わった点について解説していきます．

● always文を大幅に改良

まずは`always`文の問題から見ていきます．`always`文には設計時にミスが発生しやすいという問題がありました．

1) always_comb文の追加

`always`文を使って組み合わせ回路を記述する場合，センシティビティ・リストに必要な信号をもれなく記述しなければなりません．例えば，**図2-1**の例では2入力ANDを作成しようとしたのですが，センシティビティ・リストが不十分であるため，シミュレーションは誤った結果になっています．しかし，よく考えてみるとセンシティビティ・リストを書くという作業は，設計者のためというよりも，昔，このように書くと決められたからというものです．

この問題を解決するため，SystemVerilogでは`always_comb`という文が追加されています．これにより，設計者はセンシティビティ・リストを書く必要がなくなります．これは，設計者にとってはうれしいことです．複雑な回路を記述していると，どうしてもセンシティビティ・リストに書く信号が多く

```
module
comb(a,b,c);
  input a, b;
  output c;
  reg c;
  always@(a)begin
    c = a & b;
  end
endmodule
```

本来は(a or b)

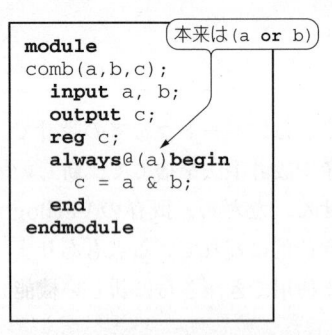

(a) まちがった記述

(b) シミュレーション結果

```
module
comb(a,b,c);
  input a,b;
  output c;
  reg c;
  always_comb
  begin
    c = a & b;
  end
endmodule
```

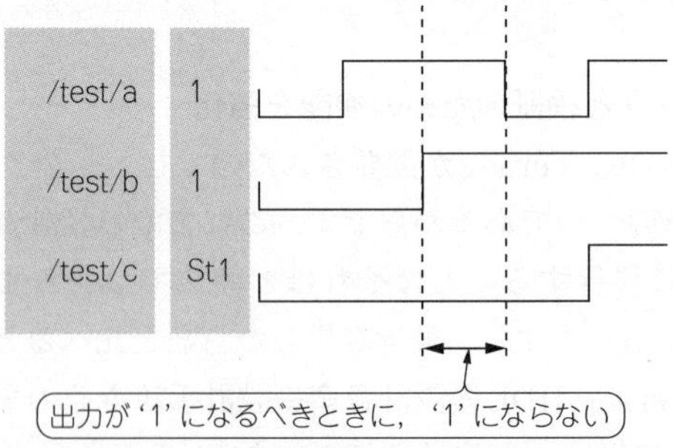

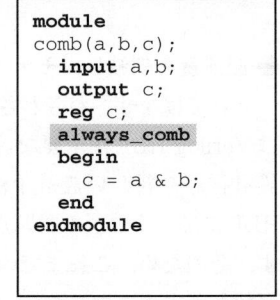

(c) always_combを使った記述

図2-1 まちがったセンシティビティ・リスト

(a)のようなまちがったセンシティビティ・リストでシミュレーションを行うと，(b)のように入力aとbが‘1’のときに出力cが‘1’にならず，‘0’になったりする．こういうミスは急いでいるときほど発生しやすい．SystemVerilogの場合，組み合わせ回路の記述に`always_comb`を使えば，(c)のようにセンシティビティ・リストは不要である．

リスト2-1　always_latchを使った記述
これまでの記述と異なり，センシティビティ・リストは不要になる．回路構造を明示的に指定できることで，デバッグ・ツールなどの支援を期待できる．

```
module case1(a,sel,c);
  input a;
  input [1:0]sel;
  output c;
  reg c;

  always_latch         ← これまでの記述では
                         always@(a or sel)
  case(sel)
    2'b00:   c = a;
    2'b01:   c = 1;
    2'b10:   c = 0;
  endcase

endmodule
```

なるため，ミスしやすくなります．always_comb文を使えばセンシティビティ・リストに関するミスがなくなり，センシティビティ・リストが不要になるため，記述量も減ることになります．

2）always_latch文の追加

　組み合わせ回路を記述するためにalways文の中でif文やcase文を使うときに，すべての条件が記述されていないとラッチを生成するという問題があります．もちろん，ラッチを記述したい場合はそれで良いのですが，条件のもれによって発生してしまったというケースが多いようです．

　そこで，SystemVerilogではラッチを明示的に記述するためにalways_latch文が追加されました（**リスト2-1**）．これにより，ラッチを記述する場合にはalways_latchを使用し，組み合わせ回路を記述する場合には先ほどのalways_combを使用することで，これまでのようなミスを減らすことができます．さらに，ツールから出力されるメッセージもより的確になることが期待されます．

3）always_ff文の追加

　組み合わせ回路とラッチが明示的に指定できるようになったら，次はフリップフロップです．SystemVerilogではalways_ff文が追加されました．フリップフロップの記述については，これまでのalways文の代わりにalways_ffを使う積極的な理由が，筆者にはちょっと思い浮かびません．しかし，回路構造を明確に記述するという観点からは，今後はalways_ffを使った記述に変わっていくのではないかと思います．

● case文のアトリビュートの問題を解消

　これまでfull_caseやparallel_caseといったアトリビュートを使用された方も多いかと思いますが，実はこのアトリビュートは問題を発生させる要因となることがあります．RTLシミュレーションと論理合成後のゲート・レベル・シミュレーションの間で結果が異なる可能性があることが知られています．

　リスト2-2に示すように，SystemVerilogではif文やcase文で使用可能なuniqueとpriorityの二つのキーワードが追加されました．priority caseでは最初に一致した条件に対する処理のみ実行されますし，unique caseではすべての条件で重なりがないことを設計者が保証することになります．uniqueはpriorityと異なり，並列に評価することが可能となります．また，uniqueやpriorityをcase文で使用する場合，defaultの条件が不要ならばdefaultの記述も不要となります．

リスト 2-2　unique と priority を使った例
(a)のように unique を使うことで，条件に重なりがないことを指定できる．また，(b)のように priority を使うことで先頭から評価することを指定できる．アトリビュートによる指定からキーワードに変わったことで，今後，合成結果とのシミュレーションの不一致がなくなることを期待したい．

```
unique case(a)
  0,1:    $display("0 or 1");
  2:      $display("2");
  4:      $display("4");
endcase
```

```
priority casez(a)
  3'b00?: $display("0 or 1");
  3'b0??: $display("2 or 3");
  default: $display("4 to 7");
endcase
```

　　　　　　（a）条件に重なりがない例　　　　　　　　　　　　　　　　（b）記述された順番に評価する例

リスト 2-3
ポート宣言とそのデータ型の定義
SystemVerilog や Verilog HDL 2001 では，まとめて定義することができる．これにより，ポートを定義する場合のミスを減らせる．

```
module mux8(y,a,b,en);
  output[7:0] y;
  input [7:0] a,b;
  input       en;

  reg[7:0]    y;
  wire[7:0]   a,b;
  wire        en;
  .....
```

```
module mux8(
  output reg[7:0] y,
  input  wire[7:0] a,
  input  wire[7:0] b,
  input  wire      en);
  .....
```

　　　　　　　　　　　　　（a）Verilog HDL による記述　　　　　　（b）SystemVerilog による記述

リスト 2-4
センシティビティ・リストの区切り
SystemVerilog や Verilog HDL 2001 では，or の代わりにコンマ(,)で区切ることができる．or を使うと，一瞬，信号の指定かと思ってしまうことがある．ちょっとしたことだが，可読性が上がるので，SystemVerilog の利点の一つと言ってよいのではないだろうか．

```
always@(sel or
        a or b or c or d)
case (sel)
  2'b00: y = a;
  2'b01: y = b;
  2'b10: y = c;
  2'b11: y = d;
endcase
```

```
always@(sel,a,b,c,d)
case(sel)
  2'b00: y = a;
  2'b01: y = b;
  2'b10: y = c;
  2'b11: y = d;
endcase
```

　　　　　　　　　　　　　（a）Verilog HDL による記述　　　　　　（b）SystemVerilog による記述

● **冗長な記述が不要に**

　Verilog HDL では，記述量が長くなってしまう部分があります．すでに説明した always_comb などでは，センシティビティ・リストが不要になりましたが，ほかにもいくつか改善された点があります．

1）ポートとその型の同時宣言

　Verilog HDL のポートとその型の宣言などは，数ヵ所に書く必要があります．これは煩雑な作業であり，ツールに読み込ませるときにどこかが不足しているなどの理由でエラーとなったことのある方もいらっしゃるでしょう．

　リスト 2-3 に示すように，SystemVerilog では 1 ヵ所でまとめてポートに関する定義を行えるようになりました．Verilog HDL の記述と比べてみると，コンパクトに記述できることがわかります．

2）センシティビティ・リストの区切り

　always 文ではセンシティビティ・リストを書きますが，大きなセレクタなどの場合，多くの信号を定義する必要があります．Verilog HDL では or で区切りますが，Verilog HDL 2001 や SystemVerilog ではコンマ（,）で区切ることもできます（リスト 2-4）．個人的には，or で区切ると信号名と同じアルファベットで記述されているので，やや可読性が低く感じます．一方，コンマで区切ると信号名とはっきり区別できます．ただし，SystemVerilog では always_comb や always_latch が導入されたため，

有効性を感じる場面は少ないかもしれません．

3) 1ビット信号の展開

SystemVerilogでは，ビット幅指定のない'0'，'1'，'x'，'z'は自動的に展開される機能が追加されています．ビット幅が大きい信号に対してall 0やall 1などを代入したい場合は，便利な記述方法だと思います．

● 階層に関する機能を多数追加

SystemVerilogでは階層に関する記述についても，記述量を減らすための機能や再利用のための機能などが追加されています．代表的なものを説明します．

1) ポート記述の.*

Verilog HDLでは，下位階層モジュールはインスタンスして使用していましたが，そのときにポートに対する接続方法としては，定義された順番で接続する方法と名まえによって明示的に接続する方法がありました．しかし，ポート数が多いと，どちらの方法でも記述がたいへんです．**図2-2**に示すように，SystemVerilogでは.*と書くことで接続する信号を自動的に推定してくれます．

また，.*と書く方法と名まえによって明示的に接続する方法を混在して使用することもできます．例えば，クロックやリセットのみを.*によって接続するなどが考えられます．ポートの接続を直接指定した場合，.*による接続よりも直接記述されたほうが優先されます．

2) トップ・レベル($root)の定義

SystemVerilogでは，taskやfunctionだけでなく，変数もモジュール内に定義します．このため，デバッグなどで共通に使いたいものは，**リスト2-5**のようにトップ・レベルに記述します．トップ・レベルにあるものはどの階層でも使用できます．これによって，デバッグや解析を効率良く行うことができます．

3) ネストしたモジュール

Verilog HDLでは，モジュールの中にモジュールを持つことはできませんでした．SystemVerilogではモジュールの中にモジュールを持つことができます．一つは大きなモジュールを論理的に分割するため，もう一つは下位モジュールを定義するためという二つの使いかたが想定されます．

大きなモジュールを論理的に分割した例を**リスト2-6**に示します．ただモジュールを分けるだけなら，あまり利点はないように思われるかもしれません．しかし，論理的な区切りをつけるためにポートを使用しなくてよいという特徴があります．また，下位階層の中で信号を定義できるので，トップ階層で定義する信号を減らせる場合もあります．

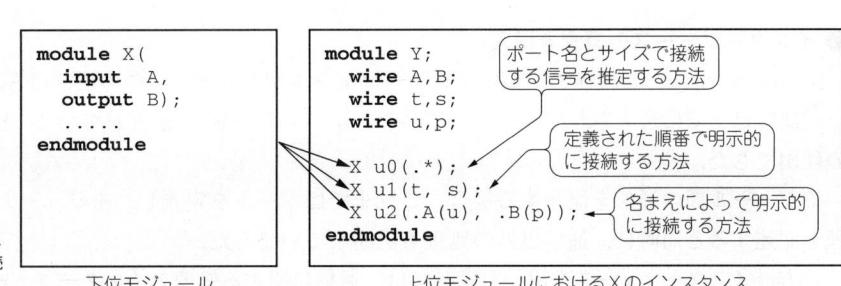

図2-2 ポート記述の.*
インスタンス時にポートに.*と書くことで，ポート名とサイズを見て接続する信号をツールが推定してくれる．

下位モジュール　　　　上位モジュールにおけるXのインスタンス

リスト2-5 トップ・レベル($root)の定義
Task, functionだけでなく変数も定義できる. これにより, デバッグ時にポートを使用しなくても, 下位階層にデータを渡すことが可能となる.

```
/*   ファイルの先頭    */
typedef int myint;

myint counter0;

function void incr( output myint   k );
   k = $root.counter++;;
   $display("entering left");
endfunction
.....
```

リスト2-6 論理的な分割のためにネストしたモジュール
論理的な分割を行うために, モジュールの中にモジュールを定義した. ポート定義が不要な点が特徴である.

```
module dff_nested(
   input d, ck, pr, clr,
   output q, nq);
  wire q1, nq1, nq2;

  module ff1;  // module定義
    nand g1b (nq1, d, clr, q1);
    nand g1a (q1, ck, nq2, nq1);
  endmodule
  ff1 i1;    //インスタンス
  // ....
endmodule
```

```
module part1(....);
  module and2(input a; input b; output z);
  ....
  endmodule
  module or2(input a; input b; output z);
  ....
  endmodule
  ....
  and2 u1(....), u2(....), u3(....);
  .....
endmodule
```

(a) 設計資産などではモジュール名の衝突が起こらないとは限らない

(b) ローカルなモジュールの記述例

図2-3 ローカルなモジュール定義
複数の異なったモジュールに同じ名まえが付けられることがある. 異なるグループが開発した場合, このような状況を未然に防げないことも珍しくない. モジュール命名ルールで逃げるという方法もあるが, SystemVerilogのローカルなモジュール定義を利用するのも有効である.

　モジュールの中で下位モジュールを定義できることは, これまでのVerilog HDLと大きく異なるところです. 新規に設計を行う場合, 異なったモジュールに同じ名まえが付くことはないと思います. しかし, 過去の設計資産などを活用すると, 異なったモジュールに同じ名まえが着けられていることがあります〔**図2-3(a)**〕. 下位モジュールを内部で定義することで, 再利用時にモジュール名が衝突したりすることがなくなるという利点があります. 下位モジュールを定義する場合の例を**図2-3(b)**に示します. このような機能をうまく使うことで, 再利用性を高めることができます.

● インターフェースの概念を導入
　SystemVerilogの新機能の一つにインターフェースがあります. この機能はSystemCやSpecCといった言語にはすでに導入されています. このことが「Verilog HDLが遅れている」と筆者が感じていた一番の理由でした.
　モジュール間の通信を記述する場合, これまではポートを定義し, モジュール本体に通信に関する処理を記述すると同時に, 通信以外の処理も記述していました.
　一方, インターフェースを用いた設計では, 通信に関する処理をインターフェースに実装し, モジュー

図2-4 インターフェースの利点
モジュール間の通信（インターフェース）では，ポート定義と通信用の記述を行う．これまでは，通信以外の処理の記述といっしょになってしまっていることが多く，通信方式の変更はかなりめんどうだった．インターフェースの概念を利用し，通信の処理を分離して記述すれば，通信方式の変更や再利用が容易になる．

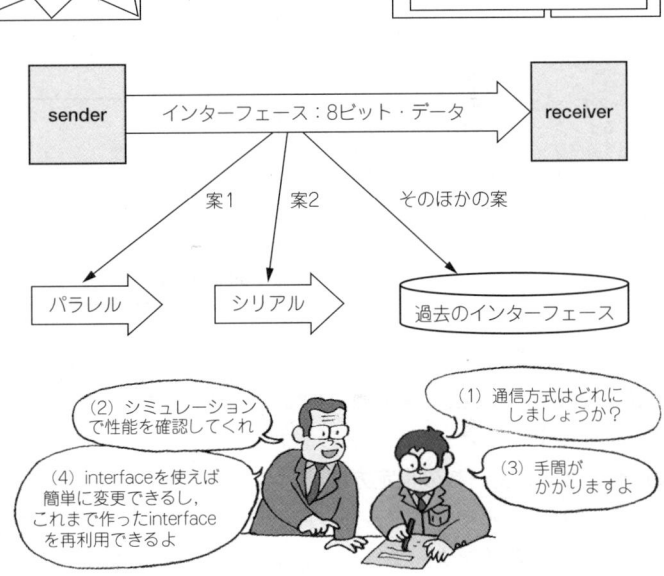

図2-5 インターフェースの交換
senderからreceiverに8ビット・データを送信するには，8ビットを一度に送るパラレル転送や1ビットずつ送るシリアル転送など，いくつかの方式がある．これらを簡単に交換できると，異なったインターフェースによる性能の違いをシミュレーションによって評価しやすくなる．インターフェースの概念を利用すると再利用性も向上するので，既存のインターフェースも容易に組み込むことができる．

ルには通信以外の処理を実装するようになります．通信の処理をインターフェースに詰め込んでいるので，設計者は使用するインターフェースを変更するだけで，異なった通信方式に対応できます（図2-4）．これにより，異なった通信方式を使ったシステムの性能評価が行いやすくなりました．

　図2-5の8ビット・データを転送する例をもとに，実際にどのようにインターフェースを使うのかを説明していきます．

1）senderとreceiverの作成

　すでにインターフェースがあって，図2-6（a）のようなタスクが存在する場合，モジュールを設計することができます．モジュールでは，使用するインターフェースを（必要な数だけ）ポート宣言します．

　図2-6（b）はsenderの設計例です．1回だけデータを送るモジュールで，interface Aのタスクwriteを呼び出して，データ8'b00001111を送信しています．

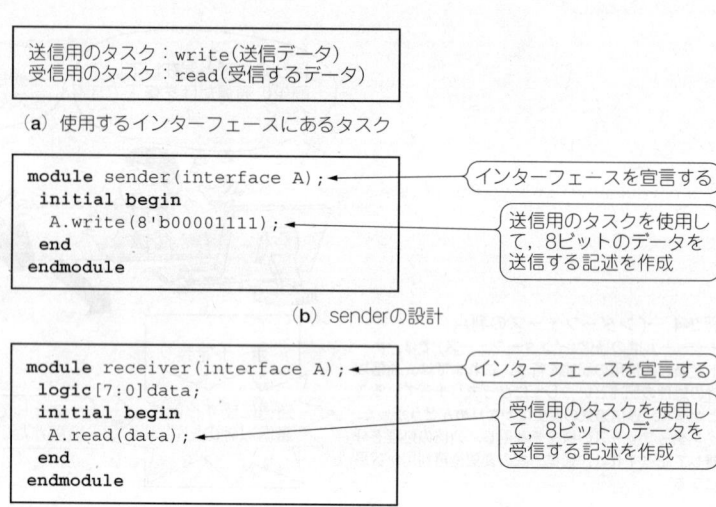

図2-6 インターフェースを用いたモジュールの作成
モジュールの設計では、使用するインターフェースをポート宣言し、用意されたタスクを使ってデータの送信や受信を行う。

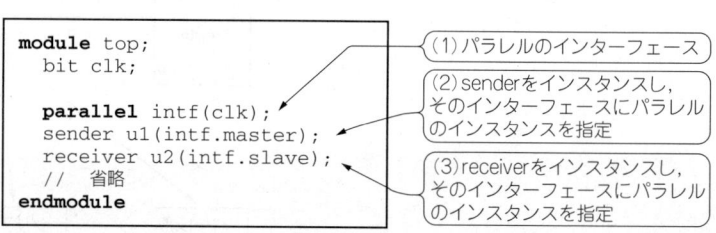

リスト2-7 インターフェースの指定と交換
使用するインターフェースをインスタンスし、それを使用するモジュールで指定すれば、設計は完了である。シリアル・インターフェースにしたい場合は(1)で定義した部分を serial intf(clk); に変更すればよい。

図2-6(c)はreceiverの設計例です。1回だけデータを受け取るモジュールで、interface Aのタスクreadによってデータを受信します。

2) インターフェースの指定方法

次に、パラレルやシリアルなどのインターフェースを指定する方法を、**リスト2-7**の例で説明します。まず、使用するインターフェースをインスタンスします。この例ではパラレルについてインスタンスし、インターフェースで必要な信号を与えています。次に、そのインターフェースを使用するモジュールをインスタンスすればよいのですが、このときインターフェースのインスタンスを指定することで、使用するインターフェースを決定したことになります。

インターフェースをパラレルからシリアルに変更する場合は、**リスト2-7**のパラレルのインスタンス行を serial intf(clk); に変更するだけです（インスタンス名を変えるなどして、変更することも可能）。再利用が容易なので、設計グループの間で一度記述したインターフェースを共有するしくみを作っておくとよいでしょう。

3) インターフェースの作成

実際のインターフェースの例を**リスト2-8**に示します。最初にパラレルというインターフェースを宣言し、その後で、必要な変数などの定義を行います。この例ではsenderからreceiverの方向にデータを流すので、方向性があります。そのためmodportにおいてmasterの信号はoutputで定義し、slaveの信号はinputで定義します。**リスト2-7**のsenderとreceiverのインスタンスを行うときに

リスト2-8 パラレル・インターフェースの例
インターフェースで必要なwriteとreadの二つのタスクを準備している．基本的な動作については，Verilog HDLを知っていれば問題なく理解できるだろう．

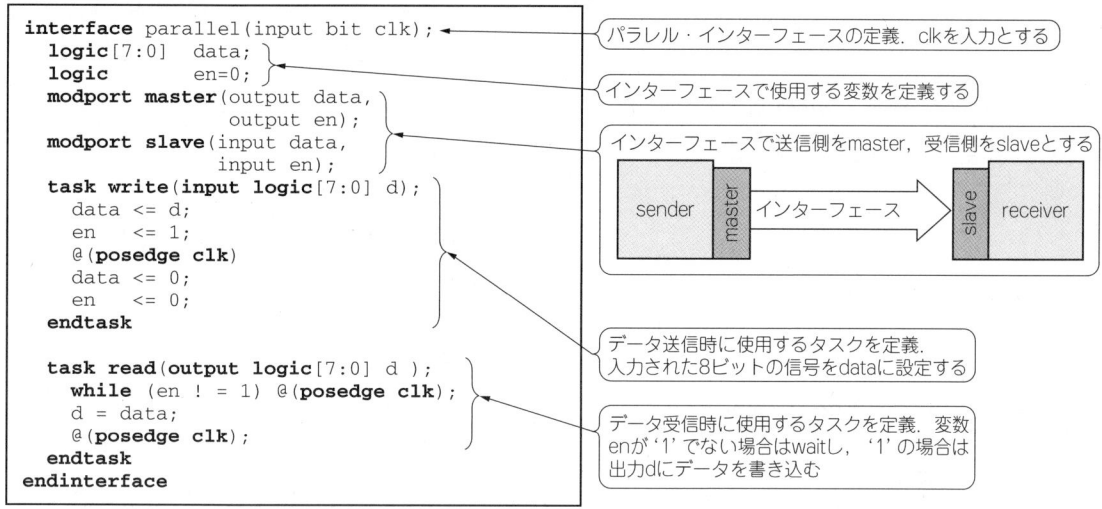

```
interface parallel(input bit clk);      ← パラレル・インターフェースの定義．clkを入力とする
  logic[7:0]   data;
  logic        en=0;                    ← インターフェースで使用する変数を定義する
  modport master(output data,
                 output en);
  modport slave(input data,             ← インターフェースで送信側をmaster，受信側をslaveとする
                input en);
  task write(input logic[7:0] d);
    data <= d;
    en   <= 1;
    @(posedge clk)
    data <= 0;
    en   <= 0;
  endtask                               ← データ送信時に使用するタスクを定義．
                                          入力された8ビットの信号をdataに設定する
  task read(output logic[7:0] d );
    while (en != 1) @(posedge clk);
    d = data;                           ← データ受信時に使用するタスクを定義．変数
    @(posedge clk);                       enが'1'でない場合はwaitし，'1'の場合は
  endtask                                 出力dにデータを書き込む
endinterface
```

表2-1 SystemVerilogの2値データ型
4値データ型では'0'，'1'，'X'，'Z'を扱う必要があるのに対して，2値データ型では'0'，'1'だけを扱う．2値のデータ型を使うことで，シミュレーションが高速になり，メモリ使用量も減る．

データ型	機能
shortint	2値，16ビット，符号付き整数
int	2値，32ビット，符号付き整数
longint	2値，64ビット，符号付き整数
byte	2値，8ビット，符号付き整数またはASCII
bit	2値，ユーザ指定サイズ，符号なし整数

intf.masterやintf.slaveと記述したのは，**リスト2-8**のmodportのmasterとslaveになるためです．

● **さまざまな2値のデータ型を用意**

最近のCベース設計の環境は，設計抽象度の引き上げによる検証速度の向上をねらっている場合が多いようです．一方，SystemVerilogではRTLをコンパクトに記述する機能や検証しやすくするための機能は追加されましたが，シミュレーション速度については，言語レベルではあまり改善されていないように見えます．

シミュレーション速度に関連する改善点としては，2値のデータ型を多く用意したことが挙げられます（**表2-1**）．4値のデータ型が不要な場所で2値のデータ型を使用すれば，シミュレーション速度は向上します．

● **アサーションやランダム生成などの検証機能を標準装備**

Verilog HDLには検証に対するサポートが弱いという問題があります．そのため，最近ではテストベンチの作成にC/C++やe言語，Veraを使用する例が増えています．

SystemVerilogでは，検証のための機能の多くをVeraの言語仕様から持ってきています．標準化され

条件を評価して
"pass(条件が真)"するとpass_statementを実行
"fail(条件が偽)"するとfail_statementを実行

```
assert(条件) pass_statement else fail_statement;
```

記述例

```
assert (foo) $display("pass"); else $display("fail");

assert (y==0) else flag = 1;
```

図2-7 Immediate Assertion
チェックしたときの条件が成り立つか成り立たないかによって，処理を変更する．このようなアサーションを記述中に埋め込むことで，早い段階でエラー箇所を特定できるようになる．

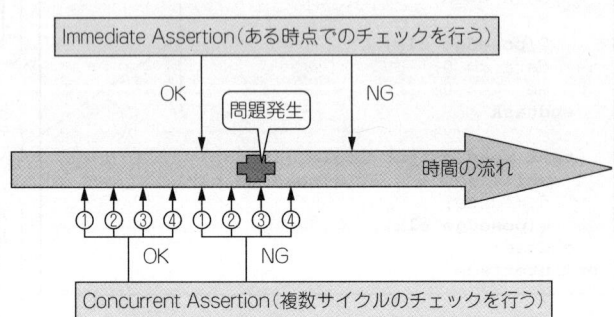

図2-8 Immediate AssertionとConcurrent Assertion
Immediata Assertionでは，ある時点の値だけで動作を判断するしかない．そのため，異常を検出しても，問題が発生したのはずっと前のサイクルである可能性がある．一方，Concurrent Assertionは複数サイクル(複数の時点，ここでは①，②，③，④)の値で判断する．そのため，Immediate Assertionの場合よりも問題箇所を特定しやすい．

たことにより，今後は多くのEDAベンダの検証ツールでSystemVerilogが利用できるようになると思われます．設計と検証を一つの言語で行えることは，設計者にとっては利点となります．

追加された検証機能について，順番に説明していきます．

1) 二つのアサーション

SystemVerilogでは即時アサーションと並列(コンカレント)アサーションという二つのアサーションが用意されました．即時アサーションは，その文が評価されたときに条件を満たしているかどうかをチェックするものです．これに対して並列アサーションは，複数サイクルにまたがった条件をチェックするものです．

図2-7は即時アサーションの記述例です．VHDLのassert文と似ていますが，条件によって実行する文を切り替えることができます．回路中のさまざまな制約(例えば，「信号Xは0にならない」とか「信号Yは255を超えない」など)を記述中に埋め込むことで，エラーが発生したときにエラー箇所を特定することが容易になります．エラーが発生したときは「何が原因で，どこで発生したのか」を突き止めることが最初の仕事になります．アサーションは，その解析を容易にしてくれます．ただし，この即時アサーションでは，ある時点の信号しか見ておらず，複数サイクルの動作をチェックすることはできません．

図2-8のように時間が経過しているシステムの場合，ある時点の信号だけを見て，回路の動作の正誤を判定することは容易ではありません．判断できたとしても，最初の問題が発生してから，かなりの時間が経過しているということが一般的だと思います．並列アサーションでは，複数のサイクルの動作をチェックすることができます．複数のサイクルでチェックする項目のことをプロパティと呼びます．記述例とプロパティを**図2-9**に示します．

プロパティはクロック単位の動作で記述します．Verilog HDLでは#で遅延を表現しましたが，

第2章 記述能力,再利用性,検証機能を強化したSystemVerilog

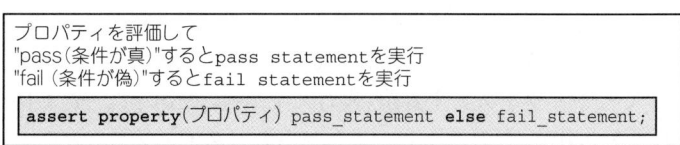

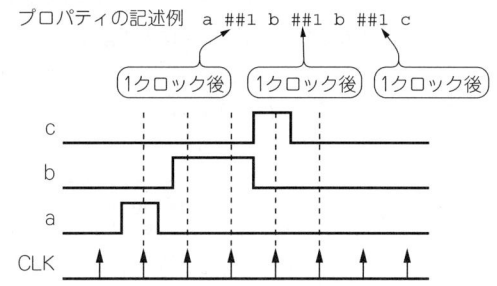

図2-9 並列アサーションの例
assert propertyで始まる記述が並列アサーションとなる。プロパティの真偽によって実行する文を選択する。プロパティの記述例では,タイミング・チャートの動きを指定している.

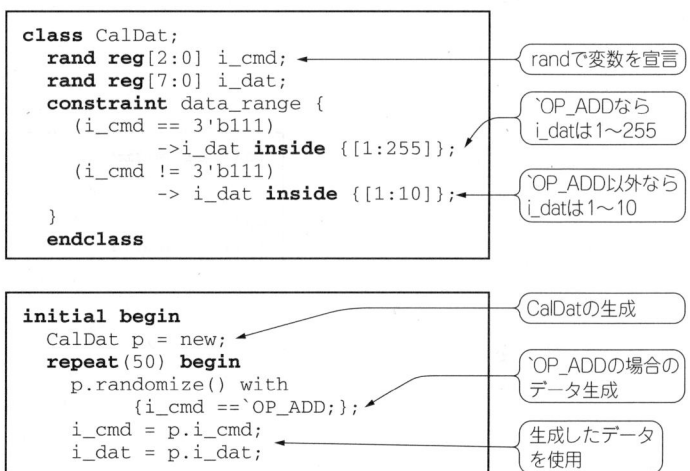

リスト2-9 ランダム・テスト生成
randをつけて宣言すると,シミュレーション・パターンをランダム生成することができる. constraintによって生成するパターンに制約を与えることで,むだなパターンをできるだけ生成しないようにする.

SystemVerilogでは##でクロックを指定することになります.

　図2-9の例ではタイミング・チャートで示している信号aが'1'になってから4サイクルの動作を定義しています.このプロパティを2回繰り返す場合は,[*2]を使うことで,a ##1 b[*2]##1 cのようにコンパクトに記述できます.

2) ランダム・テスト生成
　SystemVerilogでは,リスト2-9のように変数にrandを付けることで,ランダムなシミュレーション・パターンを生成できます.中にはランダム生成と聞くだけで拒否反応を示す人もいるようですが,制約を与えながらランダムなパターンを生成することで,シミュレーションを効率化できます.また,アサーションとランダム・テスト生成を組み合わせて利用する方法も有効です.

3) サイクル・ベースのテストベンチ記述
　これまでのVerilog HDLでは,テストベンチは基本的には遅延時間を使って記述していました.

SystemVerilogではクロッキング(clocking)というしくみを導入し、クロックを基本としたテストベンチを作成します。クロッキングでは、クロックに対していつデータを出力するか(出力スキュー)、また、いつデータを入力するか(入力スキュー)について、テストベンチとは別に指定することができます(**リスト2-10**)。これにより、入力や出力のタイミングを変更することなどが容易になります。

4) DPI (Direct Programming Interface)

C言語の関数をSystemVerilogで取り扱ったり、SystemVerilogの関数をCプログラムの中で利用するためのしくみとして、DPI (Direct Programming Interface) が用意されています[注2-1]。例えば、**リスト2-11**のようにC言語の関数をSystemVerilogから呼び出すことが可能です(逆も可能)。SystemVerilogでは**図2-10**に示すように、C/C++のデータ型が多く導入されました。DPIやさまざまなデータ

リスト2-10
clocking domain 定義とテストベンチ
clocking domain は、クロック(立ち上がり)に対していつデータを入力し、いつ出力するかを定義する。従来、テストベンチ記述では、#を使って遅延を定義していた。SystemVerilog では、##によってクロック数を指定することができる。

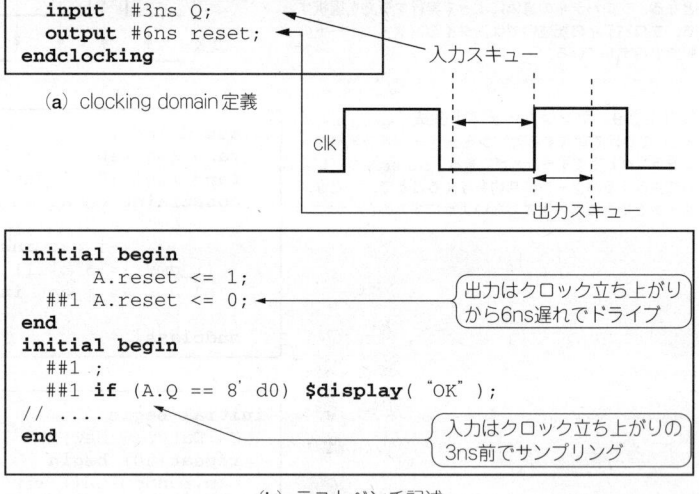

```
clocking A @(posedge clk);
    input  #3ns Q;
    output #6ns reset;
endclocking
```
(a) clocking domain 定義

```
initial begin
      A.reset <= 1;
  ##1 A.reset <= 0;
end
initial begin
  ##1 ;
  ##1 if (A.Q == 8'd0) $display( "OK" );
// ....
end
```
(b) テストベンチ記述

入力スキュー
出力スキュー
出力はクロック立ち上がりから6ns遅れでドライブ
入力はクロック立ち上がりの3ns前でサンプリング

リスト2-11 DPI (Direct Programming Interface)
C言語の関数をSystemVerilogで使用する場合、import宣言を利用する。SystemVerilogの関数をC言語で使用する場合は、SystemVerilogでexport宣言を行い、C言語でextern定義を行う。

```
module TEST;
  import "DPI" function void
    slave_write(input int adr, input
                             int dat);
  export "DPI" function write();

  function void write(int adr, int
                              dat);
    slave_write(adr, dat);
  endfunction
  //....
endmodule
```
(a) SystemVerilog の記述

```
#include "svdpi.h"
extern void write(int, int);

void slave_write(const int I1, const
int I2)
{  /* ..... */
}
```
(b) C言語の記述

注2-1：C言語とのインターフェースという意味で、「DPI-C」と呼ぶこともある。

図 2-10　SystemVerilog で使用できる代表的なデータ型
多くのデータ型がサポートされたことでモデリングが容易になり，C言語とのリンクも簡単に行える．これらのデータ型をどう使っていくかは，設計者の裁量に任されている．

型をいかに活用するかは，設計者の腕の見せどころとなるでしょう．

● 「検証に対する機能」の導入は少し敷居が高い

　SystemVerilog の新しい機能は，大きく以下の三つに分類することができます．
- RTL 記述に関する機能
- モデリングを容易にする機能
- 検証に対する機能

　「RTL 記述に関する機能」は，これまでの設計手法を変えずに適用できます．また，設計上のミスが減り，記述量が減るという利点があります．

　「モデリングを容易にする機能」のうち，筆者がいちばん注目したのは C 言語の多くのデータ構造をサポートしたことです．これは，従来，C/C++ で作成していたモデルを SystemVerilog でも作成できるようになったと言い換えることもできます．また，DPI を使えば，C 言語と SystemVerilog の間で関数をお互いに利用し合うことが可能です．interface 文などの導入により，インターフェース（通信方式）を再利用しやすくなることも，モデリングを容易にすると思います．C 言語と Verilog HDL の知識があれば，これらの機能は容易に導入できます．

　「検証に対する機能」は効率的な検証を行ううえで重要な機能ですが，導入に対して少し敷居が高い機能になると思います．今後は，プロパティとランダム・テスト生成をうまく使いこなせるかどうかが，設計者，もしくは検証エンジニアにとって重要となってきます．

参考文献
(1) SystemVerilog のホームページ，http://www.systemverilog.org/

第2部

SystemVerilog 構文 編

SystemVerilog設計スタートアップ

第3章
Verilog HDL 文法ガイド

小林 優

ここでは，SystemVerilogのベースとなっているVerilog HDLの文法について，「記述スタイル」と「文法ガイド」に分けておさらいする．Verilog HDL 2001では，それまで文法的にあいまいとされてきた部分などが修正されている．　　　　　　　　　　　　　　　　　　　　　　　　　　　　　　（編集部）

記述スタイル

Verilog HDLは，1995年にIEEE 1364として標準化されましたが，その後さまざまな修正と拡張が行われ，2001年にIEEE 1364-2001として新しい標準になりました．既存の機能もそのまま使えるように，仕様追加の形で改訂されています．

そこで，新たにHDL設計を始める方でもわかるように，Verilog HDL 2001の文法を「記述スタイル」と「文法ガイド」に分けて解説します．なお，記述スタイルの項では，新旧両方のスタイルが可能な場合には併記せず，新スタイルのみを紹介しています．文法ガイドの項では両方を併記しています．

3-1 モジュール構造

● 基本構造

　回路を記述する基本構造がモジュールです（図3-1）．モジュールは予約語のmoduleとendmoduleで囲まれ，回路表現からテストベンチ（検証用の記述）まで，すべてこの中で記述します．moduleに続きモジュール名，ポート・リストを記述します．モジュール名やポート名などの識別子には英数字と＿（アンダ・スコア）が使え，大文字小文字を区別します．

　ポート・リストでは，入力/出力の方向，データ型，ビット幅，端子名を定義します〔リスト3-1(a)〕．双方向ポートはinoutを用います．ビット幅の表現は[0:31]や[32:1]も可能ですが，[MSB:LSB]として扱います．ポートの宣言をかっこの外で定義するスタイルもあります（p.45の3-2-6節，「generateによる回路の繰り返し」の項で説明）．

● 宣言部でネット信号や変数などを宣言

　モジュールの最初に，内部で使用する信号の宣言を行います．
　ネット宣言〔リスト3-1(b)〕では，回路記述で使用するネットをあらかじめ宣言します．ネット宣言

```
module モジュール名(
ポート・リスト
);

    変数宣言
    ネット宣言
    パラメータ宣言


    モジュール構成要
    素
        assign
        function
        always
        generate
        下位モジュール接続など

endmodule
```

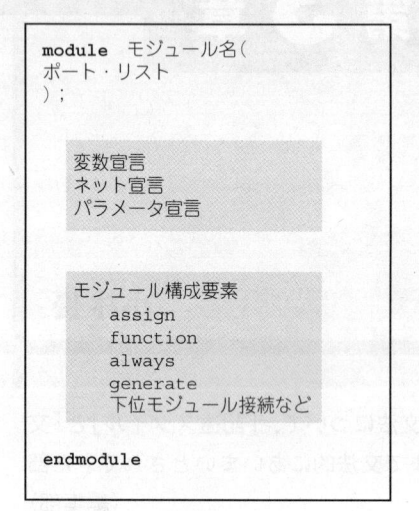

図3-1 モジュール構造
回路記述もテストベンチも，すべてこのモジュール構造で記述する．さらに1モジュールは1ファイルで記述し，ファイル名とモジュール名を一致させておくとよい．

リスト3-1 各種宣言例

```
module MODULE_NAME (
input    wire       CLK, RST,            // 入力
input    wire  [15:0] BUS1, BUS2,        // 入力バス信号
output   reg        BUSY,                // 出力
inout    wire  [31:0] DBUS               // 双方向バス信号
);
```
(a) ポート・リスト

```
wire   ENBL;
wire   [15:0] BUS;                   // バス信号
wire   signed [31:0] DOUT;           // 符号付き32ビット
wire   #3000 TRIG;                   // 遅延付加ネット
wire   (strong0, pull1) #100 OC_OUT = TRIG;
                                     // オープン・コレクタ
```
(b) ネット宣言

```
reg    FF1, FF2;                     // フリップフロップ
reg    [3:0] CNT4;                   // 4ビット・カウンタ
reg    [7:0] MEM [0:1023];           // 1Kバイト・メモリ
```
(c) 変数宣言

```
parameter  STEP=1000;                // 1クロック周期
parameter  WAIT=2'b00, INIT=2'b01, ACTION=2'b10;
                                     // ステート名
parameter  MEMSIZE=1024;             // メモリ・サイズ
reg    [7:0] MEM [0:MEMSIZE-1];      // 1Kバイト・メモリ
```
(d) パラメータ宣言

では信号強度や遅延を付加することもできます．ネット型にはwireのほかに**表3-3**（本章の文法ガイド，p.53）に示すようなものがあります．

多ビットの信号は，デフォルトで符号なしとして扱います．符号付きの信号にする場合には，予約語のsignedを付加します．これにより，演算時に符号拡張などが自動で行われます．

変数宣言〔**リスト3-1(c)**〕では，フリップフロップやラッチなどの値を保持する信号を定義します．メモリは配列として定義します．メモリをビット単位でアクセス（代入や参照）する場合は，mem[0][5]のようにします．これは，0番地のビット5です．変数には**表3-2**（文法ガイド，p.52）に示すタイプがあります．integerはテストベンチの中でよく用いられます．

パラメータは定数の代わりの識別子として用います〔**リスト3-1(d)**〕．例えば1クロックの周期やメモリ・サイズなどです．値を変えてシミュレーションし直すときに重宝します．また，ステート・マシンの状態名に使うことで記述の可読性が向上します．

● コメントは2種，フリー・フォーマット

コメントは，

- /*～*/　　　… 複数行コメント

- //で始まり行末まで　…　1行コメント

があります．フリー・フォーマットなので，記述を見やすくするためにスペースやタブ，改行を自由に挿入できます．

```
assign  NA    = ~( IN1 & IN2 );         // 2入力NAND
assign  DOUT  = (SEL==1'b1) ? D1: D0;   // セレクタ
assign  CARRY = (CNT10==4'h9);          // けた上がり信号
assign  SUM   = A + B;                  // 加算回路
```

（a）記述例

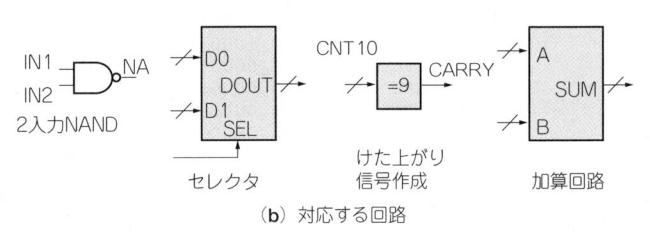

（b）対応する回路

図3-2　assignによる組み合わせ回路
assignだけでどこまで回路が書けるか挑戦しているような，assignだらけの記述を見たことがある．assignの多用は可読性が悪く，保守性が悪くなるので注意すること．if～elseやcaseを使うとすっきり書けることが多い．

リスト3-2　宣言と同時に回路を記述

```
wire [15:0] A, B;
wire [15:0] SUM = A + B;
```

3-2　RTL記述

　RTLとは，意訳すれば「詳細なブロック図レベル」です．ANDゲートやORゲートを記述したりフリップフロップを並べるのではなく，セレクタやカウンタのレベルで記述します．これがRTLです．
　RTLの記述には，以下の五つの記述スタイルがあります．
- assignによる組み合わせ回路
- functionによる組み合わせ回路
- alwaysによる組み合わせ回路
- alwaysによる順序回路
- 下位モジュール接続

3-2-1　assignによる組み合わせ回路

　論理式1行で記述できる組み合わせ回路は，assignで記述できます．図3-2に例を示します．信号が1ビットか多ビットかは宣言で決まります．したがってセレクタや加算回路などの記述はビット数に影響されません．
　assignにより，AND，ORなどのゲート回路から，セレクタ，加算回路なども記述できます．関係演算子(==や<=など)は真のとき'1'，偽のとき'0'となるので，図3-2のけた上がり信号(CARRY)のようなこともできます．また，ネット型の信号宣言と，この信号に対する代入を一度に記述することができます(リスト3-2)．
　各代入文は同時に実行されます．記述が前後しても動作に違いはありません．「代入」というより「接

リスト 3-3　3 to 8 デコーダ

```systemverilog
module DEC3TO8_FUNC (
input    wire [2:0] DIN,
output wire [7:0] DOUT
);

function [7:0] DEC (
input [2:0] DECIN
);
begin
    case ( DECIN )
        3'h0:     DEC = 8'b0000_0001;
        3'h1:     DEC = 8'b0000_0010;
        3'h2:     DEC = 8'b0000_0100;
        3'h3:     DEC = 8'b0000_1000;
        3'h4:     DEC = 8'b0001_0000;
        3'h5:     DEC = 8'b0010_0000;
        3'h6:     DEC = 8'b0100_0000;
        3'h7:     DEC = 8'b1000_0000;
        default: DEC = 8'bx;
    endcase
end
endfunction

assign DOUT = DEC( DIN );
endmodule
```

(a) function によるデコーダ

```systemverilog
module DEC3TO8_ALWAYS (
input    wire [2:0] DIN,
output reg  [7:0] DOUT
);

always @*
begin
    case ( DIN )
        3'h0:     DOUT = 8'b0000_0001;
        3'h1:     DOUT = 8'b0000_0010;
        3'h2:     DOUT = 8'b0000_0100;
        3'h3:     DOUT = 8'b0000_1000;
        3'h4:     DOUT = 8'b0001_0000;
        3'h5:     DOUT = 8'b0010_0000;
        3'h6:     DOUT = 8'b0100_0000;
        3'h7:     DOUT = 8'b1000_0000;
        default: DOUT = 8'bx;
    endcase
end
endmodule
```

(b) always によるデコーダ

続」と考えたほうがわかりやすいでしょう．

3-2-2　function による組み合わせ回路

　論理式1行で記述できないような組み合わせ回路，例えばデコーダやROMなどはfunctionを用いて記述します．ファンクション内では，if ～ else や case などの制御構造を使用できるので，複雑な組み合わせ回路を簡潔に記述できます．**リスト 3-3**（**a**）にfunctionによる3 to 8デコーダの記述を示します．3ビット入力DINの値をデコードし，8ビット出力DOUTの中の1ビットだけが'1'となる回路です．

　ファンクションは，予約語functionの後に戻り値のビット幅，ファンクション名，そしてファンクションの入力宣言と続きます．このファンクションの本体は，case文が一つだけです．入力DINに対して8通りに分岐し，一致した文を実行します．ファンクションの戻り値は，ファンクション名に直接代入することで行われます．case文とファンクションは，それぞれendcase，endfunctionで終わります．

　複数の文をまとめて一つの文として扱うときはbegin ～ endを使います．**リスト 3-3**の例ではファンクション内はcase文しかありませんが，念のため付けておきました．文の末尾にはかならず；（セミコロン）を付けます．しかし，end ～ の予約語で終わっている場合は不要です．

　ファンクションは定義側なので，呼び出し側が必要です．assignでファンクションDECを呼び出し，DOUTに代入してデコーダの記述は完了です．

3-2-3 alwaysによる組み合わせ回路

組み合わせ回路をalwaysで記述することも可能です．先ほどのデコード回路を，alwaysを用いて記述してみました〔**リスト3-3(b)**〕．

alwaysによる組み合わせ回路の要点は，
- 出力をreg宣言する
- alwaysの@以降（イベント式ともいう）にすべての入力を記述する
- alwaysの中に動作（出力に対する代入文）を記述する

となります．

alwaysは「無限ループ」であり，@は「待ち」を作ります．@以降に記述された信号に変化があるときに，「待ち」が解除し，always内部を実行します．つまり，入力が変化すれば，出力に対する代入文を実行することになります．結局，組み合わせ回路になります．

リスト3-3(b)では@*と記述していますが，この*は，「入力信号のいずれか」を意味します．つまり，

@(入力信号, 入力信号, 入力信号, …)

とするところを省略して記述しています．多数の入力がある場合，簡潔に記述できます．

3-2-4 alwaysによる順序回路

順序回路とは，値を保持するフリップフロップやラッチを含む回路です．alwaysを使って記述します．組み合わせ回路とは記述スタイルが若干異なります．

リスト3-4 ラッチの記述

```
module LATCH  (
input    wire G, D,
output   reg  Q
);

always @* begin
    if ( G==1'b1 )
        Q = D;
end

endmodule
```

● ラッチ（レベル・センシティブ）

ラッチは**リスト3-4**のように記述します．@*が使われているので，入力GとDのいずれかが変化したとき，begin～end内を実行します．一見組み合わせ回路の記述と同じですが，値を保持するラッチになります．動作を説明します．

内部のif文により，
- G＝1 … DからQへデータが筒抜け
- G＝0 … Dが変化してもQは変化しない

となり，値を保持します．

組み合わせ回路になるかラッチになるかは，じつは紙一重です．組み合わせ回路を記述したつもりで

リスト3-5 リセット付きDフリップフロップの記述

```
module DFF_SYNC_RST (
input    wire CK, RB, D,
output   reg  Q
);

always @( posedge CK ) begin
    if ( RB==1'b0 )
        Q <= 1'b0;
    else
        Q <= D;
end

endmodule
```
(a) 同期リセット

```
module DFF_ASYNC_RST (
input    wire CK, RB, D,
output   reg  Q
);

always @( posedge CK, negedge RB ) begin
    if ( RB==1'b0 )
        Q <= 1'b0;
    else
        Q <= D;
end

endmodule
```
(b) 非同期リセット

も，値を保持するような記述の場合，論理合成ツールは忠実にラッチを生成してしまいます．

● フリップフロップ（エッジ・センシティブ）

　Dフリップフロップの記述例を**リスト3-5**に示します．クロックCKの立ち上がりでデータを取り込み，リセットRBが'0'のときリセットします．**リスト3-5（a）**は同期リセット付き，**リスト3-5（b）**は非同期リセット付きです．

　同期リセット付きでは，出力が変化する条件はCKの立ち上がり（positive edge）だけなので，always文のイベント式は(posedge CK)だけです．そしてRBが'0'ならリセットし，'0'でなければD入力の値をQ出力に伝えます．

　一方，非同期リセット付きでは，RBの立ち下がり（negative edge）もイベント式に含まれ，CKとは非同期にリセットします．結局，同期か非同期かの違いは，イベント式に含むか含まないかです．

● 代入記号は2種類ある

　値を保持する変数には，＝と<=の2種類の代入記号を使うことができます．＝は順次処理向き，<=は同時処理に向いた代入記号です．一般に，順序回路の記述では<=，組み合わせ回路の記述やテストベンチでは＝を使います．

● カウンタとシフト・レジスタ

　フリップフロップの応用として，カウンタとシフト・レジスタの例を示します．**リスト3-6（a）**はロード優先のイネーブル付きカウンタです．ロード信号LDが'1'ならパラレル・ロードし，イネーブル信号ENが'1'ならカウント・アップします．**リスト3-6（b）**はイネーブル付きのシリアル-パラレル変換シフト・レジスタです．連接演算を使ってシフト動作を実現しています．

3-2-5 下位モジュール接続

　別途定義したモジュールを，上位階層で接続することもできます．機能的にまとまった単位でモジュール化し，これらを接続して一つの階層を作り，さらにこれらを上位階層で接続して…というような階層

リスト3-6 カウンタとシフト・レジスタ

```
module COUNTER4 (
input    wire          CK, RB, LD, EN,
input    wire  [3:0]   D,
output   reg   [3:0]   Q
);

always @( posedge CK, negedge RB ) begin
    if ( RB==1'b0 )
        Q <= 4'h0;
    else if ( LD==1'b1 )
        Q <= D;
    else if ( EN==1'b1 )
        Q <= Q + 4'h1;
end

endmodule
```

(a) ロード，イネーブル付きカウンタ

```
module SHIFT4 (
input    wire          CK, RB, SI, EN,
output   reg   [3:0]   Q
);

always @( posedge CK, negedge RB ) begin
    if ( RB==1'b0 )
        Q <= 4'h0;
    else if ( EN==1'b1 )
        Q <= {Q[2:0], SI};
end

endmodule
```

(b) イネーブル付きシフト・レジスタ

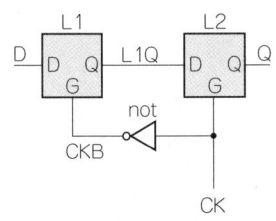

(a) ラッチ接続によるフリップフロップ

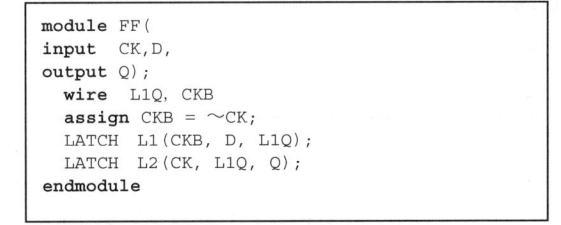

```
module FF(
input  CK,D,
output Q);
  wire L1Q, CKB;
  assign CKB = ~CK;
  LATCH L1(CKB, D, L1Q);
  LATCH L2(CK, L1Q, Q);
endmodule
```

(b) ラッチ接続によるフリップフロップのVerilog HDL記述

図3-3　フリップフロップ回路
ここで示したフリップフロップは，モジュール接続の例として出した．実際のフリップフロップは，リスト7に示したように`always`を使って記述する．

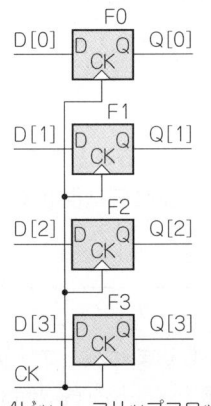

(a) 4ビット・フリップフロップ

```
module FF4(
input          CK,
input  [3:0]   D,
output [3:0]   Q );
  FF F0( .D(D[0]), .Q(Q[0]), .CK(CK) );
  FF F1( .D(D[1]), .Q(Q[1]), .CK(CK) );
  FF F2( .D(D[2]), .Q(Q[2]), .CK(CK) );
  FF F3( .D(D[3]), .Q(Q[3]), .CK(CK) );
endmodule
```

(b) 4ビット・フリップフロップのVerilog HDL記述

図3-4　4ビット・フリップフロップ
名まえによる接続は順番に依存しないので，誤りの入る余地が少ない．確実な設計を目指すのならこれを使うべきだが，記述の手間がかかるのが難である．Perlスクリプトなどを使ってポート・リストを自動生成する簡易ツールを作った例もあるようだ．

設計が可能です．

図3-3では，リスト3-4のラッチを二つ接続してフリップフロップを作成しています．内部で使用す

リスト3-7　generateとif文

```
module FF(
input    CK, D,
output   Q );

parameter ff_type = 0;

generate
if (ff_type==0) begin
    /* ラッチ接続によるFF */
    wire L1Q, CKB;
    assign CKB = ~CK;
    LATCH L1 ( CKB, D, L1Q );
    LATCH L2 ( CK,  L1Q, Q );
end
else if (ff_type==1)  begin
    /* alwaysによるFF */
    reg  Q_reg;
    always @( posedge CK ) begin
       Q_reg <= D;
    end
    assign Q = Q_reg;
end
endgenerate

endmodule
```

リスト3-8　generateとfor文

```
module FF4( CK, D, Q );
parameter width = 4;
input              CK;
input  [width-1:0] D;
output [width-1:0] Q;

generate
    genvar i;
    for (i=0; i<width; i=i+1 )
    begin: ff_loop
        /* FFの接続 */
        FF F0 ( .D(D[i]),
                .Q(Q[i]), .CK(CK) );
    end
endgenerate

endmodule
```

る二つの信号L1QとCKBは値を保持しないので，ネット型（wire）で宣言しています．

　下位モジュールの接続は次のように行います．接続するモジュール名に続き，インスタンス名（この場合はL1，L2）を記述します．さらにかっこ内に接続する信号をコンマで区切って並べます．記述順にモジュール定義側と接続されます．順番をまちがえると，正しく接続されません．

　図3-4はこのフリップフロップを4個接続して4ビット・フリップフロップを構成したものです．ここでは入出力において，名まえによる接続を行っています．

　　.定義側ポート名（接続信号名）

とすることで順番が任意になります．モジュール接続時にポート数が数十になることも珍しくないので，順番が任意であることは有用です．ただし，順番による接続と名まえによる接続は混在できません．

3-2-6　そのほかのRTL記述

● generateによる回路の切り替え

　図3-3のフリップフロップの記述は確かに動作しますが，現実的ではありません．フリップフロップには適した記述があり，通常alwaysを使います．これら2種類の記述をgenerateとif文を用いて切り替えてみました（リスト3-7）．

　generate～endgenerate内にif～elseの構造で2種類のフリップフロップを記述し，パラメータ宣言した定数ff_typeによって切り替えています．generate内には回路記述で使う大半の構文を記述できます．ポートやモジュール内で宣言した信号にアクセスできるので，CKやD入力を参照し，出力Qに信号を与えています．

parameterは定数なので，このままではつねにラッチ接続のフリップフロップになってしまいますが，上位階層でこのモジュールを接続するときに，

```
FF #(.ff_type(1)) F1(CK, D, Q);
```

とすることで，ff_typeに値を与えることができます．parameterはデフォルト値として扱われます．

● generateによる回路の繰り返し

generate内にはfor文を記述できるので，これを利用することで回路を繰り返し接続できます．リスト3-8は，図3-4をgenerateを使って書き換えたものです．generate内部にローカルな変数iをgenvarを使って宣言し，for文のループ変数にしています．これを接続する多ビット信号のビット選択に使っています．

この記述では，ビット幅をパラメータ宣言を使って定義しました．前の例と同じように，このモジュールを上位階層で接続するときに任意のビット幅にすることができます．パラメータ宣言は，ポート・リストのかっこ内に位置できないので，今までと異なったスタイルでポートを宣言しています．モジュール名に続き，かっこ内でポート名だけをリストし，モジュール内でポートの方向やビット幅を定義しています．

3-3 テストベンチの基本

回路記述はシミュレーションにより検証します．このためには，検証対象となる回路に信号を与え，状態を観測するための記述が必要です．これがテストベンチです．設計した回路（モジュール）のファイル内にテストベンチを含めることも可能です．しかし，後々論理合成を用いてFPGAやASICに実装するので，図3-5のようにテストベンチは階層に分けて記述するのが一般的です．逆に言えば，テストベンチは論理合成対象外なので，Verilog HDLの記述力を最大限に利用できます．

リスト3-9に図3-4の4ビット・フリップフロップをテストするためのテストベンチを示します．記述のための必要事項を順を追って説明します．

1）ポートのないモジュール

この階層は最上位階層に位置するので，外部とやり取りするポートは不要です．ポートがありません

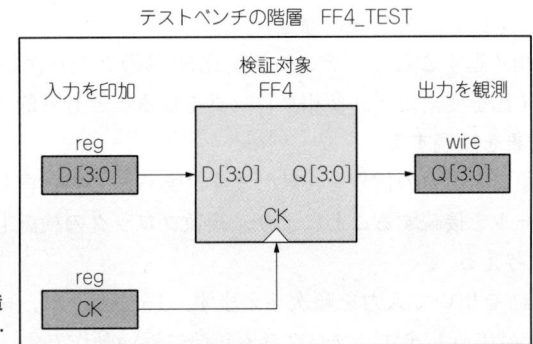

図3-5 シミュレーション時のモジュール構造
検証対象の一つ上の階層でテストベンチを作成する．
ここで入力を与えて出力を観測するしくみを作る．

リスト3-9　4ビット・フリップフロップのテストベンチ

```
module FF4_TEST;
reg         CK;         // 入力にはreg宣言した信号を接続
reg  [3:0]  D;
wire [3:0]  Q;          // 出力にはwire宣言した信号を接続

parameter STEP = 1000;  // 1周期を1000ユニットに

always begin            // クロックの作成
    CK = 0; #(STEP/2);
    CK = 1; #(STEP/2);
end

FF4 FF4( CK, D, Q );    // 検証対象の接続

initial begin
            D = 4'h0;   // 入力の設定
    #STEP   D = 4'h5;
    #STEP   D = 4'ha;
    #STEP   D = 4'hf;
    #STEP   $stop;
end

endmodule
```

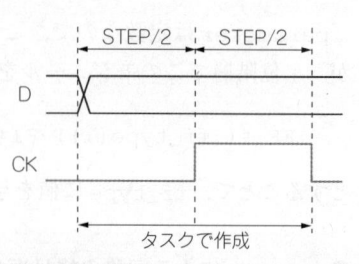

図3-6　入力波形
タスクは効果的な検証には欠かせない手段．バス動作を記述したり，入出力のシーケンスを記述したりと，用途は無数にある．

から，モジュール名の後はセミコロンで終わります．

2) 入力を用意する

検証対象回路に外部から信号を与えるため，変数宣言で信号を定義しておきます．**リスト3-9**では，FF4に与えるクロックとD入力を変数宣言しています．一方，出力はwireを使ってネット宣言しておきます．

また，1クロックの周期もパラメータ宣言を用いて定義しておきましょう．この場合，1ステップ1,000ユニットです．ユニットとは，シミュレーション時の時間の最小単位です．ユニットと実時間の対応は，コンパイラ指示子の`timescaleを使います(文法ガイドを参照)．

3) クロックを作成する

シミュレーション中つねにクロックを発生させるためには，alwaysを用いて記述します．#は遅延を意味します．

- CKを'0'にして半周期遅延
- CKを'1'にして半周期遅延

これを繰り返すことで，デューティ比50％のクロックCKを作成できます．遅延量をくふうすれば，デューティ比を変えたり，多相クロックを作ることも可能です．

4) 検証対象を接続する

検証対象に入出力の信号を接続します．あらかじめ宣言しておいた変数やネットを接続します．複数のモジュールを接続することにより，複数ブロックの検証も可能です．

5) 入力を与える

initialを用いて入力を順次与えます．initialは，alwaysと対称的に，シミュレーション開始後に1回だけ実行します．プログラム言語に近い動作です．ただし，alwaysやinitialはいくつでも

リスト3-10　タスクを用いたテストベンチ

```
module FF4_TEST;
reg        CK = 0;  /* 初期値設定 */
reg   [3:0] D;
wire  [3:0] Q;

parameter STEP = 1000;

FF4 FF4( CK, D, Q );

/* タスクの定義 */
task FF4_write (
input [3:0] data );
begin
              D = data;
    #(STEP/2)    CK = 1;
    #(STEP/2)    CK = 0;
end
endtask

/* タスクの呼び出し */
initial begin
    FF4_write( 4'h0 );
    FF4_write( 4'h5 );
    FF4_write( 4'ha );
    FF4_write( 4'hf );
    #STEP $stop;
end

endmodule
```

記述できますから，並列動作も可能です．

　initialの中でD入力を変化させるたびに1周期の遅延を与えています．遅延を与えることでシミュレーションが進みます．最後にシステム・タスク$stopで停止します．

　システム・タスクは$で始まり，表3-6～表3-8（文法ガイド，pp.64-65）に示すようなものが用意されています．ファイル・アクセスが豊富にあるので，シミュレーション結果をすべてファイルに書き出すことや，よそで作成したデータとの自動比較も可能です．

3-4　テストベンチ向き構文

　設計した回路を効率的に検証するために，Verilog HDLの記述能力を最大限に利用することができます．テストベンチは，ある意味で「プログラミング」です．プログラミングに必要な構文が，Verilog HDLには多数用意されています．

● サブルーチンに相当する「タスク」

　テスト入力の作成や，期待値との照合にサブルーチンに相当する概念のタスクを用いると，検証効率を向上できます．

　タスクはサブルーチンの一種ですから，タスクの定義やタスクの呼び出しがあります．また，呼び出し側とのデータの受け渡しを行う「引き数」もあります．さらに，タスクの中で別のタスクを呼び出す「ネスティング」も可能です．

リスト3-9のテストベンチを，タスクを用いて記述し直してみました．図3-6のように，クロック1周期分の期間でD入力とクロックCKを制御し，フリップフロップへ任意の値を書き込むタスクを記述してみました（**リスト3-10**）．

タスクは，taskに続いてタスク名と引き数の宣言を記述します．この例では引き数が入力（input）ですが，出力の引き数（output）も可能です．

タスクをサブルーチンとすれば，モジュール内で宣言した信号はグローバル信号です．したがって，モジュール内で宣言した信号をタスク内で参照できます．ここでは，テスト対象に接続しているDやCKに対し，タスク内から値を設定しています．D入力に対して，引き数のdataを代入しています．

タスク内では遅延も記述できます．ここではSTEP/2単位で信号を変化させ，図3-6の入力を実現しています．

タスクは，システム・タスクと同じようにinitial内で呼び出します．**リスト3-10**に示すようにタスクの呼び出しを記述します．ここでは4ビットの定数を連続的に4ビット・フリップフロップに書き込んでいます．

このタスクでは，シミュレーション開始直後からSTEP/2ユニット後にCKの値が確定します．それ以前は不定値です．これを防ぐため，CKの宣言時に '0' を初期値として与えています．変数宣言時の初期値設定はとても便利ですが，回路記述内で使うことは禁止です．多くの場合，論理合成ツールで無視されます．レジスタ類の初期化はリセット機能としてきちんと記述する必要があります．

● ループ構文など

ループを作る構文には，for文，while文，repeat文，forever文などがあります．また，強制代入のforce文やforce文の解除のrelease文など，さまざまな構文があります．詳細については，文法ガイドを参照してください．

● システム・タスク

シミュレーション結果を表示したりファイルに出力するため，さまざまなシステム・タスクが用意されています．とくに，ファイルの入出力については，C言語と同様の名称と機能があります．

● コンパイラ指示子

module～endmoduleの外部に記述でき，記述のコンパイル時に作用するさまざまな構文があります．バック・クォート（`）で始まるこれらの構文を「コンパイラ指示子」と呼びます．

- `` `define `` テキスト・マクロ
- `` `timescale `` シミュレーション時間の単位づけ
- `` `include `` ファイル読み込み
- `` `ifdef ``, `` `else ``, `` `endif ``, `` `elsif `` 条件コンパイル

などがあります．こちらも文法ガイドで紹介しています．

文法ガイド

回路記述やテストベンチでよく用いるものについて，文法要約を示します．簡略化して表現したものもあります．また，省略できる項目には [ ] を付けました．

3-5 基本項目

3-5-1 識別子

● 通常の識別子
- 英字またはアンダ・スコア（_）で始まる文字列
- 文字列中には，英字，数字，アンダ・スコア（_），ドル記号（$）を含むことができる
- 大文字と小文字を区別する

《記述例》
　正しい識別子　　cnt4, _reset, TEN$, INPUT（大文字なので予約語のinputとは区別できる）
　誤った識別子　　74LS00（先頭が数字），$test（先頭が$），xor（予約語）

● エスケープされた識別子
- バック・スラッシュ（\）で始まる文字列（日本語環境では￥で始まる文字列）
- 任意の印字可能な ASCII 文字を含むことができる
- ホワイト・スペース（スペース，タブ，改行）が識別子の区切りとなる

《記述例》
　￥cnt4_reg[3]　, ￥74LS04　, ￥/*Hello,HDL-World*/
　　　　　　　　スペース　　　スペース　　　　　　　　　　スペース

3-5-2 コメント，フォーマット

● コメント
- // で始まり，行末までの1行
- /* ～ */ で囲まれた複数行

《記述例》
```
// 入力はreg宣言
/* データ処理部
   by  Dr. Kobanovski */
```

● ソース・フォーマット
　ソース・ファイルはフリー・フォーマットであり，空白，タブ，改行など自由に挿入できる．

3-5-3 論理値

- 0, 1, x, zの4値
- x（または大文字のX）：不定値
- z（または大文字のZ）：ハイ・インピーダンス

数値表現の中での?はzと同義．

3-5-4 数値表現

size'base value の形で表現する．

size ： 定数のビット幅を示す10進数値．

'base ： 基数を示す文字．d, h, o, bがあり，それぞれdecimal（10進），hexadecimal（16進），octal（8進），binary（2進）．
符号付き数値の場合には，それぞれsd, sh, so, sbを使う．
以上は大文字でも可．

value ： 定数値．各基数で許される値のほかに，x, zが記述できる．
区切りのために_（アンダ・スコア）を使用できる．

ビット幅を省略すると32ビット幅，さらに基数も省略すると32ビット幅の10進数となる．

表3-1 数値表現例

数値定数	ビット幅	基数（進数）	2進数表現
10	32	10	000...000001010
1'b1	1	2	1
8'haa	8	16	10101010
4'bz	4	2	zzzz
8'o377	8	8	11111111
8'b0000_11xx	8	2	000011xx
'hff	32	16	000...011111111
4'd5	4	10	0101
8'sd29	（符号付き）8	10	00011101
'shfc	（符号付き）32	16	000...011111100
6'shf0	（符号付き）6	16	110000

3-6 モジュール構造

```
module <モジュール名> ( <ポート宣言> );
  <パラメータ宣言>
  <変数宣言>
  <イベント宣言>
  <ネット宣言>
  <プリミティブ・ゲート接続>
```

```
    <下位モジュール接続>
    <generateブロック>
    <alwaysブロック>
    <initialブロック>
    <function定義>
    <task定義>
    <継続的代入>
endmodule
```

注：モジュール構成要素（モジュール内の各要素）の記述順は任意．ただし，信号名やパラメータなどの識別子は，使用する前に宣言が必要．

3-7 モジュール構成要素

● ポート宣言

```
├─ input      [<ネット型>]             [signed]    [<レンジ>]    <信号名>, <信号名>, …
├─ output     [<ネット型>またはreg]    [signed]    [<レンジ>]    <信号名>, <信号名>, …
└─ inout      [<ネット型>]             [signed]    [<レンジ>]    <信号名>, <信号名>, …
```

● レンジ

```
[<定数式>:<定数式>]
```

注：[MSB:LSB] となる．レンジを省略すると1ビット．
　　ここの[ ]は省略可能を意味するのではなく，[ ]そのものを意味する．

《記述例》
```
module BLOCK (
input   wire  CK, RST, LD,
output  reg   [3:0]  Q,
inout   wire  [15:0] DBUS );
```

注：ポート宣言をかっこの外で行うスタイルもある．
```
module <モジュール名> ( ポート名, ポート名, … );
<ポート宣言>;
```

《記述例》
```
module BLOCK ( CK, RST, LD, Q, DBUS );
input   CK, RST, LD;
output  [3:0]  Q;
inout   [15:0] DBUS;
reg     [3:0]  Q;
```

SystemVerilog 構文 編

● パラメータ宣言

```
parameter [signed]   [<レンジ>]  <パラメータ名>
                             = <定数式>, <パラメータ名> = <定数式>, … ;
parameter integer              <パラメータ名>
                             = <定数式>, <パラメータ名> = <定数式>, … ;
```

《記述例》

```
parameter STEP = 1000;
parameter [1:0] HALT = 2'b00, INIT = 2'b01, ADRINC = 2'b10, RAMWRT = 2'b11;
parameter integer MINUS = -1234;
```

● 変数宣言

```
<変数型>  [signed]   [<レンジ>]  <変数名リスト>;
```

● 変数型

表3-2 変数型

変数型名	機能
reg	任意ビット(未指定時は符号なし)
integer	符号付き32ビット
time	符号なし64ビット
real	実数
realtime	実数表記での時間

● 変数名リスト

```
<信号名> [<次元> <次元> … ], <信号名> [<次元> <次元> … ], …
```

● 次元

```
[<定数式>:<定数式>]
```

《記述例》

```
reg FLAG, Q;       // 1ビット変数
reg [3:0] CNT;     // 4ビット変数
reg [7:0] ARRAY [0:255][0:15];  // 8ビットの要素が256×16個ある2次元配列
```

● イベント宣言

```
event <イベント名リスト>;
```

● イベント名リスト

<イベント名> ［<次元> <次元> … ］, <イベント名> ［<次元> <次元> … ］, …

注：イベントは値を持たない信号．したがって，代入ではなく「起動」できる．イベント信号の起動には -> を使い，参照は @ (〜)
のイベント式の中で行う．

《記述例》
  event EVENT_SIG1, EVENT_SIG2;

● ネット宣言

<ネット型> ［signed］ ［<レンジ>］ ［<遅延>］ <ネット名リスト>；

● ネット型

表3-3 ネット型

ネット型名		機　能
wire	tri	通常のネット，wireとtriは同義
wor	trior	ワイヤードORネット，worとtriorは同義
wand	triand	ワイヤードANDネット，wandとtriandは同義
tri0	tri1	プルダウン，プルアップされたネット
supply0	supply1	電源ネット
trireg		電荷蓄積ネット

● ネット名リスト

<信号名> ［<次元> <次元> … ］, <信号名> ［<次元> <次元> … ］, …

● 遅延

- #<定数式>
- #（<min_typ_max定数式>）
- #（<min_typ_max定数式>, <min_typ_max定数式>）

  注：プリミティブ・ゲート接続用．
  　　（立ち上がり，立ち下がり）の遅延を設定．

- #（<min_typ_max定数式>, <min_typ_max定数式>, <min_typ_max定数式>）

  注：プリミティブ・ゲート（3ステート・タイプ）接続用．
  　　（立ち上がり，立ち下がり，ターンOFF）の遅延を設定．

● min_typ_max定数式

<定数式>：<定数式>：<定数式>

注：min:typ:maxの遅延量を設定．どの値を使用するかは，シミュレーション時に設定する．

《記述例》
```
wire        X, Y, Z;        // 1ビットのネット
wire [3:0]  Q;              // 3ビットのネット
wire [7:0]  #(10:15:20) DBUS; //遅延付きの8ビット・バス
```

● プリミティブ・ゲート接続

<ゲート・タイプ>　［<信号強度>］　［<遅延>］　［<ゲート名>］　（<信号名>，<信号名>，…）；

● ゲート・タイプ

表3-4 ゲート・タイプ

ゲート	3ステート	スイッチ		プルアップ，プルダウン
and	bufif0	nmos	tran	pullup
nand	bufif1	pmos	tranif0	pulldown
nor	notif0	cmos	tranif1	
or	notif1	rnmos	rtran	
xor		rpmos	rtranif0	
xnor		rcmos	rtranif1	
buf				
not				

● 信号強度

- （<強度0>，<強度1>）
- （<強度1>，<強度0>）

表3-5 信号強度

信号強度		強度レベル
supply0	supply1	7
strong0	strong1	6
pull0	pull1	5
large0	large1	4
weak0	weak1	3
medium0	medium1	2
small0	small1	1
highz0	highz1	0

《記述例》
```
nand (weak0, weak1) #(5:10:15) N1 (OUT2, IN0, IN1); // NANDゲート
```

● 下位モジュール接続

<モジュール名>　［<パラメータ割り当て>］　<インスタンス名>　（<ポート・リスト>）　；

注：モジュール名と，インスタンス名を同じにしても文法上OK．

● パラメータ割り当て

```
#( <式>, <式>, … )
#( .<パラメータ名>(<式>), .<パラメータ名>(<式>), … )
```

注：モジュール内のparameter宣言した定数に対し，呼び出し時に上書き設定できる．HDLライブラリ作成に有用．

● ポート・リスト

```
<信号名>, <信号名>, <信号名>, …
.<定義側ポート名> ( <信号名> ), .<定義側ポート名> ( <信号名> ), …
```

注：ポート・リストの<信号名>は，正確には<式>．したがって定数でも論理式でも記述できる．

《記述例》
```
ADDER ADDER( A, B, Q );
FF #(4) FF4( .CK(CLK), .D(DIN), .Q(DOUT) );
SUBCIRCUIT S1( ADDR[15:12], FLAG & BUSY, 1'b1 );
```

● generate ブロック

```
generate
  <genvar宣言>
  <パラメータ宣言>
  <変数宣言>
  <イベント宣言>
  <ネット宣言>
  <プリミティブ・ゲート接続>
  <下位モジュール接続>
  <if文>
  <case文>
  <for文>
  begin ～ end
  <alwaysブロック>
  <initialブロック>
  <function定義>
  <task定義>
```

<継続的代入>
```
endgenerate
```

注：ここでのfor文には，begin: <ブロック名> ～ endを付加する．

● genvar 宣言

```
genvar <変数名>, <変数名>, …;
```

● always ブロック

```
always <ステートメント>
```

《記述例》
```
always @( posedge CK )    // 順序回路
    Q <= D;
always @( A, B, C )       // 組み合わせ回路
    Y <= A & B & C;
always begin              // クロックの記述
    CK = 1; #(STEP/2);
    CK = 0; #(STEP/2);
end
```

● initial ブロック

```
initial <ステートメント>
```

《記述例》
```
initial begin // テスト入力
              CK  = 0;
    #STEP     RST = 1;
    #STEP     RST = 0;
    #(STEP*20) $finish;
end
```

● function 定義

```
function [automatic]   [signed]   [<レンジまたは型>]
<ファンクション名>(<ファンクション・ポート宣言>);
<タスク・ファンクション内宣言>
```

```
  <ステートメント>
endfunction
```

注：automaticを付加すると再帰呼び出しが可能となる．

● レンジまたは型

```
├ <レンジ>
└ <タスク・ポート型>
```

● タスク・ポート型

```
├ integer
├ real
├ realtime
└ time
```

● ファンクション・ポート宣言

```
├ input [reg] [signed] [<レンジ>] <ポート名>，<ポート名>，…
└ input [<タスク・ポート型>] <ポート名>，<ポート名>，…
```

● タスク・ファンクション内宣言

```
├ <パラメータ宣言>
├ <変数宣言>
└ <イベント宣言>
```

《記述例》

```
  // 2 to 4 デコーダ
  function [3:0] dec (input [1:0] din);
     case ( din )
         0: dec = 4'b0001;
         1: dec = 4'b0010;
         2: dec = 4'b0100;
         3: dec = 4'b1000;
         default:
             dec = 4'bx;
     endcase
```

```
        endfunction
```

● **task 定義**

```
task [automatic] <タスク名> (<タスク・ポート宣言>);
   <タスク・ファンクション内宣言>
   <ステートメント>
endtask
```

● **タスク・ポート宣言**

```
┌ input    [reg]            [signed]    [<レンジ>]   <ポート名>, <ポート名>, …
├ input    [<タスク・ポート型>]             <ポート名>, <ポート名>, …
├ output   [reg]            [signed]    [<レンジ>]   <ポート名>, <ポート名>, …
├ output   [<タスク・ポート型>]             <ポート名>, <ポート名>, …
├ inout    [reg]            [signed]    [<レンジ>]   <ポート名>, <ポート名>, …
└ inout    [<タスク・ポート型>]             <ポート名>, <ポート名>, …
```

注：task 内では 遅延(#～, @～)を記述できるが，function 内では不可．

《記述例》
```
   task FF_write( input [3:0] data );
      begin
                   D  = data;
         #(STEP/2)  CK = 1;
         #(STEP/2)  CK = 0;
      end
   endtask
```

● **継続的代入**

```
┌ assign    [<信号強度>]   [<遅延>]   <ネット型信号名> = <式>, <ネット型信号名> = <式>, … ;
└ <ネット型>  [<信号強度>]   [signed]   [<レンジ>]   [<遅延>]   <ネット型信号名> = <式>, … ;
```

《記述例》
```
   assign #(5:10:15) sum = a + b;
   wire (pull1, pull0) [15:0] tribus = reg_A[15:0]
                                     + reg_B[15:0];  // 信号強度付き信号への代入
```

3-8 ステートメント

● タイミング・コントロール（各ステートメントの直前に記述できる）

```
├ <イベント制御>
├ #<定数式>
├ # ( <min_typ_max定数式> )
└ repeat  ( <式> )  <イベント制御>
```

注：このrepeatは，repeat文とは異なり，タイミング・コントロールの拡張とみなされる．

《記述例》
   repeat (8) @(posedge CK) TRIG = 1; // 8クロック待ってTRIGを1に

● イベント制御

```
├ @<信号名>
├ @ ( <イベント式> )
├ @*
└ @ (*)
```

● イベント式

```
├ <式>
├ posedge <式>
├ negedge <式>
├ <イベント式> or <イベント式>
└ <イベント式> , <イベント式>
```

● ブロッキング代入文

<変数左辺> = ［<タイミング・コントロール>］ <式>;

● 変数左辺

```
├ <変数>
├ <変数> [<レンジ式>]
└ <変数> [<式>] [<式>] ... [<式>]
```

```
├ <変数>  [<式>]  [<式>]  ...  [<式>]  [<レンジ式>]
└ <連接>
```

注：配列の[]は，宣言時に確保した次元の数だけ付加する．
　　ここの[]は省略可能を意味するのではなく，[]そのものを意味する．

● レンジ式

```
├ <式>
├ <定数式>:<定数式>
├ <式>＋:<定数式>
└ <式>－:<定数式>
```

《記述例》
```
    wire   [7:0]    BYTE;
    wire   [31:0]   WORD;
    reg    [1:0]    POS;
    // POS＝0のときWORD[7:0]を，1のときWORD[15:8]を選択
    assign BYTE = WORD[ POS*8 +: 8 ];
```

● 連接

```
├ { <式>, <式>, … }
└ { <定数式>  { <式>, <式>, … } }
```

注：{}内を定数式の値だけ繰り返す．

《記述例》
```
    { {16{BUS[15]}}, BUS }   // 16ビットから32ビットへの符号拡張
```

● ノン・ブロッキング代入文

```
<変数左辺> <＝  [<タイミング・コントロール>]  <式>;
```

注：ブロッキング代入文は，一つの代入処理が終了するまで次の文を実行しない．
　　ノン・ブロッキング代入文は各右辺の処理が終了してから代入処理が行われる．

● ブロック

```
├ begin  <ステートメント> end
├ begin : <ブロック名>  <ブロック内宣言>  <ステートメント> end
├ fork   <ステートメント> join
└ fork  : <ブロック名>  <ブロック内宣言>  <ステートメント> join
```

注：複数の文をまとめて一つの文として扱う．
　　begin～end（順序処理ブロック）…　記述順に実行．
　　fork～join（並列処理ブロック）…　並列に実行．

● ブロック内宣言

```
├ <パラメータ宣言>
├ <変数宣言>
└ <イベント宣言>
```

● if文

```
├ if ( <式> ) <ステートメント>
└ if ( <式> ) <ステートメント> else <ステートメント>
```

《記述例》
```
if ( RST )  //カウンタの本体
    Q <= 4'b0;
else
    Q <= Q + 4'h1;
```

● case文（casex，casezも同様）

```
case ( <式> )
  <ケース・アイテム>
endcase
```

● ケース・アイテム（複数記述できる）

```
├ <式> : <ステートメント>
├ <式>, <式>, … : <ステートメント>
└ default:<ステートメント>
```

《記述例》
```
case ( din ) // デコーダ
    0: dec = 4'b0001;
    1: dec = 4'b0010;
    2: dec = 4'b0100;
    3: dec = 4'b1000;
    default:
```

```
            dec = 4'bx;
    endcase
```

● **for文**

```
for ( <代入文> ; <式> ; <代入文> )  <ステートメント>
```

《記述例》
```
  for( i＝0; i<256; i＝i＋1 )  // メモリの初期化
      MEM[i] = 8'h0;
```

● **while文**

```
while ( <式> )  <ステートメント>
```

《記述例》
```
  i＝0;
  while ( i<256 )  begin // メモリの初期化
      MEM[i] = 8'h0;
      i＝i＋1;
  end
```

● **repeat文**

```
repeat ( <式> )  <ステートメント>
```

注：repeatは固定回のループ．

《記述例》
```
  i＝0;
 repeat( 256 ) begin // メモリの初期化
   MEM[i] = 8'h0;
   i＝i＋1;
 end

 repeat ( 8 ) @( posedge CK ); // 8クロック待ってTRIGを1に
 TRIG = 1;           // タイミング・コントロールと代入文を分離した例
```

● **forever文**

```
forever <ステートメント>
```

注：foreverは無限ループ

《記述例》
```
initial begin  //クロックの作成
    CK = 0;
    forever #(STEP/2) CK = ~CK;
end
```

● wait文

```
wait ( <式> )  <ステートメント>
```

注：<式>が偽なら(0なら)待つ，真なら<ステートメント>を実行する．

● disable文

```
disable <タスク名>;
disable <ブロック名>;
```

注：指定したタスクやブロック(begin～endやfork～join)の処理を強制終了させる．

《記述例》
```
begin: LOOP
    for ( i=0; i<256; i=i+1 )
        if ( MEM[i]===8'hx )
            disable LOOP;  // forループからの脱出
end
```

● force文

```
force <代入文>;
```

注：強制代入．

《記述例》
```
force BLK_A.CNT_EN = 1'b1;  // 内部信号の強制イネーブル
```

● release文

```
release <信号名>;
```

注：強制代入の解除．一つのrelease文で，信号は一つしか記述できない．

《記述例》

```
release blk_A.cnt_en;  // 強制イネーブル解除
```

● タスク呼び出し（システム・タスクも同様）

```
<タスク名>;
<タスク名>（<式>,<式>,…）;
```

● イベント起動

```
-> <イベント名>
```

注：イベント信号の起動．

《記述例》

```
-> EVENT_SIG;
```

表3-6 主要システム・タスク

画面表示	`$display(P1, P2, ..., Pn);` // 行末に改行あり `$write(P1, P2, ..., Pn);` // 行末に改行なし `$monitor(P1, P2, ..., Pn);` // 信号に変化あれば表示 `$strobe(P1, P2, ..., Pn);` // 全イベント終了後に表示
	上記はデフォルトで10進数表示．以下のようなデフォルトの基数を指定したタスクもある． `$displayb`(2進), `$displayo`(8進), `$displayh`(16進)
実行制御	`$stop;` // 一時停止 `$finish;` // 終了
関　数	`$stime` // シミュレーション時刻 `$time` // シミュレーション時刻 `$random` // 乱数 `$signed` // 符号付きに変換 `$unsigned` // 符号なしに変換
タイミング・ チェック	`$setup( ... );` // セットアップ時間 `$hold( ... );` // ホールド時間 `$width( ... );` // 信号の幅
時間表示	`$printtimescale(階層名.階層名.～.インスタンス名);` // timescaleの値を表示 `$timeformat(単位番号,精度番号,文字列,最小表示けた);` // %tのフォーマット指定

ファイルの
一括読み出し
/書き込み
	`$readmemh("ファイル名", memname, begin_addr, end_addr);`
	`$readmemb("ファイル名", memname, begin_addr, end_addr);`
	`$writememh("ファイル名", memname, begin_addr, end_addr);`
	`$writememb("ファイル名", memname, begin_addr, end_addr);`

表3-7 出力フォーマット指定

%b	2進数	%e	E付き実数	%v	信号強度
%o	8進数	%f	10進実数	%l	ライブラリ情報
%d	10進数	%c	文字	%m	階層名
%h	16進数	%s	文字列	%t	時刻

画面表示システム・タスクなどでの出力フォーマット指定に使用する
`$display("文字列およびフォーマット", 引き数, 引き数, ‥);`

表3-8 ファイル入出力システム・タスク

```
fd = $fopen("ファイル名", type);      c = $fgetc(fd);
$fclose(fd);                          code = $ungetc(c, fd);
$fdisplay(fd, P1, P2, ..., Pn);       code = $fgets(str, fd);
$fwrite(fd, P1, P2, ..., Pn);         code = $fscanf(fd, フォーマット文字列, 引き数);
$fmonitor(fd, P1, P2, ..., Pn);       code = $sscanf(str, フォーマット文字列, 引き数);
$fstrobe(fd, P1, P2, ..., Pn);
```

C言語のファイル入出力のライブラリ関数とほぼ同じものがある．

3-9 式

● 式

```
├─ <1次子>
├─ <単項演算子> <1次子>
├─ <式> <2項演算子> <式>
├─ <式> ? <式> : <式>
└─ <文字列>
```

● 演算子

表3-9 演算子

	算術演算		論理演算
+	加算，プラス符号	!	論理否定
−	減算，マイナス符号	&&	論理AND
*	乗算	||	論理OR
/	除算		等号演算
%	剰余	==	等しい
**	累乗	!=	等しくない
	ビット演算	===	等しい(x, zも比較)
~	NOT	!==	等しくない(x, zも比較)
&	AND		関係演算
|	OR	<	小
^	EX-OR	<=	小または等しい
~^	EX-NOR	>	大
	リダクション演算	>=	大または等しい
&	AND		シフト演算
~&	NAND	<<	論理左シフト
|	OR	>>	論理右シフト
~|	NOR	<<<	算術左シフト
^	EX-OR	>>>	算術右シフト
~^	EX-NOR		そのほか
		?:	条件演算
		{}	連接演算

● 演算の優先順位

表3-10
演算優先順位

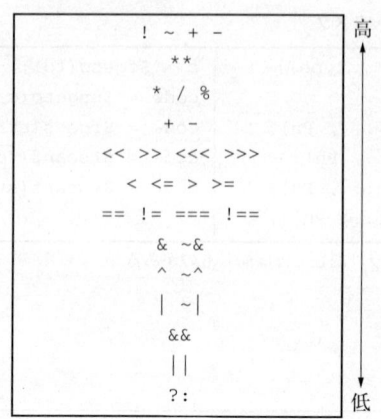

```
        !  ~  +  -           高
              **               ↑
            *  /  %            │
              +  -             │
         <<  >>  <<<  >>>      │
          <  <=  >  >=         │
         ==  !=  ===  !==      │
              &  ~&            │
              ^  ~^            │
              |  ~|            │
               &&              │
               ||              ↓
               ?:             低
```

● 文字列

" "で囲われた1行に収まる文字の集まり．

● 1次子

```
├─ <数値>
├─ <信号名>
├─ <信号名>  [<レンジ式>]
├─ <信号名>  [<式>]  [<式>]  ...  [<式>]
├─ <信号名>  [<式>]  [<式>]  ...  [<式>]  [<レンジ式>]
├─ <連接>
├─ <ファンクション呼び出し>
└─ （ <式> ）
```

注：配列の[ ]は，宣言時に確保した次元の数だけ付加する．
　　ここの[ ]は省略可能を意味するのではなく，[ ]そのものを意味する．

● 数値

```
├─ <10進数値>
├─ [<符号なし数値>]  <基数>  <符号なし数値>
└─ <実数>
```

● 基数

次のいずれか（大文字でも可）．

'b 'o 'd 'h 'sb 'so 'sd 'sh

● ファンクション呼び出し

```
├─ <ファンクション名>  （ <式>, <式>, … ）
├─ <システム・タスク名>  （ <式>, <式>, … ）
└─ <システム・タスク名>
```

3-10 コンパイラ指示子

- バック・クォート(`)で始まる.
- モジュールの内外に記述できる.

表3-11 主要コンパイラ指示子

文字列置換	`` `define <文字列1> <文字列2> ``
	`` `define <文字列1>(引き数) ``
	　　　　`` <文字列2>(引き数) ``
		● 文字列1を文字列2に置換
		● 参照時にも`を付ける
		例 `` `define width 16 ``
		　　 `` reg [`width-1: 0] DBUS; ``

ファイル 読み込み	`` `include "ファイル名" ``	例 `` `include "TASKS.v" ``
単位付け	`` `timescale <時間> / <精度> ``	例 `` `timescale 1ns/10ps ``

条件
コンパイル
	`` `ifdef <文字列1> ``
	　<記述1>
	`` `elsif <文字列2> ``
	　<記述2>
	`` `else ``
	　<記述3>
	`` `endif ``
		文字列1が定義済みなら記述1を，文字列2が定義済みなら記述2を，いずれも未定義なら記述3をコンパイルする
		
		文字列の定義は，`` `define ``かシミュレーション起動時に行う

未宣言 ネット対策	`` `default_nettype none ``	ネット信号の未宣言使用を禁止 （モジュール間信号の宣言もれによる 　1ビット接続を抑制できる）

3-11 コンフィグレーション

● ライブラリ記述

```
├─ library <ライブラリ名> <ファイル・パス>, <ファイル・パス>, …
│            [ -incdir <ファイル・パス>, <ファイル・パス>, … ] ;
├─ include <ファイル・パス>;
└─ <コンフィグレーション宣言>
```

● コンフィグレーション宣言

```
config <コンフィグレーション名;
  design [<ライブラリ名>.] <セル名> [<ライブラリ名>.] <セル名> …
  <コンフィグレーション・ルール>
```

```
endconfig
```

● コンフィグレーション・ルール

```
 ┌ default liblist [<ライブラリ名> <ライブラリ名> …]
 ├ instance <インスタンス名> liblist [<ライブラリ名> <ライブラリ名> …]
 ├ instance <インスタンス名> use [<ライブラリ名>.] <セル名> [:config]
 ├ cell [<ライブラリ名>.] <セル名> liblist [<ライブラリ名> <ライブラリ名> …]
 └ cell [<ライブラリ名>.] <セル名> use [<ライブラリ名>.] <セル名> [:config]
```

注:コンフィグレーションは,モジュールの外部に記述する.

SystemVerilog設計スタートアップ

第4章

SystemVerilog文法ガイド

近藤 洋

ここではSystemVerilogの文法について，「記述スタイル」と「文法ガイド」に分けて解説する．SystemVerilogでは，テストベンチやアサーションを記述するための構文（検証記述）が用意されている．また，回路記述についても，従来より記述量が少なくなったり，ミスを誘発しにくい表現ができるようになった．

（編集部）

第4章では，SystemVerilogで拡張された文法について説明します．前半の「記述スタイル」の項では，RTL記述，テストベンチ記述，アサーション記述の三つに分けて，記述例を用いながら解説します．予約語や文法用語については，後半の「文法ガイド」の項でも解説します．合わせてご覧ください．

記述スタイル

4-1　RTL記述

ここでは，RTL記述向け（つまり，論理合成可能な）SystemVerilog文法について説明します．

4-1-1　データ・タイプの拡張

● 基本データ・タイプ

Verilog HDLでは，ネット型（`wire`）とレジスタ型（`reg`）の2種類のデータ・タイプがありました．SystemVerilogでは，これらの基本データ・タイプに加えて，**表4-1**に示すデータ・タイプが追加されました．

`bit`，`byte`，`shortint`，`int`，`longint`は，'0'，'1'の2値をとります．これらのデータ・タイプは，おもにシステム・レベル設計（RTLより上位の設計）を対象として拡張されたものです．

`logic`は`reg`と同じように'0'，'1'，'x'，'z'の4値をとり，使用方法も`reg`とほぼ同じです．ではなぜ新たに追加されたのでしょうか？　それは`reg`の名まえから連想する回路イメージと実際の回路に差があり，混乱を招きやすかったためです．`reg`はレジスタ型なので，フリップフロップなどの順序回路をイメージしますが，`always`文で記述された組み合わせ回路の出力信号も`reg`で宣言しなければなりません．`reg`の代わりに`logic`を使用することで，このような紛らわしさがなくなります．

もう一つ改善された点として，ネット型とレジスタ型の使用制限の緩和があります．Verilog HDLでは，always文を使って生成する信号はレジスタ型(reg)で宣言し，assign文を使って生成する信号はネット型(wire)で宣言しなければなりません．SystemVerilogではこの制限が緩和され，**表4-1**のデータ・タイプについてはネット型とレジスタ型の両方で使用することができます．Verilog HDLでは信号宣言の際に，記述スタイルからregとwireの使い分けを判断していましたが，**リスト4-1**のようにすべてlogicで宣言することができます．

ただし，**表4-1**のデータ・タイプは，複数の値が同時に代入された場合に最終値を決定する解決機能がないため，複数のalways文やassign文などからの代入はできません．

● unsigned と signed

Verilog HDL 1995 では符号付き数値はintegerだけでしたが，Verilog HDL 2001 では符号なし数値

表4-1 SystemVerilogで拡張された基本データ・タイプ

データ・タイプ	ビット幅	説　明
bit	1	2値(0, 1)の符号なし整数．ビット幅の指定が可能
byte	8	2値(0, 1)の符号付き整数（C言語のcharと同様）
shortint	16	2値(0, 1)の符号付き整数（C言語のshortと同様）
int	32	2値(0, 1)の符号付き整数（C言語のintと同様）
longint	64	2値(0, 1)の符号付き整数（C言語のlonglongと同様）
logic	1	4値(0, 1, x, z)の符号なし論理値．ビット幅の指定が可能

リスト4-1 logicを使った記述

```
logic   [1:0]    SELOUT;
logic   [3:0]    DECOUT;

assign SELOUT = SEL ? A : B;

always @( A ) begin
  case ( A )
    2'b00    : DECOUT = 4'b0001;
    2'b01    : DECOUT = 4'b0010;
    2'b10    : DECOUT = 4'b0100;
    2'b11    : DECOUT = 4'b1000;
    default  : DECOUT = 4'bxxxx;
  endcase
end
```

Verilog HDLでは，
wire   [1:0]SELOUT;
reg   [3:0]DECOUT;

リスト4-2 unsigned, signed, typedefの記述

```
int                   S_DATA;       // 32ビット符号付き数値
int unsigned          U_DATA;       // 32ビット符号なし数値
reg signed    [15:0]  S_REGDAT;     // 16ビット符号付き数値
reg           [15:0]  U_REGDAT;     // 16ビット符号なし数値

typedef   int unsigned      uint;
uint          A, B;                 // 32ビット符号なし数値
```

を符号付き数値として宣言する修飾子signedが追加されました．これにより，regなどで宣言された任意のビット数の信号に対して，符号付き数値として演算することが可能となりました．

さらにSystemVerilogでは，bitやintなどの符号付き数値を符号なし数値として宣言する修飾子unsignedが追加されています．

signedとunsignedはデータ・タイプの後ろに記述します．C言語の宣言方法と異なるので注意が必要です．

● ユーザ定義型（typedef）

SystemVerilogのデータ・タイプを用いて，ユーザが任意のデータ・タイプを定義できます．よく使用するデータ・タイプや，次に説明する列挙型などのように記述が長くなるものについては，typedefを使って定義しておいたほうが修正しやすくなり，また記述も見やすくなります．

リスト4-2にunsigned，signed，およびtypedefを使った宣言の例を示します．

● 列挙型（enum）

列挙型は，取りうる値の集合を列挙名のリストとして宣言するデータ・タイプです．リスト4-3はステート・マシンの状態変数を列挙型で宣言した例です．列挙型を使用することで，ステート・マシンの状態名を列挙名として記述することができます．

列挙名のデータ・タイプはデフォルトでint型になりますが，リスト4-3のようにlogic[1:0]を記述することで，2ビットのlogic型にできます．

また，列挙名の値はデフォルトで指定されたデータ・タイプにより0から順番に値が割り振られますが，リスト4-4のようにユーザが列挙名の後ろに値を指定すると，この値を変更することができます．

リスト4-3　列挙型を使ったステート・マシンの記述

```
typedef enum logic [1:0] {
  NORMAL_ST, SEC_ST, MIN_ST, HOUR_ST
} state_type;

state_type CUR_STATE, NXT_STATE;

always @(posedge CLK, negedge RST_X)
begin
  if (!RST_X)
    CUR_STATE <= NORMAL_ST;
  else
    CUR_STATE <= NXT_STATE;
end

always_comb begin
  case (CUR_STATE)
    NORMAL_ST :
      if (SW2)
        NXT_STATE = SEC_ST;
      else
        NXT_STATE = NORMAL_ST;
    SEC_ST:
      if (SW2)
        NXT_STATE = NORMAL_ST;
      else if (SW3)
        NXT_STATE = MIN_ST;
      else
        NXT_STATE = SEC_ST;
    MIN_ST:
      if (SW2)
        NXT_STATE = NORMAL_ST;
      else if (SW3)
        NXT_STATE = HOUR_ST;
      else
        NXT_STATE = MIN_ST;
    HOUR_ST:
      if (SW2)
        NXT_STATE = NORMAL_ST;
      else if (SW3)
        NXT_STATE = SEC_ST;
      else
        NXT_STATE = HOUR_ST;
  endcase
end
```

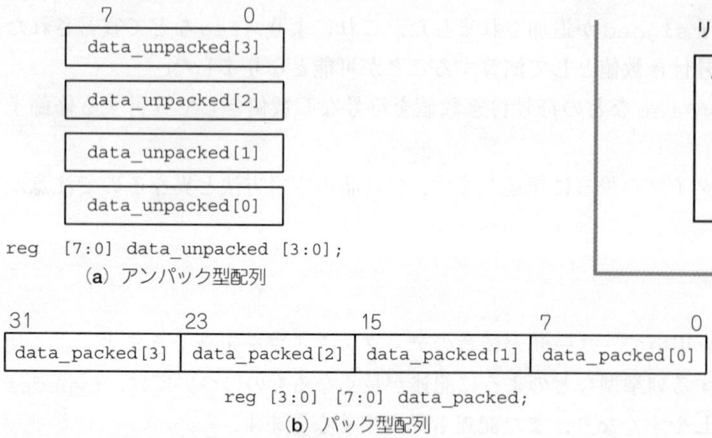

```
         7              0
      data_unpacked[3]
      data_unpacked[2]
      data_unpacked[1]
      data_unpacked[0]

reg  [7:0] data_unpacked [3:0];
       (a) アンパック型配列

 31          23          15           7           0
 data_packed[3] data_packed[2] data_packed[1] data_packed[0]

       reg [3:0] [7:0] data_packed;
             (b) パック型配列
```

図4-1 アンパック型配列とパック型配列
(a)のアンパック型配列は，8ビット幅のデータが独立して四つ存在する．(b)のパック型配列は，8ビット幅のデータが四つ連続して存在するため，32ビットのベクタとして取り扱うことができる．

リスト4-4 列挙名の値を指定した記述

```
typedef enum logic [3:0] {
  NORMAL_ST  = 4'b0001,
  SEC_ST     = 4'b0010,
  MIN_ST     = 4'b0100,
  HOUR_ST    = 4'b1000
} state_type;
```

● アンパック型配列とパック型配列

　SystemVerilogではアンパック型配列とパック型配列の2種類の配列を定義しています．従来のVerilog HDLにおける配列宣言はアンパック型配列で，新たにパック型配列が追加されました．

　アンパック型配列とパック型配列は宣言のスタイルが異なります．パック型配列は，bitやlogicなどのデータ・タイプと配列名の間に配列の要素の数と各要素のビット幅を記述します．これに対してアンパック型では，要素の数を配列名の後ろに記述します．

　アンパック型配列は，図4-1(a)のように個々の要素が独立して存在しますが，パック型配列は個々の要素が連続したベクタとして存在します．したがって，図4-1(b)のパック型配列には，直接32ビットのデータを代入できます．

　アンパック型配列は，SystemVerilogの全データ・タイプに使用できるのに対して，パック型配列はビット単位のデータ型(logic，bit，reg，wire)，パック型配列，および次に説明するパック型構造体(struct)とパック型共用体(union)に対して宣言することができます．

● 構造体(struct)と共用体(union)

　C言語ではすでになじみの深い構造体と共用体がSystemVerilogで使用できるようになりました．
　構造体は，関連のあるデータを一つのグループとしてまとめるデータ・タイプです．データ・タイプやサイズが異なるデータをグループ化することができます．一方，共用体は，一つの変数に対して複数のデータ・タイプを割り当てるデータ・タイプです．共用体で宣言された変数は異なるデータ・タイプでアクセスすることができます．
　構造体と共用体には，配列と同じようにアンパック型とパック型があります．デフォルトはアンパック型で，パック型にするにはstructやunionのキーワードの後にpakcedを明記します．
　リスト4-5は，**図4-2**のレジスタ構成をパック型構造体とパック型共用体で記述した例です．この16ビットのレジスタFILT_DRはパック型共用体で宣言されており，共用体の中は4ビット×4のパック型

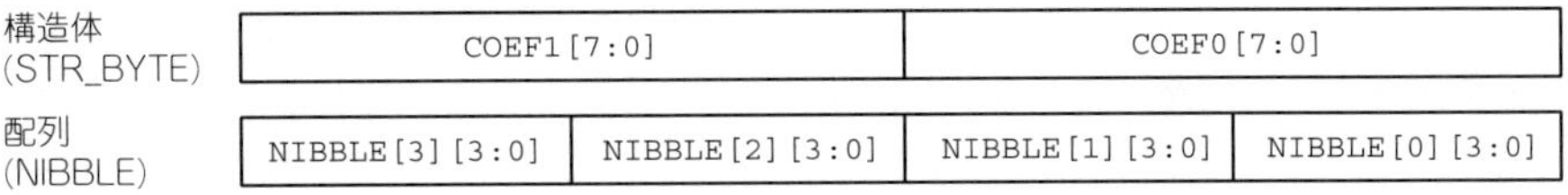

構造体 (STR_BYTE)	COEF1[7:0]		COEF0[7:0]	
配列 (NIBBLE)	NIBBLE[3][3:0]	NIBBLE[2][3:0]	NIBBLE[1][3:0]	NIBBLE[0][3:0]

図4-2 レジスタ構成（FILT_DR）
FILT_DRは，8ビットのデータCOEF1，COEF0の二つのメンバからなる構造体（STR_BYTE）と，4ビット×4のパック型配列（NIBBLE）の両方のデータ・タイプでアクセス可能とする（リスト5を参照）．

リスト4-5 パック型共用体とパック型構造体の記述

```
typedef struct packed{
  logic [7:0]   COEF1;
  logic [7:0]   COEF0;
} filtdr_type;

union packed{
  filtdr_type        STR_BYTE;
  logic [3:0][3:0]   NIBBLE;
}FILT_DR;
```

配列のデータ（16ビット，NIBBLE）とfiltdr_typeで定義された構造体（16ビット，STR_BYTE）の二つのメンバが宣言されています．したがって，FILT_DRはパック型配列（NIBBLE）でも，filtdr_typeで宣言された構造体（STR_BYTE）でもアクセスすることができます．

構造体filtdr_typeの中は，8ビットの二つの係数データCOEF0，COEF1が構造体のメンバとして宣言されています．

構造体と共用体のメンバの値の参照や代入を行う場合は，C言語と同じようにメンバ名を使用します．例えばFILT_DRのCOEF0の値を参照したい場合はFILT_DR.STR_BYTE.COEF0と記述し，FILT_DRのCOEF1の下位4ビットを参照する場合はFILT_DR.NIBBLE[2]と記述します．

構造体はアンパック型，パック型ともに論理合成可能ですが，共用体はパック型のみ論理合成可能です．また，パック型共用体は内部で宣言するデータ・タイプのビット長がすべて同じでなければなりません．

4-1-2 新しいalways文

Verilog HDLにおけるalways文は，組み合わせ回路と順序回路とでは記述スタイルが異なり，注意が必要でした．記述を誤ると，組み合わせ回路で記述したつもりなのに，意図しないラッチ回路を生成してしまいます．

SystemVerilogでは，設計者が意図する回路構成を明確にし，より記述をシンプルにする目的で，以下の三つのalways文が追加されました．

● **always_comb**

組み合わせ回路を記述するためのalways文です．always文を使って組み合わせ回路を記述する場合，以下のような記述上の注意点がありました．

- センシティビティ・リストにはすべての入力信号を記述する．
- if文，case文を使用する場合はすべての条件式を記述する．

always_combでは，まずセンシティビティ・リストの記述が不要です．また，EDAツールがalways_combで記述された回路は組み合わせ回路であることを判断してくれるため，もしif文やcase文の条件の不足によりラッチ回路となる場合でも，コンパイル時に設計者に対してメッセージが出力されます．このメッセージにより，設計者は早期に記述の誤りを見つけることができます．

　もう一つの特徴は，出力の初期値を確定するため，シミュレーション開始時（時刻0）に1度だけ実行される点です．これは，入力値の初期値と出力値を保証するために行われます．always文で組み合わせ回路を記述した場合，センシティビティ・リストの信号に変化が起こった時点で初めて組み合わせ回路の出力値が確定しますが，always_combの場合は時刻0で出力の初期値が確定します．

　リスト4-3で紹介した列挙型を用いたステート・マシンの記述では，always_combを使って次の状態を決める組み合わせ回路を記述しています．

● always_ffとalways_latch

　always_ffはフリップフロップを含む順序回路を記述するためのalways文です．記述方法はalways文を使って順序回路を記述する場合とまったく同じです．

　always_latchはラッチを記述するためのalways文です．always_latchもalways_combと同じように，センシティビティ・リストの記述が不要であり，シミュレーション開始時に1度だけ実行されます．

　リスト4-6にalways_ffとalways_latchの記述例を示します．

4-1-3　if文とcase文の拡張

　先ほどのalways文の拡張と同じように設計者の意図を明確にする目的で，if文，case文に対してuniqueとpriorityのキーワードが追加されました．ともにif文，case文の先頭に記述します．

● unique

　uniqueは，if文やcase文で記述された回路が並列処理できることを意味します．リスト4-7（a），（b）にunique caseとunique ifの記述例を示します．

リスト4-6　always_ffとalways_latchの記述

```
logic         CNT_START, CNT_END, CNTEN;
logic [2:0]   CNT;
always_ff @(posedge CLK or negedge RST_X) begin
  if(!RST_X)
    CNT <= 3'b000;
  else if(CNTEN)
    CNT <= CNT + 3'b001;
end
always_latch begin
  if (!RST_X)
    CNTEN <= 1'b0;
  else if(CNT_START)
    CNTEN <= 1'b1;
  else if(CNT_END)
    CNTEN <= 1'b0;
end
```

リスト4-7　uniqueとpriorityの記述

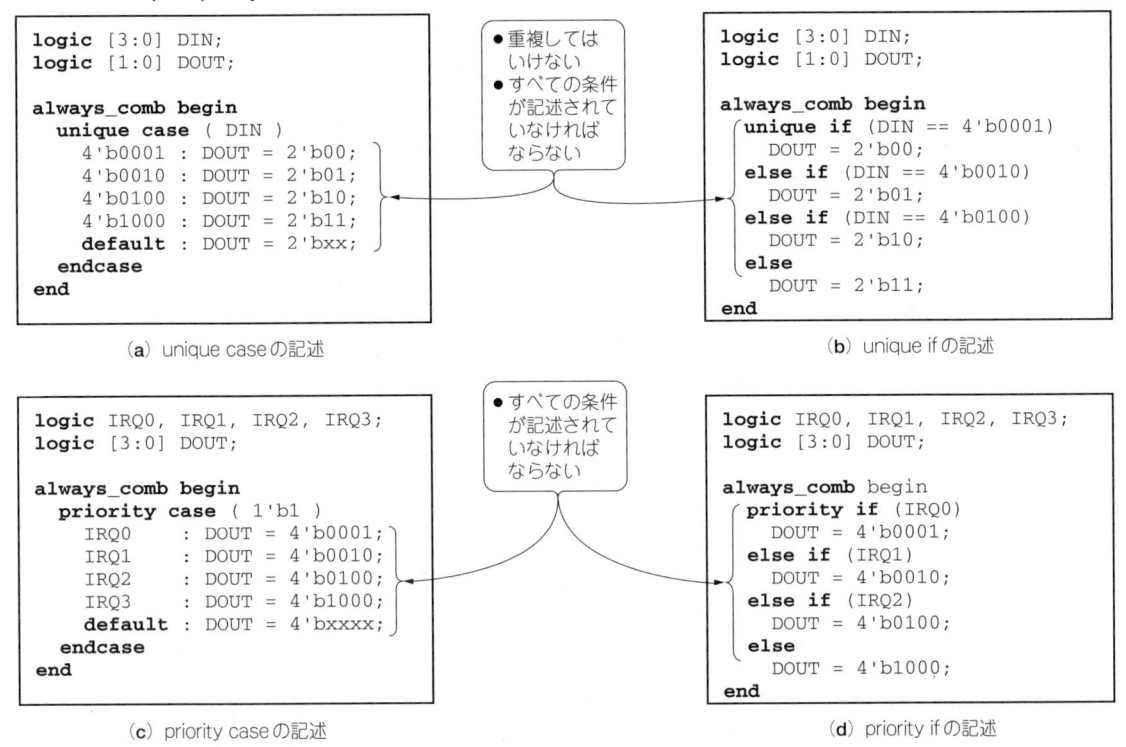

```
logic [3:0] DIN;
logic [1:0] DOUT;

always_comb begin
  unique case ( DIN )
    4'b0001 : DOUT = 2'b00;
    4'b0010 : DOUT = 2'b01;
    4'b0100 : DOUT = 2'b10;
    4'b1000 : DOUT = 2'b11;
    default : DOUT = 2'bxx;
  endcase
end
```

・重複してはいけない
・すべての条件が記述されていなければならない

```
logic [3:0] DIN;
logic [1:0] DOUT;

always_comb begin
  unique if (DIN == 4'b0001)
    DOUT = 2'b00;
  else if (DIN == 4'b0010)
    DOUT = 2'b01;
  else if (DIN == 4'b0100)
    DOUT = 2'b10;
  else
    DOUT = 2'b11;
end
```

（a）unique caseの記述　　　　　　　　　　　　（b）unique ifの記述

```
logic IRQ0, IRQ1, IRQ2, IRQ3;
logic [3:0] DOUT;

always_comb begin
  priority case ( 1'b1 )
    IRQ0    : DOUT = 4'b0001;
    IRQ1    : DOUT = 4'b0010;
    IRQ2    : DOUT = 4'b0100;
    IRQ3    : DOUT = 4'b1000;
    default : DOUT = 4'bxxxx;
  endcase
end
```

・すべての条件が記述されていなければならない

```
logic IRQ0, IRQ1, IRQ2, IRQ3;
logic [3:0] DOUT;

always_comb begin
  priority if (IRQ0)
    DOUT = 4'b0001;
  else if (IRQ1)
    DOUT = 4'b0010;
  else if (IRQ2)
    DOUT = 4'b0100;
  else
    DOUT = 4'b1000;
end
```

（c）priority caseの記述　　　　　　　　　　　　（d）priority ifの記述

uniqueのキーワードを使用する場合，以下の2点を守らなければなりません．
- 条件式（選択項目）に重複がないこと
- すべての条件が記述されていること

この二つの記述上の制約はコンパイル時やシミュレーション時にツールでチェックされ，違反した場合はメッセージが出力されます．

● priority

priorityは，if文やcase文で記述された回路が優先順位を持った回路であることを意味します．リスト4-7（c），（d）にpriority caseとpriority ifの記述例を示します．

priorityのキーワードを使用する場合，以下の条件を守らなければなりません．
- すべての条件式が記述されていること

priorityが記述されている場合，uniqueと同様にツールはコンパイル時やシミュレーション時に上記のチェックを行い，違反している場合はメッセージを通知します．

4-1-4　モジュールの接続

Verilog HDLでは名まえによるポート接続と順番によるポート接続の2種類がありました．SystemVerilogでは新たに.nameと.*の2種類のポート接続が追加されました．

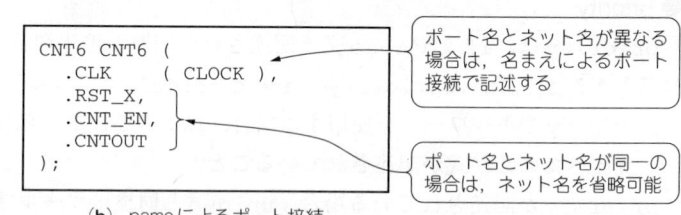

● .nameによるポート接続

.nameは名まえによるポート接続をより簡単化したものです．モジュール接続の記述において，ポート名とネット名が同一であるケースが非常に多く見受けられます．.nameを使うと，ポート名とネット名が同一である場合はポート名だけを記述すればよく，接続するネット名を省略できます．**リスト4-8**（b）に.nameを使ったモジュール接続の例を示します．

なお，ポート名とネット名が一致しない信号については，名まえによるポート接続と組み合わせて記述することができます．

● .*によるポート接続

.*は.nameをさらに簡単にしたものです．ポート名とネット名が同一である場合，ポート名も省略して.*のみを記述します．ポート名とネット名が異なる場合は，.nameと同じように名まえによるポート接続と組み合わせて記述することができます．**リスト4-8**（c）に，.*を使ったモジュール接続の例を示します．

4-1-5　インターフェース

図4-3に示すように，モジュール間の共通信号（バス）はモジュール宣言のたびにすべての信号を記述しなければなりません．モジュールの数が多くなるほど記述は冗長で煩雑なものとなり，バス信号の追加や削除を行う際には非常に煩雑な作業となります．

SystemVerilogでは，新たにインターフェースという概念が取り入れられました．モジュール間で共通の信号をインターフェースで記述して呼び出すことで記述が簡素化され，修正も楽になります．

● インターフェースの記述

インターフェースの記述を**リスト4-9**に示します．インターフェースはinterfaceのキーワードで開始し，end interfaceのキーワードで終わります．

interfaceの後ろには任意のインターフェース名を定義します．かっこ内にはインターフェースの入力信号となるクロックと非同期リセットを定義しています．ここで定義した信号もインターフェース

リスト4-8　モジュール接続の記述

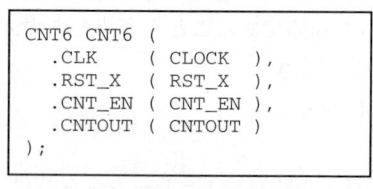

```
CNT6 CNT6 (
  .CLK    ( CLOCK  ),
  .RST_X  ( RST_X  ),
  .CNT_EN ( CNT_EN ),
  .CNTOUT ( CNTOUT )
);
```
（a）名まえによるポート接続

```
CNT6 CNT6 (
  .CLK    ( CLOCK  ),
  .RST_X,
  .CNT_EN,
  .CNTOUT
);
```
（b）.nameによるポート接続

ポート名とネット名が異なる場合は，名まえによるポート接続で記述する

ポート名とネット名が同一の場合は，ネット名を省略可能

```
CNT6 CNT6 (
  .*,
  .CLK    ( CLOCK  )
);
```
（c）.*によるポート接続

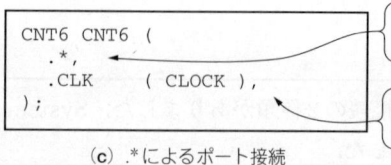

ポート名とネット名が同一の場合は，.*のみでよい

ポート名とネット名が異なる場合は，名まえによるポート接続で記述する

の一部の信号となります．

インターフェースの内部には，インターフェースで束ねる信号の宣言を行います．これはデータ・タイプとビット幅の定義です．その後ろに，インターフェースで束ねた信号の方向（入出力）をmodportのキーワードで定義します．これはインターフェースを呼び出した側がそれぞれの信号を入力として使うのか，出力として使うのかを宣言したものになります．

● インターフェースの呼び出し

モジュールのポート宣言で，インターフェースを使用します．このとき，modportの指定が可能です〔**リスト4-10（a）**〕．

インターフェースとモジュールの接続はインターフェースとモジュールを呼び出し，インターフェースのインスタンス名を使って接続します．

モジュールのポート宣言でインターフェースのmodportを指定しなかった場合〔**リスト4-10（b）**〕は，

```
module IP1 (
    input           CLK,RST_X,
    input           RDREQ,
    input           WRREQ,
    input   [7:0]   ADDR,
    input   [7:0]   WRDATA,
    output  [7:0]   RDDATA,
    ......
);
```

```
module IP2 (
    input           CLK,RST_X,
    input           RDREQ,
    input           WRREQ,
    input   [7:0]   ADDR,
    input   [7:0]   WRDATA,
    output  [7:0]   RDDATA,
    ......
);
```

共通の信号宣言

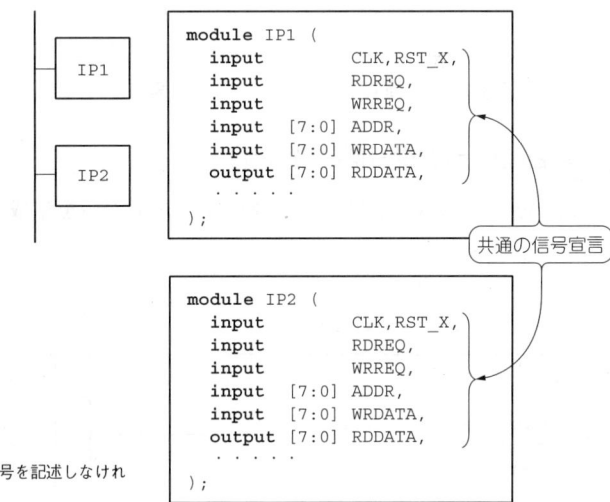

図4-3　モジュール間の共通信号
モジュール間の共通の信号は，モジュール宣言のたびにすべての信号を記述しなければならないため，記述が冗長になる．

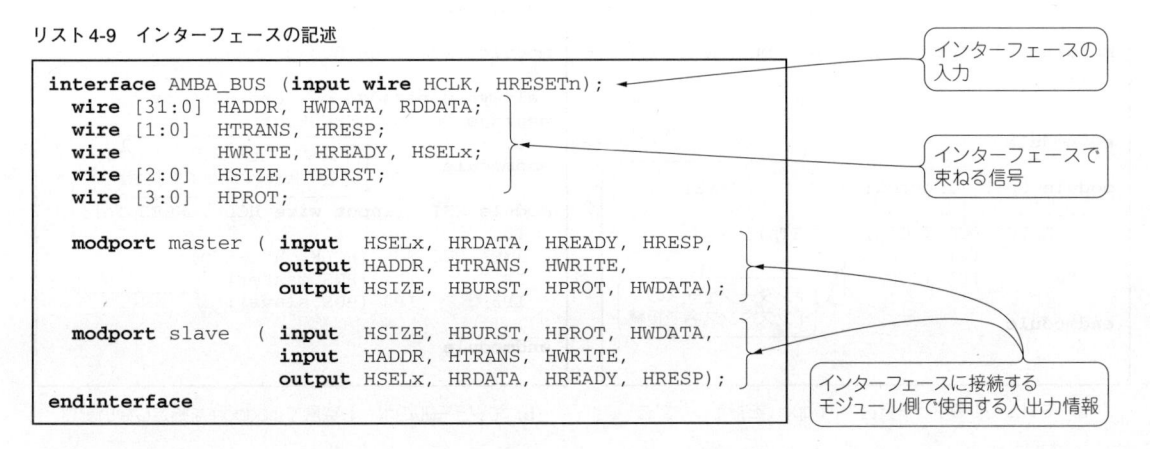

リスト4-9　インターフェースの記述

```
interface AMBA_BUS (input wire HCLK, HRESETn);
    wire [31:0] HADDR, HWDATA, RDDATA;
    wire [1:0]  HTRANS, HRESP;
    wire        HWRITE, HREADY, HSELx;
    wire [2:0]  HSIZE, HBURST;
    wire [3:0]  HPROT;

    modport master ( input  HSELx, HRDATA, HREADY, HRESP,
                     output HADDR, HTRANS, HWRITE,
                     output HSIZE, HBURST, HPROT, HWDATA);

    modport slave  ( input  HSIZE, HBURST, HPROT, HWDATA,
                     input  HADDR, HTRANS, HWRITE,
                     output HSELx, HRDATA, HREADY, HRESP);
endinterface
```

インターフェースの入力

インターフェースで束ねる信号

インターフェースに接続するモジュール側で使用する入出力情報

インターフェースとモジュールの接続の際に，インターフェースのインスタンス名の後ろにmodportを指定します．

● インターフェース内の信号アクセス

モジュール内でインターフェースの信号を参照または代入する際には，**リスト4-10（b）**に示すように，ポート名とインターフェースの内部信号名を使った階層パス名でアクセスすることができます．

4-2 テストベンチ記述

次に，テストベンチ記述向けのSystemVerilog文法について解説します．

4-2-1 演算子の拡張

表4-2に示す演算子がSystemVerilogで追加されました．インクリメント/デクリメント演算子および代入演算子は，ブロッキング代入文として動作します．

また，比較演算子（=?=，!?=）は，if文を使ってxやzをドント・ケア（don't care）として比較することができます．演算結果については，**表4-3**を参照してください．

4-2-2 ランダム関数の拡張

Verilog HDLには32ビット符号付きランダム値を生成するシステム関数$random()がありました．

リスト4-10 インターフェースの呼び出し

```
interface AMBA_BUS (input wire HCLK,
HRESETn);
  modport master ( ... );
  modport slave  ( ... );
endinterface

module IP1 (AMBA_BUS.master bus_con);
  ...
endmodule

module IP2 (AMBA_BUS.slave  bus_con);
  ...
  ...
  ...
endmodule

module CHIP (input wire HCLK, HRESETn);
  ...
  AMBA_BUS BUS (HCLK, HRESETn);
  IP1      IP1 (BUS);
  IP2      IP2 (BUS);
  ...
endmodule
```

（a）モジュールのポート宣言でmodportを指定した記述

```
interface AMBA_BUS (input wire HCLK,
HRESETn);
  modport master ( ... );
  modport slave  ( ... );
endinterface

module IP1 (AMBA_BUS bus_con);
  ...
endmodule

module IP2 (AMBA_BUS bus_con);
  always @(posedge bus_con.HCLK or
negedge bus_con.HRESETn)
  ...
endmodule

module CHIP (input wire HCLK, HRESETn);
  ...
  AMBA_BUS BUS (HCLK, HRESETn);
  IP1      IP1 (BUS.master);
  IP2      IP2 (BUS.slave);
  ...
endmodule
```

（b）モジュールのポート宣言でmodportを指定しない記述

表4-2 SystemVerilogで拡張された演算子

種別	演算子	説明
インクリメント/デクリメント演算子（単項演算子）	++	加算処理
	--	減算処理
代入演算子	+=	右辺を左辺に加算して代入する
	-=	右辺を左辺から減算して代入する
	*=	左辺に右辺を乗算して代入する
	/=	左辺を右辺で除算して代入する
	%=	左辺を右辺で除算して，余りを代入する
	&=	右辺と左辺でビット単位のANDをとり，代入する
	|=	右辺と左辺でビット単位のORをとり，代入する
	^=	右辺と左辺でビット単位のEXORをとり，代入する
	<<=	右辺で示した回数だけ左辺をビット単位で左シフトして代入する
	>>=	右辺で示した回数だけ左辺をビット単位で右シフトして代入する
	<<<=	右辺で示した回数だけ左辺を算術左シフトして代入する
	>>>=	右辺で示した回数だけ左辺を算術右シフトして代入する
比較演算子	=?=	x, zをワイルド・カードとして扱う．一致の場合，真となる
	!?=	x, zをワイルド・カードとして扱う．不一致の場合，真となる

表4-3 比較演算子の演算結果

A [3:0]	B [3:0]	A=?=B	A!?=B
1010	1010	真	偽
1010	1011	偽	真
10x0	1010	真	偽
10x0	10x0	真	偽
10x0	10z0	真	偽
10z0	10z0	真	偽
10z0	1010	真	偽

SystemVerilogではさらに，制約条件を含んだランダム関数の拡張が行われています．
ここでは以下の2種類のランダム関数について触れます．
- $urandom
- $urandom_range()

● $urandomと$urandom_range()

$urandomと$urandom_range()は，ともに32ビット符号なしのランダム値を生成するシステム関数です．$urandomはかっこ内にシードの設定が可能です．シードを設定することにより，毎回同じランダム値を生成することができます．シードを省略した場合，ツールに依存した値となります．

$urandom_range()では，ランダム値の取りうる範囲を指定することができます．例えば**リスト4-11**のように，MODE信号について0～4の範囲でランダム値を生成したい場合，$urandom_range(4,0)と記述します．

リスト4-11 $urandomと$urandom_range()の記述

```
logic [15:0] DATA, ADRS;

initial begin

  DATA = $urandom(100);

  repeat (10) begin
    DATA = $urandom;
    ADRS = $urandom_range(16'h1000, 16'h0000);

    while (ADRS[1:0] != 2'b00) begin
      ADRS = $urandom_range(16'h1000, 16'h000);
    end

    $display ("Adrs = %h, Data = %h", ADRS, DATA);
  end
end
```

- シードを100としてランダム値を生成する
- ADRSは16'h0000～16'h1000の範囲でランダム値を生成する
- 制約条件

4-2-3 タスクとファンクションの拡張

タスクとファンクションについて，SystemVerilogでは以下のような拡張が行われました．

● 引き数の参照渡し（ref）

タスク，ファンクションの引き数についてinput，output，inoutの宣言が可能ですが，これらの引き数は値渡しになります．すなわち，入力となる引き数は，タスクやファンクションが呼び出された時点で値のコピーがタスクやファンクションに与えられ，出力の引き数はタスクやファンクションが終了した時点の値が引き渡されます．したがって，タスクやファンクションを実行中にリアルタイムに値の入出力を行うことはできません．

SystemVerilogでは，新たにrefというキーワードが追加されました．このrefで宣言された信号は，タスクやファンクションの実行中でも入力の変化や出力の変化を反映することができます．これを参照渡しと言います．

図4-4は値渡しと参照渡しを比較した例です．図4-4（a）の出力はタスク終了時の値が出力されるため'0'固定となりますが，図4-4（b）の出力は，タスク処理中にも値が変化します．

● 引き数の名まえ渡し

Verilog HDLでは，タスクやファンクションの呼び出しで引き数を与える場合，仮引き数の定義順に引き数を記述していました．このような記述は誤りやすく，また引き数の順番を誤った場合は発見しにくいバグとなってしまいます．

SystemVerilogでは仮引き数の定義順ではなく，以下のように仮引き数の名まえを使用することができ，記述の誤りを減らすことができます．

以下の記述は図4-4のタスクを引き数の名まえ渡しで呼び出した例です．

```
READ_TASK (.ADDR_VAL (VALUE), .RD_REQ (RD_REQ), .ADDR (ADDR));
```

```
task READ_TASK;                          task READ_TASK;
  input   [31:0] ADDR_VAL;                 input   [31:0] ADDR_VAL;
  output         RD_REQ;                   ref            RD_REQ;
  output  [31:0] ADDR;                     ref     [31:0] ADDR;
begin                                    begin
  RD_REQ = 1'b1;                           RD_REQ = 1'b1;
  ADDR   = ADDR_VAL;                       ADDR   = ADDR_VAL;
  @(posedge CLK);                          @(posedge CLK);
  RD_REQ = 1'b0;                           RD_REQ = 1'b0;
  ADDR   = 32'h0;                          ADDR   = 32'h0;
end                                      end
endtask                                  endtask
```

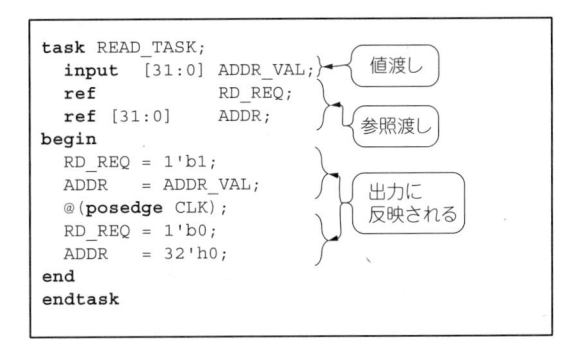

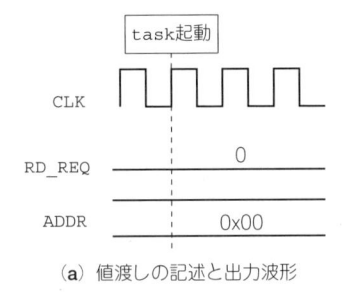

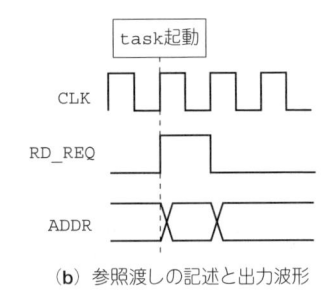

（値渡し／出力に反映されない／最後の値が出力される）　（値渡し／参照渡し／出力に反映される）

(a) 値渡しの記述と出力波形　　　　(b) 参照渡しの記述と出力波形

図4-4　値渡しと参照渡し
(a)のoutput宣言された信号は値渡しになるため，タスク起動中に代入された値は反映されない．(b)のref宣言された信号は参照渡しとなり，タスク起動中でも代入した値が反映される．

4-3　アサーション記述

アサーションには，イベント・ベースで動作する即時アサーションと，サイクル・ベースで動作する並列（コンカレント）アサーションの2種類があります．即時アサーションはレーシングの問題で誤動作することがあり，使用するうえで注意が必要です．一方，並列アサーションはサンプリング用のクロックを持ち，安定した動作が得られます．

ここでは並列アサーションについて説明します．即時アサーションについては，「文法ガイド」の項を参照してください．

4-3-1　アサーションの構文

アサーションは，「プロパティ（回路仕様）に違反した動作をしていないか？」，または「プロパティが実行されたか？」をチェックする機能を持ちます．プロパティに違反した動作を検出した場合はメッセージを出力し，回路動作で問題が生じたことを設計者に通知します．

まず，図4-5の記述例を使ってアサーションの構文を見てみることにします．アサーションは，以下の構成要素で記述されます．

- アサーション・ラベル
- アサーション・ディレクティブ
- プロパティ

```
                    アサーション・ディレクティブ    評価用クロック      シーケンス
                              ↓                       ↓              ↓
         ast_AckError01 : assert property (@(posedge CLK)(REQ |-> ##[1:5] ACK));
         └──────┬──────┘ └──────────────────────┬──────────────────────────┘
           アサーション・ラベル                           プロパティ
```

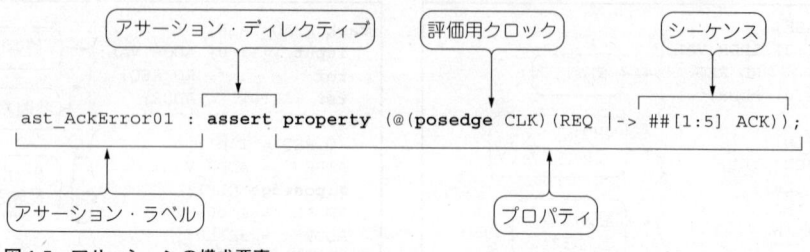

図4-5　アサーションの構成要素
アサーションの記述は，アサーション・ラベル，アサーション・ディレクティブ，プロパティ，シーケンスで構成される．

● シーケンス

● アサーション・ラベル

　アサーションの先頭のアサーション・ラベルは，設計者が任意に記述することができます．アサーションで出力されるメッセージには，このアサーション・ラベルが付加されます．アサーションごとにわかりやすいラベル名を付けておいたほうがよいでしょう．

● アサーション・ディレクティブ

　アサーション・ディレクティブは，プロパティの真偽によってアサーションの動作を決めるもので，以下の3種類があります．
- assert：プロパティが偽の場合，エラーと判断する
- assume：プロパティが偽の場合，エラーと判断する
- cover　：プロパティが真となった回数を検出する

　assertとassumeは同じ動作になっていますが，assumeは回路入力の値の範囲やタイミングを定義するもので，おもに形式的検証（フォーマル・ベリフィケーション）で使用されます．入力パターンを使ったシミュレーション動作はassertもassumeも同じになります．

　coverは，assertやassumeとは異なり，シミュレーション時にプロパティが実行されたことを検出し，シミュレーション終了時にその回数をレポートします．もしプロパティが1回も真になっていない場合は，シミュレーション・パターンが不足していることがわかります．すなわちシミュレーション・パターンの過不足を判断する機能カバレッジとして使用されます．

● プロパティ記述とシーケンス記述

　プロパティ記述は，回路仕様を明記したものです．まず，プロパティには評価用のクロックを記述します．図4-5の記述例では，CLKの立ち上がりでプロパティが評価されます．
　プロパティについては，ビット演算子や論理演算子を用いて，単純なブール式で表現することもできますし，プロパティ演算子やシーケンス演算子を用いて，複数サイクルにまたがった条件式の記述を行うこともできます．
　シーケンスはプロパティを構成する要素で，シーケンス演算子を用いて時間の概念を持った条件式を記述することができます．

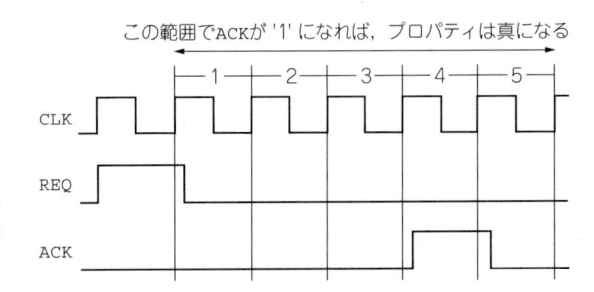

図4-6 REQに対するACKのレスポンス時間
図4-5のアサーションの記述は，上記波形に示すREQとACKの関係をチェックしている．ACKが5サイクル以内に'1'になれば，プロパティは真となる．そうでない場合はプロパティは偽となり，アサーションはエラー処理を行う．

リスト4-12 状態遷移をチェックするアサーション

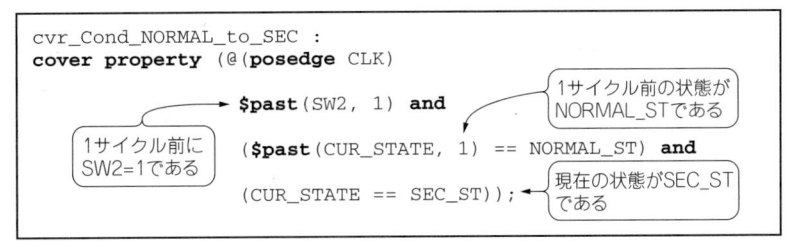

```
cvr_Cond_NORMAL_to_SEC :
cover property (@(posedge CLK)
         $past(SW2, 1) and
        ($past(CUR_STATE, 1) == NORMAL_ST) and
        (CUR_STATE == SEC_ST));
```

- 1サイクル前にSW2=1である
- 1サイクル前の状態がNORMAL_STである
- 現在の状態がSEC_STである

プロパティ演算子とシーケンス演算子については，「文法ガイド」の項を参照してください．

4-3-2 assertを使ったアサーションの記述例

では，先ほどの図4-5で示した記述の内容について説明します．このアサーションはassertを使用しているため，クロックの立ち上がりでプロパティが偽となった場合に，アサーションはエラーとして動作します．

プロパティでは，(REQ |-> ##[1:5] ACK)という記述がありますが，この記述は，図4-6で示す波形のようにREQが'1'になってから5サイクル以内にACKが'1'になることを意味しています．|->は，この記号の左の条件が成立した同じサイクルで右の条件を評価するプロパティ演算子です．##[1:5]は，1～5サイクルの遅延を意味するシーケンス演算子です．まとめると，このアサーションは，REQが'1'になってから5サイクル以内にACKが'1'になる必要があることを意味しています．

5サイクル以内にACKが'1'にならない場合，プロパティが偽となり，アサーションはエラーが発生したことを設計者に通知します．

4-3-3 coverを使ったアサーションの記述例

リスト4-12に示す記述は，図4-7に示すステート・マシンの状態遷移(NORMAL_ST → SEC_ST)が実行されたことをチェックするアサーションです．アサーション・ディレクティブとしてcoverを使っているため，このアサーションはクロックの立ち上がりでプロパティが真になった回数をチェックし，シミュレーション終了後に設計者に結果を通知します．

プロパティの記述の中でシステム関数$pastが使われていますが，$past(SW2, 1)は1サイクル前のSW2の値を返します．よって，プロパティの記述は，「現在の状態がSEC_STであり」かつ「1サイクル前の状態がNORMAL_STであり」かつ「1サイクル前のSW2の値が'1'である」という条件になります．

シミュレーション終了時に，もし一度もこのアサーションのプロパティが真にならなかった場合，シ

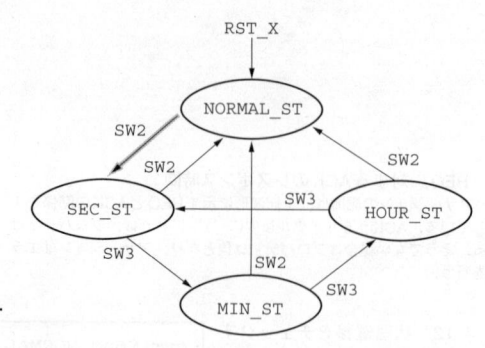

図4-7 状態遷移図
NORMAL_STからSEC_STへは，SW2が'1'になることで遷移する．
リスト12はこの状態遷移をチェックするアサーションの記述である．

ミュレーションでNORMAL_STからSEC_STへの状態遷移が生じなかったことがわかります．

このようなアサーションは，シミュレーション・パターンが十分であるかどうかを判断する際に非常に役に立ちます．

参考文献

(1) Stuart Sutherland, Simon Davidmann, Peter Flake（浜口加寿美，河原林政道，高嶺美夫，明石貴昭 訳）；SystemVerilogによるLSI設計，丸善，2005年．
(2) Harry D. Foster, Adam C. Krolnik, David J. Lacey（東野輝夫，岡野浩三，中田明夫 監訳）；アサーションベース設計，丸善，2004年．

文法ガイド

4-4 SystemVerilogで拡張された文法

SystemVerilogで拡張された文法について，要点と構文をまとめます．省略可能な項目については，[ ]を付けています．

4-4-1 データ・タイプ

● 基本データ・タイプ

表4-1（p.70）を参照．

レジスタ型，ネット型として使用可能．解決機能付きタイプではないため，複数のドライバを持つことはできない．

● unsigned

```
<データ・タイプ> unsigned <信号名>;
```

符号付きデータ・タイプを符号なしデータ・タイプとして宣言する修飾子．

● signed

```
<データ・タイプ> signed <信号名>;
```

　符号なしデータ・タイプを符号付きデータ・タイプとして宣言する修飾子．Verilog HDL 2001で拡張された．

● ユーザ定義型（typedef）

```
typedef <データ・タイプ> <タイプ識別子>;
```

　SystemVerilogのデータ・タイプを使ってユーザが任意のデータ・タイプを作成することができる．

● 列挙型（enum）

```
enum ［データ・タイプ］ ｛<列挙名> ［=定数］, <列挙名> ［=定数］, …｝;
```

　取りうる値の集合を列挙名のリストとして宣言する．列挙名のデータ・タイプは，デフォルトでint型．enumの後にデータ・タイプを宣言することで，列挙名のデータ・タイプの変更が可能．
　列挙名の値は，デフォルトで0から順番に割り振られる．ユーザが列挙名の後に定数値を記述することで，列挙名の値を変更できる．

■ 4-4-2　配列，構造体，共用体

● アンパック型配列

```
<データ・タイプ> <要素のビット数> <配列名> <要素の数>;
```

　配列の要素は独立して存在する．全データ・タイプに対してアンパック型配列の宣言が可能．

● パック型配列

```
<データ・タイプ> <要素の数> <要素のビット数> <配列名>;
```

　配列の要素は，個々の配列の要素が連続したベクタとして存在．ビット単位のデータ・タイプ（logic, bit, reg, wire），およびパック型配列，パック型構造体，パック型共用体に対して宣言が可能．

● 構造体（アンパック型構造体）

```
struct ｛<データ・タイプ> <メンバ名>; …｝ <構造体名>;
```

　データ・タイプやサイズが異なるデータをグループ化することができる．メンバは独立して存在する．

● パック型構造体

```
struct packed { <データ・タイプ> <メンバ名>； … } <構造体名>；
```

メンバは整数値でなければならない（bit，int，logic）．メンバは連続したベクタとして存在する．

● 共用体（アンパック型共用体）

```
union { <データ・タイプ> <メンバ名>； … } <共用体名>；
```

すべての変数型をメンバとすることができる．論理合成の対象外．

● パック型共用体

```
union packed { <データ・タイプ> <メンバ名>； … } <共用体名>；
```

各メンバのビット数が同じでなければならない．real，shortreal，変数，アンパック型構造体，アンパック型共用体，アンパック型配列はメンバとして含むことができない．

4-4-3 always文

● always_comb

組み合わせ回路記述用のalways文．センシティビティ・リストの記述は不要．シミュレーション開始時に一度だけ実行される．

● always_ff

順序回路記述用のalways文．記述スタイルは，always文による順序回路の記述と同様．

● always_latch

ラッチ回路記述用のalways文．センシティビティ・リストの記述は不要．シミュレーション開始時に一度だけ実行される．

4-4-4 unique，priority

● unique

```
├ unique if
└ unique case
```

if文，case文で書かれた組み合わせ回路が並列回路であることを指定する．条件式（選択項目）に重複があってはならない．すべての条件が記述されていなければならない．

● priority

```
├─ priority if
└─ priority case
```

　if文，case文で書かれた組み合わせ回路が優先順位を持つ回路であることを指定する．すべての条件が記述されていなければならない．

4-4-5　モジュール接続

● .name

　ポート名と接続するネット名が同一の場合に限り，ネット名を省略することが可能．名まえによるポート接続と組み合わせて記述できる．

● .*

　ポート名と接続するネット名が同一の場合に限り．*を記述し，ポート名とネット名を省略することができる．名まえによるポート接続と組み合わせて記述できる．

4-4-6　インターフェース

● インターフェースの記述

```
interface <インターフェース名> [ (<port list>) ];
  <データ・タイプ> <信号名>;
    …
  [modport <モジュール・ポート名> ( <方向> <信号名>; … ); ]
endinterface
```

　modportの記述がない場合，信号の方向はinoutとなる．

● インターフェースの呼び出し

```
├─ module <モジュール名> （<インターフェース名> <ポート名>）;
│     ※modportを指定しない場合
└─ module <モジュール名> （<インターフェース名> [ .<モジュール・ポート名> ] <ポート名>）;
      ※modportを指定する場合
```

　接続の際は，インターフェースのインスタンス名を使う．modportの指定はモジュール宣言とモジュール接続のどちらか一方でのみ可能．

● インターフェースの内部信号のアクセス

<ポート名>．<インターフェースの内部信号名>

4-4-7 演算子の拡張

表4-2(p.79)を参照．
インクリメント/デクリメント演算子と代入演算子は，ブロッキング代入として動作する．

4-5 アサーション構文

● 即時アサーション

[<アサーション・ラベル>：] assert （<条件式>）
[<成立時の処理文>； else <不成立時の処理文>；]

即時アサーションでは，assertのみ使用可能．順次処理ブロック（initial文，always文）内でのみ記述可能．不成立時の処理文が省略された場合，システム・タスク$errorが実行される．

● 並列（コンカレント）アサーション

[<アサーション・ラベル>：] assert property （<プロパティの記述>）
[<成立時の処理文>； else <不成立時の処理文>；]
[<アサーション・ラベル>：] assume property （<プロパティの記述>）；
[<アサーション・ラベル>：] cover property （<プロパティの記述>）
[<成立時の処理文>；]

以下で並列アサーションの記述が可能．
- モジュール定義内
- インターフェース定義内
- 順次ブロック内（always文やinitial文）

assert不成立時の処理文が省略された場合，システム・タスク$errorが実行される．不成立時の処理文では，システム・タスクによりseverityレベルを設定することができる（4-9節の「アサーション用システム・タスク」を参照）．
プロパティには，評価用のクロックの記述が必要．

● アサーション・ディレクティブ

assert

プロパティが偽となった場合，エラーとして通知する．

```
assume
```

プロパティが偽となった場合，エラーとして通知する．
formal analysisの入力値の制限として使用する．

```
cover
```

プロパティが真となった回数をカウントし，シミュレーション終了時に結果をレポートする．

● プロパティ

```
property <プロパティ名> [ ( <信号名>, … ) ]
    …
endproperty
```

　property/endpropertyのキーワードで独立して記述可能．プロパティの呼び出しでは，プロパティ名を使用する．
　以下でプロパティ宣言が可能．
　　● モジュール定義内
　　● インターフェース定義内
　　● clocking block内
　　● パッケージ内
　　● 外部宣言領域

● シーケンス

```
sequence <シーケンス名> [ ( <信号名>, … ) ]
    …
endsequence
```

　sequence/endsequenceのキーワードで独立して記述可能．シーケンスの呼び出しでは，シーケンス名を使用する．
　以下でシーケンス宣言が可能．
　　● モジュール定義内
　　● インターフェース定義内
　　● program内
　　● clocking block内
　　● パッケージ内
　　● 外部宣言領域

4-6 プロパティ演算子

連言(and)，選言(or)は最初の一致のみが有効となる．否定(not)はシーケンスに対しても使用可能．

表4-4 プロパティ演算子

名まえ	演算子	説明
連言	p1 and p2	プロパティp1とp2がともに成立することを評価する
選言	p1 or p2	プロパティp1とp2のいずれかが成立することを評価する
否定	not p1	プロパティp1の評価結果を反転する
条件	if(b) p1 else p2	ブール式bが真の場合はプロパティp1を，偽の場合はプロパティp2を評価する
非同期リセット	disable iff(b)	ブール式bが真の場合は，無条件でプロパティの評価結果にかかわらず真となる
時間重複含意	s1 |-> p2	シーケンスs1が成立した同サイクルでプロパティp1を評価する
非重複含意	s1 |=> p2	シーケンスs1が成立した次のサイクルでプロパティp1を評価する

4-7 シーケンス演算子

表4-5 シーケンス演算子

名まえ	演算子	説明
サイクル遅延	s1 ##N s2 s1 ##[N:M] s2	シーケンスs1が成立したNサイクル後にシーケンスs2を評価する シーケンスs1が成立したN〜Mサイクル後にシーケンスs2を評価する
連続的繰り返し	s1 [*N] s1 [*N:M]	シーケンスs1のN回の連続的繰り返し シーケンスs1のN回〜M回の連続的繰り返し(N≦M)
GOTO繰り返し	b [->N:M]	ブール式bがN回〜M回(途中に1サイクル以上の遅延があっても良い)繰り返すことを評価する 繰り返し評価終了時に「連続しない可能性」は終了する
非連続的繰り返し	b [=N:M]	ブール式bがN回〜M回(途中に1サイクル以上の遅延があっても良い)繰り返すことを評価する 繰り返し評価終了後も「連続しない可能性」は継続する
連言	s1 and s2	シーケンスs1とs2がともに成立することを評価する
選言	s1 or s2	シーケンスs1またはs2のどちらかが成立することを評価する
交差	s1 intersect s2	シーケンスs1とs2の評価時間が重なる点で，ともに成立することを評価する
条件限定	b throughout s1	シーケンスs1を評価中にブール式bが真となり続けることを評価する
包含	s1 within s2	シーケンスs2の評価中に，その時間内でシーケンスs1の評価を行う
ファースト・マッチ	first_match(s1)	シーケンスs1が最初に成立したときのみ結果を返す． 2回目以降の成立は無効
終了	s1.ended	シーケンスs1の評価終了を検出する．s1の評価結果が得られる時刻
一致	s1.matched	異なるクロックで評価されたシーケンスs1の評価終了を検出する

4-8 アサーション用システム関数

表4-6 アサーション用システム関数

関数名	記述例	説明
$onehot	$onehot(A)	Aがワンホット(1ビットだけが'1')である場合，真(1'b1)を返す
$onehot0	$onehot0(A)	Aのワンホットまたはオール'0'である場合，真(1'b1)を返す
$isunknown	$isunknown(A)	Aのいずれかのビットがxまたはzの場合，真(1'b1)を返す
$countones	$countones(A)	Aのビット内の1の数を返す．x,zはカウントしない
$sampled	$sampled(A)	サンプリングされたAの値を返す[注]
$rose	$rose (A)	Aの最下位ビットの立ち上がりで，真(1'b1)を返す[注]
$fell	$fell (A)	Aの最下位ビットの立ち下がりで，真(1'b1)を返す[注]
$stable	$stable (A)	Aの値に変化がなかった場合，真(1'b1)を返す[注]
$past	$past (A, 3)	Aの3サイクル前の値を返す[注]
	$past (A, 3, EN)	EN=1となっている3サイクル前のAの値を返す[注]

注：使用されるクロックは以下のとおり．
- アサーション文で使用する場合，アサーション評価用のクロックが使用される．
- 手続きブロック(always文)で使用する場合，センシティビティ・リストのクロックが使用される．

4-9 アサーション用システム・タスク

表4-7 アサーションseverity用システム・タスク

タスク名	説明
$fatal	実行時の致命的エラー．シミュレーションを停止する
$error	実行時のエラー．シミュレーションは停止しない
$warning	実行時の警告
$info	アサーション情報の出力．任意のメッセージを出力可能

表4-8 アサーション制御用システム・タスク

タスク名	説明
$assertoff	アサーションの停止．起動前のアサーションを止めることができる
$assertkill	アサーションの停止．起動前，起動中のアサーションを止めることができる
$asserton	アサーションの再起動．$assertoff, $assertkillで停止したアサーションを再起動させる

第3部

SystemVerilog アサーション 編

SystemVerilog設計スタートアップ

第5章

内部信号のふるまいをツールが自動監視する
デバッグ手法

赤星博輝

　SystemVerilogの新しい特徴の一つとしてアサーション（assertion；「表明」，「主張」を意味する）への対応がある．アサーションでは，あらかじめ内部信号のふるまいを定義し，回路がそのとおりに動作しているかどうかをシミュレータに自動監視させる．デバッグの効率化や検証環境の再利用などに効果がある．本章ではアサーションを使う利点や基本構文，繰り返し記述，シーケンスなどについて解説する．　　　　　　　　　　　　　　　　　　　　　　　　　　　　　　　　（編集部）

　SystemVerilogでは，これまでVerilog HDLが弱かった検証機能を大幅に強化しました．例えば，制約付きランダム・テスト生成，機能カバレッジ，インターフェース，アサーションなどの機能が追加されています（p.96のコラム5-1「SystemVerilogのここが良い，ここが悪い」を参照）．

　現在のLSI設計は，**図5-1**のように設計チームと検証チームが共同でボートをこぐ状況にたとえることができます．検証側が右側を，設計側が左側をこぐとすると，短時間でゴールするためには，検証と設計のこぎ手が協調してバランスよくこぐ必要があります．もし，右側と左側のこぎ手のバランスがとれていないとボートはまっすぐに進みません．現在は，どちらかというと設計に比重が置かれているため，ボートはまっすぐに進まず，蛇行しがちに見えます．

図5-1　設計と検証はバランスが重要
検証期間が延びているのは，設計が複雑になったからというよりも，設計と検証のバランスが悪くなったからだろう．設計者と検証エンジニアが力を合わせて，最速かつ最短時間でゴールに着きたいものである．

もし，検証力を高めることができれば，設計期間だけでなく設計品質などにも良い影響を与えることでしょう．しかし，ただ「検証力を強化しろ」と言われても，現実にどうやってよいのか悩むかと思います．検証のレベル・アップに特効薬はなく，ひとつひとつ積み上げていくしかないと考えます．まず何をやってよいのかわからないときには，ここで紹介する「アサーション」を導入してみることをお勧めします．

● アサーションを使う四つのメリット

 LSIを設計するとき，設計した回路が正しく仕様を満たしているかどうかをチェックする必要があります．例えばカウンタを設計している場合，1サイクル進むと値がインクリメント（＋1）されているかどうかをチェックします．このチェック項目が，カウンタという回路が満たすべき条件（仕様）になります．このような条件を「プロパティ」と呼び，このプロパティを検証言語（アサーション言語）などで記述したものをここでは「アサーション」と呼ぶことにします（p.99のコラム5-2「SystemVerilogアサーションとPSLの比較」を参照）．

 検証で重要なことは，このチェック項目をはっきりさせることです．アサーションの導入でうまくいかない原因の一つに，チェック項目がはっきりしないためにアサーションが書けない，ということがあります．そのため，「アサーションを書く」という作業を通じて，設計や検証のやりかたを見直すことが重要です．

 また，日本語（おそらく英語でもそうなのだが…）で書いた文章にはあいまいさが残る場合があります．例えば，「処理Aから3クロック以内に処理Bを実行する」という仕様は，設計グループ内で誤解なく理解できるでしょうか？ 文章だけではできないはずです．例えば，「処理Aが開始されてから3クロック以内に処理Bが完了する」と解釈する人もいれば，「処理Aが完了して3クロック以内に処理Bを開始する」と解釈する人もいるかもしれません．これで誤解が発生しない場合は，その設計グループの中に暗黙の了解事項があるということになります．こうした暗黙の了解事項の量が多いと，新しいメンバが

コラム5-1　SystemVerilogのここが良い，ここが悪い

 筆者がSystemVerilogに注目し始めたのは2002年の初めごろです．世の中はC言語をベースとしたシステムLSI設計手法が立ち上がろうとしていたときですが，どうしてもCベース設計に向いていない領域があることを感じていました．その一方で，SystemVerilogは，ハードウェア設計者にとってたいへん魅力のある言語と感じられました．

 SystemVerilogの言語仕様はどんどん改訂されています．Version 3.0からVersion 3.1aになり，LRM（language reference manual）は140ページから584ページとなり，IEEE 1800-2005では664ページへと厚くなりました．筆者が満足している点は，これまでVerilog HDLの弱かったところや問題があったところが大幅に改善されたことです．これにより，いろいろな言語を併用する必要がなくなり，実質的にはSystemVerilogとC言語でほとんどのことができるようになりました（とはいえ，C言語はやっぱり必要なのだが…）．

 不満な点については，実はあまりないのですが，SystemVerilogで追加された機能の多くはこれまでほかの言語（検証言語など）でサポートされてきたものであり，それほど革新的な機能は含まれていません．設計者の側の習得の努力も必要ではありますが，EDAツールや言語の側についてもさらなる進歩を期待します．

入ってきたときに問題が発生しやすくなります．このときに，検証言語などで仕様を記述していれば，仕様を明確に伝えられ，さらに，その仕様をツールによってチェックできます．

　昨今の検証がたいへんなのは，設計する回路の規模が大きくかつ複雑になっていることが原因です．設計サイズが大きくなると，与えた入力に対して出力ポートの値を観測するだけでは，バグを発見できる可能性が少なくなってきています．せっかく内部でバグが発生する入力パターンを与えても，バグの値が出力ポートに出てこなければ，バグを発見できないからです．

　もちろん気長に出力ポートまで値を導き出すテストベンチを作成すればよいのですが，検証をすばやく完了するためには，内部の値を確認することが必要になります．また，大規模な設計では，出力ポートの値がまちがっていた場合にどこが原因なのかを突き止めるデバッグ作業が必要になり，内部の信号を確認しながらバグの原因を特定していきます．

　さらに，検証の課題の一つとして，作業効率の問題が挙げられます．例えば，シミュレーション結果を波形で確認する作業を行っている場合がありますが，ほんとうに人が画面に張り付いて，目視で確認する必要があるのでしょうか？　問題点の一つは，人間はミスをするということです．大規模な設計では，人為的なミスが入る可能性をできる限り減らす必要があります．また，設計修正やシミュレーション・パターンの追加が生じることは珍しくないのですが，そのたびに設計者が波形を確認していたのでは，効率が悪すぎます．

　アサーションを使うことによるメリットには，検証項目の明確化，検証環境の再利用，内部信号の観測によるバグの早期発見，検証の効率化といった四つのポイントがあります．本章では，このアサーションをシミュレータで利用する方法を中心に説明します．

● 即時アサーションはinitialなどのブロックで使う

　SystemVerilogでは，即時アサーション（immediate assertion）と並列アサーション（concurrent assertion）の2種類のアサーションが導入されました．この二つの違いですが，**図5-2**に示すようにある時点の信号の値だけを見るのが即時アサーションで，複数サイクルにまたがる信号の値を見ることができるのが並列アサーションになります．

　まず，即時アサーションについて説明します．

　即時アサーションは，呼び出されたときにプロパティを満たしているかどうかをチェックします．構文は，以下のようになります．

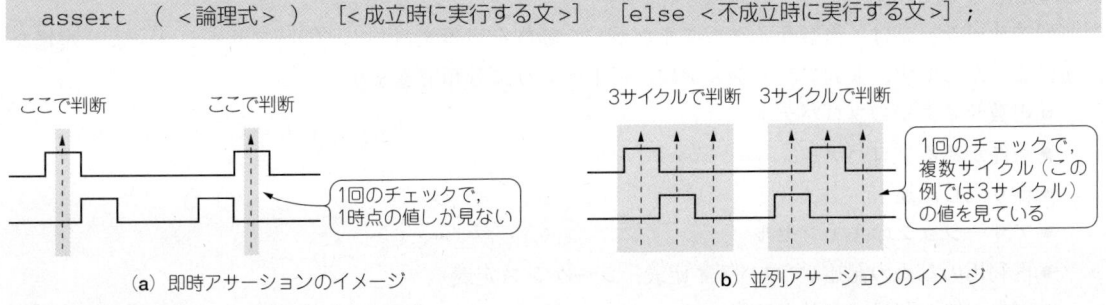

```
assert ( <論理式> )   [<成立時に実行する文>]   [else <不成立時に実行する文>] ;
```

図5-2　即時アサーションと並列アサーションの違い
即時アサーションはある1時点の値だけを見て判断する．並列アサーションは複数サイクルの値を見て判断する．プロトコルなどのチェックでは，並列アサーションが必要になる．

リスト 5-1
即時アサーション

```
initial begin
  #100 assert ( count < 4 ) $display(" <4 "); else $display (" >=4");
end
```

(a) initialブロック

```
always @( count ) begin
  if ( count < 4 ) less4 = 1'b1;
  else             less4 = 1'b0;
  assert ( count < 4 ) $display(" <4 "); else $display (" >=4");
end
```

(b) alwaysブロック

呼び出されたときにチェックするので，いつ呼び出すかを initial ブロックや always ブロックで記述する必要があります（そのほか，SystemVerilogの interface や program でも使用可能）．initial ブロックや always ブロックの記述例を見ていきます．

まず，initial 中に記述した例を**リスト 5-1 (a)** に示します．100遅延の後に1度だけ assert が呼び出され，そのときの count の値によって出力メッセージを決定します．

次に，always 中に記述した例を**リスト 5-1 (b)** に示します．これは，組み合わせ回路を生成する always の中にアサーションを埋め込んでいるので，count の値に変化があれば，このアサーションが呼び出されることになります．

即時アサーションは，initial や always などのブロック内で，実行する条件が整った時点で実行されることが特徴です．

● 並列アサーションで複数サイクルの動作をチェック

並列アサーションは，複数サイクルに対してチェックを行うものです．現在，検証手法としてよく話題になっているアサーションは，おもに並列アサーションです．回路の検証では，ある時点だけで正しい設計かどうかを見極めることは困難で，多くの場合，複数サイクルにわたって回路の動きをチェックする必要があります．アサーションを使わずにこのような仕様を検証しようとすると，設計者が波形を確認しなければならず，どうしても時間がかかります．そのような場合，並列アサーションが使えないかどうかを考えてみましょう．

並列アサーションは，複数サイクルにまたがった動作を表現するため，即時アサーションより複雑な記述になりがちです．並列アサーションは，以下のように分類できます．

- 複数サイクルのプロパティ
- 条件があるプロパティ
- 繰り返し記述
- アサーションのキャンセル
- 再利用のための記述（プロパティ定義，シーケンス定義）
- プロパティ記述で有効な演算
- あらかじめ用意された関数

「なぜこれらの記述方法を覚えないといけないのか？」ということですが，アサーションはいわば"正解の波形"を記述するものです．検証ではその正解の波形が書けないと話になりませんし，正解の波形を書くのに手間や時間がかかってもいけません．そのために，こうした記述を覚える必要があるのです．

● クロック指定やサイクル遅延を組み合わせる

即時アサーションはある1時点のプロパティを記述するので，記述上は時間に関して考慮する必要がありません．一方，並列アサーションでは複数サイクルにまたがるプロパティを記述するため，時間も含めて表現する必要があります．例えば，「最初のサイクルで1ビットの信号aが'1'で，次のサイクルで1ビットの信号bが'1'になる」をプロパティとして書くことから始めます．

コラム5-2　SystemVerilogアサーションとPSLの比較

SystemVerilogアサーションとPSL（Property Specification Language）の比較表を作成してみました（表A）．どちらもアサーションを記述できる言語です．完全に一致しないものもありますが，PSLを使っている方には参考になるかと思います．

表A　SystemVerilogアサーションとPSL

項　目	SystemVerilog	PSL 1.1
ワンホットの判定	$onehot	onehot
ワンホットか，またはALL0かの判定	$onehot0	onehot0
不定を含むかの判定	$isunknown	isunknown
2進数における'1'の数を数える	$countones	countones
アサーションの値を観測	$sampled	—
立ち上がりの判定	$rose	rose
立ち下がりの判定	$fell	fell
無変化の判定	$stable	stable
過去の値の参照	$past	prev
将来の値の参照	—	next

（a）関数

項　目	SystemVerilog	PSL 1.1
シーケンスの連結	s1 ##1 s2	s1 ; s2
シーケンスの融合	s1 ##0 s2	s1 : s2
シーケンスの長さ不一致and	s1 and s2	s1 & s2
シーケンスの長さ一致and	s1 intersect s2	s1 && s2
シーケンスのor	s1 or s2	s1 | s2
シーケンスのwithin	s1 within s2	s1 within s2
最初の成立したシーケンス	first_match(s1)	—
連続繰り返し	a[*n:$]	a[*n:inf]
GOTO繰り返し	a[->n]	a[->n]
非連続繰り返し	a[=n]	a[=n]
アサーションのキャンセル	disable iff	abort

（b）シーケンスと繰り返し

SystemVerilogではサイクル遅延というものが導入されました．これまでVerilog HDLでは#10などとして遅延時間を埋め込んでいましたが，SystemVerilogでは##1と記述することで1サイクルの遅延，##2とすることで2サイクルの遅延を表現できます．

これにより，a ##1 bと書くことで，「1ビットの信号aが'1'で，次のサイクルで1ビットの信号bが'1'になる」を表現できます．それではこのサイクルとは何を基準にするのでしょう？ 並列アサーションでは，どこかでこのサイクルの基準となるものを定義する必要があります．同期設計を行っている場合は，クロックの定義を使うことができます．クロックの指定方法はVerilog HDLと同じで，@(posedge clk)や@(negedge clk)として基準となるタイミングを指定します．

仕様を並列アサーションとして記述するには，assert propertyというキーワードを使って以下のように定義します．

```
assert property （<クロック指定> <プロパティ> ）[<成立時の文>]   [else <不成立時の文>];
```

これで，記述するための準備はできました．それでは，「基準となるクロックは信号clkの立ち上がり」，「最初のサイクルで1ビットの信号aが'1'で，次のサイクルで1ビットの信号bが'1'になる」というアサーションを以下に示します．成立時にはOK，不成立時にはNGを出力するようにしています．

```
assert property ( @(posedge clk) a ##1 b ) $display("OK");
                                                  else $display("NG");
```

ここでは，OKやNGのメッセージを表示するアサーションにしましたが，このようなメッセージはシミュレータが出力してくれるので，わざわざ記述する必要はありません．チェックするだけなら成立時や不成立時にメッセージを出力する部分はなくてもかまわず，以下の記述で十分です．

```
assert property ( @(posedge clk) a ##1 b );
```

このアサーションがどのようにチェックされるかを示したのが**図5-3**です．並列アサーションでは，指定したクロックのイベントが発生すると，チェックを開始します．時刻T0で開始されたアサーションは信号aが'0'のためその時点でFAILですが，時刻T1で開始されたアサーションは信号aが'1'のためチェックを継続し，時刻T2で信号bが'1'のためPASSします．

このa ##1 bでチェックされるのは，**図5-4**に示した4通りの可能性があります．もし，この四つを区別したければ，それぞれのふるまいを正確に記述する必要があります．

即時アサーションは，明示的に呼んだときにチェックしていましたが，この並列アサーションは複数サイクルにわたってチェックするため，記述する場所が異なります．ここではmodule内に記述する方法を**リスト5-2**に示します．alwaysやinitialと同じレベルで記述できます．

● 条件付きの場合は|->, |=>を使用

回路の中には，つねにチェックしなければならない仕様だけでなく，ある条件が成り立ったときだけチェックすべき仕様があります．並列アサーションで条件を書くには含意(implication)を使用します．SystemVerilogアサーションでは二つの含意が用意されており，|-> または |=> を使用します．まず，「信号aが'1'ならば，信号bが'1'」というプロパティは，以下のように記述します．

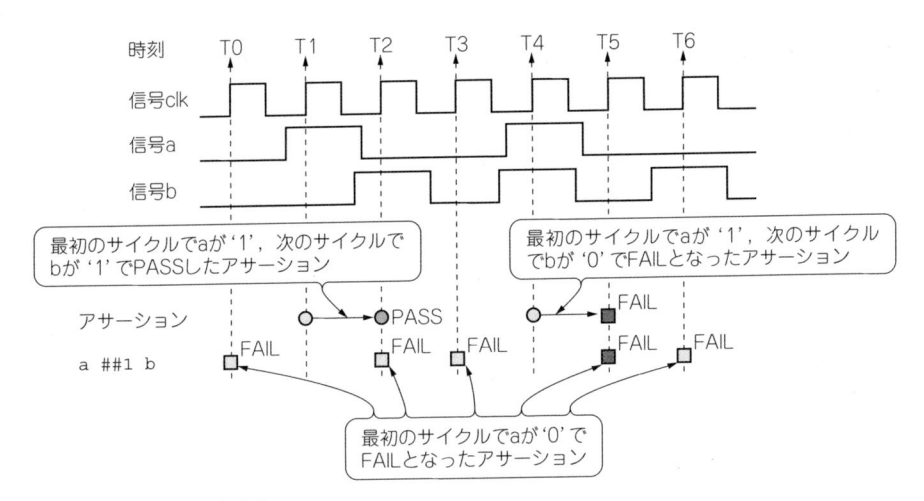

図5-3　アサーションのふるまい
アサーションはサイクルごとにチェックする．このアサーションをすべての時刻において成立させるには，信号aはつねに'1'で，信号bは2サイクル目からつねに'1'になる必要がある．複数サイクルにまたがるアサーションでは，なんらかの条件が付くことが多い．

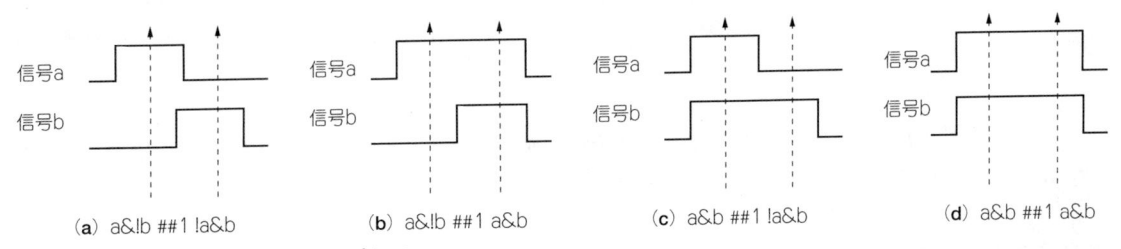

図5-4　a ##1 bでチェックされる四つのパターン
書いていない論理はチェックできない．この四つのパターンを区別したい場合には，個別にアサーションを記述する必要がある．

リスト5-2　module内に記述した並列アサーション

```
module sample(・・・);
  /* ポート，信号定義や設計など */
  assert property (@(posedge clk)  a ##1 b );
  /* 設計 */
endmodule
```

- a |-> b：「aならば，同じサイクルでbが'1'になる」
- a |=> b：「aならば，次のサイクルでbが'1'になる」

　図5-5に示すように，タイミングが異なる点に注意してください．
　含意を使った場合，アサーションの評価結果は3種類あります．すなわち，「条件が成り立ってPASS」，「条件が成り立ってFAIL」，「条件が成り立たずPASS」という三つの場合です．これを示したのが図5-6です．T0では，aが'1'で条件が満たされ，T1でbが'1'になり，アサーションはPASSとなります．T1では，aが'1'で条件が満たされますが，T1でbが'0'になるので，アサーションはFAILです．T2では，aが'0'のため，そもそも条件が満たされないので，アサーションとしてはPASSになります．
　アサーションでチェックを行う場合，条件が成り立ったときのPASSとFAILが重要です．ここから

図5-5 |=>と|->の違い
|=>の場合には，aが'1'になった次のサイクルでbが'1'になる．|->の場合，aが'1'になった同じサイクルでbが'1'である．

図5-6 assert property (@(posedge clk) a |=> b);の結果
含意(implication)を使って条件付きのアサーションを記述すると，その結果は3種類になる．

- T0でaが'1'という条件が成立し，次のサイクルでbが'1'なのでPASS
- T1でaが'1'という条件が成立し，次のサイクルでbが'0'なのでFAIL
- T2でaが'0'で条件が不成立であり，アサーションとしては違反がないためPASS

図5-7 assert property (@(posedge clk) a |=> b ##2 c);
「信号aが'1'ならば，次のサイクルで信号bが'1'，その2サイクル後にcが'1'になる」という仕様に対応する．

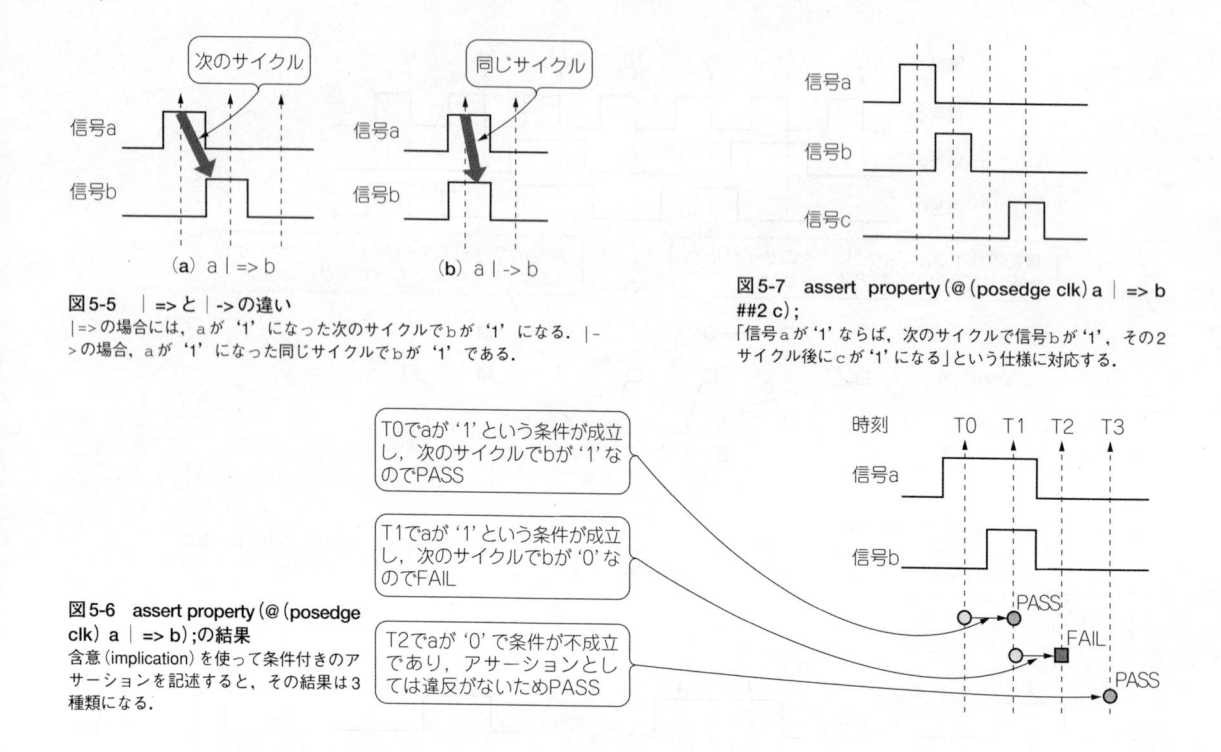

先は，この「条件が成り立ったときのPASS」と「条件が成り立ったときのFAIL」をそれぞれPASS，FAILと呼ぶことにします．

● サイクル遅延で幅のあるサイクルを指定する

もう少し複雑なアサーション記述の例を紹介します．

1) Nサイクル後(##N)の記述

「信号aが'1'ならば，次のサイクルで信号bが'1'に，その2サイクル後に信号cが'1'になる」というアサーションを書いてみましょう(**図5-7**)．2サイクル後として##2を使えば，以下のように記述できます．

```
assert property ( @ (posedge clk) a |=> b ##2 c );
```

また，真理値の1'b1を使えば，「つねに成立している」という意味になります．実際にはチェックが不要なダミー・サイクルを用意して，「信号aが'1'ならば，次のサイクルで信号bが'1'，その次のサイクルはダミー・サイクルで，さらに次のサイクルに信号cが'1'になる」として，以下のように記述することができます．

```
assert property ( @ (posedge clk) a |=> b ##1 1'b1 ##1 c );
```

この二つのアサーションを使って米国Synopsys社のHDLシミュレータ「VCS」でシミュレーションを行うと，**図5-8**のような波形を表示します．

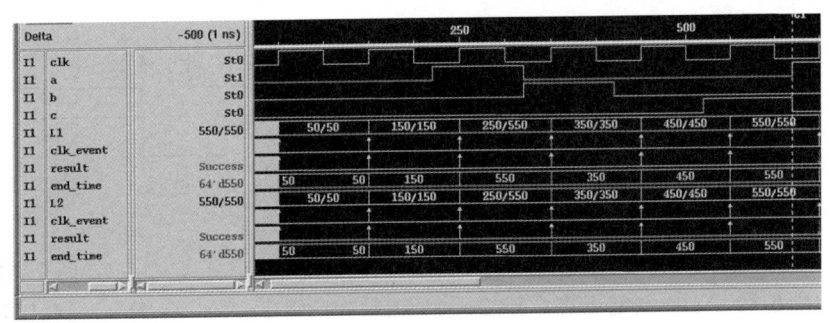

図5-8　VCSによる波形表示
アサーションでエラーがなければ，結果（result）が↑で示される．エラーがあれば↓で示される．

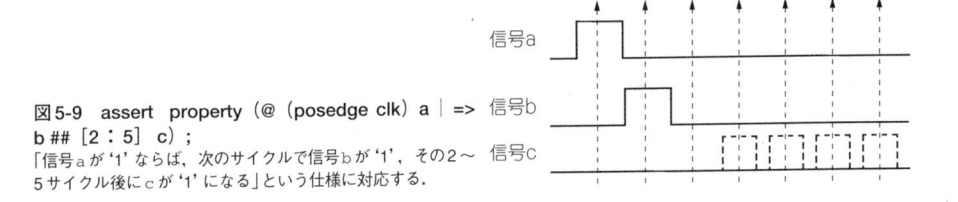

図5-9　assert property (@ (posedge clk) a |=> b ## [2:5] c);
「信号aが'1'ならば，次のサイクルで信号bが'1'，その2～5サイクル後にcが'1'になる」という仕様に対応する．

2) N～Mサイクル後（##[N:M]）の記述

回路によっては動きに幅があるものもあります．例えば，「信号aが'1'ならば，次のサイクルで信号bが'1'，その2～5サイクル後にcが'1'になる」というものです（図5-9）．2～5サイクル後は##[2:5]と記述できるので，このアサーションは以下のようになります．

```
assert property ( @ (posedge clk)  a |=> b ## [2:5]  c );
```

● 連続繰り返しを利用して記述をコンパクトに

ここまでの記述でもかなりのアサーションを記述できますが，以下で紹介する繰り返し記述はアサーションをコンパクトにするためにたいへん有効です．

1) Nサイクル連続繰り返し（[*N]）の記述

例えば，「信号aが'1'ならば，次のサイクルから100回連続でbが'1'になる」というアサーションをこれまでの説明だけで記述しようとすると，以下のようになります．

```
assert property ( @ (posedge clk)  a |=> b ##1 b ##1 .... ##1 b );
```

ここでは誌面のつごう上省略していますが，このようなアサーションをまじめに書いてはいけません．このアサーションが正しいかどうかをチェックするのがたいへんになります．SystemVerilogでは連続繰り返しを行うための記述法が用意されています．b[*100]と記述することで，「1ビットの信号bは連続100サイクルで'1'である」という意味になります．記述を書き換えてみると，以下のようにたいへん短く書くことができます．

```
assert property ( @ (posedge clk)  a |=> b [*100] );
```

2) N～Mサイクル連続で繰り返し（[*N：M]）の記述

さらに連続繰り返しでは，繰り返し回数に範囲を持たせた応答を記述することができます．例えば「信

103

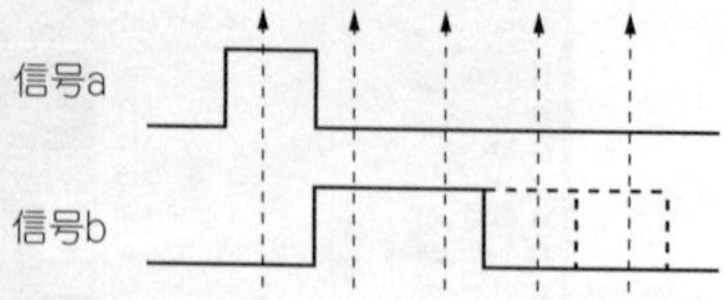

図5-10 assert property(@(posedge clk)a |=> b[*2:4]);
「信号aが'1'ならば，次のサイクルから2〜4回連続でbが'1'になる」という仕様に対応する．

号aが'1'ならば，次のサイクルから2〜4回連続でbが'1'になる」というアサーションを記述できます（図5-10）．b[*2:4]と書くと「2〜4回連続でbが'1'になる」という意味になるので，アサーションは以下のように記述できます．

```
assert property ( @ (posedge clk) a |=> b [*2:4] );
```

● シミュレーション終了時まで続く場合は$を使う

また，「シミュレーションが終了するまで続く」と指定したい場合があります．しかし，シミュレーションの終了時間はテストベンチによって異なりますし，強制的に終了されることもあるかもしれません．SystemVerilogではそのような条件を$を使って表現します．

```
a[*10:$]    // 10からシミュレーション終了までに1ビットの信号aが'1'
```

もう少し大きな範囲で繰り返しを指定することもできます．「『1ビットの信号aが'1'で，次のサイクルに1ビットの信号bが'1'』を10回繰り返す」という部分の記述を以下に示します．

```
(a ##1 b)[*10]
```

こうすることで，かなり複雑な記述でもコンパクトに書くことができます．

● 連続ではない繰り返しの記述法は2種類ある

次に，途中でとぎれてもよいという条件で，100回信号aが'1'になるというアサーションを作ろうとすると，これまでの記述では書きにくいことがわかります．SystemVerilogでは連続ではない繰り返しを記述するために，2種類の記述をサポートしています．

- x[->100]，x[=100]：連続または非連続で100回信号xが'1'になる
- x[->2:5]，x[=2:5]：連続または非連続で2〜5回信号xが'1'になる

この->と=の違いを見てみます．b[->2] ##1 cは，「2回目にbが'1'になった次のサイクルでcが'1'」というプロパティになりますが，b[=2] ##1 cは，「2回目にbが'1'になってから，いつかcが'1'になる」というプロパティになります．この[->2]をGOTO繰り返しと呼び，[=2]を非連続繰り返しと呼びます．

GOTO繰り返しの重要な点を，a |=> b[->2] ##1 cの例を使って図5-11で説明します．一つ目のポイントは，GOTO繰り返しb[->2]とその前の信号aの成立が隣り合っている必要がないことです．二つ目のポイントは，b[->2]は連続しても非連続でもよいことです．三つ目のポイントは，b[->2]とcが連続していなければならないことです．

非連続繰り返しの場合，GOTO繰り返しの一つ目と二つ目のポイントは同じですが，図5-12に示す

ようにb[=2] ##1 cが連続しても非連続でもよいことが違いとなります．この三つの繰り返しの動きを図5-13に示します．GOTO繰り返しと非連続繰り返しの四つのポイントを注意していただければ理解しやすいと思います．

SystemVerilogの連続繰り返し，GOTO繰り返し，非連続繰り返しの三つの使い分けは難しく感じるかもしれません．しかし，どのようなプロパティを書くのかで使い分けることになるので，慣れてくるとそれほど迷わずに選ぶことができます．

● disable iffでアサーションをキャンセル

アサーションで困ることの一つに，回路が正しい動作なのにまちがった動作と判定されることがあり

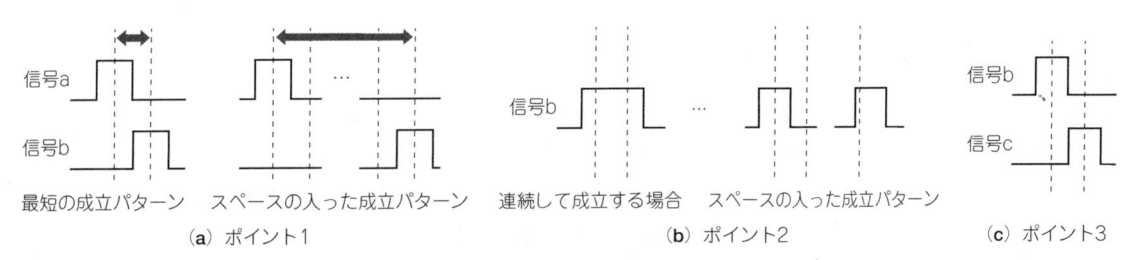

図5-11 GOTO繰り返し(a |=> b[->2] ##1 c)の動作
(a)のように，GOTO繰り返しの前に非成立区間があってよい．また，aとbの成立の間にスペースがいくつあってもよい．
(b)のように，GOTO繰り返しは連続していても，離れてもよい．また，bが連続2回成立しても，ばらばらに2回成立してもよい．
(c)のように，GOTO繰り返しと後続のcは，連続してはならない．また，2回目のbが成立したら，次のサイクルでcが成立しなければならない．

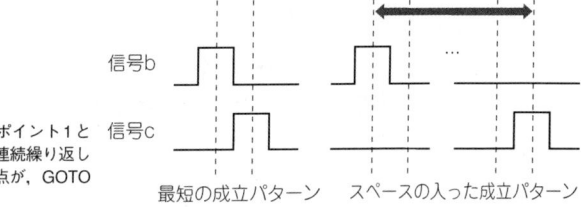

図5-12 非連続繰り返し(a |=> b[=>2] ##1 c)の動作
GOTO繰り返しとの違いは，後続との関係にある．GOTO繰り返しのポイント1とポイント2は，非連続繰り返しでも同じ．a |=> b[=2]##1 c の非連続繰り返しと後続のcは，連続していても，離れていてもよい．離れていてもよい点が，GOTO繰り返しの場合と異なる．

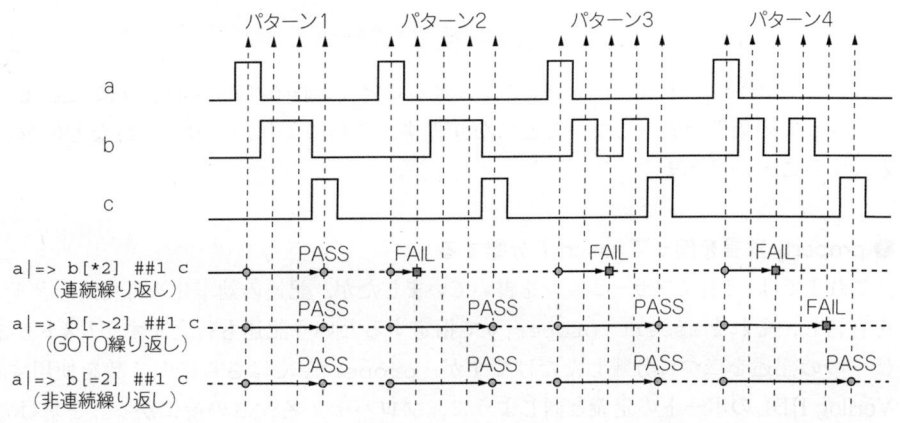

図5-13 繰り返し記述の違いによる動作の違い
連続繰り返し，GOTO繰り返し，非連続繰り返しの動作の違いを示した．

```
always @(posedge clk or negedge reset_n)
  if(!reset_n) count<=3'd0;
  else         count<=count+1'b1;
```
(a) 検証対象の3ビットのカウンタ

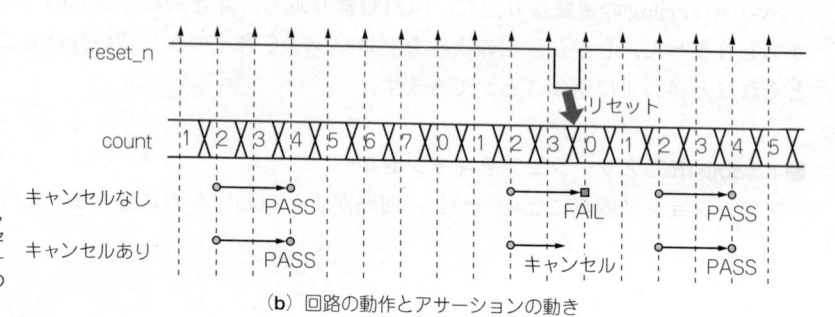

図5-14
アサーションをキャンセルする例
FF(フリップフロップ)を含む回路では，リセットのようにアサーションをキャンセルしなければならない場合がある．アサーションを記述するときに，リセットなどの条件をつねに考える癖をつけるとよい．

(b) 回路の動作とアサーションの動き

ます．このような現象はリセット動作などによって発生します．

図5-14(a)の3ビット・カウンタを例に説明します．このカウンタの検証時に，「countが2ならば，次のサイクルでcountは3で，その次のサイクルでcountは4である」というアサーションでチェックすることにしました．このアサーションは以下のように書けます．

```
assert property ( @ (posedge clk)
  count==3'd2 |=> count==3'd3 ##1 count==3'd4 );
```

通常の動作ではこれは正しく動くように感じますが，このカウンタにはリセット入力があるので，リセット時にこのアサーションはFAIL(バグ発見)になってしまいます．しかし，リセット動作は正しい動作の一部なので，FAILにはしたくありません．

このような誤った判定を防ぐため，SystemVerilogアサーションではdisable iffという構文があります．

```
assert property ( @ (posedge clk)
  disable iff (!reset_n)
  count==3'd2 |=> count==3'd3 ##1 count==3'd4 );
```

このdisable iff (!reset_n)を入れることで，**図5-14**(b)のようにreset_nが'0'のときにアサーションの条件が成立しないことになります．これにより，リセット時などの挙動をアサーションで表現することができます．

● property宣言を使ってassertを分離する

これまでは，1行でアサーションを書いていましたが，記述の効率化や再利用などを考えて，propertyを宣言し，それをassert propertyで指定するという記述も行えます〔**リスト5-3**(a)〕．これだけでは一つの記述を二つに分離しただけですが，propertyではさらに引き数を使用することができます．Verilog HDLのポートの定義と同じように，プロパティ名pABの後にかっこを付けて引き数をコンマで

リスト5-3 property宣言とアサーション定義

```
property pAB;  // プロパティpABの定義
  @(posedge clk)
  a |=> b;
endproperty
assert property (pAB);  // pABを使ったアサーション定義
```

(a) propertyで宣言

```
property pAB2(x,y);  // 引き数を持ったプロパティpAB2の定義
  @(posedge clk)
  x |=> y;
endproperty
```

(b) 引き数を使って定義

区切って定義すると，その引き数でプロパティを定義できます．引き数を利用すると，アサーションの再利用性が向上します．例えば，リスト5-3(a)の記述では信号a，bを変えることができませんが，これを引き数x，yを使って定義しておく〔リスト5-3(b)〕ことで，ほかの信号でも利用可能なプロパティとなります．

このように引き数を使って仮の名まえでアサーションを記述しておくと，インスタンスするときに実際にチェックしたい信号を指定することができます．インスタンスの方法は，Verilog HDLと同じようにポート名で指定する方法と順番で指定する方法を利用できます．それぞれ，以下のような記述になります．

```
assert property (pAB2 ( .x(a), .y(b)) );
assert property (pAB2 (a,b));
```

● 任意のシーケンスに名まえを付ける

アサーション記述で注意したほうがよいのは，同じ記述をいろいろな場所に別々に書かないようにすることです．理由は，同じ記述をいろいろな場所に書いていると，仕様の変更が発生した場合に，すべてのアサーションを修正する必要が出てくるからです．このためにはpropertyを使用したり，以下で紹介するsequenceを使い，一つの仕様を1ヵ所に記述することがポイントとなります．

シーケンス定義によってプロパティを記述するための部品を作成することができますが，含意（|->，|=>）を使用できない点がpropertyの場合と異なります．シーケンス定義は以下のように行います．

```
sequence <名まえ>;
  <定義したい条件>;
endsequence
```

例えば，「信号aが'1'になって，次のサイクルで信号bが'1'になる」というシーケンスは，以下のように定義できます．

```
sequence qAB;
  a ##1 b;
endsequence
```

一度定義したシーケンスは，以下のように名まえを呼び出すことで使用できます．

```
property pAB_C;
  @ (posedge clk)  qAB  |=> c;
endproperty
```

シーケンスを使うと，一つの記述を複数のプロパティで利用できます．これにより，仕様変更などに対応しやすくなります．

● シーケンスでは引き数を利用できる

プロパティの場合と同じように，シーケンスでも引き数を利用できます．呼び出すときに実際の信号を引き数で指定できるので，より多くの記述に対応できます．Verilog HDLのポート定義と同じように定義することができます．

```
sequence  qAB2 (x,y);
  x ##1 y;
endsequence
```

使用する際も，呼び出すときに引き数に実際の信号を与えることで利用できます．

```
property pAB_C2;
  @ (posedge clk)  qAB2 (a,b)  |=> c;
endproperty
```

引き数を用いたシーケンス定義を使うと，再利用性がより高まります．これはぜひ使っていきたい機能です．

● シーケンスどうしの演算が定義されている

シーケンスの定義や呼び出しができるようになったら，これらとシーケンスの演算を組み合わせることで，さらに効率的に記述できるようになります．今回は，**表5-1**に挙げた比較的使用頻度の高いものについて説明します．ここでは，チェックしたい波形をどう記述するのかをイメージするとよいと思います．

1）シーケンスの連結(##1)

ある二つのシーケンスを接続すると，簡単にアサーションを記述できることがあります．そういった場合，1サイクルの遅延(##1)を使うことで容易に記述できます．例えば，**図5-15**のようなシーケンスS1とS2がある場合，それらを接続したシーケンスは以下のように記述できます．

```
sequence qS1S2A;
  S1 ##1 S2;
endsequence
```

2）シーケンスの融合（##0）

また，このS1の最後のサイクルとS2の最初のサイクルをオーバラップ（融合）したい場合，0サイクルの遅延（##0）を使うことで，以下のように記述できます．

```
sequence qS1S2B;
  S1 ##0 S2;
endsequence
```

3）シーケンスのor

シーケンスのorでは，「二つのシーケンスのうちのどちらか一方が成立したら」という記述を行うことができます．図5-16の（ S3 or S4 ） ##1 cのアサーションが成立するのは，S3が成立し，次のサイクルで信号cが'1'の場合と，S4が成立し，次のサイクルで信号cが'1'の場合があります．シーケンスのorと言っているので，S3とS4が同時に成り立つ場合もありますが，その場合は最初に成り立ったシーケンスで評価を行います．図5-16の場合はS4のシーケンスが短いため，S4 ##1 cで評価を行うことになります．

4）シーケンスのand

シーケンスの長さが異なっていて，「二つのシーケンスがともに成り立つ」という記述を行いたい場合，andを使用します．シーケンスの長さとは，そのシーケンスをチェックするのに必要なサイクルです．図5-17のS3のシーケンスの長さは3サイクル，S4は2サイクルです．このシーケンスのandをとった

表5-1 シーケンスの演算

機能	記述	意味
シーケンスの連結	S1 ##1 S2	S1が終わった次のサイクルでS2がスタートするシーケンス
シーケンスの融合	S1 ##0 S2	S1の最後のサイクルでS2がスタートするシーケンス
シーケンスのor	S1 or S2	S1またはS2のどちらかが成立するシーケンス
シーケンスの（長さ不一致）and	S1 and S2	S1とS2の両方が成立するシーケンス
シーケンスの長さ一致and	S1 intersect S2	長さが同じS1とS2が両方成立するシーケンス

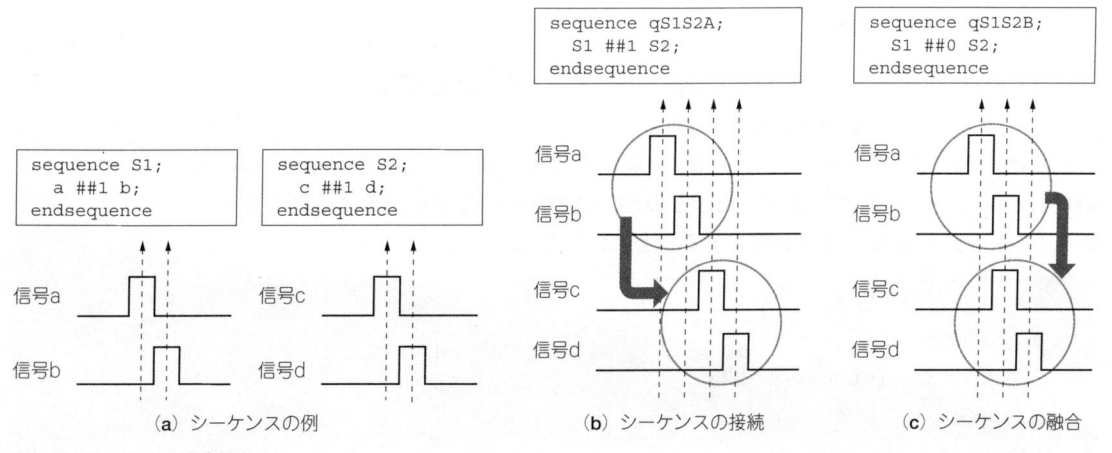

図5-15 シーケンスの連結
シーケンスを接続するときに##1を使用する．また，##0を使うことで，オーバラップ（融合）させることもできる．

```
sequence S3;
  a ##1 a ##1 a;
endsequence
```

```
sequence S4;
  b ##1 b;
endsequence
```

```
property pX_OR;
  @(posedge clk) x |=> (S3 or S4) ##1 c;
endproperty
```

(a) シーケンスの例

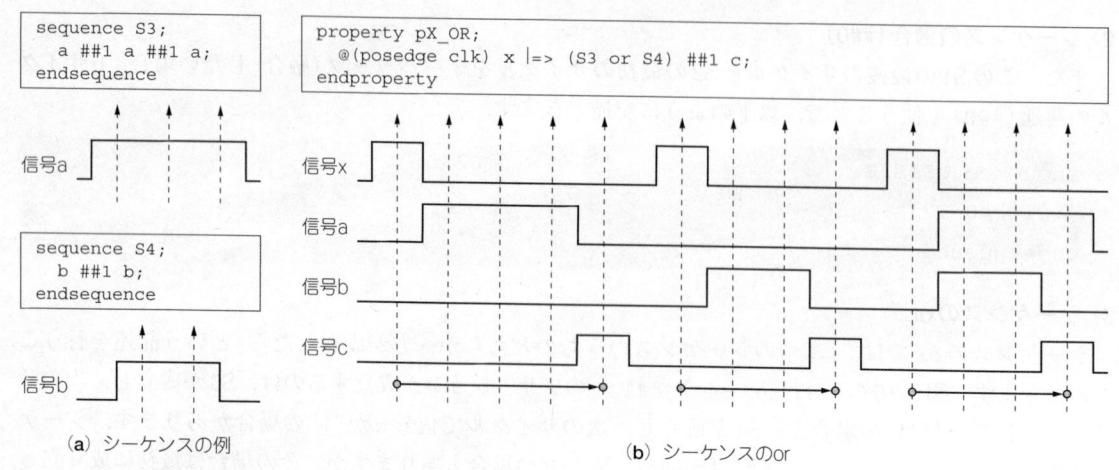

(b) シーケンスのor

図5-16 シーケンスのor
二つのシーケンスのどちらかが成立するアサーションを記述する場合にorを使用する．両方成立する場合には，早く成立したほうが選択される．

```
property pXAND;
  @(posedge clk)x |=> (S3 or S4) ##1 c;
endproperty
```

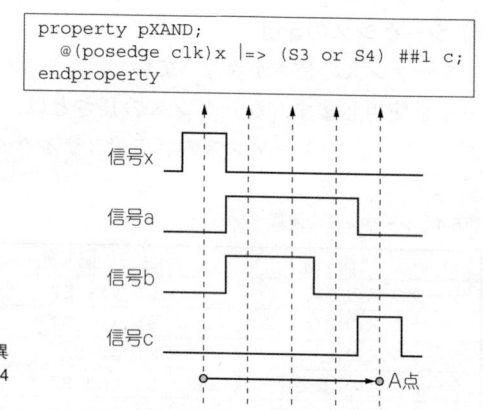

図5-17 シーケンスのand
二つのシーケンスが成立するアサーションを記述する場合にandを使用する．長さが異なっていてもよく，S3とS4のandが成立するのはA点になる．なお，ここでS3とS4のシーケンスは図5-16(a)と同じものとする．

場合，両方のシーケンスが成立した時点が完了ポイントとなります．ただし，成立する場所はシーケンスの長いほうになるので，後続のcを評価するタイミングに注意が必要です．

5) シーケンスの長さ一致and(intersect)

ある二つのシーケンスが同時に発生し，同時に終了しなければならない場合があります．そのような場合，intersectを使用します．先ほどのS1とS2を使ったプロパティの例を以下に示します．S1とS2の長さが一致するものだけが成立することに注意してください．

```
property pX_S1S2;
  @ (posedge clk)
    x |=>  S1 intersect S2;
endproperty
```

SystemVerilog設計スタートアップ

第6章

静的に解析するプロパティ検証にも利用可能

赤星博輝

　SystemVerilogを使えば，あらかじめ内部信号のふるまいを定義し，回路がそのとおりに動作しているかどうかをシミュレータに自動監視させることができる．本章では，アサーションを利用する際の注意点やハフマン符号デコーダの検証記述例などを紹介する． （編集部）

● 信号のふるまいに対応した関数が定義されている

　アサーションでよく使われる関数のうちのいくつかを説明します（**表6-1**）．

1）信号変化を調べる関数（$rose, $fell, $stable）

　信号の変化状態を調べる関数として，$rose, $fell, $stableの三つがあります．**図6-1**で示すように，信号aの値が'0'から次のサイクルで'1'になったときに成立するのが$rose(a)，信号aの値が'1'から次のサイクルで'0'になったときに成立するのが$fell(a)，信号aの値が前のサイクルと同じ場合に成立するのが$stable(a)です．

　$rose, $fellはよく使う関数です．例えば，「要求reqを出すと，2～4サイクル以降いつかackが返ってくる」というプロパティについて，二つの記述を作成しました．CHECK1はreqが条件ですが，CHECK2は$rose(req)が条件という点が異なります．この差を**図6-2**で見てみます．

```
property CHECK1;
   @ (posedge clk)    req |-> ## [2:4] ack;
endproperty
```

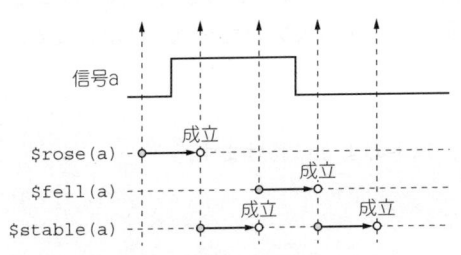

図6-1 関数 $rose, $fell, $stable の動作
$rose, $fell, $stableはそれぞれ，信号の立ち上がり，立ち下がり，無変化の判定に使用する．

表6-1 アサーションで使われる関数の例

関　数	動　作
$rose	立ち上がりの判定
$fell	立ち下がりの判定
$statble	無変化の判定
$past	過去の信号値を参照
$onehot	信号がワンホットかの判定
$onehot0	信号がワンホットもしくはALL0かの判定
$countones	2進数表記で'1'の数を返す
$isunknown	信号にX, Zを含むかの判定
$sampled	アサーションで使用する値を取得

図6-2 立ち上がり判定 $rose を使うと便利な場合

$rose を使わないで記述すると、req が '1' になった回数だけ応答する ack が必要になる。$rose を使うことで、立ち上がりに対して1回だけ ack が必要となる。

```
req       |-> ##[*2:4]ack;
$rose(req) |-> ##[*2:4]ack;
```

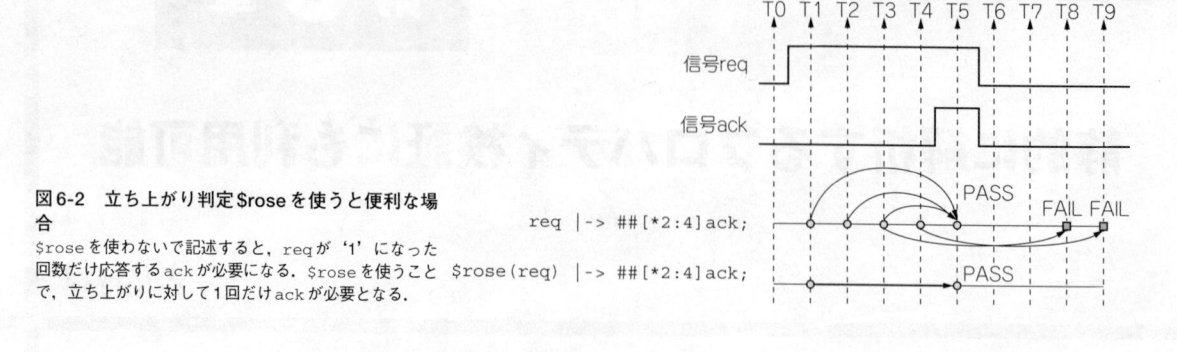

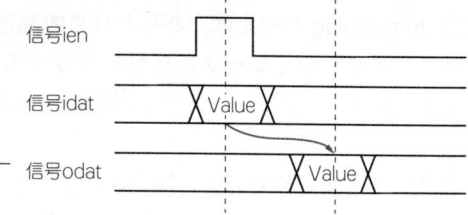

図6-3 $past を使う必要がある例

「ien が '1' ならば、そのときの idat と次のサイクルの odat が等しい」というアサーションを書く場合、$past が必要になる。

```
property CHECK2;
  @(posedge clk)    $rose(req)  |->       ##[2:4] ack;
endproperty
```

　CHECK1 は req が '1' となった場合にチェックを開始するので、req が '1' である5サイクルの間（T1 〜 T5）に五つのアサーションが起動されます。このとき、前半の3サイクル（T1 〜 T3）で起動されたCHECK1 のアサーションは T5 で成立しますが、後半の2サイクル（T4 〜 T5）で起動されたCHECK1 のアサーションは T8、T9 で非成立となります。

　これに対して CHECK2 では $rose(req) の場合にチェックを開始するので、T1 で起動されるだけになります。

2) 過去の値を見るには $past

　プロパティによっては、過去の信号の値と現在の信号の値を比較したいことがあります。例えば、「1ビットの信号 ien が '1' ならば、このときの4ビットの信号 idat の値と次のサイクルの odat の値が同じである」というプロパティです（**図6-3**）。これまでの記法では、異なった時刻の信号値を比較することができませんが、$past を使うことでこの問題を解消できます。$past の使いかたを以下に示します。

- $past(x)：信号 x の1サイクル前の値
- $past(x, 5)：信号 x の5サイクル前の値

　この $past を使って先ほどのプロパティを記述してみると、以下のように書けます。

```
ien |=>  odat == $past(idat)
```

3) 内部変数を利用したアサーション

　SystemVerilog の特徴として、アサーションを記述するときに内部変数を使えることが挙げられます。

第6章 静的に解析するプロパティ検証にも利用可能

リスト6-1 内部変数を利用したアサーション

```
property example;
    内部変数定義;
    クロック指定;
    disable iff定義;
    プロパティ定義;
endproperty
```
(a) 内部変数定義の位置

```
property pDAT;
    reg[3:0] v_dat;
    @(posedge clk)
    ($rose(ien), v_dat=idat) |=> odat == v_dat;
endproperty
```
(b) 内部変数定義を使った記述例1

```
property pDAT2;
    reg[3:0] v_dat;
    @(posedge clk)
    (ien, v_dat=idat) |-> ##[2:3] oen &&(v_dat==odat);
endproperty
```
(c) 内部変数定義を使った記述例2

この機能がアサーションの記述力を大幅に向上させています．

まず，プロパティで内部変数を定義する場所は，クロック指定の前になります〔リスト6-1(a)〕．内部変数の定義方法はVerilog HDLの場合と同じで，Verilog HDLおよびSystemVerilogのデータ型を使用できます．

内部変数に値を代入するためには，，を使って記述します．「1ビットの信号aが'1'ならば，そのときの信号xの値を内部変数vに代入する」というのは，以下のように記述できます．

```
(a, v = x)
```

その内部変数の値を参照するには，通常の信号と同じように変数名を使用します．

$pastのところで示した「1ビットの信号ienが立ち上がりならば，このときの4ビットの信号idatの値と次のサイクルのodatの値が同じである」というプロパティに対して，内部変数を使った記述例をリスト6-1(b)に示します．

$pastだけでは記述しにくい場合でも，内部変数を使うと記述しやすくなることがあります．例えば，「1ビットの信号ienが'1'ならば，2～3サイクル後に1ビットの信号oenが'1'になり，そのとき（oenが'1'になったとき）のodatの値はienが'1'のときのidatの値である」というプロパティはリスト6-1(c)のように書けます．

● 信号値の観測では実行順序に注意

カウンタの例で実験してみます．例えば，「信号countの値が4未満である」というプロパティに違反した場合の信号countの値を出力してみます．

```
assert property (@ (posedge clk) count <4 ) else $display ("NG: %d", count);
```

この結果は，驚くべきことにNG：5になります．ふつうはcountが4で違反なので，NG：4になると思われた方が多いのではないでしょうか．

これはSystemVerilogの実行順序の問題が関係しています．すなわち，最初にアサーションの値を確保し，回路のシミュレーションを行い，次に値の更新を行い，その後，アサーションの判定を行ってメッセージを出力するためです．アサーションで使っている値を観測するためには，$sampled(count)とする必要があります．以下のように記述することで，期待される動作になります．

```
assert property (@ (posedge clk) count <4)
    else $display ("NG: %d", $sampled (count));
```

● ノンブロッキングのときチェックできない場合がある

アサーションを仕様どおりに記述しても，実はチェックできないという例があります．「信号ienが'1'ならば，2～5サイクル後に信号oenが'1'になる」という仕様を例に考えてみます．このアサーションは，以下のように書けます．

```
assert property (@ (posedge clk) ien |-> ## [2:5]  oen);
```

しかし，このアサーションで正しくチェックできるかどうかは，実は定かではありません．この処理がブロッキング処理で，oenが返ってくるまで次のリクエスト（ienが'1'）が来ない場合は正しくチェックできます．しかし，ノンブロッキング処理で，oenが返る前に次のリクエストが来る場合は，次のような問題が生じます．図6-4に示すように，最初にoenが'1'になったところで，すべてのアサーションがPASSします．これでよい場合（アービタなど）もあるのですが，ienとoenの対応がとれていなければならない場合もあります．

こういった場合，なんらかの情報を使うことで対応をチェックする必要があります．例えばienと同時に入力された4ビットのデータidatがoenと同時にodatに出力される場合，**リスト6-2**のようにしてチェックすることができます．

● アサーションは静的なプロパティ検証にも使える

アサーションを書いてシミュレーションすることで，検証の自動化が可能になりますし，人手でチェックするよりも多くの場所を観測することができます．しかし，アサーションをそれだけで利用するのはもったいないと思います．アサーションを用いた検証には，動的なシミュレーションを用いる方法のほかに，形式的検証（フォーマル・ベリフィケーション）ツールの一種であるプロパティ検証ツール（モデル・チェッキング・ツールとも呼ばれる）を用いて静的に解析する方法があります（最近では，動的なシミュレーションと静的なプロパティ検証を組み合わせたEDAツールも出荷されている）．ここでは米国Synopsys社の「Magellan」を利用して，シミュレータとプロパティ検証ツールの違いを見ます．

図6-5(a)のHDL記述にあるように，3ビットのアップ・カウンタが0～6を繰り返します．そして，検証するときに忘れられている機能として，任意の値をロードできるものとします．この回路のために，**リスト6-3**の四つのアサーションを用意しました．

第6章 静的に解析するプロパティ検証にも利用可能

リスト6-2　ノンブロッキング処理への対策

```
assert property (
  reg[3:0] v;
  @(posedge clk)
   (ien, v=idat) |-> ##[2:5] oen && v==odat;
);
```

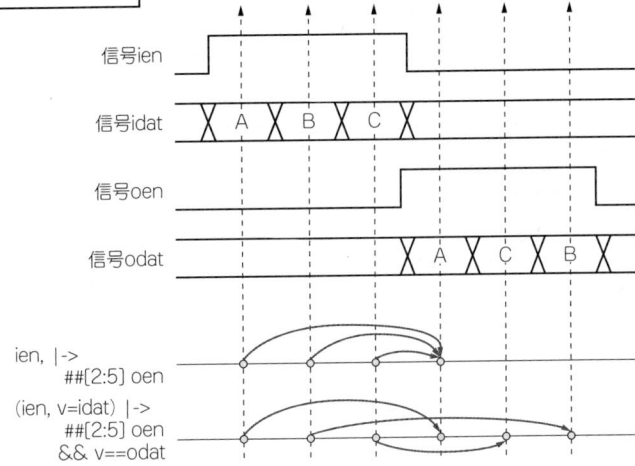

図6-4　一見正しいアサーション
ien |-> ##[2:5] oen は一見正しく見えるが，実は最初の oen で PASS してしまう．パイプライン処理の場合は，データの値などを利用することで正しく検証できる．

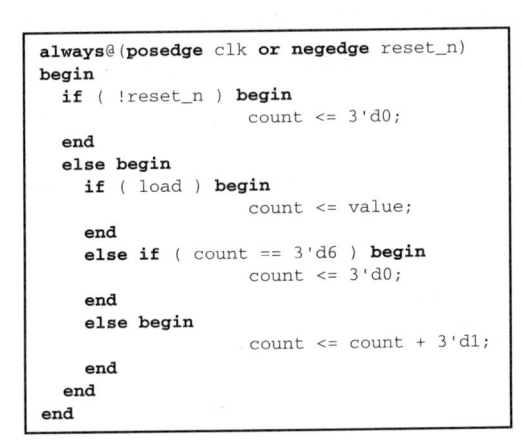

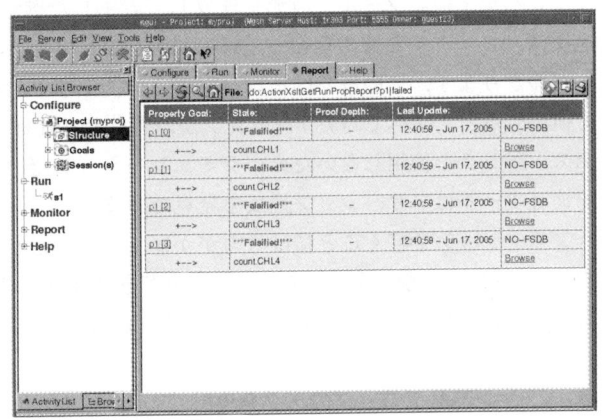

```
always@(posedge clk or negedge reset_n)
begin
  if ( !reset_n ) begin
                  count <= 3'd0;
  end
  else begin
    if ( load ) begin
                  count <= value;
    end
    else if ( count == 3'd6 ) begin
                  count <= 3'd0;
    end
    else begin
                  count <= count + 3'd1;
    end
  end
end
```

（a）カウンタの記述　　　　　　　　　　　　　　（b）Magellanの結果

図6-5　カウンタとプロパティ検証ツールの結果
値をロードする機能がない（もしくはあることを知らない）という前提でテストベンチを作成すると，このアサーションで FAIL を出すことが難しい．プロパティ検証ツールでは，そういった面も見逃すことはない．

　ロードする機能があるため，**リスト6-3**の各アサーションは満たされないはずですが，アサーションをシミュレーションだけに適用した場合，この仕様違反を発見できるかどうかはテストベンチの作りかたに依存します．とくに，上記のように忘れられている機能は，テストベンチでカバーされることはまれだと思います．
　一方，プロパティ検証ツールは，テストベンチを利用せずに HDL 記述とアサーションを使って数学的に正しいかどうかを判定する強力なツールです．今回の設計に適用してみると，**図6-5(b)** に示した

リスト6-3　3ビット・アップ・カウンタのアサーション

```
property p2_34(x);
  @(posedge clk)
  disable iff (!reset_n)
  (x==3'd2) |=> (x==3'd3) ##1 (x==3'd4);
endproperty
CHL1:assert property (p2_34(count));
```
(a) xの値が2になれば，次のサイクルでxは3，その次のサイクルでxは4になる（ただし，リセット時を除く）

```
property pUpEq6(x);
  @(posedge clk)
  disable iff (!reset_n)
  (x==6) |=> (x==0);
endproperty
CHL3: assert property (pUpEq6(count));
```
(c) xの値が6ならば，次のサイクルでxは0である

```
property pUpLess6(x);
  @(posedge clk)
  disable iff (!reset_n)
  (x<6) |=> (($past(x)+1'b1) == x);
endproperty
CHL2: assert property (pUpLess6(count));
```
(b) xの値が6未満ならば，次のサイクルでxはインクリメントされている（ただし，リセット時を除く）

```
property pNot7(x);
  @(posedge clk)
  x != 3'd7;
endproperty
CHL4:assert property (pNot7(count));
```
(d) つねにxの値は7にならない

ように四つのアサーションがすべて"Falsified"となり，アサーションに対して設計違反があることを示しています．これだけだとどこにバグがあるのかを見つけるのがたいへんなのですが，プロパティ検証ツールは違反がどのようにして発生したのかを示す波形を表示してくれます．

プロパティ検証ツールで波形を作成して表示した例が，図6-6です．例えばCHL2のアサーションの違反は，ロードする機能を使って最初に5をロードし，次のサイクルで4をロードした場合に起きることがわかります．この例では，ロードする機能を取り除いてから，再度，プロパティ検証ツールを使って検証すると，すべてのアサーションが証明され，仕様どおりの設計になっていることが示されました．テストベンチを使用しないため，シミュレーションだけでは見逃してしまうパターンについても，形式的検証ツールはアサーション違反を発見できます．

アサーションを書くことには労力がかかります．しかし，そのアサーションはシミュレーションだけでなく，静的なプロパティ検証にも利用できます．このようなツールを利用することで，シミュレーションだけでは検出しにくいバグを見つけることができるのです．

● ハフマン符号デコーダのバグを検出

最後に，もう少し複雑な設計に対する検証について見ていきます．ここで検証するのは，8×8（ピクセル）の画像データを復号するハフマン符号のデコーダです．ハフマン符号では，よく出現する記号には短いビット列を，あまり出現しない記号には長いビット列を割り当てます．こうすることで，符号化する前のデータと比較してデータ・サイズを減らします．記号は0～7の3ビットのデータを割り当てていますが，それを表6-2のように1～4ビットのビット列に割り当てます．デコーダは，ビット列からもとの記号に戻します．

今回の回路は，8×8のデータを受けてデコードした結果を出力する必要があります．エンコードとデコードの流れを図6-7で説明します．まずは，8×8の2次元データを64個の1次元データに変換し，表6-2をもとに各コードを対応するビット列に変換します．この変換後のビット長は，与えられたデータによって変わる点に注意が必要です．

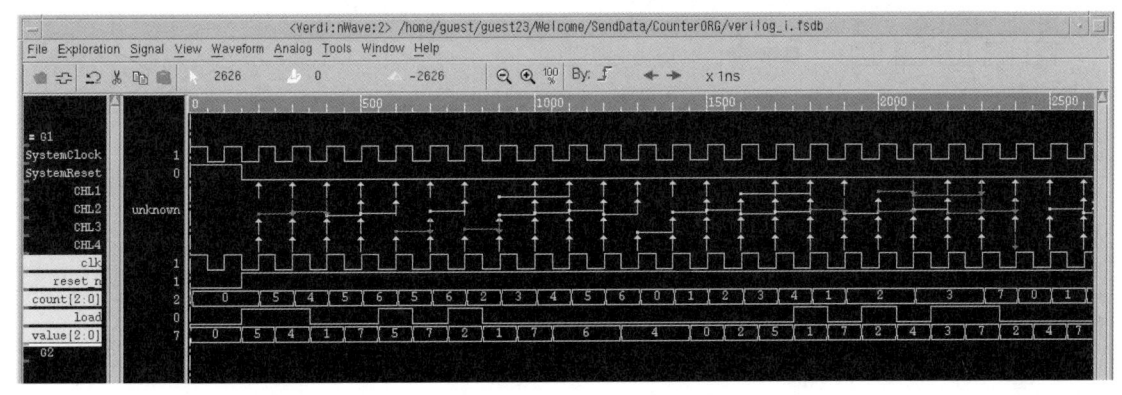

図6-6　プロパティ検証ツールのエラー・パターンの生成
プロパティ検証ツールでは，FAILする場合の入力パターンを生成することができる．CHL2では，あるサイクルにおいてloadが1でvalueが5，次のサイクルではloadが1でvalueが4というパターンのとき，FAILする．

表6-2　ハフマン符号の割り当て

元のコード	ハフマン符号	
	ビット列	ビット長
0（＝3'b000）	1'b1	1
1（＝3'b001）	3'b011	3
2（＝3'b010）	4'b0101	4
3（＝3'b011）	4'b0100	4
4（＝3'b100）	4'b0011	4
5（＝3'b101）	4'b0010	4
6（＝3'b110）	4'b0001	4
7（＝3'b111）	4'b0000	4

　このビット列を4ビットずつデコーダ側に送信します．このデータを送る際には，フレーム信号を立ち上げてからデータを送信します．また，一度データを送信して次にデータを送信するまで，3クロックのウェイトが挿入されます．すべてのデータを送信した場合は，送信して3クロックたってからフレーム信号を'0'にします．また，送信するデータ・サイズが4の倍数でない場合，最後のデータは「0詰め」して送信します．ここで規定された条件は，**図6-7**にA～Fとして示しています．
　そして，デコーダが出力する場合にも出力用のフレーム信号を出力し，その後，データを出力します．こちらは連続してデータを出力してもよい仕様とします．そして，64個のデータを出力してから1～3クロック後にフレーム信号を'0'にします．

● インターフェース部をアサーションでチェック
　インターフェースの部分は設計の境界面であると同時に，設計者や設計グループの境界面であることが多く，どうしてもミスが発生しやすい箇所です．そこで，アサーションによる検証が重要になります．また，標準化されたインターフェースであれば，すでに作成済みのアサーション記述を再利用できる場合もあります（**リスト6-4**）．
　ここでは**図6-7**で示したA～Fの条件について，SystemVerilogアサーションを使って検証してみます．

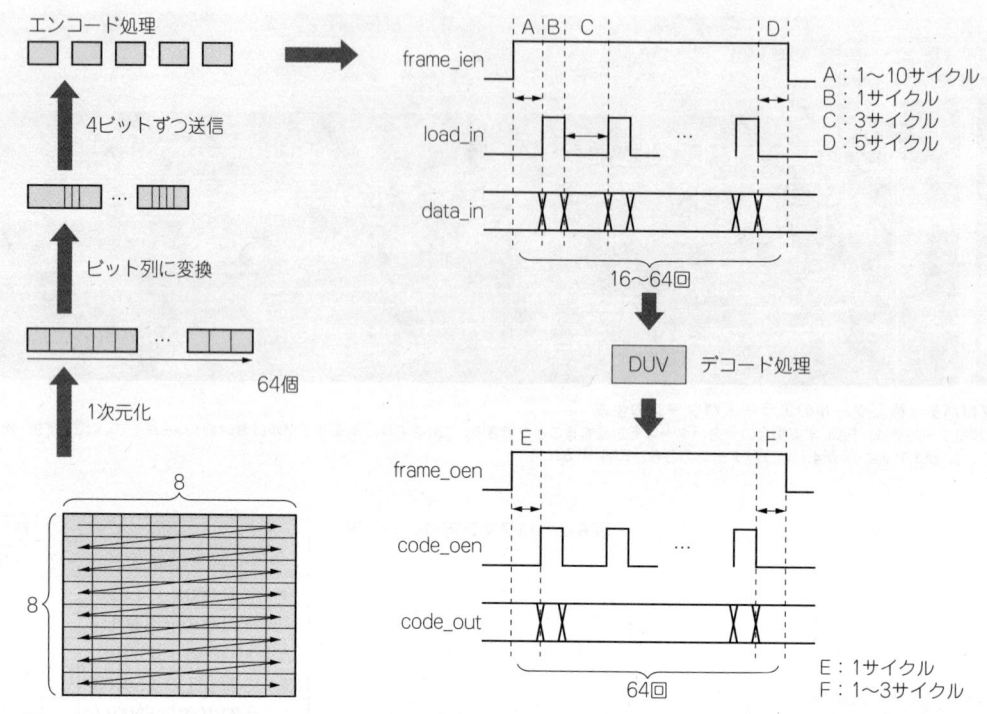

図6-7 ハフマン符号のエンコード/デコード処理
検証対象となる回路はデコード処理部だけだが，テストベンチでエンコード部分もいっしょにモデリングすることにより，検証効率が向上する．

リスト6-4 インターフェースをチェックするアサーションの例

```
property IF_I1;
  @(posedge clk)
  disable iff (!reset_n)
  rose(frame_ien) |-> !load_in[*1:10] ##1 (load_in ##1 !load_in[*3])[*16:64];
[*2];fell(frame_ien);
endproperty
assert property (IF_I1);

property IF_O1;
  @(posedge clk)
  disable iff (!reset_n)
  rose(frame_oen) |-> !code_oen ##1 code_oen[->64]; [*0:2];fell(frame_oen);
endproperty
assert property (IF_O1);
```

　現在のLSI設計では，内部の値を観測するのはデバッグの段階がほとんどで，バグがまだ出ていない段階で内部の値を観測してシミュレーションすることはあまりないと思います．しかし，外部にバグが出てきたときにその原因がどこにあるかを突き止めるのはたいへんですし，バグの影響がかならず外部に出てくるとは限りません．そのため，モジュール内部にアサーションを適用してバグの位置を早期に特定したり，バグを発見する可能性を増やします．
　今回のハフマン符号デコーダの内部は，図6-8のように三つに分けて構成されています．inregでは

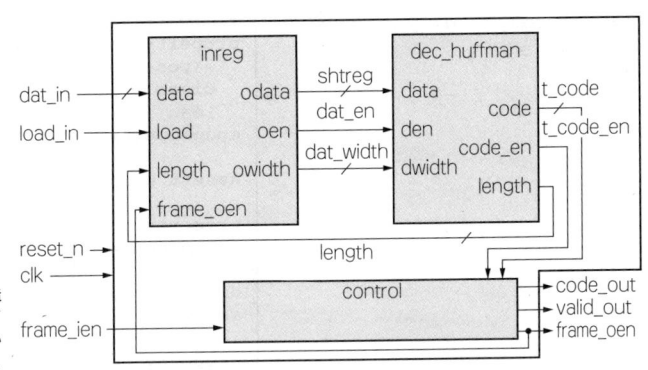

図6-8 ハフマン・デコーダの内部構造
アサーションをモジュール内部に適用するには，内部の構造をはっきりさせる必要がある．機能や構造がクリアになっていない回路では，何をチェックするべきかがはっきりしないことが多く，その場合，アサーションを書くことができない．

4ビットずつ入力されるデータを保存し，そのデータを`dec_huffman`に渡します．`dec_huffman`では`inreg`で保存されたデータからデコード処理を行い，出力としてデコードしたコードを`code`に出力すると同時に，コードが有効かどうかを示す`code_en`信号を '1' にします．このとき，出力したコードのビット長を`inreg`に返します．`inreg`ではそのビット長分でデコードが終了したということで，そのビット幅だけシフトしてデータを捨て，また有効なデータを`dec_huffman`に出力します．`control`はステート・マシンを持ち，データが正しくデコードできているかどうかを監視するために，信号`count`にそのフレームで出力されたデータをカウントします．

まず，内部のモジュール間を結ぶ配線を利用したアサーションについて検討しました．ここでは以下の三つの条件を抜き出しました．

- 「新しいデータを受信した場合（`load_in == 1`）には，`inreg`から出力されるビット幅は次のサイクルのほうが大きくなる（`dat_width > $past (dat_width)`）」
- 「デコードされたビット幅は，`inreg`から出力されるビット幅以下である」
- 「`inreg`から出力されるビット幅が0ならば，`dec_huffman`で出力される`t_code`, `t_code_en`, `length`は '0' である」

これらをSystemVerilogアサーションで記述したものを**リスト6-5**に示します．

また，内部のモジュールについてもアサーションを記述しました．**図6-9**にあるように，`inreg`の仕様からアサーションを記述できることがわかります．これもシミュレーションではFAILにならなかったのですが，プロパティ検証ツールではFAILになっていました．

● 仕様が明示されていなければアサーションの効果は低い

HDLのコードを記述する前に仕様書をどこまできちんと作るのかについてはさまざまな流儀があるのですが，アサーションを利用して検証する場合は仕様の情報が必須になります．これがないと，本来は疑ってかかるべきHDLをベースにアサーション記述を作成することになってしまいます．これでバグを検出できるでしょうか？

これではまちがっているかどうか判断できません．仕様の情報がない場合，アサーションを用いた検証にはあまり効果がないということを頭に入れておいてください．

リスト6-5 内部のインターフェースをチェックするアサーション

```
property load_increase_width;
  @(posedge clk)
  disable iff (!reset_n)
  load_in |=> dat_width>$past(dat_width);
endproperty

assert property (load_increase_width);

property code_length;
  @(posedge clk)
  (length <= dat_width);
endproperty
assert property (code_length);

property nodata_nocode;
  @(posedge clk)
  dat_en ==0   |-> t_code==3'd0&&!t_code_en&&length
                                                ==0;
endproperty
assert  property (nodata_nocode);
```

load	length	owidth
1'b0	3'd0	owidth
	3'd1	owidth − 1
	3'd3	owidth − 3
	3'd4	owidth − 4
1'b1	3'd0	owidth + 4
	3'd1	owidth + 3
	3'd3	owidth + 1
	3'd4	owidth

(a) owidthの動作

remain	odata(レジスタ)
0	{ idat[3:0], 3'd0}
1	{s_dat[6], idat[3:0], 2'd0}
2	{s_dat[6:5], idat[3:0], 1'd0}
3	{s_dat[6:4], idat[3:0] }

(b) odataの動作

```
property noload_len0_width;
  @(posedge clk)
  disable iff ( !reset_n || !frame_oen)
  !load && length==3'd0 |=> (owidth==$past(owidth));
endproperty
assert property( noload_len0_width);
```

```
property load_len0_width;
  @(posedge clk)
  disable iff ( !reset_n || !frame_oen)
  load && length==3'd0 |=> (owidth==$past(owidth)+4);
endproperty
assert property(load_len0_width);
```

```
property remain0 ;
  @(posedge clk)
  disable iff ( !reset_n )
  remain== 0 |->   odata == {idat[3:0], 3'd0};
endproperty
assert property (remain0);

property remain1 ;
  @(posedge clk)
  disable iff ( !reset_n )
  remain== 1 |->   odata == {s_dat[6], idat[3:0], 2'd0};
endproperty
assert property (remain1);
```

図6-9 モジュールinregの仕様の一部とアサーション
仕様書があれば，それをもとにアサーションを作成できる．仕様書がなければ，アサーションの作成は不毛な作業になる．

第4部

SystemVerilog シミュレーション演習 編

SystemVerilog設計スタートアップ

第7章

基本的なシミュレーションの手順

森田栄一

第7章では，市販のSystemVerilog対応シミュレータを使って実際に検証を進める手順を示す．サンプル設計は，プロセッサ，メモリ，キャッシュから構成されるシステムである．シミュレータとして，米国Mentor Graphics社の「Questa」を使用する．　　　　　　　　　　　　　　　（編集部）

SystemVerilog，PSL，アサーション，テストベンチ自動化などのキーワードをよく耳にするようになりました．このようなキーワードと「検証」をテーマにしたセミナなども頻繁に開催されており，多くの設計・検証エンジニアが新しい検証手法に目を向けています．

しかしここで言う「新しい検証手法」は，じつはとくに斬新で難しい概念というわけではありません．テストベンチの自動化やアサーションといった手法は，その標準的な手法が確立されていなかっただけで，コンセプトは以前からありました．ただ標準的な方法がなかったため，対応する検証ソフトウェアも少なく，プロジェクトごとに独自のツールを作成したり，C言語によるテストベンチを書いたりと，手間のかかる方法で実現していたのです．

これらの方法については，手法そのものの信頼性についても検証が必要となり，設計データにバグがあるのか検証方法がまちがっているのかについての切り分けが困難になるケースが発生します．SystemVerilogは，このような検証手法を共通化するため，Verilog HDLをベースに開発された設計・検証言語なのです．

本章では，SystemVerilog対応シミュレータの基本的な使用方法について解説します．

● 使用するツールとサンプル設計

ここでは，検証ツールに米国Mentor Graphics社のHDLシミュレータ「Questa」を用いることにします[注7-1]．本ツールは，VHDLとVerilog HDLの論理シミュレータをベースに，SystemVerilogなどのシミュレーション機能を搭載した検証ソフトウェアです．

ここで説明する演習用のサンプル・データを**リスト7-1**〜**リスト7-4**に示します．本サンプル・データはCQ出版社のWebページ（http://www.cqpub.co.jp/hanbai/books/36/36191.htm）からダウンロード

注7-1：Questaについては，メンター・グラフィックス・ジャパンのWebサイト（http://www.mentorg.co.jp/）を参照．なお，「ランダム生成パターン」，「ランダム・パターンに依存するシミュレーション終了時間」，「ランダム・パターンに依存するカバレッジ結果」，「GUIの表記方法および表示される内容」，「ツール操作方法およびコマンド」は，Questaのバージョンによって異なる可能性がある．本書の第7章，第8章，第9章の事例は，Questa 6.3cを使用した場合である．

できます．これは，ディレクトリごとハード・ディスクにコピーして使用します．以下ではデータを「C:¥example」にコピーしたという前提で説明を進めます．同じ手順を試してみる場合，読者の皆さんもとくに不都合がないかぎり，同名のディレクトリにコピーしてください．

サンプル設計は次の四つのファイルを含んでいます．

- top.sv　　　：テスト環境のトップ・レベル（**リスト7-1**）
- cache.sv　　：キャッシュとキャッシュ・コントローラ（**リスト7-2**）
- proc.sv　　 ：プロセッサ・モデル（**リスト7-3**）
- memory.sv ：メモリ・モデル（**リスト7-4**）

図7-1が設計全体のイメージです．トップ・レベル以下に三つのモジュールproc，cache，memoryがあります．ここでは，それぞれのモジュールをプロセッサ，キャッシュ，メモリと表記します．この中で，キャッシュが検証の対象（DUT：design under test）になります．

プロセッサとメモリは，それそのものは検証の対象ではなく，検証の環境を構成するキャッシュの周辺モジュールです．このようなモジュールを「シミュレーション・モデル」と呼びます．プロセッサとメモリは，メモリのリード（読み出し）とライト（書き込み）のやりとりだけの単純な動作しか行いません．このプロセッサとメモリの間にキャッシュを挿入することで，検証環境を構成します．

● 検証対象はキャッシュ・メモリ

キャッシュ（キャッシュ・メモリ）とは，高速に動作するプロセッサなどのデバイスと，動作の遅いメモリの間に挿入する高速なメモリのことです．

図7-1のように，メモリがデータを出力するのに5サイクルかかるとします．このシステムに1サイクルでデータの読み出しが可能なキャッシュを挿入します．プロセッサからリード命令が発行されると，メモリからプロセッサにデータを読み込むのと同時にキャッシュの該当アドレスにもデータを読み込みます．プロセッサが再度同じアドレスのメモリ・データを読み込む際には，キャッシュからデータを読

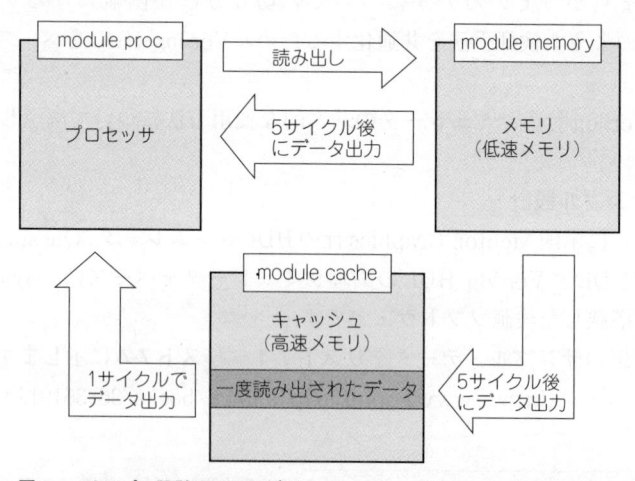

図7-1 サンプル設計のイメージ
メモリからの読み出しでは，通常，プロセッサが要求を出してからメモリの動作時間分の遅延（レイテンシ）後にしか完了できない．メモリから読み出す際に同時にキャッシュ・メモリにデータを保存し，2回目以降はキャッシュ・メモリからデータを読み出すことで，処理を高速化できる．

リスト7-1 トップレベル（top.sv）

```
//
// Copyright 2006 Mentor Graphics Corporation
//
// All Rights Reserved.
//
// THIS WORK CONTAINS TRADE SECRET AND PROPRIETARY INFORMATION WHICH IS THE PROPERTY
// OF MENTOR GRAPHICS CORPORATION OR ITS LICENSORS AND IS SUBJECT TO LICENSE TERMS.
//

`timescale 1 ns / 1 ns

module top;

  logic clk;

  // Processor side signals
  wire prw, pstrb, prdy;
  wire [7:0] paddr;
  wire [15:0] pdata;

  // Memory side signals
  wire mrw, mstrb, mrdy;
  wire [7:0] maddr;
  wire [15:0] mdata;

  initial begin
    clk = 1'b0;
  end

  always #20 clk = ~clk;

  proc p (.clk(clk), .addr(paddr), .data(pdata),
          .rw(prw), .strb(pstrb), .rdy(prdy));
  cache c (.clk(clk), .paddr(paddr), .pdata(pdata),
          .prw(prw), .pstrb(pstrb), .prdy(prdy),
          .maddr(maddr), .mdata(mdata),
          .mrw(mrw), .mstrb(mstrb), .mrdy(mrdy));
  memory m (.clk(clk), .addr(maddr), .data(mdata),
          .rw(mrw), .strb(mstrb), .rdy(mrdy));

endmodule

module top_pm;

  logic clk;

  wire rw, strb, rdy;
  wire [7:0] addr;
  wire [15:0] data;

  initial begin
    clk = 1'b0;
  end

  always #20 clk = ~clk;

  proc p (.*);
  memory m (.*);

endmodule
```

リスト7-2　キャッシュ (cache.sv)

```
//
// Copyright 2006 Mentor Graphics Corporation
//
// All Rights Reserved.
//
// THIS WORK CONTAINS TRADE SECRET AND PROPRIETARY INFORMATION WHICH IS THE PROPERTY
// OF MENTOR GRAPHICS CORPORATION OR ITS LICENSORS AND IS SUBJECT TO LICENSE TERMS.
//

`timescale 1 ns / 1 ns

module cache(clk, paddr, pdata, prw, pstrb, prdy,
             maddr, mdata, mrw, mstrb, mrdy);
    input   clk, mrdy, paddr, prw, pstrb;
    output      prdy, maddr, mrw, mstrb;
    inout   mdata, pdata;

    `define addr_size  8
    `define set_size   5
    `define word_size  16

    logic [`word_size-1:0] mdata_r, pdata_r;
    logic [`addr_size-1:0] maddr_r;
    logic                  mrw_r, mstrb_r, prdy_r;

    wire  [`addr_size-1:0]      paddr;
    wire  [`addr_size-1:0] #(5) maddr = maddr_r;
    wire  [`word_size-1:0] #(5) mdata = mdata_r, pdata = pdata_r;
    wire                   #(5) mrw   = mrw_r, mstrb = mstrb_r, prdy = prdy_r;

    logic [3:0] oen, wen;
    wire  [3:0] hit;

    /*************** Cache sets ****************/
    cache_set s0(paddr, pdata, hit[0], oen[0], wen[0]);
    cache_set s1(paddr, pdata, hit[1], oen[1], wen[1]);
    cache_set s2(paddr, pdata, hit[2], oen[2], wen[2]);
    cache_set s3(paddr, pdata, hit[3], oen[3], wen[3]);

    initial begin
        maddr_r = 0;
        mdata_r = 'bz;
        pdata_r = 'bz;
        mrw_r = 0;
        mstrb_r = 1;
        prdy_r = 1;
        oen = 4'b1111;
        wen = 4'b1111;
    end

    /*************** Local LRU memory ****************/

    logic [2:0] lru_mem [0:(1 << `set_size) - 1];

    integer i;
    initial for (i = 0; i < (1 << `set_size); i=i+1) lru_mem[i] = 0;

    function integer hash;
        input [`addr_size-1:0] a;
        hash = a[`set_size - 1:0];
    endfunction

    task update_lru;
        input [`addr_size-1:0] addr;
        input [3:0] hit;
        logic [2:0] lru;
        begin
            lru = lru_mem[hash(addr)];
            lru[2] = ((hit & 4'b1100) != 0);
            if (lru[2]) lru[1] = hit[3];
```

```verilog
            else            lru[0] = hit[1];
            lru_mem[hash(addr)] = lru;
        end
    endtask

    function [3:0] pick_set;
        input [`addr_size-1:0] addr;
        integer setnum;
        begin
            casez (lru_mem[hash(addr)])
                3'b1?1 : setnum = 0;
                3'b1?0 : setnum = 1;
                3'b01? : setnum = 2;
                3'b00? : setnum = 3;
                default: setnum = 0;
            endcase
            if (prw == 1)
                $display("%t: Read miss, picking set %0d", $time, setnum);
            else
                $display("%t: Write miss, picking set %0d", $time, setnum);
            pick_set = 4'b0001 << setnum;
        end
    endfunction

/*************** System Bus interface ***************/
    task sysread;
        input [`addr_size-1:0] a;
        begin
            maddr_r = a;
            mrw_r = 1;
            mstrb_r = 0;
            @(posedge clk) mstrb_r = 1;
            assign prdy_r = mrdy;
            assign pdata_r = mdata;
            @(posedge clk) while (mrdy != 0) @(posedge clk) ;
            deassign prdy_r;  prdy_r = 1;
            deassign pdata_r; pdata_r = 'bz;
        end
    endtask

    task syswrite;
        input [`addr_size-1:0] a;
        begin
            maddr_r = a;
            mrw_r = 0;
            mstrb_r = 0;
            @(posedge clk) mstrb_r = 1;
            assign prdy_r = mrdy;
            assign mdata_r = pdata;
            @(posedge clk) while (mrdy != 0) @(posedge clk) ;
            deassign prdy_r;  prdy_r = 1;
            deassign mdata_r; mdata_r = 'bz;
            mdata_r = 'bz;
        end
    endtask

/*************** Cache control ***************/

    function [3:0] get_hit;
        input [3:0] hit;
        integer setnum;
        begin
            casez (hit)
                4'b???1 : setnum = 0;
                4'b??1? : setnum = 1;
                4'b?1?? : setnum = 2;
                4'b1??? : setnum = 3;
            endcase
            if (prw == 1)
                $display("%t: Read hit to set %0d", $time, setnum);
```

リスト7-2 キャッシュ (cache.sv) (つづき)

```
                else
                    $display("%t: Write hit to set %0d", $time, setnum);
                    get_hit = 4'b0001 << setnum;
            end
        endfunction

        logic [3:0] setsel;

        always @(posedge clk) if (pstrb == 0) begin
            if ((prw == 1) && hit) begin
                // Read Hit..
                setsel = get_hit(hit);
                oen = ~setsel;
                prdy_r = 0;
                @(posedge clk) prdy_r = 1;
                oen = 4'b1111;
            end else begin
                // Read Miss or Write Hit..
                if (hit)
                    setsel = get_hit(hit);
                else
                    setsel = pick_set(paddr);
                wen = ~setsel;
                if (prw == 1)
                    sysread (paddr);
                else
                    syswrite(paddr);
                wen = 4'b1111;
            end
            update_lru(paddr, setsel);
        end
endmodule

module cache_set(addr, data, hit, oen, wen);
    input addr, oen, wen;
    inout data;
    output hit;

    wire [`addr_size-1:0] addr;
    logic [`word_size-1:0] data_r;
    logic hit_r;

    wire [`word_size-1:0] data = data_r;
    wire hit = hit_r;

    `define size (1 << `set_size)
    `define dly 5
    logic [`word_size-1:0] data_out;

    // ---------- Local tag and data memories ----------
    logic [`word_size-1:0] data_mem[0:(1 << `set_size)-1];
    logic [`addr_size-1:`set_size] atag_mem[0:(1 << `set_size)-1];
    logic [0:(1 << `set_size)-1] valid_mem;

    always @(data_out or oen)
        data_r <= #(5) oen ? `word_size'bz : data_out;

    function integer hash;
        input [`addr_size-1:0] a;
        hash = a[`set_size - 1:0];
    endfunction

    task lookup_cache;
        input [`addr_size-1:0] a;
        integer i;
        logic found;
    begin
        i = hash(a);
```

```verilog
      found = valid_mem[i] && (a[`addr_size-1:`set_size] == atag_mem[i]);
      if (found)
        hit_r <= #5 1'b1;
      else
        hit_r <= #5 1'b0;
    end
  endtask

  task update_cache;
    input [`addr_size-1:0] a;
    input [`word_size-1:0] d;
    integer i;
    begin
      i = hash(a);
      data_mem[i] = d;
      atag_mem[i] = a[`addr_size-1:`set_size];
      valid_mem[i] = 1'b1;
    end
  endtask

  integer i;
  initial begin
    for (i=0; i<`size; i=i+1)
      valid_mem[i] = 0;
  end

  always @(negedge(wen) or addr)
  begin
    lookup_cache(addr);
    data_out <= data_mem[hash(addr)];
  end

  always @(posedge(wen))
  begin
    update_cache(addr, data);
    lookup_cache(addr);
    data_out <= data_mem[hash(addr)];
  end
endmodule
```

リスト 7-3　プロセッサ (proc.sv)

```verilog
//
// Copyright 2006 Mentor Graphics Corporation
//
// All Rights Reserved.
//
// THIS WORK CONTAINS TRADE SECRET AND PROPRIETARY INFORMATION WHICH IS THE PROPERTY
// OF MENTOR GRAPHICS CORPORATION OR ITS LICENSORS AND IS SUBJECT TO LICENSE TERMS.
//

`timescale 1 ns / 1 ns

module proc(clk, addr, data, rw, strb, rdy);
    input   clk, rdy;
    output  addr, rw, strb;
    inout   data;

    `define addr_size 8
    `define word_size 16

    logic [`addr_size-1:0] addr_r;
    logic [`word_size-1:0] data_r;
    logic                  rw_r, strb_r;

    wire [`addr_size-1:0] #(5) addr = addr_r;
    wire [`word_size-1:0] #(5) data = data_r;
```

リスト7-3 プロセッサ (proc.sv) (つづき)

```systemverilog
        wire                    #(5) rw = rw_r, strb = strb_r;
        task read;
            input  [`addr_size-1:0] a;
            logic  [`word_size-1:0] d;
            begin
                addr_r = a;
                rw_r = 1;
                strb_r = 0;
                @(posedge clk) strb_r = 1;
                while (rdy != 0) @(posedge clk) ;
                d = data;
                $display("%t: Reading data=%h from addr=%d", $time, d, a);
            end
        endtask

        task write;
            input  [`addr_size-1:0] a;
            input  [`word_size-1:0] d;
            begin
                $display("%t: Writing data=%h to addr=%d", $time, d, a);
                addr_r = a;
                rw_r = 0;
                strb_r = 0;
                data_r = d;
                @(posedge clk) strb_r = 1;
                while (rdy != 0) @(posedge clk) ;
                data_r = 'bz;
                @(posedge clk);
            end
        endtask

        initial begin
            // Set initial state of outputs..
            addr_r = 0;
            data_r = 'bz;
            rw_r = 0;
            strb_r = 1;

            // Wait for first clock, then perform read/write test
            @(posedge clk)
            $display("%t: Starting Read/Write test", $time);

            write( 71, 16'h298A);
            write(  9, 16'h5672);
            write( 80, 16'hEFAC);
            write(135, 16'hAB00);
            write( 39, 16'h0FFF);
            write( 45, 16'h55AA);
            write(199, 16'hF197);
            write(125, 16'h0101);
            write(231, 16'h8954);

            read (   9);
            read (  80);
            read ( 135);
            read (  71);
            read ( 200);
            read ( 125);
            read ( 231);
            read (  45);
            read (  39);

            $display("Read/Write test done");
            $stop(1);
        end
endmodule
```

リスト7-4　メモリ（memory.sv）

```systemverilog
//
// Copyright 2006 Mentor Graphics Corporation
//
// All Rights Reserved.
//
// THIS WORK CONTAINS TRADE SECRET AND PROPRIETARY INFORMATION WHICH IS THE PROPERTY
// OF MENTOR GRAPHICS CORPORATION OR ITS LICENSORS AND IS SUBJECT TO LICENSE TERMS.
//

`timescale 1 ns / 1 ns

module memory(clk, addr, data, rw, strb, rdy);
    input   clk, addr, rw, strb;
    output  rdy;
    inout   data;

    `define addr_size 8
    `define word_size 16

    logic [`word_size-1:0] data_r;
    logic                  rdy_r;

    initial begin
        data_r = 'bz;
        rdy_r = 1;
    end

    wire [`addr_size-1:0] addr;
    wire [`word_size-1:0] #(5) data = data_r;
    wire                  #(5) rdy = rdy_r;

    reg [`word_size-1:0] mem[0:(1 << `addr_size) - 1];

    integer i;
    always @(posedge clk) if (strb == 0) begin
        i = addr;
        if (rw == 1) begin
            repeat (4) @(posedge clk);
            data_r = mem[i];
            rdy_r = 0;
            @(posedge clk)
            data_r = 'bz;
            rdy_r = 1;
        end else begin
            repeat (2) @(posedge clk);
            mem[i] = data;
            rdy_r = 0;
            @(posedge clk)
            rdy_r = 1;
        end
    end
endmodule
```

み込むことで高速にデータにアクセスすることが可能です．このキャッシュは高速ですが，高価なことやチップ上に集積される際にチップ面積の制約を受けるなどの理由により，メモリと比べると小容量しか実装されません（もちろんメモリと同容量を準備できれば，メモリそのものが不要になる）．

　この容量の小さいキャッシュでは，メモリの全内容を保持することはできません．そこでキャッシュを制御するコントローラで使用頻度の高いデータを選択し，保持しておく必要があります．キャッシュ内を検索して該当のメモリ・アドレスのデータが保存されていた場合は「キャッシュ・ヒット」，キャッ

シュ上に存在しない場合は「キャッシュ・ミス」と呼びます．キャッシュのヒット率は，システムの性能を決める大きな要因となります．

● 3段階でシミュレーションを実行

ここでは，三つのステップでシミュレーションを行います．第1ステップのシミュレーションでは，キャッシュを使用せずにプロセッサとメモリのみのデータのやりとりを観測します．これにより，リード/ライト・サイクルにおける各信号の動作とタイミング，およびメモリ・デバッガの使用方法を確認します．第2ステップではキャッシュを挿入して，第1ステップとまったく同一の信号パターン（シミュレーション・パターン）を与えることで，キャッシュの効果を確認します．第3ステップでは信号パターンを編集してより多くの動作パターンを確認します．

シミュレーションと検証のフローは図7-2のようになります．このフローは，ほとんどのシミュレータ・ソフトウェアで共通ですが，実行するコマンドなどはソフトウェアによって異なります．

ソース・コードは準備されているものとします（第3ステップでは若干の編集を行う）．次のステップの「コンパイル」は，HDLソース・コードが文法どおりに記述されているかどうかをチェック（パーサと呼ばれるプログラムが実行する）し，シミュレータで実行可能なバイナリ・イメージを生成します．「エラボレーション」とは，コンパイルされた設計データを組み上げて，一つのシミュレーション可能なデータを構築することです．エラボレーションは，シミュレータの用語では「ローディング」という言いかたをすることもあります．

「シミュレーションの実行」と「デバッグ」では，設計データに対して入力信号を与えて時間を進めたり，止めたりしながら出力結果をモニタしていきます．デバッグの結果，問題が発見された場合には，HDLコードの修正を行ってシミュレーション・フローを再実行します．

● シミュレータを起動する

デスクトップ上の アイコンをクリックして，Questaを起動します．最初の起動時には，ファイルの拡張子を登録するダイアログ・ボックスが表示される場合がありますが，本ツールを関連付けしたい場合を除いて，［いいえ］ボタンを選択してください．また，本ツールのWelcomeウィンドウが表示された場合は，「Don't show this dialog again」を選択して，［Close］ボタンをクリックしてください．

図7-3が，起動時に表示されるメイン・ウィンドウです．最初はWorkspaceとTranscriptが表示されています．Workspaceには，設定されているライブラリの情報や設計の階層ツリーなどが表示されます．表示する情報が増えるごとにタブが追加されていきます．Transcriptはコマンド・ライン・インターフェースで，本チュートリアルの中では「コマンド・ライン」と表記します．

メイン・ウィンドウのメニューから「File」→「Change Directory」を選択し，図7-4のダイアログ・ボックスを表示します．ここから設計データをコピーしたディレクトリへ移動します．ブラウザで「C:¥example」を選択して，［OK］ボタンをクリックします．

● ライブラリを準備してコンパイル

ソース・コードをコンパイルする前に，コンパイルしたデータを格納するためのライブラリを作成します．この「ライブラリ」という呼びかたや，コンパイル・データの格納の方法は，シミュレータによっ

図7-2 シミュレーションと検証のフロー
ここでは，シミュレーションと検証に焦点をあてている．さらにこの後，論理合成などのステップに進むことになる．

```
HDLコードの作成
    ↓
 コンパイル
    ↓
エラボレーション
    ↓
シミュレーションの実行
    ↓
  デバッグ
```

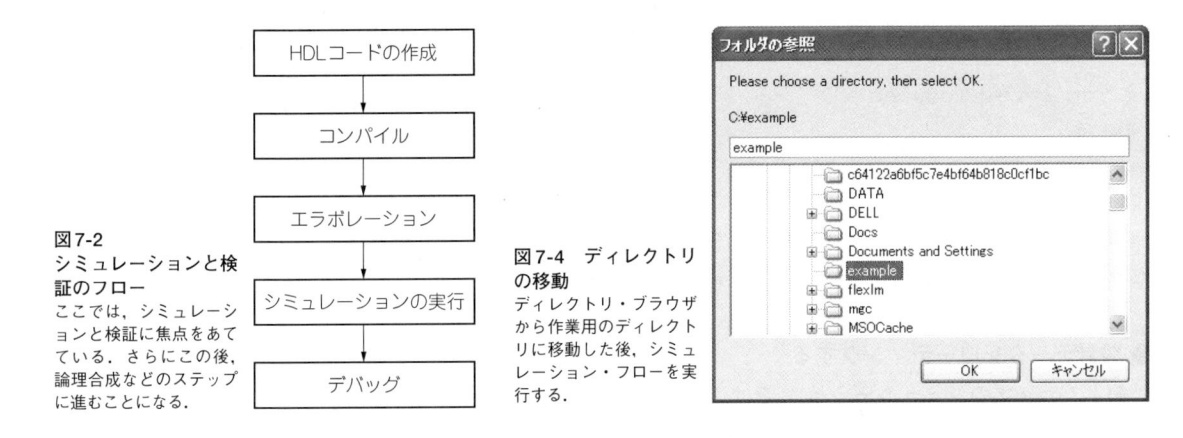

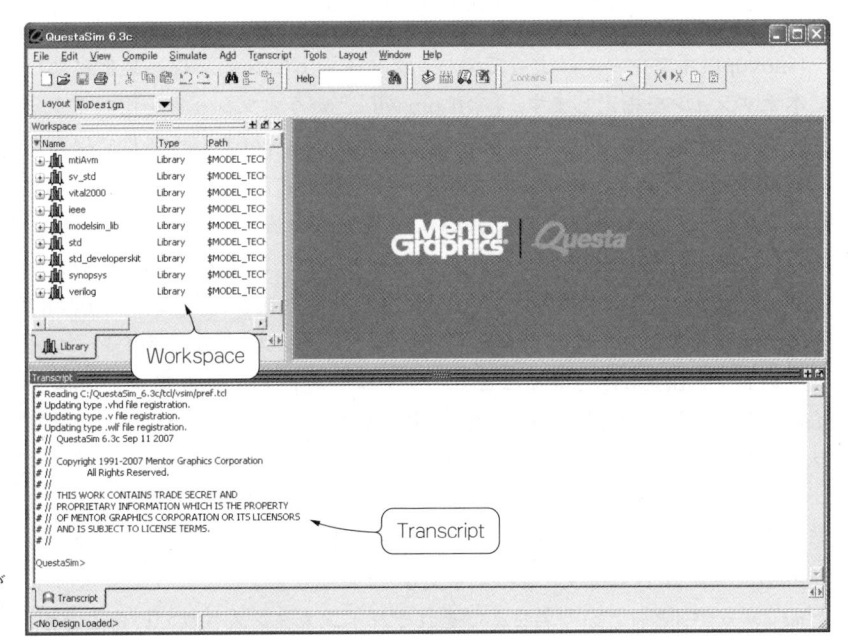

図7-4 ディレクトリの移動
ディレクトリ・ブラウザから作業用のディレクトリに移動した後，シミュレーション・フローを実行する．

図7-3 メイン・ウィンドウ
Workspace には設計データの情報が表示される．Transcript はコマンド・ライン・インターフェース．

て若干異なります．ここでの手順は，本ツールに特有の方法となります．コマンド・ラインに，次のコマンドを入力します．

```
QuestaSim> vlib work
```

これで，work という名称のライブラリ・ディレクトリが作成されます．Windows エクスプローラで確認すると，work という名称のディレクトリが見つかります．引き続きコンパイル作業を行います．次のコマンドを入力します．

```
QuestaSim> vlog *.sv
```

コンパイラの引き数には，ワイルド・カード(*)を使用できます．コンパイルを実行すると，次のよ

うなメッセージが表示されて，topとtop_pmという二つのトップが認識されていることがわかります．

```
# Top level modules:
# top
# top_pm
```

このtopがキャッシュのテスト環境です．top_pmは，テスト環境からキャッシュを除外して，プロセッサとメモリのみで構成されています．

● 設計データをローディングする

第1ステップのシミュレーションでは，top_pmをローディングします．次のコマンドを入力します．

```
QuestaSim> vsim -novopt -wlf pm.wlf top_pm
```

「-novopt」オプションによってデバッグ・モードでシミュレータを起動します．以降の実行でもすべて本オプションを指定します．「-wlf pm.wlf」というオプションを用いてシミュレーション結果のログ・ファイル名を指定しています．無指定の場合はvsim.wlfという名称で保存されますが，シミュレーション起動ごとに上書きされてしまうので，後で利用するために名まえを付けておきます．設計データがローディングされて，図7-5のようなGUIが表示されます．また，コマンド・プロンプトが「QuestaSim>」から「VSIM>」に変わって，シミュレーションのセッションが起動されたことを表します．

Workspaceには設計の階層構造が表示されています．ここでundockアイコン■をクリックしてWorkspaceをアンドックします（図7-6）．「アンドック」とは，メイン・ウィンドウのフレームからサブウィンドウを独立表示させることで，サブウィンドウのdockアイコン■をクリックすることによりメイン・ウィンドウ内に再ドックできます．また，ドックされた状態ではサブウィンドウのフレームをドラッグすることでウィンドウの表示位置や大きさを変更することが可能です．

アンドックしたWorkspace上で各階層の「+」マークをクリックすると，階層ツリーを展開することができます．ここでの表記方法は，■マークは階層やタスクに，●マークはVerilog HDLプロセス（assign文，initial文，always文など）になります．モジュールtop_pm以下に，モジュールprocとmemoryがpとmという名まえでそれぞれインスタンスされていることがわかります．また，proc内には，readとwriteというメモリ・アクセスのためのタスクが記述されていることを確認できます．階層構造を確認したあと，Workspaceを再ドックします．

● 波形を見ながらデバッグ

シミュレーションのデバッグのもっとも基本的な方法は「波形によるデバッグ」です．HDLを用いたディジタル・シミュレーションでは，'0'と'1'で表現される2進数の値を観測することで動作を確認します．制御信号などはほとんどが1ビットで構成されるので，'0'と'1'の値の状態を確認します．また，メモリの値など，一定のビット幅を持つ信号は16進表記や10進表記などを用いて観測します．

実際に波形を表示するためには，最初に観測する信号をリストアップしておく必要があります．このシミュレーションでは，最上位階層のプロセッサとメモリの間を接続する信号を観測します．

次のコマンドを入力して観測信号を登録します．

図7-5 設計データのローディング
Workspaceにツリーが表示される．Workspaceの階層を選択することで，Objects ウィンドウの表示は自動的に更新される．

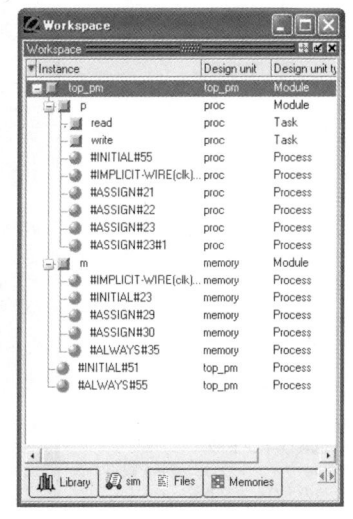

図7-6 アンドックしたWorkspace
メイン・ウィンドウ内のサブウィンドウは，アンドックできる．再び，Dockボタンをクリックすると，メイン・ウィンドウにドックされる．

```
VSIM> add wave /top_pm/*
```

波形モニタのWaveウィンドウが表示されます．引き続き，次のコマンドを用いてWaveウィンドウをアンドックします．

```
VSIM> view wave -undock
```

図7-7のWaveウィンドウが表示されます．Waveウィンドウの左側には追加された信号名がフルパスで表記されています．本ツールでは，スラッシュ（/）を用いた階層名表記を用いています．例えば最上位階層のclk信号は，「/top_pm/clk」と表示されます．

なお，GUIの操作や機能は，使用するシミュレータやデバッガに大きく依存します．ほとんどの市販ツールが同様の機能を備えていますが，その操作方法や見えかたはツールによって異なります．詳細については，各ツールのマニュアルを参照してください．

● シミュレーションを実行する

観測信号を追加してシミュレーションの準備が整いました．実際にシミュレーションを実行してみましょう．コマンド・ラインから次のコマンドを入力します．

```
VSIM> run -all
```

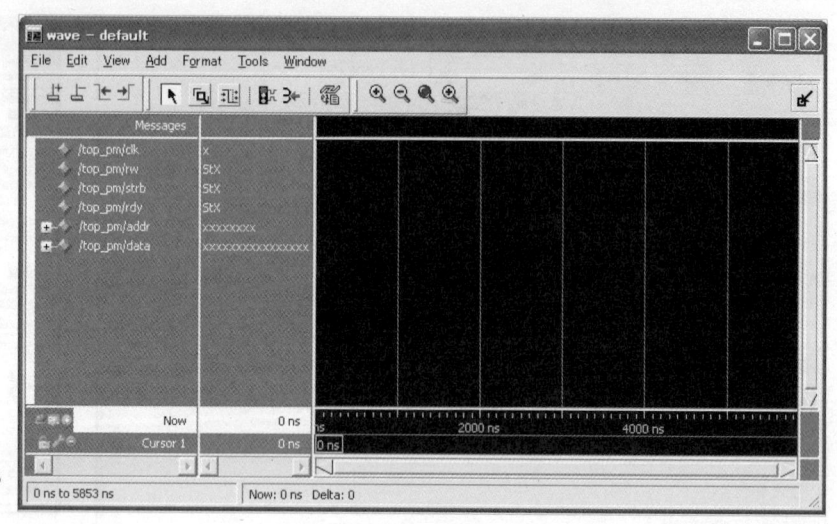

図7-7
Waveウィンドウ
Waveウィンドウは、波形を観測するためのデバッガである。

図7-8
シミュレーションのメッセージ（第1ステップ）
シミュレーションが$stopタスクにより3980nsで停止したことを示す。

```
#     20: Starting Read/Write test
#     20: Writing data=298a to addr=71
#    220: Writing data=5672 to addr=9
                    ⋮
                   中略
                    ⋮
#   3740: Reading data=55aa from addr=45
#   3980: Reading data=0fff from addr=39
# Read/Write test done
# ** Note: $stop    : proc.sv(87)
#    Time: 3980 ns  Iteration: 1  Instance: /top_pm/p
```

　このコマンドで，シミュレーション・イベントがすべて終了するまでシミュレーションが実行されます．コマンド・ラインに図7-8のようなメッセージが表示され，シミュレーションが$stopタスクにより3980ns（ナノ秒）で停止したことを示します．同時に，Waveウィンドウに波形が表示されます．

　この動作はモジュールprocに記述されたパターン発生記述（**リスト7-5**）によるものです．このプロセッサ・モジュール内の記述がテストベンチということになります．このテストベンチは，二つのタスクreadとwriteで構成されています．readは，アドレスを引き数にしてメモリからデータを読み出します．writeは，アドレスとデータを引き数としてメモリにデータを書き込みます．ここでのアドレスは10進値で，データは16進値で指定しています．それぞれのタスクでは，$displayタスクを用いて動作メッセージを出力します．

● 波形で動作を確認する

　Waveウィンドウを用いて結果を確認します．操作方法の概略は**図7-9**に示します．
　最初に基数の設定を行います．アドレスとデータの各信号名の上でマウスを右クリックして，ポップアップ・メニューから次の指定を行います．

　　● アドレス（/top_pm/addr）の基数を「Unsigned」に変更

リスト7-5
プロセッサ内の
テストベンチ記述

```
task read;                                    ←── リード・タスク
    input   ['addr_size-1:0] a;
    logic   ['word_size-1:0] d;
    begin
        addr_r = a;
        rw_r = 1;                             ←── 制御信号
        strb_r = 0;                                の出力
        @(posedge clk) strb_r = 1;
        while (rdy != 0) @(posedge clk) ;     ←── rdy信号の
        d = data;                                  ウェイト
        $display("%t: Reading data=%h from
                           addr=%d", $time, d, a); ←── メッセージ表示
    end
endtask
task write;                                   ←── ライト・タスク
    input   ['addr_size-1:0] a;
    input   ['word_size-1:0] d;
    begin
        $display("%t: Writing data=%h to
                           addr=%d", $time, d, a);
        addr_r = a;
        rw_r = 0;                             ←── 制御信号の出力
        strb_r = 0;
        data_r = d;
        @(posedge clk) strb_r = 1;
        while (rdy != 0) @(posedge clk) ;     ←── rdy信号の
        data_r = 'bz;                              ウェイト
        @(posedge clk);
    end
endtask
         <中略>
write( 71, 16'h298A);
write(  9, 16'h5672);
write( 80, 16'hEFAC);
write(135, 16'hAB00);
write( 39, 16'h0FFF);                         ←── ライト・テスト
write( 45, 16'h55AA);
write(199, 16'hF197);
write(125, 16'h0101);
write(231, 16'h8954);

read (  9);
read ( 80);
read (135);
read ( 71);
read (200);                                   ←── リード・テスト
read (125);
read (231);
read ( 45);
read ( 39);
```

● データ (/top_pm/data) の基数を「Hexadecimal」に変更

　次に観測したい領域をズーミングします．まず，Zoom Fullアイコン🔍をクリックして，波形全体を表示します．その後，フォーカスしたい領域をマウス中ボタン（またはスクロール・ボタン）のドラッグで選択します．波形のズームとスクロールを用いて，次の時間帯を表示します．同時にカーソルを信号の変化点（エッジ）に配置することで，その時間を確認します．

1）ライト・サイクル〔220ns〜385ns，図7-10(a)〕

　プロセッサが，strb信号を1サイクルの間'0'にします．このとき，クロックのエッジから5nsの遅

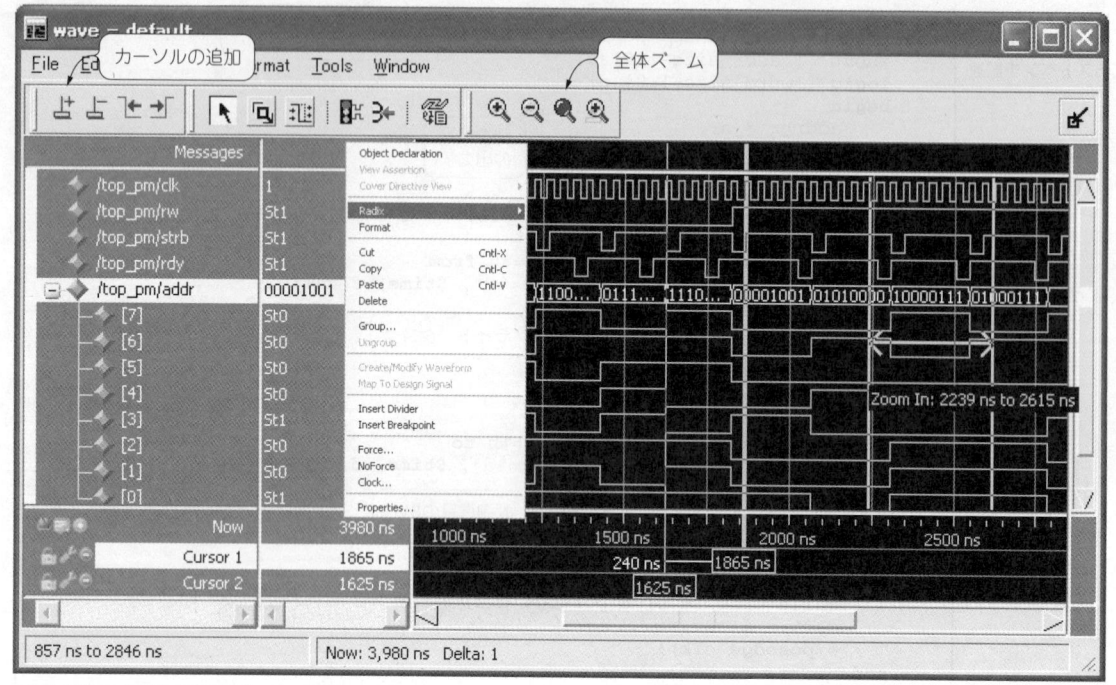

[図: Waveウィンドウのスクリーンショット。「カーソルの追加」「全体ズーム」の吹き出し付き]

- 信号の移動：信号名をドラッグ・アンド・ドロップ
- 基数の変更：信号名で右クリックしたあと，図のメニューを選択
- 指定範囲ズーム：マウス中ボタンで領域をドラッグ
- 全体ズーム：Zoom Full アイコン 🔍 をクリック
- カーソル追加：Insert Cursor アイコン 🔖 をクリック
- 時間計測：複数のカーソルを計測点に配置
- カーソル配置：エッジの近くでカーソルをドロップ

図7-9 Wave ウィンドウの使用方法

延後に strb 信号が動いていることに注意してください．各モジュールの出力信号にはすべて，一定の遅延時間を設定してあります．これは，クロックと各信号が同時変化することを避けて，動作を見やすくするためです．

プロセッサは strb 信号と同時に，リード・ライト信号 (rw) とアドレス値 (addr)，データ (data) を出力します．ライト・サイクル時は rw=0 となります．メモリ側では，strb 信号の入力を受けて，rw 信号によりリード/ライトの判断を行います．strb 信号から2サイクル後にメモリはデータを書き込んで，rdy 信号をアクティブにします．次のクロック・エッジでプロセッサ側は rdy 信号を検出してデータの出力を終了します．ライト・サイクルは，4サイクルで終了することになります．

2）リード・サイクル〔2300ns～2545ns，図7-10（b）〕

プロセッサは，strb 信号を1サイクル分アクティブにします．同時に，rw=1 とアドレス値を出力します．メモリ側では，strb 信号と rw 信号の値によって4サイクル後にデータを出力し，rdy 信号を返します．プロセッサは次のクロック・エッジで rdy 信号を検出してデータの値を読み込みます．リード・サイクルは，計6サイクルになります．

● メモリの内容を確認する

本ツールには，Memory ウィンドウと呼ばれるデバッグ機能があります．このウィンドウでは，設計

図7-10　リード/ライト・サイクル
このような図をタイミングチャートと呼ぶ．リード・サイクルはライト・サイクルと比べて長い．

（a）ライト・サイクル
（b）リード・サイクル

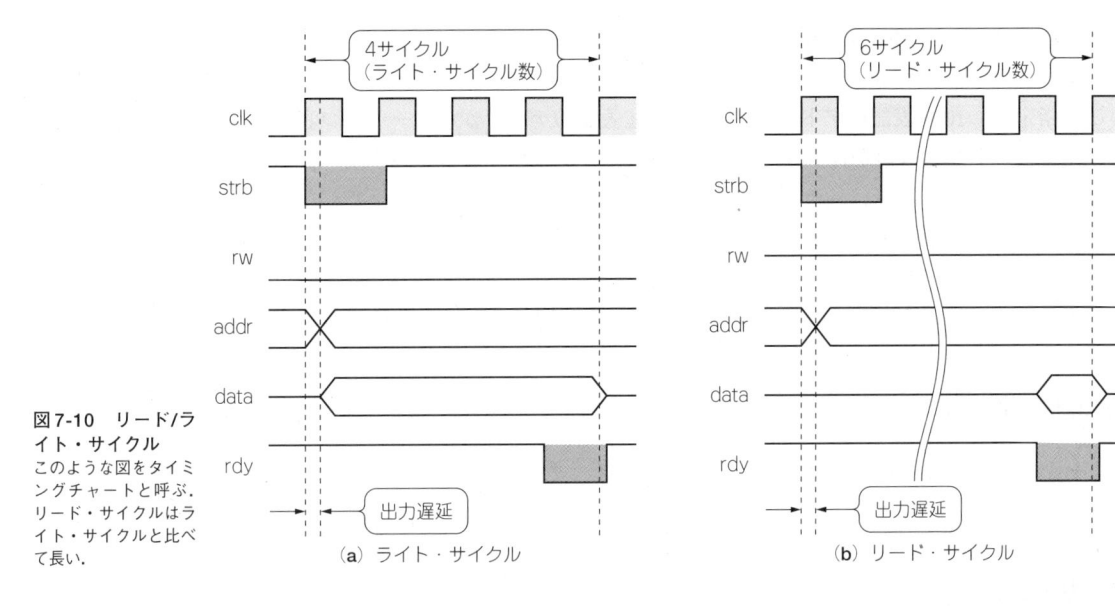

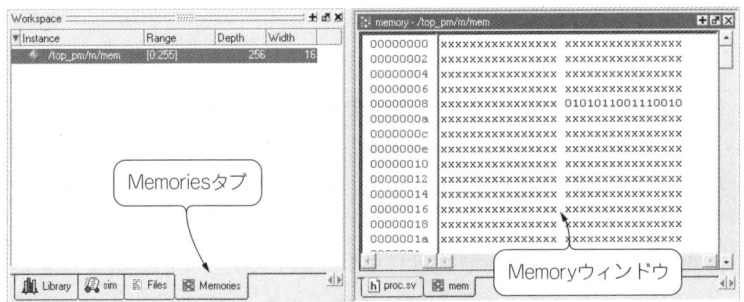

図7-11　設計データ内のメモリ
Memoriesタブ内では，設計データの中のメモリ配列を自動認識し，そのサイズやインデックス範囲を表示する．

図7-12　メモリ表示方法の設定
メモリの構成や内容によって，表示方法を自由に選択できる．

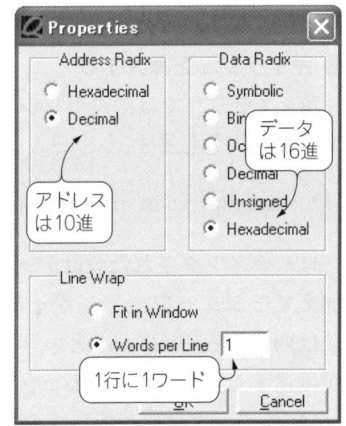

データ内に存在するメモリ配列を自動検出して，「表示」，「基数の変更」，「ファイルへの保存」，「ファイルの読み込み」，「メモリ内容の更新」などを行うことが可能です．

メモリ・ウィンドウを使用するには，WorkspaceのMemoriesタブをクリックします．このタブでは，/top_pm/m/memがすでにメモリとして認識されています（図7-11の左側）．ここでの表記は，Widthが16，Depthが256と表記されています．これは，「1ワードが16ビットで256個のアドレスを持つメモリ」であることを表しています．Rangeは実際のアドレス値の範囲を示しています．

メモリ名をダブルクリックすると，メイン・ウィンドウの右側にメモリの内容が表示されます（図7-11の右側）．表示されたMemoryウィンドウをアンドックします．メモリ・ウィンドウのメニューから，「View」→「Properties」を選択します．表示されるダイアログ・ボックス（図7-12）で次のように設定します．

- Address Radix：Decimal

- Data Radix：Hexadecimal
- Line Wrap：Words per Line 1

この指定で，10進表記のアドレスの右に16進表記のデータが1ワードずつ表示されます．表示されるほとんどのアドレスは値が代入されていないため，「xxxx」となっています．テストベンチで代入したアドレス値を参考に，実際にメモリに値が書き込まれている状態を確認してください．

ここまでで，波形を用いたプロセッサとメモリのやりとり，およびMemoryウィンドウの操作方法を理解できたかと思います．

次のステップに進む前にいったんシミュレーションのセッションを終了します．コマンド・ラインに次のコマンドを入力します．

```
VSIM> quit -sim
```

これで，プロンプトが「QuestaSim>」に戻ります．シミュレータそのものを終了する場合は，

```
VSIM> quit -force
```

と入力します．

● キャッシュを挿入する

第2ステップでは，キャッシュを含んだシミュレーションを実行します．コマンド・ラインに次のコマンドを入力します．

```
QuestaSim> vsim -novopt top
```

ローディングされた設計データを，Workspaceのツリーで確認します．第1ステップの設計データに加えてモジュールcacheがcという名まえでインスタンスされています．また，モジュールcache内には四つのcache_setというモジュールがs0～s3という名称でインスタンスされています．これらが後述する四つのキャッシュ・セットになります．

Memoriesタブを選択して設計の中のメモリを確認します（図7-13）．第1ステップと同じように，256アドレスを持つメモリを確認できます．キャッシュはs0～s3の4セットあり，それぞれのキャッシュ内にはメモリ・データを保存する16ビット×32アドレスで構成されたdata_memと，3ビット×32アドレスのatag_memの2種類のメモリが含まれています．さらに，lru_memという3ビット×32アドレスのメモリも確認できます．

図7-14のように，キャッシュの32アドレスで256アドレスのデータを扱うには，キャッシュの一つのアドレスにつき，8個のメモリ・アドレスを管理する必要があります．キャッシュは，メモリの内容を格納する領域以外にタグ・メモリという領域を持っています．atag_memがタグ・メモリに該当します．キャッシュにデータが書き込まれる際には，メモリ・アドレスの下位5ビットをエントリ・アドレスとしてタグ・メモリ上のアドレスを決めます．タグ・メモリには，メモリ・アドレス上位3ビットの値（フレーム・アドレス）が格納されます．例えばメモリ・アドレス135のデータが"FFFF"の場合を考えます．アドレス値を2進表記すると"10000111"となります．このうちの下位5ビットは"00111"で，10進数では7，上位3ビットは"100"です．このメモリ・アドレスのデータをキャッシュに格納する場合，

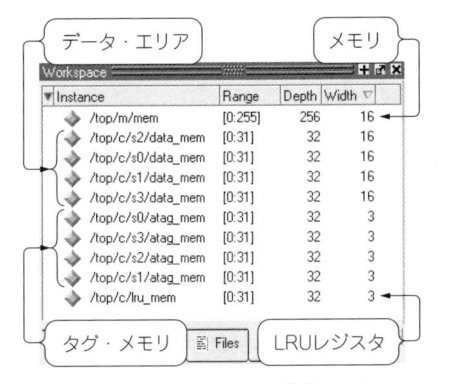

図7-13 キャッシュ内のメモリ構成
s0～s3の4セットのキャッシュ・メモリを確認できる．LRUレジスタは四つのキャッシュ・セットの使用履歴を保存する．

▶ **図7-14 キャッシュとメモリ**
キャッシュでは，タグ・メモリを用いて保存しているアドレスの情報を管理している．タグ・メモリ内を検索することで，キャッシュ・ヒットとキャッシュ・ミスが判定される．

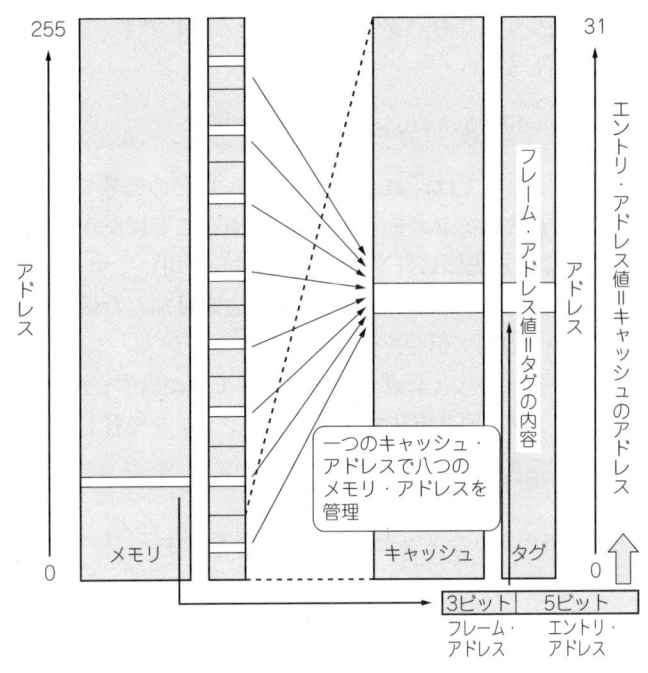

　キャッシュのアドレス7には"FFFF"を，タグ・メモリのアドレス7には"100"を格納します．同一のキャッシュ・アドレスは，同一のエントリ・アドレスを持つ八つのアドレス7，39，71，103，135，167，199，231によって共有されます．
　キャッシュ検索時には，まず使用するメモリ・アドレスからエントリ・アドレスを抽出してタグ・メモリの位置を検索し，その内容がフレーム・アドレスの値とマッチした場合にキャッシュ・ヒットとなります．

● 疑似LRUアルゴリズムに従ってキャッシュを書き換え
　このサンプル設計では，四つのキャッシュ・セットがあります．つまり同一のエントリ・アドレスに対して四つのデータ格納領域があることになります．同一のエントリ・アドレスに対するアクセスにおいて，異なったアドレスの参照が4回を超えた時点で，いずれかのキャッシュの内容を書き換える（キャッシュの掃き出し）必要がでてきます．このとき利用されるのがLRU（least recently used）アルゴリズムです．
　各キャッシュ・セットの中でもっとも使用されていないデータを検出します．このサンプル設計では，疑似LRUと呼ばれるある程度高い確率で使用履歴の少ないキャッシュ・セットを選択する方法を用いています．疑似LRUでは，四つのキャッシュ・セットに対して3ビットのレジスタで実装が可能です．`lru_mem`というメモリがLRUの情報を保持するレジスタです．

● キャッシュを含めてシミュレーションを実行する
　実際にシミュレーションを実行してみましょう．プロセッサ・モジュールは第1ステップと同一です

から，発生する信号パターンもまったく同じです．次のコマンドを実行してWaveウィンドウに観測信号を追加します．

VSIM> add wave /top/*

第1ステップでは，strbやrw，rdyなどの信号で接続されていました．キャッシュを挿入することで各信号はキャッシュを介して接続されることになります．プロセッサとキャッシュは，pstrbやprw，prdyのように先頭に「p」を付加した信号を用いてマッピングしています．またキャッシュとメモリの間は，mstrbやmrw，mrdyのように「m」を付加した信号を接続に使用しています．キャッシュは，プロセッサからの制御信号を受け取ってキャッシュ・ミスが起きた場合にメモリ側へ制御信号を渡します．また，キャッシュ・ヒット時には，メモリが返すrdy信号はキャッシュからプロセッサへ渡されます．第1ステップと同じ方法でシミュレーションを実行します．

VSIM> run -all

図7-15のようなメッセージが表示されます．

第1ステップのメッセージに加えて，キャッシュ・ミスのメッセージが表示されます．また，第1ステップよりシミュレーションの終了時間が早くなっています．これは，キャッシュ・ヒットによって通常のメモリ・アクセスよりも短いサイクルで処理が終了したことを表しています．

● ライト・スルー方式を採用

リード・ヒット時には，データはキャッシュからの読み出しだけですが，ライト時にはキャッシュへの書き込みとメモリへの書き込みを行う必要があります．この書き込みのタイミングによって，キャッシュはライト・バック方式とライト・スルー方式に分けられます．ライト・スルー方式では，キャッシュへの書き込みと同時にかならず外部メモリへも書き込みを行います．ライト・バック方式は，ある条件が成立したときのみメモリへの書き込みを行います．

このサンプル設計ではライト・スルー方式を利用しています．キャッシュを挿入した場合も，メモリ・ライト時にはサイクル数は減りません．逆に，キャッシュ・ヒットの判断を行うために1サイクル長くなっています．このようなライト・スルー方式のキャッシュでは，ライト・バッファを挿入するの

```
#    20: Starting Read/Write test
#    20: Writing data=298a to addr=71
#    60: Write miss, picking set 3
#   260: Writing data=5672 to addr=9
            中略
#  3140: Reading data=8954 from addr=231
#  3180: Read hit to set 3
#  3220: Reading data=55aa from addr=45
#  3260: Read miss, picking set 0
#  3500: Reading data=0fff from addr=39
# Read/Write test done
# ** Note: $stop    : proc.sv(87)
#    Time: 3500 ns  Iteration: 1  Instance: /top/p
```

図7-15
シミュレーションのメッセージ（第2ステップ）
第1ステップのメッセージに加えて，キャッシュのヒット・ミスのメッセージが表示される．また，第1ステップよりシミュレーションの終了時間が早くなっている．

が一般的ですが，ここでは使用していません．ライト・バッファの挿入については，次章以降でトライします．

● シミュレーション結果を確認する

リード・ヒット時にはキャッシュの効果が現れ，サイクル数が減少します．このことを実際のシミュレーション波形で確認します．現在の波形と第1ステップの波形を並べて比較します．第1ステップの波形を読み込むには，次のコマンドを実行します．

VSIM> dataset open pm.wlf

これにより，第1ステップで保存しておいたpm.wlfが読み込まれ，Workspaceに「pm」というタブが追加されます．さらに，コマンド・ラインに次のコマンドを入力します．

VSIM> view wave -undock
VSIM> view -new wave -undock

Waveウィンドウがアンドックされて，さらに新しいWaveウィンドウが表示されます．図7-16のようにWorkspaceでpmタブを選択して，top_pmの階層を新しいWaveウィンドウにドラッグ・アンド・ドロップします．二つのWaveウィンドウで，それぞれアドレスとデータの基数を第1ステップと

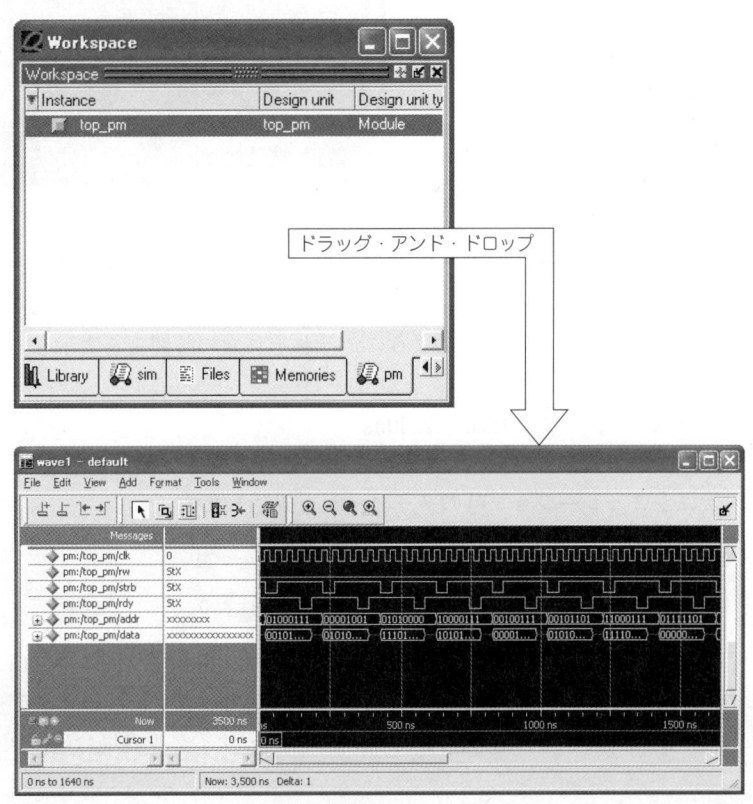

図7-16 ドラッグ・アンド・ドロップで信号を追加
階層名をドラッグ・アンド・ドロップすることで，その階層に含まれる信号をすべてWaveウィンドウに追加できる．

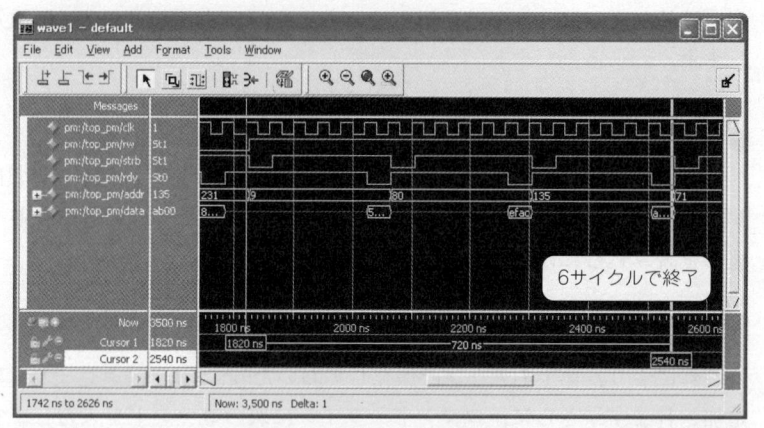

(a) 第1ステップの結果

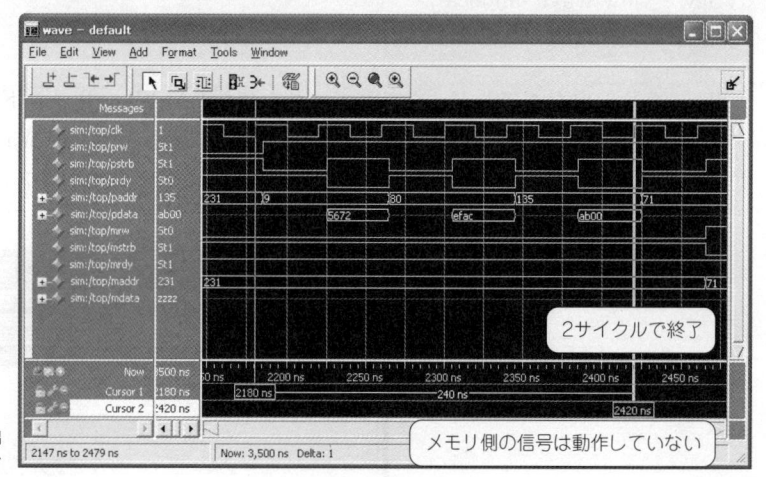

図7-17 リード・ヒット時の効果を確認
キャッシュを挿入した場合は，strb信号を検出したサイクルでrdy信号が出力され，キャッシュからデータの読み出しが行われる．

(b) 第2ステップの結果

同様に変更します．図7-17のように，それぞれ次の時間帯を表示して，リード・ヒット時の動作の違いを確認します．

- 第1ステップ：1820～2540ns
- 第2ステップ：2180～2420ns

次にシミュレーション時のメッセージを確認します．

```
#    20: Writing data=298a to addr= 71
#    60: Write miss, picking set 3
```

この2行はライト・サイクルを表しています．20nsでアドレス71にデータの書き込みを行っています．次のサイクルの60nsでキャッシュ・ミスしています．このときデータを書き込むキャッシュ・セットは，s3が選択されています．また，リード・サイクルの場合は，次のようになります．

```
#   3180: Read hit to set 0
#   3220: Reading data=55aa from addr= 45
```

　リード・サイクルでは，データをプロセッサが読み込んだ時点でメッセージを表示するため，キャッシュのヒット・ミスのメッセージが先に表示されます．ここでは，アドレス45に対する読み込みでキャッシュ・ヒットしています．ヒットしたキャッシュ・セットはs0になります．

　メッセージを確認することで，次の検証項目を確認できます．同一のエントリ・アドレスを持つ71，135，39，199，231のアドレスへ順番に書き込みを行って，アドレス71のデータが上書きされています．その後のアドレス135，71に対するリードでは，135でヒット，71でミスしています．メッセージからこの情報を抽出して下記に示します．

- 20ns：addr = 71に書き込み → 60ns：ライト・ミス，キャッシュ・セットs3を選択
- 740ns：addr = 135に書き込み → 780ns：ライト・ミス，キャッシュ・セットs1を選択
- 980ns：addr = 39に書き込み → 1020ns：ライト・ミス，キャッシュ・セットs2を選択
- 1460ns：addr = 199に書き込み → 1500ns：ライト・ミス，キャッシュ・セットs0を選択
- 1940ns：addr = 231に書き込み → 1980ns：ライト・ミス，キャッシュ・セットs3を選択

　最後の書き込みで，アドレス71のデータ（キャッシュ・セットs3）をアドレス231のデータで上書きしています．ここでは，もっとも古く利用されたデータが選択されています．さらに，

- 2380ns：キャッシュ・ヒット → 2420ns：アドレス135からのリード
- 2460ns：キャッシュ・ミス → 2700ns：アドレス71からのリード

　このようにして，ほかのリード/ライトについても動作を確認します．

● 信号パターンを編集して再シミュレーション

　第3ステップでは，プロセッサ・モジュール内のread/writeのタスクを使用して信号パターンを書き換えます．ここでのポイントは，各アドレスのエントリ・アドレスや使用されるキャッシュ・セットを考慮してパターンを構成することです．第2ステップのシミュレーションでその一例を確認しました．

　信号パターンの修正とシミュレーションを繰り返すためには，シミュレーション・セッションを終了せずに，「ソースの修正」，「再コンパイル」，「リスタート」を繰り返します．まず，Workspace上でモジュールprocをダブルクリックします．Sourceウィンドウにソース・コードが表示されます．ソース・コード上で右クリック・メニューから「Read Only」のチェックを外します．その後，read/writeのタスクの構成や引き数を編集します．編集して保存しない状態では，Sourceウィンドウのproc.svタブには「*」マークが付いています．編集後，Saveアイコン🖫をクリックして上書き保存します．このとき，「*」マークが消えることを確認してください．次に，コマンド・ラインからコンパイルを実行します．

```
VSIM> vlog -incr *.sv
```

　「-incr」は，インクリメンタル・コンパイル・オプションで，変更のあったデータ（proc.sv）のみをコンパイルします．さらにコマンド・ラインからリスタートを実行します．

> VSIM> restart -force

　このコマンドで，シミュレータは時間0に戻り，変更された設計データのみ再ローディングします．ここでは，プロセッサだけがローディングされます．また，Waveウィンドウにリストされた観測信号は維持されているので，そのままrunを実行するだけで再シミュレーションが可能です．

　信号パターンは，現在記述されているwrite/readタスクの並べ替えや，引き数のアドレスとデータの変更，タスクの追加，repeatやforループを使用した繰り返し処理などを入れてみてください．

　再シミュレーションでは，出力されるメッセージによってキャッシュ・ヒット/ミスの状況を確認するとともに，WaveウィンドウとMemoryウィンドウを使用して外部メモリと四つのキャッシュ・セットの内容，およびタグ・メモリの内容などを確認してください．LRUレジスタの動作を確認するのもおもしろいと思います．

SystemVerilog設計スタートアップ

第8章

テストベンチの拡張の手順

森田栄一

　第8章ではランダム・パターンを利用したテストベンチの作成法やカバレッジ計測の手順について解説する．SystemVerilog対応シミュレータとしては，第7章と同じようにMentor Graphics社の「Questa」を使用する．　　　　　　　　　　　　　　　　　　　　　　　　　　　　　　　　　　（編集部）

　テストベンチに最低限必要な機能は，検証対象に対して信号パターンを与えることです．これに，出力された結果の自動比較機能やパターン自動発生機能を追加することで，より効率的なデバッグが行えるようになります．

　一般的なテストベンチのパターン発生方法は，HDL動作記述によるものと，シミュレータ固有のパターン生成機能を用いるものの二つに分けられます．本章で使用するシミュレータもパターン生成機能を持っていますが，シミュレータ独自の方法ですべてのテストベンチを作成することはあまり好ましくありません．HDL記述の場合は，それが標準言語であるために，ほかのツールに持ち込んだときにも「互換性」を保つことができます．一方，シミュレータに依存したパターンでは，汎用性が低くなってしまいます．

　SystemVerilogは，HDL記述ベースのテストベンチに大きな機動力を与えてくれます．ここでは次のようなステップで作業を進めていきます．

- ランダム・パターン発生機能の追加
- カバレッジ計測機能の追加
- 複数シミュレーションでのカバレッジ向上

● パターンの自動発生とは

　パターンの自動発生というのは，ある一定のルールを設定しておいて，一つ一つソースを記述することなくパターンを発生してしまおうという考えかたです．サンプルの設計で考えると，**リスト8-1**のようなループ文を用いて，いくつかのメモリ・アドレスへのアクセスを記述することも簡単な自動発生の方法になります．この方法では，ループの回数を多くすれば大量のパターン発生が可能ですが，アドレ

リスト8-1　単純なループ記述

```
// 50個のアドレスへの書き込み              // 書き込んだ結果を読み出し
for (a = 0; a < 50; a++)                  for (a = 0; a < 50; a++)
write(a, a);                              read(a);
```

スを順番に指定しながらのアクセスはあまり現実的な検証とはいえません．

　ここで登場するのが，ランダム・パターンという考えかたです．疑似乱数のアルゴリズムを用いて，入力する値をランダムに発生したり，プログラム・シーケンスをランダム化したりします．SystemVerilogは，ランダム・パターンを発生するためのさまざまな機能を備えています．その中の一部を用いて，実際にランダム・パターン発生機能を組み込んだソース・コードを紹介します．

● 新しいソース・コードをダウンロード

　新しいサンプル・データを**リスト8-2**～**リスト8-5**に示します．本サンプル・データもCQ出版社のWebページ（http://www.cqpub.co.jp/hanbai/books/36/36191.htm）からダウンロードできます．ダウンロードして展開した後，第7章と同じように「C:¥example」にコピーしてください．第7章のデータは，ディレクトリ名を変えてバックアップをとるなどして，新しいデータとすべて入れ替えてください．データに含まれるデザインのアルゴリズムや機能・構成はまったく同じですが，演習の便宜上，若干の変更を加えてあります．また，テストベンチ拡張のための記述も追加しています．

リスト8-2　トップ・レベル（top.sv）

```
//
// Copyright 2006 Mentor Graphics Corporation
//
// All Rights Reserved.
//
// THIS WORK CONTAINS TRADE SECRET AND PROPRIETARY INFORMATION WHICH IS THE PROPERTY
// OF MENTOR GRAPHICS CORPORATION OR ITS LICENSORS AND IS SUBJECT TO LICENSE TERMS.
//

`timescale 1 ns / 1 ns

module top;

  logic clk;

  // Processor side signals
  logic prw, pstrb, prdy;
  logic [7:0] paddr;
  wire  [15:0] pdata;

  // Memory side signals
  logic mrw, mstrb, mrdy;
  logic [7:0] maddr;
  wire  [15:0] mdata;

  initial begin
    clk = 1'b0;
  end

  always #20 clk = ~clk;

  proc p (.clk(clk), .addr(paddr), .data(pdata),
          .rw(prw), .strb(pstrb), .rdy(prdy));
  cache c (.clk(clk), .paddr(paddr), .pdata(pdata),
           .prw(prw), .pstrb(pstrb), .prdy(prdy),
           .maddr(maddr), .mdata(mdata),
           .mrw(mrw), .mstrb(mstrb), .mrdy(mrdy));
  memory m (.clk(clk), .addr(maddr), .data(mdata),
            .rw(mrw), .strb(mstrb), .rdy(mrdy));

endmodule
```

リスト8-3 キャッシュ（cache.sv）

```systemverilog
//
// Copyright 2006 Mentor Graphics Corporation
//
// All Rights Reserved.
//
// THIS WORK CONTAINS TRADE SECRET AND PROPRIETARY INFORMATION WHICH IS THE PROPERTY
// OF MENTOR GRAPHICS CORPORATION OR ITS LICENSORS AND IS SUBJECT TO LICENSE TERMS.
//

`timescale 1 ns / 1 ns

module cache(clk, paddr, pdata, prw, pstrb, prdy,
                maddr, mdata, mrw, mstrb, mrdy);
    input   clk, mrdy, paddr, prw, pstrb;
    output         prdy, maddr, mrw, mstrb;
    inout   mdata, pdata;

    `define addr_size   8
    `define set_size    5
    `define word_size   16

    logic [`word_size-1:0] mdata_r, pdata_r;
    logic [`addr_size-1:0] maddr_r;
    logic                  mrw_r, mstrb_r, prdy_r;

    wire [`addr_size-1:0]        paddr;
    wire [`addr_size-1:0] #(5) maddr = maddr_r;
    wire [`word_size-1:0] #(5) mdata = mdata_r, pdata = pdata_r;
    wire                  #(5) mrw   = mrw_r, mstrb = mstrb_r, prdy = prdy_r;

    logic [3:0] oen, wen;
    logic [3:0] hit;

    /*************** Cache sets ***************/
    cache_set s0(paddr, pdata, hit[0], oen[0], wen[0]);
    cache_set s1(paddr, pdata, hit[1], oen[1], wen[1]);
    cache_set s2(paddr, pdata, hit[2], oen[2], wen[2]);
    cache_set s3(paddr, pdata, hit[3], oen[3], wen[3]);

    initial begin
        maddr_r = 0;
        mdata_r = 'bz;
        pdata_r = 'bz;
        mrw_r = 0;
        mstrb_r = 1;
        prdy_r = 1;
        oen = 4'b1111;
        wen = 4'b1111;
    end

    /*************** Local LRU memory ***************/

    logic [2:0] lru_mem [0:(1 << `set_size) - 1];

    integer i;
    initial for (i = 0; i < (1 << `set_size); i=i+1) lru_mem[i] = 0;

    function integer hash;
        input [`addr_size-1:0] a;
        hash = a[`set_size - 1:0];
    endfunction

    task update_lru;
        input [`addr_size-1:0] addr;
        input [3:0] hit;
        logic [2:0] lru;
        begin
            lru = lru_mem[hash(addr)];
            lru[2] = ((hit & 4'b1100) != 0);
```

リスト8-3 キャッシュ (cache.sv)(つづき)

```systemverilog
            if (lru[2]) lru[1] = hit[3];
            else        lru[0] = hit[1];
            lru_mem[hash(addr)] = lru;
        end
    endtask

    function [3:0] pick_set;
        input [`addr_size-1:0] addr;
        integer setnum;
        begin
            casez (lru_mem[hash(addr)])
                3'b1?1 : setnum = 0;
                3'b1?0 : setnum = 1;
                3'b01? : setnum = 2;
                3'b00? : setnum = 3;
                default: setnum = 0;
            endcase
            if (prw == 1)
                $display("%t: Read miss, picking set %0d", $time, setnum);
            else
                $display("%t: Write miss, picking set %0d", $time, setnum);
            pick_set = 4'b0001 << setnum;
        end
    endfunction

    /*************** System Bus interface ***************/
    task sysread;
        input [`addr_size-1:0] a;
        begin
            maddr_r = a;
            mrw_r = 1;
            mstrb_r = 0;
            @(posedge clk) mstrb_r = 1;
            assign prdy_r = mrdy;
            assign pdata_r = mdata;
            @(posedge clk) while (mrdy != 0) @(posedge clk) ;
            deassign prdy_r;   prdy_r = 1;
            deassign pdata_r; pdata_r = 'bz;
        end
    endtask

    task syswrite;
        input [`addr_size-1:0] a;
        begin
            maddr_r = a;
            mrw_r = 0;
            mstrb_r = 0;
            @(posedge clk) mstrb_r = 1;
            assign prdy_r = mrdy;
            assign mdata_r = pdata;
            @(posedge clk) while (mrdy != 0) @(posedge clk) ;
            deassign prdy_r;   prdy_r = 1;
            deassign mdata_r; mdata_r = 'bz;
            mdata_r = 'bz;
        end
    endtask

    /*************** Cache control ***************/

    function [3:0] get_hit;
        input [3:0] hit;
        integer setnum;
        begin
            casez (hit)
                4'b???1 : setnum = 0;
                4'b??1? : setnum = 1;
                4'b?1?? : setnum = 2;
                4'b1??? : setnum = 3;
            endcase
```

```verilog
            if (prw == 1)
                $display("%t: Read hit to set %0d", $time, setnum);
            else
                $display("%t: Write hit to set %0d", $time, setnum);
            get_hit = 4'b0001 << setnum;
        end
    endfunction

    logic [3:0] setsel;

    always @(posedge clk) if (pstrb == 0) begin
        if ((prw == 1) && hit) begin
            // Read Hit..
            setsel = get_hit(hit);
            oen = ~setsel;
            prdy_r = 0;
            @(posedge clk) prdy_r = 1;
            oen = 4'b1111;
        end else begin
            // Read Miss or Write Hit..
            if (hit)
                setsel = get_hit(hit);
            else
                setsel = pick_set(paddr);
            wen = ~setsel;
            if (prw == 1)
                sysread (paddr);
            else
                syswrite(paddr);
            wen = 4'b1111;
        end
        update_lru(paddr, setsel);
    end
endmodule

module cache_set(addr, data, hit, oen, wen);
    input addr, oen, wen;
    inout data;
    output hit;

    wire [`addr_size-1:0] addr;
    logic [`word_size-1:0] data_r;
    logic hit_r;

    wire [`word_size-1:0] data = data_r;
    wire hit = hit_r;

    `define size (1 << `set_size)
    `define dly 5
    logic [`word_size-1:0] data_out;

    // ---------- Local tag and data memories -----------
    logic [`word_size-1:0] data_mem[0:(1 << `set_size)-1];
    logic [`addr_size-1:`set_size] atag_mem[0:(1 << `set_size)-1];
    logic [0:(1 << `set_size)-1] valid_mem;

    always @(data_out or oen)
        data_r <= #(5) oen ? `word_size'bz : data_out;

    function integer hash;
        input [`addr_size-1:0] a;
        hash = a[`set_size - 1:0];
    endfunction

    task lookup_cache;
        input [`addr_size-1:0] a;
        integer i;
        logic found;
```

リスト8-3　キャッシュ(cache.sv)(つづき)

```systemverilog
    begin
      i = hash(a);
      found = valid_mem[i] && (a[`addr_size-1:`set_size] == atag_mem[i]);
      if (found)
        hit_r <= #5 1'b1;
      else
        hit_r <= #5 1'b0;
    end
  endtask

  task update_cache;
    input [`addr_size-1:0] a;
    input [`word_size-1:0] d;
    integer i;
  begin
    i = hash(a);
    data_mem[i] = d;
    atag_mem[i] = a[`addr_size-1:`set_size];
    valid_mem[i] = 1'b1;
  end
  endtask

  integer i;
  initial begin
    for (i=0; i<`size; i=i+1)
      valid_mem[i] = 0;
  end

  always @(negedge(wen) or addr)
  begin
    lookup_cache(addr);
    data_out <= data_mem[hash(addr)];
  end

  always @(posedge(wen))
  begin
    update_cache(addr, data);
    lookup_cache(addr);
    data_out <= data_mem[hash(addr)];
  end
endmodule
```

リスト8-4　プロセッサ(proc.sv)

```systemverilog
//
// Copyright 2006 Mentor Graphics Corporation
//
// All Rights Reserved.
//
// THIS WORK CONTAINS TRADE SECRET AND PROPRIETARY INFORMATION WHICH IS THE PROPERTY
// OF MENTOR GRAPHICS CORPORATION OR ITS LICENSORS AND IS SUBJECT TO LICENSE TERMS.
//

`timescale 1 ns / 1 ns

module proc(clk, addr, data, rw, strb, rdy);
    input   clk, rdy;
    output  addr, rw, strb;
    inout   data;

    `define addr_size 8
    `define word_size 16

    logic [`addr_size-1:0] addr_r;
    logic [`word_size-1:0] data_r;
    logic                  rw_r, strb_r;
```

```verilog
    wire [`addr_size-1:0] #(5) addr = addr_r;
    wire [`word_size-1:0] #(5) data = data_r;
    wire                  #(5) rw = rw_r, strb = strb_r;

    enum {IDLE, READ, WRITE} state;

    task read;
        input [`addr_size-1:0] a;
        logic [`word_size-1:0] d;
        begin
            addr_r = a;
            rw_r = 1;
            strb_r = 0;
            @(posedge clk) strb_r = 1;
            while (rdy != 0) @(posedge clk) ;
            d = data;
            $display("%t: Reading data=%d from addr=%d", $time, d, a);
        end
    endtask

    task write;
        input [`addr_size-1:0] a;
        input [`word_size-1:0] d;
        begin
            $display("%t: Writing data=%d to addr=%d", $time, d, a);
            addr_r = a;
            rw_r = 0;
            strb_r = 0;
            data_r = d;
            @(posedge clk) strb_r = 1;
            while (rdy != 0) @(posedge clk) ;
            data_r = 'bz;
            @(posedge clk);
        end
    endtask

    /*************** ランダム定義 START ****************/

    class rand_sig;
        rand bit [7:0] a;
        rand bit [15:0] d;
        constraint d_range {
            solve a before d;
            (a < 128) -> d inside {[0:9999]};
            (a >= 128) -> d inside {[10000:19999]};}
    endclass

    rand_sig rand_i = new;

    int rep;

    /*************** ランダム変数 END ****************/

    initial begin
        // Set initial state of outputs..
        addr_r = 0;
        data_r = 'bz;
        rw_r = 0;
        strb_r = 1;

        // Wait for first clock, then perform read/write test
        @(posedge clk)
        $display("%t: Starting Read/Write test", $time);

    /*************** ランダム・パターン発生 START ****************/
//      rand_i.srandom(100);

    repeat (100) begin
```

リスト8-4 プロセッサ（proc.sv）（つづき）

```
        randsequence (main)
        main: IDLE RDWR;
        RDWR: READ := 1| WRITE := 5;

        READ: {
            randcase
                1: rep = 3; 2: rep = 2; 3: rep = 1;
            endcase
            $display ("-- READ  x %3d times", rep);
            state = READ;
            repeat (rep) begin
                if (rand_i.randomize() == 1)
                    read(rand_i.a);
                else
                    $display ("Random Failed");
            end
            };
        WRITE: {
            randcase
                1: rep = 3; 2: rep = 2; 3: rep = 1;
            endcase
            $display ("-- WRITE  x %3d times", rep);
            state = WRITE;
            repeat (rep) begin
                if (rand_i.randomize() == 1)
                    write(rand_i.a, rand_i.d);
                else
                    $display ("Random Failed");
            end
            };
        IDLE: {
            randcase
                1: rep = 10; 2: rep = 5; 3: rep = 3;
            endcase
            $display ("-- IDLE  x %3d cycle", rep);
            state = IDLE;
            repeat (rep) @ (posedge clk);
            };
        endsequence
    end

    /**************** ランダム・パターン発生 END ****************/

        $display("Randome Read/Write test done");
        $stop(1);

    end // initial
endmodule
```

● ランダム・パターン発生記述を書く

リスト8-4のソース・コードproc.svを参照してください．リスト8-6の記述が追加されています．
ランダム・パターン発生の構成は，以下のとおりです．

● クラスrand_sig内に8ビットのaと16ビットのdを宣言

d_rangeという制約条件を定義しています．a（アドレス）の値が128より小さい場合，d（データ）は0～9999の値を，128以上の場合，dは10000～19999の値を発生します．solve行で，aの値が先に確定するように指定しています．なお，この制約は制約条件の動作を確認するのが目的です．検証対象の

リスト8-5　メモリ(memory.sv)

```systemverilog
//
// Copyright 2006 Mentor Graphics Corporation
//
// All Rights Reserved.
//
// THIS WORK CONTAINS TRADE SECRET AND PROPRIETARY INFORMATION WHICH IS THE PROPERTY
// OF MENTOR GRAPHICS CORPORATION OR ITS LICENSORS AND IS SUBJECT TO LICENSE TERMS.
////

`timescale 1 ns / 1 ns

module memory(clk, addr, data, rw, strb, rdy);
    input   clk, addr, rw, strb;
    output  rdy;
    inout   data;

    `define addr_size 8
    `define word_size 16

    logic [`word_size-1:0] data_r;
    logic                  rdy_r;

    initial begin
        data_r = 'bz;
        rdy_r = 1;
    end

    wire [`addr_size-1:0] addr;
    wire [`word_size-1:0] #(5) data = data_r;
    wire                  #(5) rdy = rdy_r;

    reg [`word_size-1:0] mem[0:(1 << `addr_size) - 1];

    integer i;
    always @(posedge clk) if (strb == 0) begin
        i = addr;
        if (rw == 1) begin
            repeat (4) @(posedge clk);
            data_r = mem[i];
            rdy_r = 0;
            @(posedge clk)
            data_r = 'bz;
            rdy_r = 1;
        end else begin
            repeat (2) @(posedge clk);
            mem[i] = data;
            rdy_r = 0;
            @(posedge clk)
            rdy_r = 1;
        end
    end
endmodule
```

動作に対して特別な意味は持ちません．
- rand_iという名まえでクラスをインスタンス

　クラス定義だけでは，オブジェクトは生成されません．かならずインスタンスを作成する必要があります．

- randsequenceを用いた実行フロー制御

　基本サイクルは，IDLE → RDWRが実行されます．IDLEでは，randcaseを用いて繰り返し変数repの値を確定しています．randcaseの中の1: rep = 10; 2: rep = 5; 3: rep = 3;という記述によって，それぞれのrepへの代入文の発生確率を1：2：3に指定しています．RDWRのサイクルで

リスト8-6　ランダム・パターン発生記述

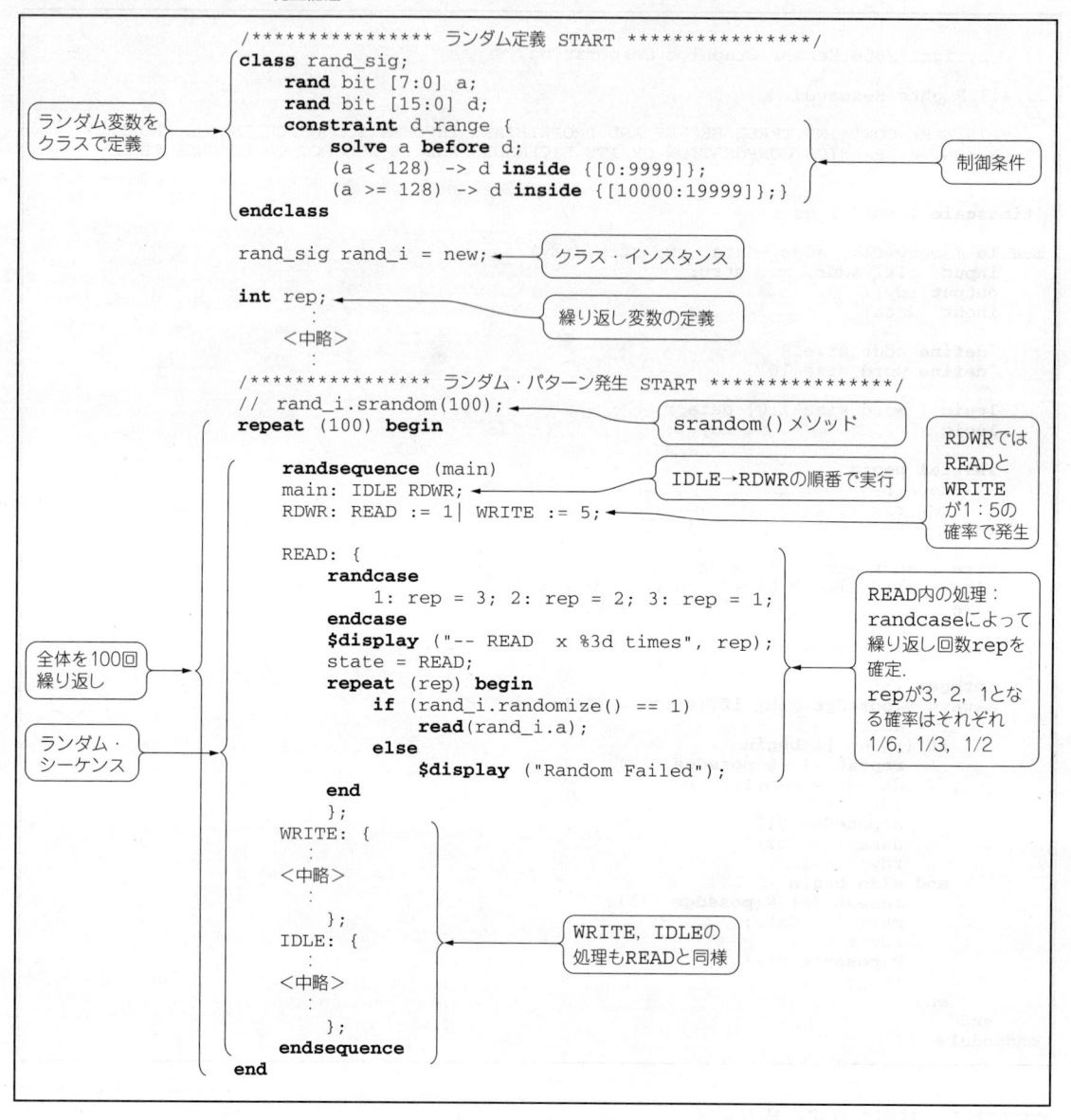

```
/*************** ランダム定義 START ***************/
class rand_sig;
    rand bit [7:0] a;
    rand bit [15:0] d;
    constraint d_range {
        solve a before d;
        (a < 128)  -> d inside {[0:9999]};
        (a >= 128) -> d inside {[10000:19999]};}
endclass

rand_sig rand_i = new;          ← クラス・インスタンス

int rep;                        ← 繰り返し変数の定義
    :
    <中略>
    :
/*************** ランダム・パターン発生 START ***************/
// rand_i.srandom(100);         ← srandom() メソッド
repeat (100) begin
    randsequence (main)
    main: IDLE RDWR;            ← IDLE→RDWRの順番で実行
    RDWR: READ := 1| WRITE := 5;   ← RDWRではREADとWRITEが1：5の確率で発生

    READ: {
        randcase
            1: rep = 3; 2: rep = 2; 3: rep = 1;
        endcase
        $display ("-- READ   x %3d times", rep);
        state = READ;
        repeat (rep) begin
            if (rand_i.randomize() == 1)
                read(rand_i.a);
            else
                $display ("Random Failed");
        end
    };
    WRITE: {
        :
        <中略>
        :
    };
    IDLE: {
        :
        <中略>
        :
    };
    endsequence
end
```

- ランダム変数をクラスで定義
- 制御条件
- 全体を100回繰り返し
- ランダム・シーケンス
- READ内の処理：randcaseによって繰り返し回数repを確定．repが3，2，1となる確率はそれぞれ1/6，1/3，1/2
- WRITE，IDLEの処理もREADと同様

は，READとWRITEが1：5の確率で実行されます．READ/WRITEのサイクル内では，randcaseによって発生したrepの回数分，readとwriteのタスクを実行します．

● randomize()メソッドを用いた乱数の発生

　クラス・インスタンス名に続いて.randomize()を記述することで，クラス内の変数のランダム生成が実行されます．このようなクラス・インスタンスに対する実行を，「randomize()メソッドの実行」と呼びます．ランダム・パターン発生のためにこのようなメソッドがいくつか準備されています．

- read/writeタスクへの乱数の代入

 発生したaとdの値をread/writeタスクの引き数として実行しています．
- repeatによるrandsequenceの繰り返し

 以上のフローをrepeat文によって100回繰り返すようになっています．

 また，randsequenceの実行中に，IDLE，READ，WRITEという状態をSystemVerilogの列挙型変数stateへ出力しています．これは，実行されているタスクを波形モニタ上でわかりやすくするためのくふうで，検証対象の動作とは関係ありません．テストベンチには，しばしばこのような検証対象とは直接関係のない記述を追加して，検証内容の確認を行うことがあります．とくにランダム・パターンを用いる場合には，このような手法は有効になります．

● ランダム・パターンによるシミュレーションを実行

 実際にシミュレーションを流してみましょう．Questaを起動して，exampleディレクトリに移動します．コマンド・ラインから次のコマンドを入力します．

```
QuestaSim> vlib work
QuestaSim> vlog *.sv
QuestaSim> vsim -novopt top -wlf first.wlf
```

 シミュレーション・セッションが起動します．同時に，今回のセッションの波形をfirst.wlfというログ・ファイルに保存します．次に，Waveウィンドウへ観測信号を追加して，シミュレーションを実行します．

```
VSIM> add wave /*
VSIM> add wave /p/state
VSIM> run -all
```

 コマンド・ラインにread/writeタスクの実行状況を示すメッセージが表示されます（図8-1）．本章で使うデータでは，表示されるaddrとdataの値を両方とも10進数表記にしています．メッセージから次の内容を読み取ります．
- リード・サイクルとライト・サイクルの発生確率
- 各サイクルの繰り返し回数
- アイドルのサイクル数
- 発生したアドレスとデータの値が制約条件を満たしているかどうか

 同時に，Waveウィンドウを観測することでrandsequenceによるランダム・シーケンスを確認できます（図8-2）．state変数の値を中心に確認してみてください．

● 同じランダム？本当のランダム？

 ランダム・パターンによる検証でかならず考慮しなければならないのが，次の2点です．
- 問題が発生したシーケンスを再現する（同じランダム）

 ランダム・パターンを実行して，なんらかのエラーが発見された場合，デバッグするためには，問題

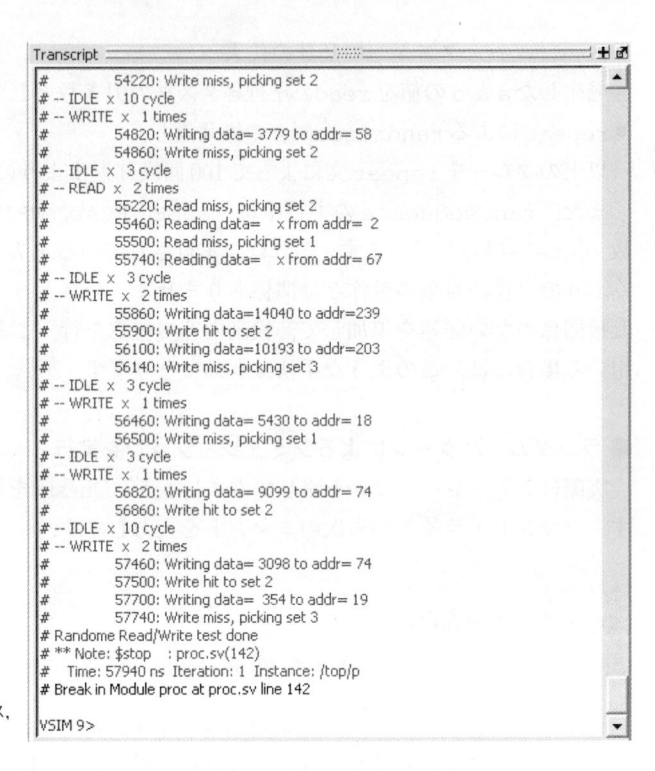

図8-1
シミュレーションのメッセージ出力
IDLE, READ, WRITEの各サイクル数と, アクセスしたアドレス, およびデータの値を確認できる.

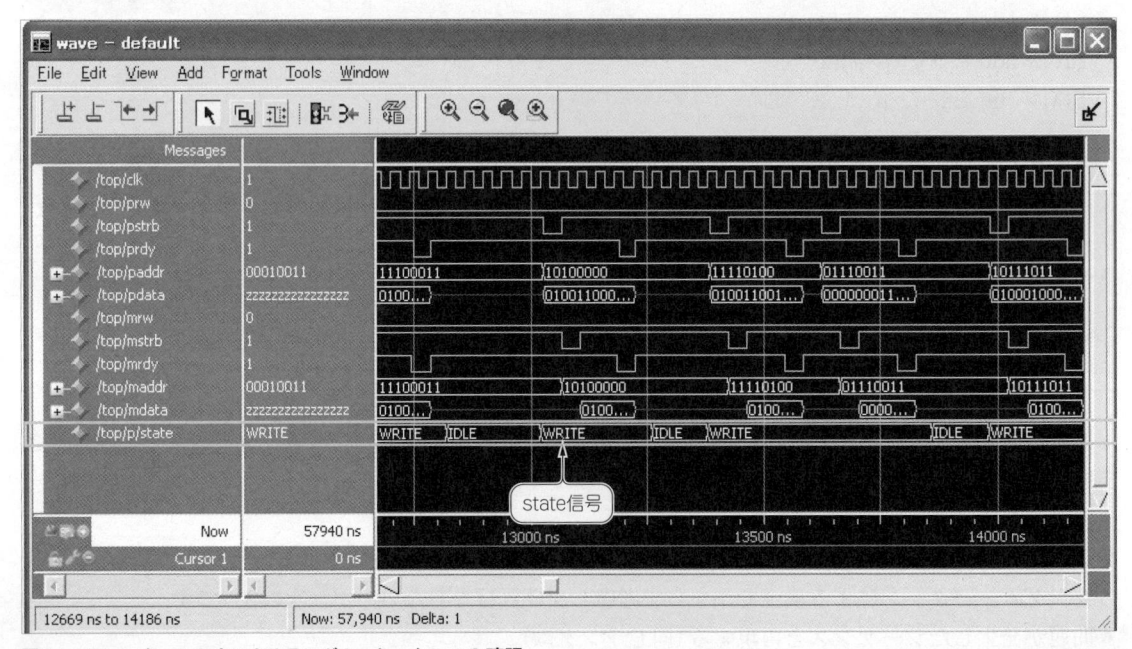

図8-2 Waveウィンドウによるランダム・シーケンスの確認
ランダム・パターン発生のようすを確認する. state信号に実際のパターン発生のシーケンスが出力される.

が発生した状況を再現する必要があります．設計者が思いつかないようなパターンを自動発生してくれるランダム検証だからこそ，「再現」の重要性は非常に大きくなります．

● 毎回異なったパターンを発生する（本当のランダム）

シミュレーションを何度実行してもまったく同じランダム・パターンが実行されるのでは，本当にランダムとはいえません．複数回のシミュレーションで検証の達成率を上げるためには，セッションごとに異なったパターンを発生できなければ意味がありません．

本来の乱数発生では，次に発生する数を予測できません．ところがコンピュータの世界では，数式アルゴリズムによって発生させる「疑似乱数」しか取り扱うことができません．これは，アルゴリズムと条件がわかっている場合，発生する乱数列を計算で求めることができるということです．このアルゴリズムの中で乱数発生を制御しているのが「シード」と呼ばれる数値です．「同じランダム」を実現するには，同一のシードを用いてシミュレーションを実行します．「本当のランダム」を実行するには，毎回シードを変更します．

SystemVerilogによるシミュレーションのシード変更には2通りの方法があります．一つは，ソース・コード記述中でsrandom()メソッドを用いて変更する方法です（**リスト8-6**のコメント・アウト部分を参照）．もう一つは，シミュレータの機能でコントロールする方法です．srandom()を用いる方法では，ソース・コードの変更後に，再コンパイルを行う必要があります．またクラス・インスタンスに対するメソッドのため，randsequenceやrandcaseに対するシードを変更することはできません．これらのことから，シードはシミュレータの機能でコントロールするほうが便利であるといえます．

本ツールでは起動時に-sv_seedオプションを用いてルート・シードを変更できます．このルート・シードをもとに，一定のルールで値を発生させて，クラス・インスタンスごと，randsequence/randcaseごとにシードを割り振ります．シミュレータのオプションによるシード指定は，srandom()による明示的な指定を上書きしません．つまり，ソース・コード上で同一のランダム・パターン発生を維持したい部分についてのみsrandom()メソッドを用いるのが一般的な方法になります．

● シードを変更してシミュレーション

次にシードを変更してシミュレーションを実行してみます．現在起動しているシミュレーション・セッションをいったん終了します．

```
VSIM> quit -sim
```

シードを指定してシミュレーション・セッションを起動します．

```
QuestaSim> vsim -novopt -sv_seed 200 top
```

シミュレーション・セッションの起動後，Waveウィンドウへ信号を追加してシミュレーションを実行します．

```
VSIM> add wave /*
VSIM> add wave /p/state
VSIM> run -all
```

最初のセッションとの違いを確認するために，first.wlfをローディングして並べて比較します．次のコマンドを実行します．

```
VSIM> dataset open first.wlf
```

次にWaveウィンドウをundockします．Waveウィンドウのメニューから「Add」→「Window Pane」を選択します．Waveウィンドウが二つの領域（ペーンと呼ぶ）に分割されます（**図8-3**）．この二つの領域はそれぞれが縦スクロール・バーを持っているので，任意の信号を並べて比較する場合に便利です．下側の何も表示されていないペーンをクリックして選択します．選択されたペーンは，左側に白いバーが表示されます（**図8-3**）．次のコマンドを実行します．

```
VSIM> add wave first:/*
VSIM> add wave first:/p/state
```

このコマンドで，first.wlf内に保存された信号が下側のペーンに追加されます（**図8-4**）．state信号を中心に確認することでシーケンスの違いを容易に確認できます．同時に，アドレスとデータの値から発生した数値が異なっていることがわかります．さらに何度かシードを変更して，同じように違いを確認してみてください．

次のステップに進む前に，ソース・コードを編集します．現在の設定では，ライト・サイクルの発生確率が高くなっていますが，proc.svを編集して次のように変更します．

```
現在：RDWR: READ := 1| WRITE := 5;
変更後：RDWR: READ   |  WRITE;
```

それぞれの処理が同一確率の場合は，比率の数字を省略できます．

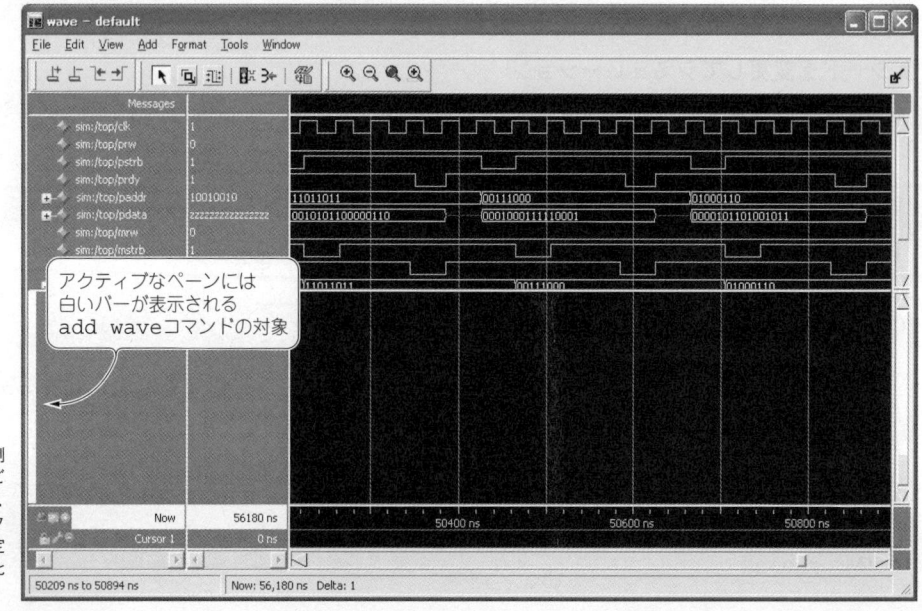

図8-3 複数のウィンドウ・ペーン
Waveウィンドウを分割することで，信号系列ごとに分けて表示できる．それぞれのペーンをスクロールすることで，特定の信号どうしを並べて比較する．

アクティブなペーンには白いバーが表示される　add waveコマンドの対象

● カバレッジを計測する

　ここまでの実行で，ランダム・パターン生成の便利さが理解できたと思います．ただし，このように自動的に大量のパターンの発生を行った場合，その結果として何が検証できたかを確認する必要があります．このような検証項目の達成度をカバレッジといいます．カバレッジは，ある一定の項目が実行されたかどうかを観測します．テストベンチを流した結果，「実行されていない項目」は「検証されていない項目」と言えます．

　カバレッジには，次のような種類があります．

1）ソース・コード・カバレッジ

　ソース・コードの内容が実行されたかどうかを確認するもっとも単純なカバレッジです．カバレッジ計測機能をもったシミュレータがあれば，とくに追加の記述を行う必要はありません．本章で使用しているシミュレータもコード・カバレッジ機能を持っています．ソース・コード・カバレッジには，「ステートメント」，「ブランチ」，「コンディション」，「エクスプレッション」，「ステート・マシン」などの種類があります．

2）ファンクショナル・カバレッジ（機能カバレッジ）

　テストベンチの実行によって，一定の動作（ファンクション）が実行されたかどうかを観測します．検証対象が一定の状態に達したかどうかを確認する「データ指向カバレッジ」と，特定信号パターンのシーケンスが実行されたかどうかを確認する「コントロール指向カバレッジ」の2種類があります．今回は，データ指向カバレッジの計測を行います．

　「回路の状態」に対する達成率を計測するには，SystemVerilogのcovergroupという機能を用いてこれを実現します．この機能を用いて記述したキャッシュを**リスト8-7**に示します．このファイルはexampleディレクトリのcoverフォルダ内に置いてあります．このcache.svで現在のcache.svを上書き

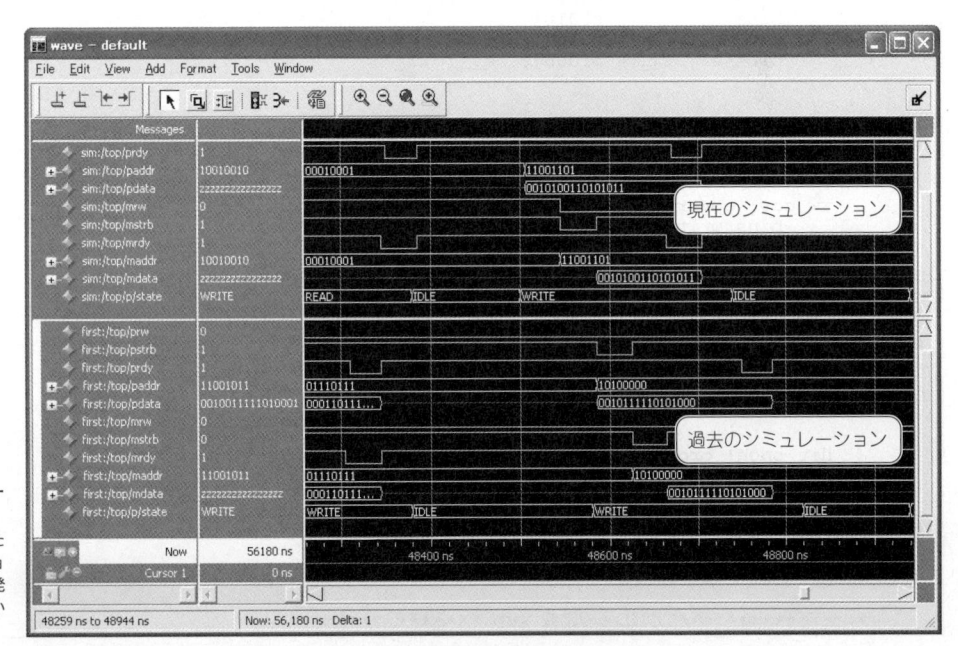

図8-4
二つのシミュレーション結果の比較
上下のペーンに並べた二つのシミュレーション結果を比較した．発生するサイクルの違いを中心に確認する．

リスト8-7 covergroupを利用したキャッシュ (cashe.sv)

```systemverilog
//
// Copyright 2006 Mentor Graphics Corporation
//
// All Rights Reserved.
//
// THIS WORK CONTAINS TRADE SECRET AND PROPRIETARY INFORMATION WHICH IS THE PROPERTY
// OF MENTOR GRAPHICS CORPORATION OR ITS LICENSORS AND IS SUBJECT TO LICENSE TERMS.
//

`timescale 1 ns / 1 ns

module cache(clk, paddr, pdata, prw, pstrb, prdy,
                  maddr, mdata, mrw, mstrb, mrdy);
    input   clk, mrdy, paddr, prw, pstrb;
    output       prdy, maddr, mrw, mstrb;
    inout   mdata, pdata;

    `define addr_size   8
    `define set_size    5
    `define word_size  16

    logic [`word_size-1:0] mdata_r, pdata_r;
    logic [`addr_size-1:0] maddr_r;
    logic                  mrw_r, mstrb_r, prdy_r;

    wire [`addr_size-1:0]        paddr;
    wire [`addr_size-1:0] #(5) maddr = maddr_r;
    wire [`word_size-1:0] #(5) mdata = mdata_r, pdata = pdata_r;
    wire                  #(5) mrw   = mrw_r, mstrb = mstrb_r, prdy = prdy_r;

    logic [3:0] oen, wen;
    logic [3:0] hit;

    /*************** カバレッジ定義 START ***************/

    covergroup cache_cover @ (posedge clk);

        hit_cov: coverpoint hit iff (!pstrb) {
            bins s0  = {4'b0001};
            bins s1  = {4'b0010};
            bins s2  = {4'b0100};
            bins s3  = {4'b1000};
        }

        miss_cov: coverpoint hit iff (!pstrb) {
            bins miss = {4'b0000};
        }

        rw_cov: coverpoint prw iff (!pstrb) {
            bins write = {0};
            bins read  = {1};
        }

        eaddr_cov: coverpoint paddr[4:0] iff (!pstrb);

        cache_miss: cross eaddr_cov, miss_cov {
//            option.at_least = 5;
//            type_option.weight = 5;
        }

        hit_once: cross  rw_cov, hit_cov, eaddr_cov  {
//            type_option.weight = 10;
        }

    endgroup

    cache_cover cov1 = new;

    /*************** カバレッジ定義 END ***************/
```

```verilog
/**************** Cache sets ****************/
cache_set s0(paddr, pdata, hit[0], oen[0], wen[0]);
cache_set s1(paddr, pdata, hit[1], oen[1], wen[1]);
cache_set s2(paddr, pdata, hit[2], oen[2], wen[2]);
cache_set s3(paddr, pdata, hit[3], oen[3], wen[3]);

initial begin
    maddr_r = 0;
    mdata_r = 'bz;
    pdata_r = 'bz;
    mrw_r = 0;
    mstrb_r = 1;
    prdy_r = 1;
    oen = 4'b1111;
    wen = 4'b1111;
end

/**************** Local LRU memory ****************/

logic [2:0] lru_mem [0:(1 << `set_size) - 1];

integer i;
initial for (i = 0; i < (1 << `set_size); i=i+1) lru_mem[i] = 0;

function integer hash;
    input [`addr_size-1:0] a;
    hash = a[`set_size - 1:0];
endfunction

task update_lru;
    input [`addr_size-1:0] addr;
    input [3:0] hit;
    logic [2:0] lru;
    begin
        lru = lru_mem[hash(addr)];
        lru[2] = ((hit & 4'b1100) != 0);
        if (lru[2]) lru[1] = hit[3];
        else        lru[0] = hit[1];
        lru_mem[hash(addr)] = lru;
    end
endtask

function [3:0] pick_set;
    input [`addr_size-1:0] addr;
    integer setnum;
    begin
        casez (lru_mem[hash(addr)])
            3'b1?1 : setnum = 0;
            3'b1?0 : setnum = 1;
            3'b01? : setnum = 2;
            3'b00? : setnum = 3;
            default: setnum = 0;
        endcase
        if (prw == 1)
            $display("%t: Read miss, picking set %0d", $time, setnum);
        else
            $display("%t: Write miss, picking set %0d", $time, setnum);
        pick_set = 4'b0001 << setnum;
    end
endfunction

/**************** System Bus interface ****************/
task sysread;
    input [`addr_size-1:0] a;
    begin
        maddr_r = a;
        mrw_r = 1;
```

リスト8-7 covergroupを利用したキャッシュ (cashe.sv)（つづき）

```systemverilog
                mstrb_r = 0;
                @(posedge clk) mstrb_r = 1;
                assign prdy_r = mrdy;
                assign pdata_r = mdata;
                @(posedge clk) while (mrdy != 0) @(posedge clk) ;
                deassign prdy_r;   prdy_r = 1;
                deassign pdata_r; pdata_r = 'bz;
            end
    endtask

    task syswrite;
        input [`addr_size-1:0] a;
        begin
            maddr_r = a;
            mrw_r = 0;
            mstrb_r = 0;
            @(posedge clk) mstrb_r = 1;
            assign prdy_r = mrdy;
            assign mdata_r = pdata;
            @(posedge clk) while (mrdy != 0) @(posedge clk) ;
            deassign prdy_r;   prdy_r = 1;
            deassign mdata_r; mdata_r = 'bz;
            mdata_r = 'bz;
        end
    endtask

    /*************** Cache control ***************/

    function [3:0] get_hit;
        input [3:0] hit;
        integer setnum;
        begin
            casez (hit)
                4'b???1 : setnum = 0;
                4'b??1? : setnum = 1;
                4'b?1?? : setnum = 2;
                4'b1??? : setnum = 3;
            endcase
            if (prw == 1)
                $display("%t: Read hit to set %0d", $time, setnum);
            else
                $display("%t: Write hit to set %0d", $time, setnum);
            get_hit = 4'b0001 << setnum;
        end
    endfunction

    logic [3:0] setsel;

    always @(posedge clk) if (pstrb == 0) begin
        if ((prw == 1) && hit) begin
            // Read Hit..
            setsel = get_hit(hit);
            oen = ~setsel;
            prdy_r = 0;
            @(posedge clk) prdy_r = 1;
            oen = 4'b1111;
        end else begin
            // Read Miss or Write Hit..
            if (hit)
                setsel = get_hit(hit);
            else
                setsel = pick_set(paddr);
            wen = ~setsel;
            if (prw == 1)
                sysread (paddr);
            else
                syswrite(paddr);
            wen = 4'b1111;
        end
```

```verilog
            update_lru(paddr, setsel);
        end
endmodule

module cache_set(addr, data, hit, oen, wen);
    input addr, oen, wen;
    inout data;
    output hit;

    wire [`addr_size-1:0] addr;
    logic [`word_size-1:0] data_r;
    logic hit_r;

    wire [`word_size-1:0] data = data_r;
    wire hit = hit_r;

    `define size (1 << `set_size)
    `define dly 5
    logic [`word_size-1:0] data_out;

    // ---------- Local tag and data memories -----------
    logic [`word_size-1:0] data_mem[0:(1 << `set_size)-1];
    logic [`addr_size-1:`set_size] atag_mem[0:(1 << `set_size)-1];
    logic [0:(1 << `set_size)-1] valid_mem;

    always @(data_out or oen)
        data_r <= #(5) oen ? `word_size'bz : data_out;

    function integer hash;
        input [`addr_size-1:0] a;
        hash = a[`set_size - 1:0];
    endfunction

    task lookup_cache;
        input [`addr_size-1:0] a;
        integer i;
        logic found;
    begin
        i = hash(a);
        found = valid_mem[i] && (a[`addr_size-1:`set_size] == atag_mem[i]);
        if (found)
            hit_r <= #5 1'b1;
        else
            hit_r <= #5 1'b0;
    end
    endtask

    task update_cache;
        input [`addr_size-1:0] a;
        input [`word_size-1:0] d;
        integer i;
    begin
        i = hash(a);
        data_mem[i] = d;
        atag_mem[i] = a[`addr_size-1:`set_size];
        valid_mem[i] = 1'b1;
    end
    endtask

    integer i;
    initial begin
        for (i=0; i<`size; i=i+1)
            valid_mem[i] = 0;
    end

    always @(negedge(wen) or addr)
    begin
        lookup_cache(addr);
```

リスト8-7 covergroupを利用したキャッシュ (cashe.sv) (つづき)

```
        data_out <= data_mem[hash(addr)];
    end

    always @(posedge(wen))
    begin
        update_cache(addr, data);
        lookup_cache(addr);
        data_out <= data_mem[hash(addr)];
    end
endmodule
```

リスト8-8 ガバレッジ計測の記述

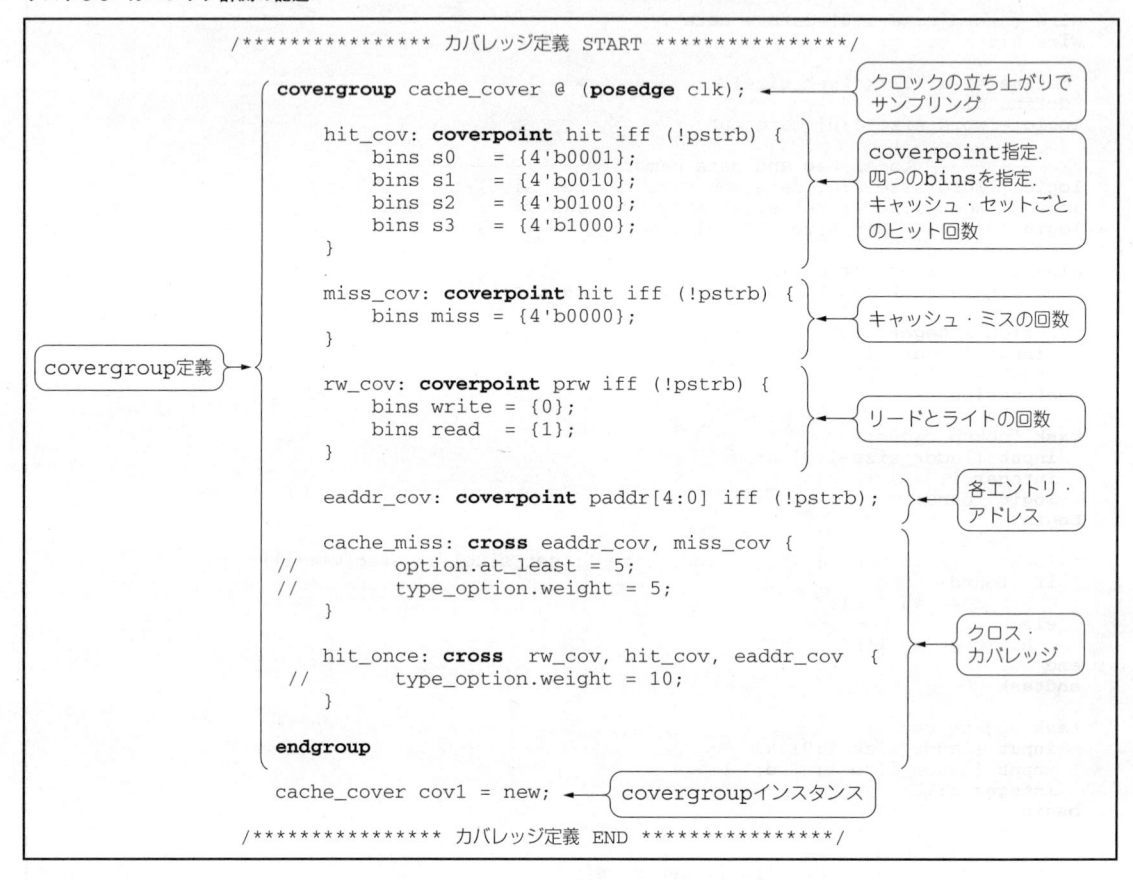

```
/*************** カバレッジ定義 START ****************/
    covergroup cache_cover @ (posedge clk);    ← クロックの立ち上がりで
                                                  サンプリング
        hit_cov: coverpoint hit iff (!pstrb) {
            bins s0   = {4'b0001};              ← coverpoint指定.
            bins s1   = {4'b0010};                 四つのbinsを指定.
            bins s2   = {4'b0100};                 キャッシュ・セットごと
            bins s3   = {4'b1000};                 のヒット回数
        }

        miss_cov: coverpoint hit iff (!pstrb) {
            bins miss = {4'b0000};              ← キャッシュ・ミスの回数
        }

        rw_cov: coverpoint prw iff (!pstrb) {
            bins write = {0};
            bins read  = {1};                   ← リードとライトの回数
        }

        eaddr_cov: coverpoint paddr[4:0] iff (!pstrb);  ← 各エントリ・
                                                           アドレス
        cache_miss: cross eaddr_cov, miss_cov {
//          option.at_least = 5;
//          type_option.weight = 5;
        }
                                                ← クロス・
        hit_once: cross rw_cov, hit_cov, eaddr_cov {   カバレッジ
//          type_option.weight = 10;
        }

    endgroup

    cache_cover cov1 = new;   ← covergroupインスタンス
/*************** カバレッジ定義 END ****************/
```

(左側注記: covergroup定義)

してください.

● covergroupによるカバレッジ記述

新しいソース内には，リスト8-8に示すカバレッジ記述が挿入されています．covergroup cache_coverで，カバレッジを計測する対象を定義します．最初の@(posedge clk)は，カバレッジのサンプリング・クロックです．対象の設定には，coverpointを用います．下記のような設定を行っています．

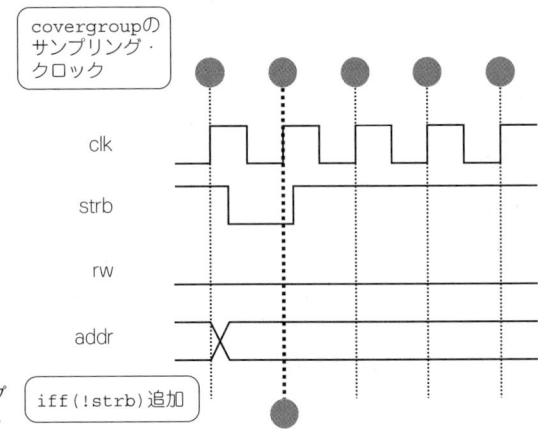

図 8-5
カバレッジ・サンプリング・ポイント（ライト・サイクル時）
全クロックでサンプリングを行うと，一つのライト・サイクル中に5回のサンプリングが行われる．観測したいデータは，strb信号がアクティブのときの値．

1）hit_cov

　4ビットの信号hitに対するカバレッジです．hit信号は，各ビットが四つのキャッシュ・セットに接続されています．プロセッサからのアドレス入力に対していずれかのキャッシュ・セットにヒットした場合，特定の1ビットに'1'が出力されます．hit信号の条件によってbinsを定義しています．binsというのは，ある条件に合致した件数を保存するための箱のようなものです．四つのいずれかのキャッシュ・セットのキャッシュ・ヒット判断によって，四つのbinsを定義しています．

2）miss_cov

　信号hitに対して，すべてのキャッシュ・セットでヒットなし（つまりキャッシュ・ミス）のbinsを定義しています．

3）rw_cov

　prw信号の状態を観測することで，プロセッサからの命令がリードなのかライトなのかを観測します．それぞれ，READとWRITEという名まえのbinsを定義しています．

4）eaddr_cov

　アドレス（paddr）の下位5ビット（キャッシュ・アクセスのエントリ・アドレス）を観測することで，キャッシュの何番目のアドレスにアクセスがあったかを確認します．とくにbinsを定義していないため，自動的に全アドレスに対するbinsが生成されます．すべてのcoverpointにはサンプリング有効条件iff (!pstrb)を付加しています．これは，strb信号のアクティブ時に測定を限定することで，正確なリードとライトの回数を計測するためです（図8-5）．crossというキーワードで，二つの「クロス・カバレッジ」を定義しています．クロス・カバレッジは，複数のcoverpointの組み合わせ状態を観測します（図8-6）．

5）cache_miss

　miss_covとeaddr_covのクロス・カバレッジです．取得されるカバレッジの回数は，特定キャッシュ・アドレスに対するキャッシュ・ミスの回数になります．

6）hit_once

　hit_covとrw_cov，eaddr_covのクロス・カバレッジです．特定アドレスの特定キャッシュ・

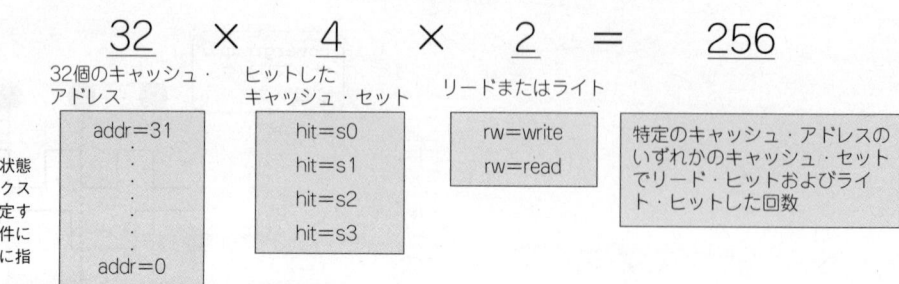

$$32 \times 4 \times 2 = 256$$

32個のキャッシュ・アドレス　ヒットしたキャッシュ・セット　リードまたはライト

addr=31
・
・
・
addr=0

hit=s0
hit=s1
hit=s2
hit=s3

rw=write
rw=read

特定のキャッシュ・アドレスのいずれかのキャッシュ・セットでリード・ヒットおよびライト・ヒットした回数

図8-6 クロス・カバレッジ
複数のcoverpointの状態を組み合わせたマトリックスに対するカバレッジを測定する．複雑な組み合わせ条件に対するカバレッジを簡単に指定できる．

セットに対するリード/ライト・ヒットの回数になります（図8-6）．合計256個のbinsが生成されます．
　covergroup定義に続いて，covergroupをインスタンスしています．クラスと同じように，定義だけでは実際のシミュレーションで利用できません．

● カバレッジ記述はどこに書く？
　カバレッジ記述については，サンプルのようにデザイン内に記述する場合と，テストベンチ内に記述する場合の2通りが考えられます．それぞれ下記の目的があります．
1）デザイン内に記述する場合
　対象デザインが再利用される際に，どのような階層中に組み込まれた場合もカバレッジ計測を利用できます．もし，複数インスタンスされたとしても，とくに記述を追加することなくインスタンスごとのカバレッジを取得できます．
2）テストベンチに記述する場合
　設計記述に手を加えずにカバレッジを計測できます．また，システム・レベルのカバレッジで，複数のモジュールに対する横断的なカバレッジを取得したいときは，テストベンチにまとめてカバレッジ記述を行います．この方法では，モジュールの構成に応じてカバレッジ記述内の階層名を書き換える必要があります．複数階層で同一のカバレッジ計測を行うには，パラメータを利用したカバレッジを使用するのが便利です．

● カバレッジを使用してシミュレーション
　前のセッションのデータをすべてクローズします．

```
VSIM> dataset close -all
```

コンパイル実行後，設計データをローディングします．

```
QuestaSim> vlog *.sv
QuestaSim> vsim -novopt top
```

　最初にメイン・メニューから，「View」→「Coverage」→「Covergroups」を選択します．
　図8-7のAnalysisウィンドウが表示されます．Analysisウィンドウのcovergroupsタブ中には，各coverpointやクロス・カバレッジのbinsが表示されていることを確認できます．シミュレーションを実行します．

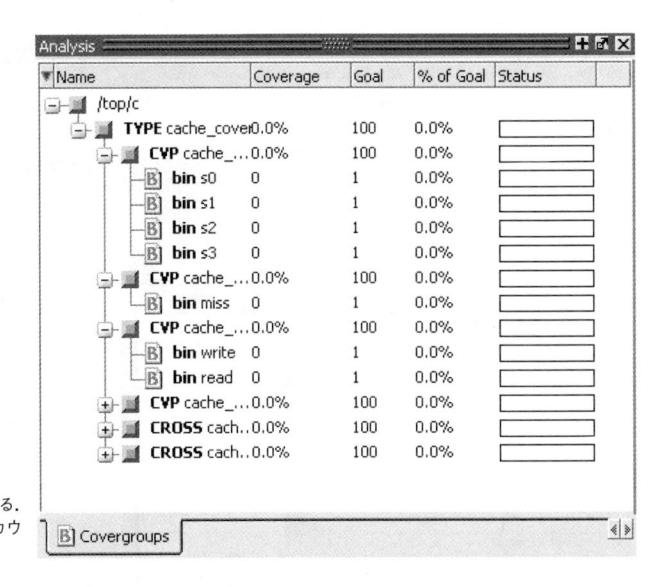

図8-7
Analysisウィンドウ
Covergroupsタブにカバレッジ・オブジェクトの情報が表示される。シミュレーションが実行されていないため、すべてのbinsのカウントはゼロ.

```
VSIM> run -all
```

シミュレーションが終了した時点で、キャッシュの階層 /top/cを選択します（図8-8）. Analysisウィンドウに各binsに対するカバレッジが表示されます. 図8-8を参考に、カバレッジ表示項目の左にある「▼」をクリックして、Weight項目を追加します. Weightは「重みづけ」を意味します.

● GOALとWeightを変更

カバレッジ項目内の各binsのGOALは，1（回）に設定されています. coverpointに対するGOALは，100（%）と設定されています. これは，SystemVerilogで規定された初期値になっています. 各binsは1回実行されれば「カバーされた」と判断されます. このデフォルト設定によって，全体のカバレッジは高く記録されています（図8-8）. ところが，クロス・カバレッジhit_onceは非常に低いカバレッジしか達成できていません. これは，6個あるcoverpointとクロス・カバレッジのうちの五つがカバーされていることによって，1項目だけカバレッジが低いことが見えなくなっているためです.

本検証のゴールは，次の二つです.

- 全アドレスに対するキャッシュ・ミスが5回以上
  （キャッシュの掃き出しが行われる）
- 全キャッシュ・セットに対して，リードとライトの両方でキャッシュ・ヒットする

このような検証の目的に合わせて，GOALとWeightを変更します. ソース・コード中（リスト8-8）の「option.at_least...」と「type_option.weight...」のコメント・アウト（3行分）を解除します. このオプションによって，各アドレスに対するキャッシュ・ミスはGOAL（オプション名はat_least）が5回に設定されます. また，Weightが5に設定され，ほかのcoverpointに対して5倍の重要度を持ちます. さらに，クロス・カバレッジhit_onceはWeightが10となり，検証全体への重要度がもっとも高く設定されます. ソース・コードを変更したあと，再シミュレーションを行います.

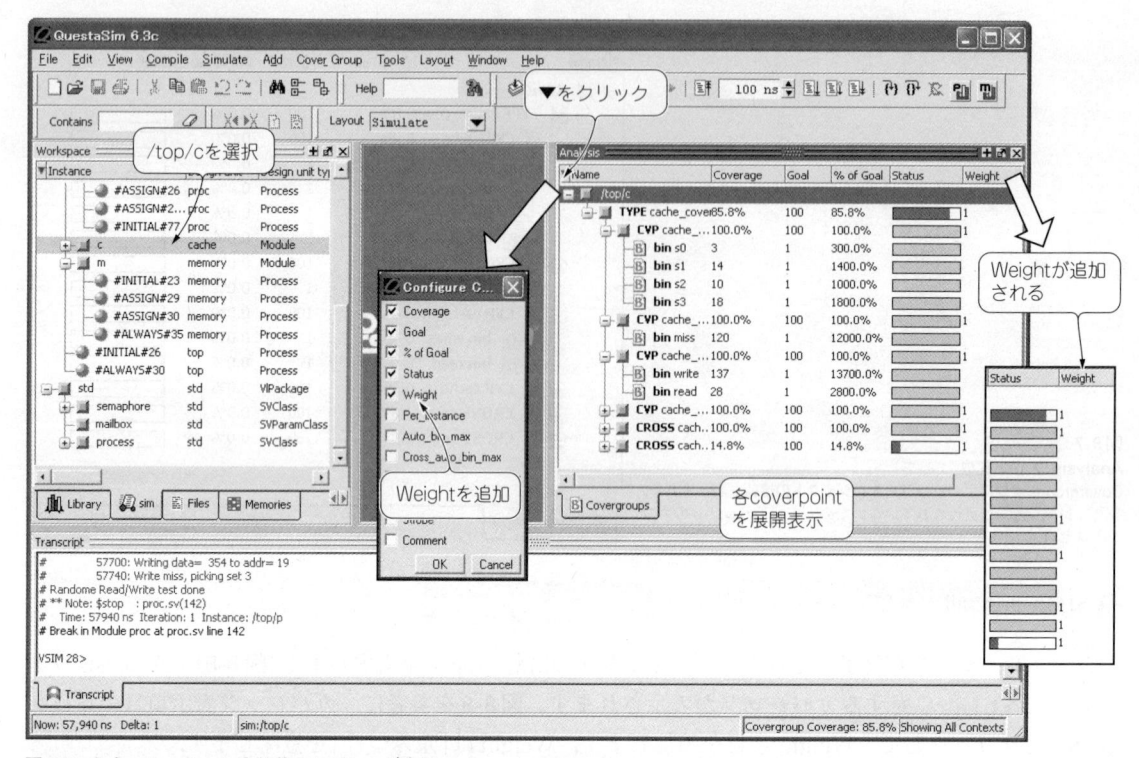

図8-8 シミュレーション実行後のカバレッジ表示
Workspaceで選択した階層以下に定義されているカバレッジが表示される．カバレッジの表示情報にWeight（重みづけ）項目を追加する．

```
VSIM> vlog -incr *.sv
VSIM> restart -f
VSIM> run -all
```

 カバレッジの結果を確認します（図8-9）．先ほどと比べると，cache_missのGOALが上がったことによってカバレッジの緑色の表示が少なくなっています．また，二つのクロス・カバレッジのWeightが大きくなっているため，全体のカバレッジが大幅に減少しています．
 このような設定は，カバレッジ計測でもっとも重要な項目です．カバレッジの検証対象は，あくまでも設計者や検証エンジニアが設定するもので，その内容が真に必要な項目をすべてカバーしているかどうかはだれにもわかりません．本当に「神のみぞ知る」領域なのです．しかし，そんなことを言っていては検証の達成度はわかりません．そのため，わかっている限りの達成目標と重要度を指定することで，「理想」にいかに近づいているかを相対的に評価することになります．

● バッチ・モードでマルチセッション実行
 通常の検証では，シミュレーションの条件やテスト・パターンを変更しながら，複数のシミュレーション・セッションを実行するのが一般的です．このようなシミュレーションでは，シミュレーション・セッションごとにグラフィカル・ウィンドウを使ってデバッグを行うことはありません．複数回の

第8章 テストベンチの拡張の手順

シミュレーションを自動的に実行する「バッチ・シミュレーション」を行い，各シミュレーションで保存されたログ・ファイルを使ってデバッグします．次のステップでは，バッチ・シミュレーションによってランダム・シードを変更しながら複数回のシミュレーションを実行し，保存されたカバレッジ・ログ・ファイルを結合して，シミュレーション全体のカバレッジ向上を確認します．

バッチ・モードの実行には，Windowsのコマンド・プロンプトを用います．この際，シミュレータのインストール・ディレクトリが実行パスに指定されている必要があります．正しく実行できない場合には環境変数PATHに「C:¥QuestaSim_6.3c¥win32」を指定してください（Questaバージョン6.3cをデフォルト・ディレクトリにインストールした場合）．また，QuestaないしはModelSimのほかのバージョンをインストールしている場合には，使用しているバージョンの実行パスが先頭に来ていることを確認してください．

サンプル・データの中に，runtest.batというバッチ・ファイルを準備しました．内容を確認してください（**リスト8-9**）．本ファイルの中では，コンパイルの実行後FORループで-sv_seedを変更しながらシミュレーションを実行しています．ここでの設定では，-sv_seedの値を，10から5刻みで40まで7セッション実行しています．run.doファイルはシミュレータのコマンドを記述したファイル（**リスト8-10**）になります．この中では，シミュレーションの全イベント実行と，coverage saveコマンドによってtmp.covというファイルにカバレッジの結果を保存しています．各シミュレーション・セッションの終

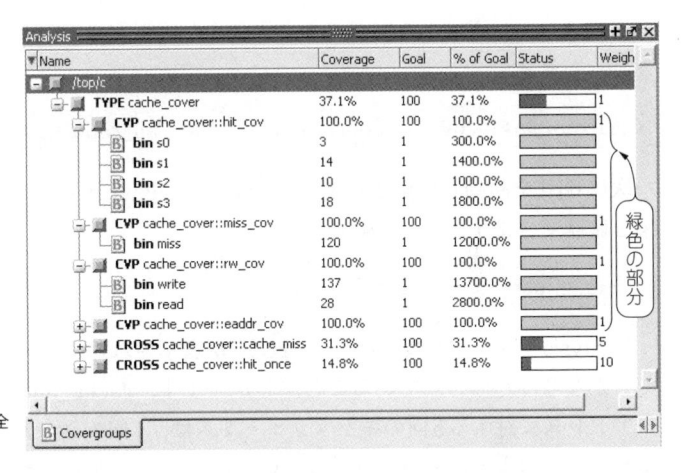

図8-9
カバレッジ条件の変更結果
二つのクロス・カバレッジのWeightが大きくなったことで，全体のカバレッジが低くなっている．

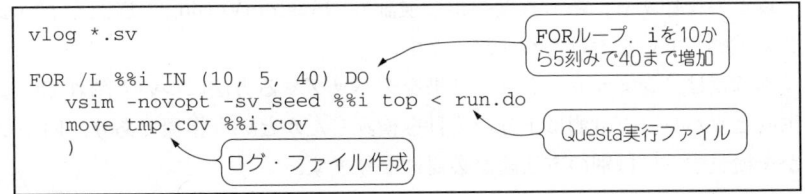

リスト8-9　バッチ・ファイル
```
vlog *.sv

FOR /L %%i IN (10, 5, 40) DO (
  vsim -novopt -sv_seed %%i top < run.do
  move tmp.cov %%i.cov
)
```
FORループ．iを10から5刻みで40まで増加
Questa実行ファイル
ログ・ファイル作成

リスト8-10　Questa実行ファイル
```
run -all
coverage save tmp.cov
```
カバレッジ・ログ・ファイル保存

了後に，tmp.covファイルを＜シードの値＞.covというファイルにリネームしています．

　バッチ・モードの実行のため，コマンド・プロンプトを起動して，「C:¥example」へ移動します．プロンプトから，次のコマンドを実行します．

C:¥examples> runtest

　すると，シミュレーションを実行しているメッセージが表示され，カバレッジを記録した七つのログ・ファイル（xx.cov）が生成されます．

● 複数セッションの結果を確認
　七つのログ・ファイルを次のコマンドを使って結合します．

C:¥example> vcover merge all.cov 10.cov 15.cov 20.cov 25.cov 30.cov 35.cov 40.cov

　vcover mergeコマンドに対して最初の引き数に「出力ファイル名」，そのあとに入力ファイルを列挙します．また，コマンド・プロンプト上で，各セッションのログからレポート作成を行えます．

C:¥example> vcover report -details ＜ログ・ファイル名＞

　ここで，all.covを指定すれば，全セッションを結合したレポートを，10.covなどを指定すれば，各セッションのレポートを確認できます．また，下記の-fileオプションでレポートをファイルに出力することもできます．

C:¥example> vcover report -details -file all_report.txt all.cov

　次にGUIを起動して確認します．vsimを「-viewcov」オプションで起動することで，カバレッジの結果を確認できます．

C:¥example> vsim -viewcov all.cov

　Analysisウィンドウで，covergroupが表示されるようにします．全体の結果から，hit_onceについてもかなりカバーされていることがわかります．cache_missは累積結果で100%を超えていますが，同一アドレスに対する5回のキャッシュ・ミスは，1回のシミュレーションの中でカバーされなければなりません．このようなカバレッジについては，セッションごとの結果を用いて評価する必要があります．
　以上の操作から，ある程度複雑な検証も，SystemVerilogの機能を用いることで容易に検証できることを実感していただけたかと思います．
　本章では，シミュレーション結果をデバッグする方法について触れていません．ランダム・パターン生成とカバレッジ計測は十分な項目を検証したかという指標であり，回路が正しく動作しているかどうかを検証するには別の方法論が必要になります．

SystemVerilog設計スタートアップ

第9章

アサーション・ベース検証の手順

森田栄一

第9章では，アサーションを使った検証手法の作業手順について解説する．設計データ中にアサーション・モニタを埋め込んでおけば，デバッグの効率が上がる．アサーションをベースにしたカバレッジを取得することもできる．シミュレータにはMentor Graphics社の「Questa」を使用する．　　　（編集部）

SystemVerilogアサーション（SVA）を用いたアサーション・ベース検証手法について解説します．アサーションを組み込む対象として，インターフェース（キーワードinterfaceで宣言）も導入します．

● アサーション・ベース検証とは

第7章でも触れましたが，アサーションなどの概念そのものが特別に斬新というわけではありません．ただ，これまでは標準的な実装方法がなく，現実的には波形モニタ・ベースのデバッグ手法が幅広く普及していました．波形モニタ・ベースのデバッグは，回路の動作をその入り口と出口で観測するところから始まります．バグが何もなければこの手法は非常に効率的です．内部がどうであれ，回路は期待どおりに動作しているわけですから，論理的には何の問題もありません．もちろん，LSIとしての動作速度などは別の問題ですが….

一定以上の大きさのプログラムには，かならずバグがあります．同じように回路の設計データもかならずバグを含んでいます．これが，期待する動作と異なった結果を出力します．図9-1のようなブロック構成でポイントAにバグがあるとします．このとき，テストベンチのパターンがポイントAにイベントを与えると，次のポイントBへ誤った結果を伝えます．その後，C→Dとその誤動作が伝播していき

図9-1
アサーション・ベース検証の概要
ポイントAのバグが後段のB，C，Dと誤動作を伝播し，出力ピンに到達したところでバグを発見．ところが，出力ピンから直接Aを推定できないため，デバッグが複雑になる．ポイントBにアサーション・モニタがあれば，より早くAに到達できる．

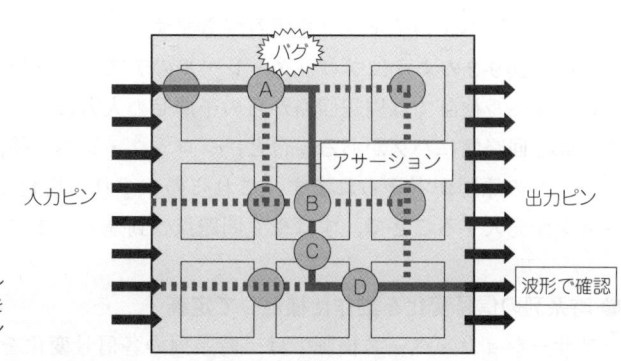

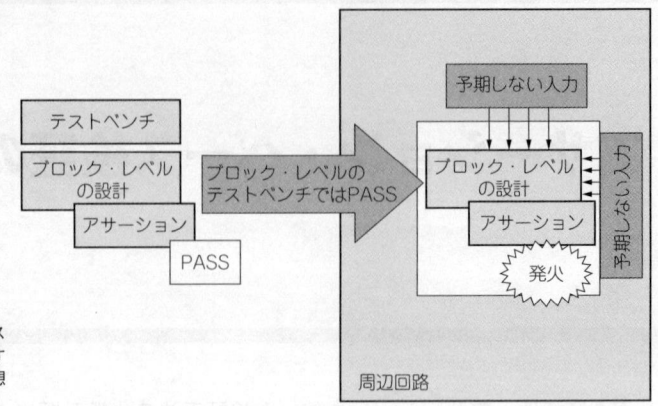

図9-2
システム検証時のアサーション
ブロック・レベルのテストベンチをPASSした場合でも,システム・レベルでは単体テストで予期できなかった入力が発生する場合がある.アサーションを利用すると,該当ブロックが想定していない入力が存在することを即座に判定できる.

ます.最終的に監視している出力ピンのところで期待値とのミスマッチが見つかります.ここからデバッグの開始です.出力ピンからD→C→B→Aとたどってバグを見つけます…,というようにうまくいけば良いのですが,そう簡単にはいきません.なぜなら,出力までの経路は一つとは限らないからです.実際にAにたどり着くまでには周辺の回路に惑わされながらデバッグを進めていきます.その経路が長い場合には,非常に多くの時間を必要とします.

アサーション・ベース検証では,このポイントAまたはBにアサーション・モニタ(アサーションを自動監視するポイント)を埋め込みます.このモニタは,回路が期待しない動作を行った場合に,発火(こういう言いかたをする."fire"とも言う)します.実際には,シミュレーション時のメッセージやデバッガの表示として確認できます.もし,ポイントAに指定したアサーションであれば,その場でバグを検出できます.もちろん発火したアサーションがかならずしも原因のポイントというわけではありませんが,回路の中に一定量のアサーションをしかけておくことで,問題が検出された場所からバグのポイントまでの経路が短くなり,デバッグの効率を上げることができます.

このような説明は,アサーションの有効性についての説明としてどこかで聞いたことがあるかと思います.しかし,実際の波形ベースのデバッグでも,回路の内部情報をいっさい見ないわけではありませんし,ある程度注意するべきポイントは確認しているはずです.それでもアサーションが便利な理由は,目視で波形を追いかけるのではなく,ツールが自動的に監視してくれること,長期サイクルにわたる多数の信号変化(シーケンス)を監視できることなどです.アサーション・ベース検証を用いると,目視では不可能なレベルのチェックを実行できます.

また,図9-2のようにブロック・レベルのテストベンチについては問題なくPASSした設計も,システム・レベル検証では周辺回路からの予期せぬ入力によって正しく動作しない場合があります.このとき,周辺回路側にバグがある場合と,ブロック・レベル検証で想定していたパターンが不足していた場合の二つの原因が考えられます.これらのいずれの場合でも,ブロック・レベルで挿入されたアサーションが発火することで,すばやく問題点へ到達できます.

● 時系列の信号変化を動作仕様として定義
アサーション・ベース検証では,時系列の各信号変化を動作仕様として定義します.例えば,「ある

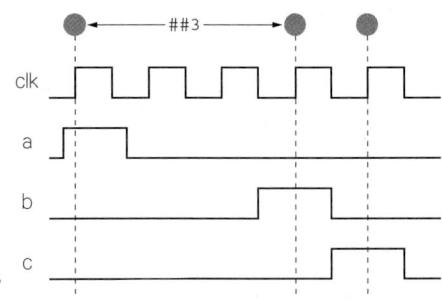

第9章 アサーション・ベース検証の手順

図9-3 アサーションで定義するシーケンス
クロックの立ち上がりごとに各信号の値をサンプリング。aの3サイクル後にbが、さらに1サイクル後にcが成立する。

サイクルで信号aが'1'となった3サイクル後にbが'1'になるというシーケンスが検出された場合，その次のサイクルではcが'1'でなければならない」という仕様があったとします（**図9-3**）．SystemVerilogアサーションではプロパティ（キーワードpropertyで宣言）として次のように表記します．

```
property ab;
  @(posedge clk) a ##3 b |=> c;
endproperty
```

このプロパティ記述には次の要素が含まれています．

- **@(posedge clk) によるサイクル定義**──クロックの立ち上がりごとにサイクル・カウントされ，すべての信号値がサンプリングされる
- **##3 によるサイクル・カウント**──aとbの間には，3サイクル分の遅延があることを意味する．aとbのシーケンスが定義されている
- **|=> インプリケーション演算子**──先行する（左辺）シーケンス（条件）が成立した場合に，プロパティのチェックを行うことを意味する．|=> の場合には，右辺の第1サイクルは左辺の最終サイクルから1サイクル後になる（ノン・オーバラップ）．|-> が使用された場合は，左辺の最終サイクルと右辺の第1サイクルは同じサイクルになる（オーバラップ）．

このプロパティ記述のチェックを行うには，キーワードassertを用いてシミュレータに検証対象としての指示を行います．例えば，次のように記述します．

```
assert property (ab);
```

assertのようなキーワードを「ディレクティブ（指示子）」と呼びます．ほかのディレクティブにはcoverなどがあります（coverについては後述する）．

● SystemVerilogのインターフェース機能を用いる

アサーションを組み込むためのしくみとして，SystemVerilogのインターフェース機能を用います．インターフェースを用いると，モジュール間の接続仕様を独立に定義して管理できるようになります（**図9-4**）．サンプル設計の例を用いて解説します．

本章で利用するサンプル・データを**リスト9-1**～**リスト9-4**に示します．本サンプル・データもCQ出版社のWebページ（http://www.cqpub.co.jp/hanbai/books/36/36191.htm）からダウンロードできます．

サンプル・データを第8章までと同じように，C:¥exampleにコピーします．

最初にtop.svを参照します．**リスト9-5**（p.185）のように，インターフェース「pmbus」が宣言されてい

リスト 9-1　トップ・レベル (top.sv)

```systemverilog
//
// Copyright 2006 Mentor Graphics Corporation
//
// All Rights Reserved.
//
// THIS WORK CONTAINS TRADE SECRET AND PROPRIETARY INFORMATION WHICH IS THE PROPERTY
// OF MENTOR GRAPHICS CORPORATION OR ITS LICENSORS AND IS SUBJECT TO LICENSE TERMS.
//

`timescale 1 ns / 1 ns

interface pmbus (input bit CLK);
    logic [7:0] ADDR;
    wire [15:0] DATA;
    wire RW;
    wire STRB;
    wire RDY;

    modport bus_p (
        input CLK,
        inout DATA,
        output ADDR, RW, STRB,
        input RDY);

    modport bus_m (
        input CLK,
        inout DATA,
        input ADDR, RW, STRB,
        output RDY);

    /*********** 三つの同じアサーション **********/

    sequence RdStrb;
        !STRB ##1 STRB && RW;
    endsequence

    property RdRdy;
        @(posedge CLK) RdStrb |=> STRB[*0:8] ##0 !RDY;
    endproperty

    assert property (RdRdy);

    a_01: assert property (RdRdy);

    assert property (@(posedge CLK) RdStrb |=> STRB[*0:8] ##0 !RDY);

    /*********** その他のアサーション **********/

    property StrbOnce;
        @ (posedge CLK) !STRB |=> STRB;
    endproperty

    assert property (StrbOnce);

    property DataValid;
        @ (posedge CLK) (!STRB && !RW) |=> !$isunknown(DATA);
    endproperty

    assert property (DataValid);

    property BusIdle;
        @ (posedge CLK) !RDY |=> RDY && (DATA === 16'hzzzz);
    endproperty

    assert property (BusIdle);

    /*********** cover ディレクティブ **********/

    sequence WrStart;
```

```
            !STRB && !RW ##1 STRB;
        endsequence

        sequence WrData;
            (!$isunknown(DATA) && STRB)[*0:8];
        endsequence

        sequence WrDone;
            !RDY ##1 RDY && (DATA === 16'hzzzz);
        endsequence

        sequence WriteCycle;
            @ (posedge CLK) WrStart ##1 WrData ##0 WrDone;
        endsequence

        cover property (WriteCycle);
    endinterface

    module top;

        logic clk;

        logic verbose = 1;

        // Processor side signals
        logic prw, pstrb, prdy;
        logic [7:0] paddr;
        wire [15:0] pdata;

        // Memory side interface
        pmbus pm0 (.CLK(clk));

        initial clk = 1'b0;
        always #20 clk = ~clk;

        proc p (.clk(clk), .addr(paddr), .data(pdata),
                .rw(prw), .strb(pstrb), .rdy(prdy));
//      cache_wb c (.paddr(paddr), .pdata(pdata),
        cache c (.paddr(paddr), .pdata(pdata),
                 .prw(prw), .pstrb(pstrb), .prdy(prdy),
                 .p0(pm0));

        memory m (.m0(pm0));
    endmodule
```

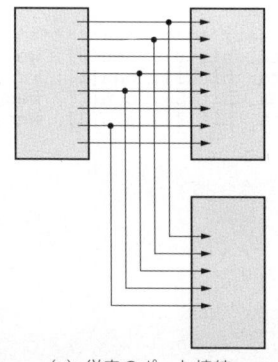

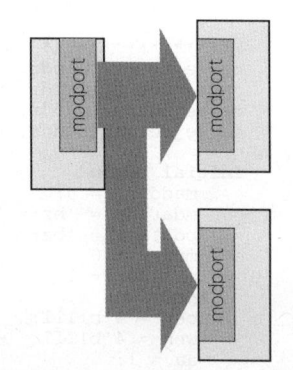

図9-4
インターフェース
個々のピン仕様はインターフェース内に宣言され、各モジュールとはmodportを通して接続される。ピン仕様が変更された場合も、各モジュールではポート仕様を変更する必要がない。modportを使用せずにインターフェースと全ピンを接続することも可能。

(a) 従来のポート接続　　(b) インターフェースを用いた接続

リスト9-2 キャッシュ（cache.sv）

```systemverilog
//
// Copyright 2006 Mentor Graphics Corporation
//
// All Rights Reserved.
//
// THIS WORK CONTAINS TRADE SECRET AND PROPRIETARY INFORMATION WHICH IS THE PROPERTY
// OF MENTOR GRAPHICS CORPORATION OR ITS LICENSORS AND IS SUBJECT TO LICENSE TERMS.
//

`timescale 1 ns / 1 ns

module cache(paddr, pdata, prw, pstrb, prdy, p0);

    input   paddr, prw, pstrb;
    output  prdy;
    inout   pdata;

    /**************** modportのインスタンス ****************/
    pmbus.bus_p p0;

    `define addr_size  8
    `define set_size   5
    `define word_size  16

    logic [`word_size-1:0] mdata_r, pdata_r;
    logic [`addr_size-1:0] maddr_r;
    logic                  mrw_r, mstrb_r, prdy_r;

    logic [`word_size-1:0] ob_data;

    logic sysacc_r;
    wire #(5) sysacc = sysacc_r;

    logic aa;
    wire mstrb_x = mstrb_r && aa;

    wire [`addr_size-1:0]  paddr;
    assign #(5) p0.ADDR = maddr_r;
    assign #(5) p0.DATA = mdata_r;
    assign #(5) p0.RW   = mrw_r;
    assign #(5) p0.STRB = mstrb_x;

    wire [`word_size-1:0] #(5) pdata = pdata_r;
    wire                  #(5) prdy  = prdy_r;

    logic [3:0] oen, wen;
    logic [3:0] hit;

    /**************** カバレッジ定義 ****************/

    // `include "cover.inc"

    /**************** Cache sets ****************/
    cache_set s0(paddr, pdata, hit[0], oen[0], wen[0]);
    cache_set s1(paddr, pdata, hit[1], oen[1], wen[1]);
    cache_set s2(paddr, pdata, hit[2], oen[2], wen[2]);
    cache_set s3(paddr, pdata, hit[3], oen[3], wen[3]);

    initial begin
        maddr_r = 0;
        mdata_r = 'bz;
        pdata_r = 'bz;
        mrw_r = 0;
        mstrb_r = 1;
        prdy_r = 1;
        oen = 4'b1111;
        wen = 4'b1111;
        aa = 1;
    end
```

```verilog
/*************** Local LRU memory ***************/
logic [2:0] lru_mem [0:(1 << `set_size) - 1];

integer i;
initial for (i = 0; i < (1 << `set_size); i=i+1) lru_mem[i] = 0;

function integer hash;
    input [`addr_size-1:0] a;
    hash = a[`set_size - 1:0];
endfunction

task update_lru;
    input [`addr_size-1:0] addr;
    input [3:0] hit;
    logic [2:0] lru;
    begin
        lru = lru_mem[hash(addr)];
        lru[2] = ((hit & 4'b1100) != 0);
        if (lru[2]) lru[1] = hit[3];
        else        lru[0] = hit[1];
        lru_mem[hash(addr)] = lru;
    end
endtask

function [3:0] pick_set;
    input [`addr_size-1:0] addr;
    integer setnum;
    begin
        casez (lru_mem[hash(addr)])
            3'b1?1 : setnum = 0;
            3'b1?0 : setnum = 1;
            3'b01? : setnum = 2;
            3'b00? : setnum = 3;
            default: setnum = 0;
        endcase
        if (prw == 1) if (top.verbose)
            $display("%t: Read miss, picking set %0d", $time, setnum);
        else if (top.verbose)
            $display("%t: Write miss, picking set %0d", $time, setnum);
        pick_set = 4'b0001 << setnum;
    end
endfunction

/*************** Cache control ***************/

function [3:0] get_hit;
    input [3:0] hit;
    integer setnum;
    begin
        casez (hit)
            4'b???1 : setnum = 0;
            4'b??1? : setnum = 1;
            4'b?1?? : setnum = 2;
            4'b1??? : setnum = 3;
        endcase
        if (prw == 1) if (top.verbose)
            $display("%t: Read hit to set %0d", $time, setnum);
        else if (top.verbose)
            $display("%t: Write hit to set %0d", $time, setnum);
        get_hit = 4'b0001 << setnum;
    end
endfunction


/*************** Memory Access ***************/

always @(posedge p0.CLK) if (sysacc) begin
```

リスト9-2 キャッシュ(cache.sv)(つづき)

```
                maddr_r = paddr;
                mstrb_r = 0;
                if (prw == 1) begin
                    mrw_r = 1;
                    @(posedge p0.CLK) mstrb_r = 1;
                    assign prdy_r = p0.RDY;
                    assign pdata_r = p0.DATA;
                    @(posedge p0.CLK) while (p0.RDY != 0) @(posedge p0.CLK) ;
                    deassign prdy_r;   prdy_r = 1;
                    deassign pdata_r; pdata_r = 'bz;
                end else begin
                    maddr_r = paddr;
                    mrw_r = 0;
                    mstrb_r = 0;
                    @(posedge p0.CLK) mstrb_r = 1;
                    assign prdy_r = p0.RDY;
                    assign mdata_r = pdata;
                    @(posedge p0.CLK) while (p0.RDY != 0) @(posedge p0.CLK) ;
                    deassign prdy_r;   prdy_r = 1;
                    deassign mdata_r; mdata_r = 'bz;
                end
                sysacc_r = 0;
        end

        /*************** Hit/Miss Operation ****************/

        logic [3:0] setsel;

        always @(posedge p0.CLK) if (pstrb == 0) begin
            if ((prw == 1) && hit) begin
                // Read Hit..
                setsel = get_hit(hit);
                oen = ~setsel;
                prdy_r = 0;
                @(posedge p0.CLK) prdy_r = 1;
                oen = 4'b1111;
            end else begin
                // Read Miss or Write Hit..
                if (hit)
                    setsel = get_hit(hit);
                else
                    setsel = pick_set(paddr);
                wen = ~setsel;
                sysacc_r = 1;
                @(posedge p0.CLK);
                wen = 4'b1111;
            end
            update_lru(paddr, setsel);
        end

endmodule

module cache_set(addr, data, hit, oen, wen);
    input addr, oen, wen;
    inout data;
    output hit;

    wire [`addr_size-1:0] addr;
    logic [`word_size-1:0] data_r;
    logic hit_r;

    wire [`word_size-1:0] data = data_r;
    wire hit = hit_r;

    `define size (1 << `set_size)
    `define dly 5
    logic [`word_size-1:0] data_out;

    // ---------- Local tag and data memories -----------
```

```verilog
  logic [`word_size-1:0] data_mem[0:(1 << `set_size)-1];
  logic [`addr_size-1:`set_size] atag_mem[0:(1 << `set_size)-1];
  logic [0:(1 << `set_size)-1] valid_mem;

  always @(data_out or oen)
    data_r <= #(5) oen ? `word_size'bz : data_out;

  function integer hash;
     input [`addr_size-1:0] a;
     hash = a[`set_size - 1:0];
  endfunction

  task lookup_cache;
    input [`addr_size-1:0] a;
    integer i;
    logic found;
  begin
    i = hash(a);
    found = valid_mem[i] && (a[`addr_size-1:`set_size] == atag_mem[i]);
    if (found)
      hit_r <= #5 1'b1;
    else
      hit_r <= #5 1'b0;
  end
  endtask

  task update_cache;
    input [`addr_size-1:0] a;
    input [`word_size-1:0] d;
    integer i;
  begin
    i = hash(a);
    data_mem[i] = d;
    atag_mem[i] = a[`addr_size-1:`set_size];
    valid_mem[i] = 1'b1;
  end
  endtask

  integer i;
  initial begin
    for (i=0; i<`size; i=i+1)
      valid_mem[i] = 0;
  end

  always @(negedge(wen) or addr)
  begin
    lookup_cache(addr);
    data_out <= data_mem[hash(addr)];
  end

  always @(posedge(wen))
  begin
    update_cache(addr, data);
    lookup_cache(addr);
    data_out <= data_mem[hash(addr)];
  end
endmodule
```

リスト 9-3　プロセッサ (proc.sv)

```systemverilog
//
// Copyright 2006 Mentor Graphics Corporation
//
// All Rights Reserved.
//
// THIS WORK CONTAINS TRADE SECRET AND PROPRIETARY INFORMATION WHICH IS THE PROPERTY
// OF MENTOR GRAPHICS CORPORATION OR ITS LICENSORS AND IS SUBJECT TO LICENSE TERMS.
//

`timescale 1 ns / 1 ns

module proc(clk, addr, data, rw, strb, rdy);
    input   clk, rdy;
    output  addr, rw, strb;
    inout   data;

    `define addr_size 8
    `define word_size 16

    logic [`addr_size-1:0] addr_r;
    logic [`word_size-1:0] data_r;
    logic                  rw_r, strb_r;

    wire [`addr_size-1:0] #(5) addr = addr_r;
    wire [`word_size-1:0] #(5) data = data_r;
    wire                  #(5) rw = rw_r, strb = strb_r;

    enum {IDLE, READ, WRITE} state;

    task read;
        input [`addr_size-1:0] a;
        logic [`word_size-1:0] d;
        begin
            addr_r = a;
            rw_r = 1;
            strb_r = 0;
            @(posedge clk) strb_r = 1;
            while (rdy != 0) @(posedge clk) ;
            d = data;
            if (top.verbose)
                $display("%t: Reading data=%d from addr=%d", $time, d, a);
        end
    endtask

    task write;
        input [`addr_size-1:0] a;
        input [`word_size-1:0] d;
        begin
            if (top.verbose)
                $display("%t: Writing data=%d to addr=%d", $time, d, a);
            addr_r = a;
            rw_r = 0;
            strb_r = 0;
            data_r = d;
            @(posedge clk) strb_r = 1;
            while (rdy != 0) @(posedge clk) ;
            data_r = 'bz;
            @(posedge clk);
        end
    endtask

    /*************** ランダム定義 START ***************/

    class rand_sig;
        rand bit [7:0] a;
        rand bit [15:0] d;
        constraint d_range {
            solve a before d;
            (a < 128) -> d inside {[0:9999]};
```

```systemverilog
            (a >= 128) -> d inside {[10000:19999]};}
    endclass

    rand_sig rand_i = new;

    integer rep;

    /*************** ランダム変数 END ****************/

    initial begin
        // Set initial state of outputs..
        addr_r = 0;
        data_r = 'bz;
        rw_r = 0;
        strb_r = 1;

        // Wait for first clock, then perform read/write test
        @(posedge clk)
        if (top.verbose)
            $display("%t: Starting Read/Write test", $time);

    /*************** ランダム・パターン発生 START ****************/
//      rand_i.srandom(100);

    repeat (100) begin

        randsequence (main)
        main: IDLE RDWR;
        RDWR: READ | WRITE := 0;

        READ: {
            randcase
                1: rep = 3; 2: rep = 2; 3: rep = 1;
            endcase
            if (top.verbose)
                $display ("-- READ    x %3d times", rep);
            state = READ;
            repeat (rep) begin
                if (rand_i.randomize() == 1)
                    read(rand_i.a);
                else
                    $display ("Random Failed");
            end
            };

        WRITE: {
            randcase
                1: rep = 3; 2: rep = 2; 3: rep = 1;
            endcase
            if (top.verbose)
                $display ("-- WRITE   x %3d times", rep);
            state = WRITE;
            repeat (rep) begin
                if (rand_i.randomize() == 1)
                    write(rand_i.a, rand_i.d);
                else
                    $display ("Random Failed");
            end
            };

        IDLE: {
            randcase
                1: rep = 10; 2: rep = 5; 3: rep = 3;
            endcase
            if (top.verbose)
                $display ("-- IDLE    x %3d cycle", rep);
            state = IDLE;
            repeat (rep) @ (posedge clk);
```

リスト 9-3 プロセッサ (proc.sv) (つづき)

```systemverilog
                };
            endsequence
        end

        /*************** ランダム・パターン発生 END ***************/

        if (top.verbose)
            $display("Randome Read/Write test done");
        $stop(1);

    end // initial
endmodule
```

リスト 9-4 メモリ (memory.sv)

```systemverilog
//
// Copyright 2006 Mentor Graphics Corporation
//
// All Rights Reserved.
//
// THIS WORK CONTAINS TRADE SECRET AND PROPRIETARY INFORMATION WHICH IS THE PROPERTY
// OF MENTOR GRAPHICS CORPORATION OR ITS LICENSORS AND IS SUBJECT TO LICENSE TERMS.
//
`timescale 1 ns / 1 ns

module memory(pmbus.bus_m m0);
    `define addr_size 8
    `define word_size 16

    logic [`word_size-1:0] data_r;
    logic rdy_r;

    initial begin
        data_r = 'bz;
        rdy_r = 1;
    end

    assign #(5) m0.DATA = data_r, m0.RDY = rdy_r;

    reg [`word_size-1:0] mem[0:(1 << `addr_size) - 1];

    integer i;
    always @(posedge m0.CLK) if (m0.STRB == 0) begin
        i = m0.ADDR;
        if (m0.RW == 1) begin
            repeat (4) @(posedge m0.CLK);
            data_r = mem[i];
            rdy_r = 0;
            @(posedge m0.CLK)
            data_r = 'bz;
            rdy_r = 1;
        end else begin
            repeat (2) @(posedge m0.CLK);
            mem[i] = m0.DATA;
            rdy_r = 0;
            @(posedge m0.CLK)
            rdy_r = 1;
        end
    end
endmodule
```

リスト9-5　インターフェース宣言

```
interface pmbus (input bit CLK);   ← クロック宣言
  logic [7:0] ADDR;
  wire  [15:0] DATA;
  wire  RW;
  wire  STRB;
  wire  RDY;

  modport bus_p (   ← プロセッサ側ポート
    input  CLK,
    inout  DATA,
    output ADDR, RW, STRB,
    input  RDY);

  modport bus_m (   ← メモリ側ポート
    input  CLK,
    inout  DATA,
    input  ADDR, RW, STRB,
    output RDY);

  <<中略>>

endinterface

module top;   ← モジュールtop

  <<中略>>

  // Memory side interface
  pmbus pm0 (.CLK(clk));   ← インターフェースのインスタンス

  <<中略>>

  memory m (.m0(pm0));   ← インスタンシエーション

  <<中略>>

endmodule
```

ます．最初に，このインターフェースを使用するすべてのモジュールが参照するクロック信号を宣言し，次にインターフェース内のローカル信号，さらにmodport宣言を使用して，接続するモジュールから参照できる信号を指定しています．

　top.svでは，インターフェースpmbusをpm0という名称でインスタンスしています．このpm0がインターフェースの実体となります．次にmemory.svとcache.svの内容を確認します．

　モジュールmemoryのポートには，pmbus.bus_m m0という宣言しかありません（リスト9-6）．インターフェースpmbus中のmodport bus_mをm0という名まえでインスタンスしてポートとしています．モジュールcacheでは，メモリ側のポートはp0のみを宣言し，ポートの属性の部分でpmbus.bus_pをp0としてインスタンスしています．cacheでは，プロセッサと接続される側の信号はインターフェースを用いずに，通常のポート属性となっています．

　top.svに戻ってモジュール・インスタンスの部分を確認します．二つのモジュールmemoryとcacheのポートm0，p0に対して，トップ・レベルでインスタンスしたインターフェースpm0をマッピングしています（リスト9-5）．

　さらにmemoryとcacheの各モジュール内のインターフェースへの入出力は，m0.DATA，p0.STRBのようにインスタンス名とmodport名によって構成されています（リスト9-6）．例えば，モジュール

リスト9-6 モジュールmemory

```
module memory(pmbus.bus_m m0);         ← ポート宣言は
                                          modportのみ
<<中略>>

  always @(posedge m0.CLK) if (m0.STRB == 0) begin
    i = m0.ADDR;                        ← m0.***でmodport
    if (m0.RW == 1) begin                  にアクセス
      repeat (4) @(posedge m0.CLK);
      data_r = mem[i];
      rdy_r = 0;
      @(posedge m0.CLK)
      data_r = 'bz;
      rdy_r = 1;

<<以下略>>
```

cache内でp0.STRBをドライブした場合，memory内では，m0.STRBでその値を参照することができます．

通常の接続では，モジュール間の接続仕様が変更された際には，すべてのモジュールのポート宣言とインスタンシエーション記述を書き換える必要があります．インターフェースを用いると，その仕様が変更された場合にも，インターフェース宣言を変更するだけです．もちろん，各モジュール内のmodportに対する入出力記述の変更は必要になります．

この例のように，modportを使用してインターフェースに対する入出力のコンポーネントを明示する方法は，バス・インターフェースに対するマスタとスレーブを指定するような場合に便利です．インターフェースの使用方法としては，modportを用いずに全ピンを接続することも可能です．

● インターフェース中にアサーションを記述

インターフェースは再利用可能な接続仕様の宣言です．この中にアサーションを記述しておくことで，接続した各モジュールがインターフェースを利用する際のルールを規定して監視することができます．実際にインターフェース記述の後半にアサーションを定義しています（リスト9-7）．それぞれのアサーションについて簡単に解説します．

1）property RdRdy

シーケンスRdStrbは，リード・サイクルの開始を定義しています．プロパティRdRdyでは，リード・サイクルの開始を条件にインプリケーションの右辺側シーケンスを監視します．右辺側では，STRB == 1（インアクティブ）が0〜8サイクル繰り返される間にRDY信号がアクティブになることを期待しています．ここで，STRB信号のインアクティブ条件を指定しているのは，RDY信号がアクティブになる前に再びSTRB信号が発行されることを禁止しているためです．

2）property StrbOnce

STRB信号は1サイクルのみアクティブになるという仕様を定義しています．

3）property DataValid

ライト・サイクルの開始を条件に，次のサイクルでDATAが正しく出力され，不定値を含まないことをチェックしています．不定値の確認には，$isunknownという組み込み関数を利用しています．

リスト9-7 アサーション記述

```
/********** 三つの同じアサーション **********/
sequence RdStrb;          ← シーケンス宣言
  !STRB ##1 STRB && RW;
endsequence
property RdRdy;           ← プロパティ宣言
  @(posedge CLK) RdStrb |=> STRB[*0:8] ##0 !RDY;
endproperty

assert property (RdRdy);  ← assertディレクティブによる指定

a_01: assert property (RdRdy);  ← ラベル付きの宣言

assert property (@(posedge CLK) RdStrb
|=> STRB[*0:8] ##0 !RDY);  ← 1行ですべて宣言

/********** そのほかのアサーション **********/
property StrbOnce;
  @ (posedge CLK) !STRB |=> STRB;
endproperty
assert property (StrbOnce);

property DataValid;
  @ (posedge CLK) (!STRB && !RW) |=> !$isunknown(DATA);
endproperty
assert property (DataValid);   ← 組み込み関数の利用

property BusIdle;
  @ (posedge CLK) !RDY |=> RDY && (DATA === 16'hzzzz);
endproperty
assert property (BusIdle);
```

4）property BusIdle

RDY信号が発行されてバス・サイクルが終了した後に，DATA信号が解放（ハイ・インピーダンス状態）されることをチェックします．

このインターフェースを用いた場合，これらのアサーションは自動的にチェックされます．このようなアサーションの使用方法は，バスに接続されるデザイン・コンポーネントのプロトコル・モニタとして利用できます．

● デバッグ情報が表示されるように設定する

アサーションを挿入した設計データに対して，シミュレーションを実行してみましょう．Questaを起動してC:¥exampleディレクトリに移動します．ライブラリの作成，コンパイル，ローディングを実行します．以下のコマンドを打ち込んでください．

```
QuestaSim> cd c:/example
QuestaSim> vlib work
QuestaSim> vlog *.sv
QuestaSim> vsim -novopt -assertdebug top
```

-assertdebugオプションによって，アサーション・ベース検証に必要なデバッグ情報をすべて表示す

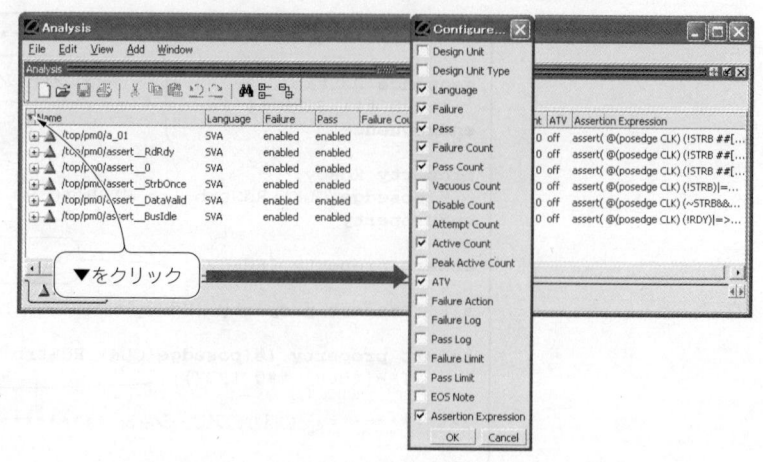

図9-5
Assertionsタブ
Analysisウィンドウの一つのタブとして表示される．アサーション情報の表示と動作の設定を行うことができる．

ることが可能となります．バッチ・モードでアサーションのFAILのみをログで監視するような場合，本オプションは不要ですが，今回のチュートリアルではすべてのシミュレーションにこのオプションを使用します．

● Analysisウィンドウを表示する

シミュレータ起動後，次のコマンドを実行します．

```
VSIM> view assertion -undock
```

Analysisウィンドウで，Assertionsタブ（**図9-5**）が表示されます．第8章では，AnalysisウィンドウのCovergroupsタブを利用しました．Assertionsタブでは，宣言されたアサーションとそれぞれに対する設定を行うことができます．Workspaceで選択した階層以下に含まれるアサーションが表示されるので，すべてのアサーションを表示するために最上位階層（top）を選択します．

アサーションの表示フォーマットを確認するために，top.sv内の最初の三つのアサーションに注目します．これらのアサーションはまったく同じ内容を定義しています（**リスト9-7**）．それぞれのアサーションは次のように表示されています．

- **プロパティを宣言した後にassert記述**── assert_<プロパティ名>
- **assertにラベルを付ける**──<ラベル名>
- **assert記述のみで構成**── assert_<通し番号>

assertディレクティブのみで宣言した場合には，通し番号のみが表示されアサーションの内容がわかりにくくなります．いったんプロパティを宣言するか，ラベルを付けることを推奨します．アサーション内の情報を確認するために，assert_RdRdyを展開表示します（**図9-6**）．ここで，「C：クロック」，「P：プロパティ」，「S：シーケンス」と関連づけられた信号群を確認できます．

次に，ウィンドウ内の表示情報を確認します．Assertionsタブの▼（下向きの三角）をクリックすると，表示情報を設定するダイアログ・ボックスが現れます（**図9-5**）．下記の項目にのみチェックを入れます．

- **Failure**　　　　　　　：FAILチェックのenable/disable状態

第9章 アサーション・ベース検証の手順

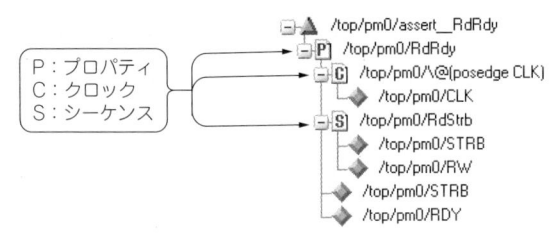

図9-6 アサーションの展開表示
アサーションを展開すると，関連づけられた信号，およびアサーションを構成するプロパティやシーケンスを確認することができる．

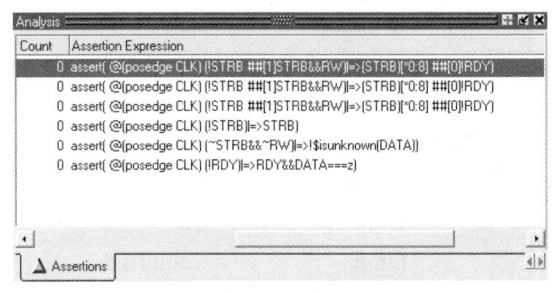

図9-7 Assertion Expression
参照しているシーケンスなどをすべて展開して表示する．ソース・コードを参照するよりもアサーションの内容を確認することが容易である．

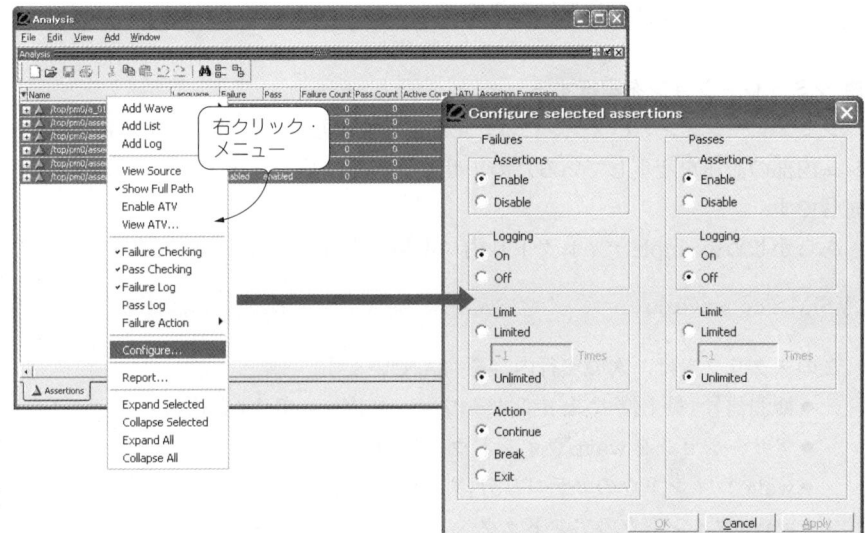

図9-8 アサーションの動作設定
すべてのアサーションに対して，その動作を設定する．特定のアサーションを選択することで，任意のアサーションの動作のみを変更したり，無効にしたりすることが可能．

- **Pass** ：PASSチェックのenable/disable状態
- **Failure Count** ：FAIL回数
- **Pass Count** ：PASS回数
- **Assertion Expression** ：アサーション記述

　設定後，スクロールしてAssertion Expressionを確認します（必要に応じて表示枠を調整する）．ここでは，シーケンスの内容などをすべて信号レベルの記述に展開して，アサーションを確認できます（**図9-7**）．
　シミュレーションを実行する前に，アサーションの動作を指定します．Assertionsタブですべてのアサーションを選択した状態でマウスを右クリックし，メニューから「Configure」を選択します（**図9-8**）．表示されたダイアログ・ボックスでは，下記の設定を確認します．

- **Failures**
    - Assertions ：Enable

	Logging	: On
	Limit	: Unlimited
	Action	: Continue

- Passes

	Assertions	: Enable
	Logging	: Off
	Limit	: Unlimited

　アサーションのenable/disable制御はシミュレータの重要な機能の一つです．アサーションそのものは，シミュレータに実装された専用エンジンで高速に実行できますが，通常のシミュレーションに比べて実行時間は長くなります．そのため，検証の終了したアサーションは無効化(disable)する必要があります．ソース・コードでアサーション記述をコメント・アウトすることでも無効化できますが，再コンパイルが必要で，手順が煩雑になります．

● シミュレーションを実行する

　シミュレーション・パターンには，第8章で使用したランダム・テスト・パターンを用います．キャッシュ内部の記述を変更しているため，サイクル数が異なりますが，出力メッセージなどの仕様はすべて同じです．

　あらかじめexampleディレクトリ内に準備したwave.doを実行します．

```
VSIM> do wave.do
```

　このスクリプトは，次の実行内容を含んでいます．
- 観測信号(最上位 /* とインターフェース内 /pm0/*)を追加
- アサーションをwaveウィンドウに追加
- waveウィンドウのカテゴリ分け
- waveウィンドウのアンドック

その後でシミュレーションを実行します．

```
VSIM> run -all
```

　シミュレーション終了後，AssertionsタブをCONFIRMします．ここで最初に確認するのはPASS/FAILともに0回のアサーションです．アサーションの場合，FAILしなければPASSというわけではありません．例えば，下記のアサーションを例に考えます．

```
assert property (@ (posedge clk) A ##3 B|=> C);
```

　シミュレーション中，(A ##3 B)のシーケンスが一度も発生しなかった場合，プロパティのチェックは行われません．したがって，FAILはしませんがPASSもしません．これは「設計として問題がない」ということを意味しません．「必要なチェックが行われていない」ということを意味します．このようなアサーションがチェックされるように，シミュレーション・パターンを追加したり，ランダム条件を変更したりすることで，アサーションの「カバレッジ」を引き上げる必要があります．上述のシミュ

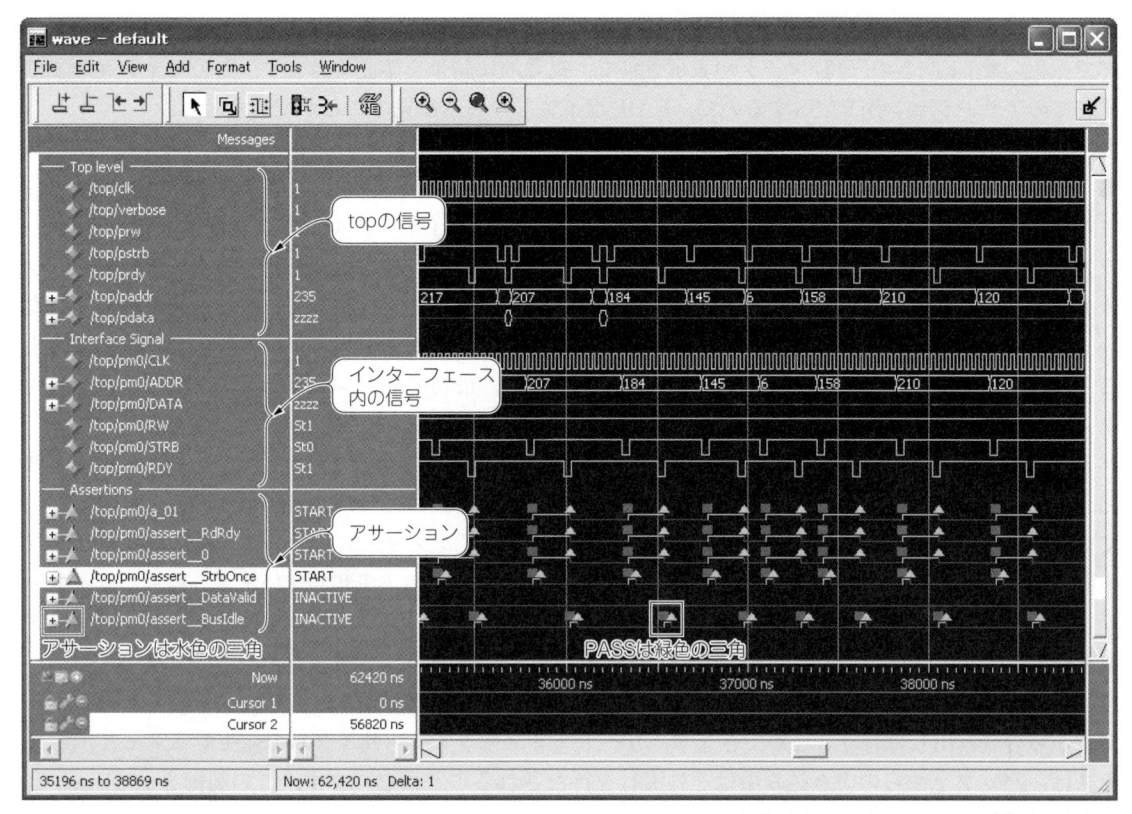

第9章 アサーション・ベース検証の手順

図9-9 waveウィンドウの表示
アサーションは水色の三角で表示され，信号と区別できる．PASSしたポイントには，緑色の三角が表示される．

レーションでは，DataValidのPASSとFAILの両方が0になっていることを確認できます．これは，proc.sv内のランダム制約の部分でWRITE := 0として，ライト・サイクルが発生しないように指定されているからです．ここを書き換えて，リード・ライト・サイクルの発生比率を同一にします．proc.svを編集後，リコンパイル，リスタートします．

```
VSIM> vlog -incr * sv
VSIM> restart -f
VSIM> run -all
```

DataValidのPASS/FAILの数を確認します．

● waveウィンドウで確認する

次に，waveウィンドウで結果を確認してみましょう（図9-9）．waveウィンドウ上では，アサーションは水色の▲（上向きの三角）で表示されて，ほかの信号との違いを確認できます．ここでも，Assertionsタブと同じように＋マークをクリックして展開することで，各アサーションに関連づけられている信号を確認できます．展開した各信号はそのまま波形を確認できるので，FAILしたアサーションのデバッ

191

グに有効です．waveウィンドウでは，PASSしたタイミングで緑色の▲マークが，FAILしたタイミングで赤色の▼（下向きの三角）マークが表示されて，視覚的に結果を確認できます．このセッションではすべてのアサーションがPASSするので，FAILポイントの表示は見ることができません．

● ライト・バッファを挿入して動作を確認する

第7章で解説しましたが，本サンプル設計のキャッシュはライト・スルー方式を使用しているため，ライト・ヒット・ミスにかかわらず，キャッシュとメモリの両方へ書き込みを行います．そのため，ライト・サイクルにおいては，キャッシュを使用しない場合と比べてシステムとしての性能が落ちてしまいます．これに対して，ライト・バッファを挿入することで，ライト・サイクルのサイクル数を減らすことができます．ライト・バッファの効果を確認するため，最初のセッションのシミュレーション時間を確認しておきます．

ライト・バッファを挿入したキャッシュの記述を**リスト9-8**に示します．このソース・コードはcache_wb.svとして準備しています．すでに同一ディレクトリ内に収録しているので，*.svの対象となっています．モジュールcache_wbを利用するには，top.svのインスタンス部分を書き換える必要があります（**リスト9-9**）．ライト・バッファは，非常に簡単なアルゴリズムで実現しています．通常，ライト・サイクルはメモリからのrdy信号を待って終了しますが，ライト・バッファ付きのキャッシュでは，プロセッサからのstrb信号のすぐ後にrdy信号を返します．その際，データをバッファに書き込んで，バッファからメモリへの書き込みを実行します．バッファからの書き込み中もリード・ヒットのキャッシュからの読み出しは行うことができます．リード・ミスやライト・サイクルで発生するメモリ・アクセスは，バッファからの書き込み中はその実行を待たされることになります．この制御をmembusyという信号で行っています（**リスト9-10**）．

top.svを編集してシミュレーションを実行します．コンパイル後，リスタートします．

```
VSIM> vlog -incr *.sv
VSIM> restart -f
```

次のコマンドを実行して，全信号をログに追加します．この作業は，アサーション・デバッグのために内部ノードをトレースする際に必要となります．

```
VSIM> add log -r /*
```

シミュレーションを実行します．

```
VSIM> run -all
```

ランダム・テストベンチの結果といっしょに，アサーションのFAILログが出力されています．アサーションのメッセージをわかりやすくするために，テストベンチ側のメッセージを非表示にします．次のコマンドを実行して，シミュレーションを再実行します．

```
VSIM> restart -f
VSIM> force /verbose 0
```

リスト9-8　ライト・バッファを挿入したキャッシュ（cache_wb.sv）

```systemverilog
//
// Copyright 2006 Mentor Graphics Corporation
//
// All Rights Reserved.
//
// THIS WORK CONTAINS TRADE SECRET AND PROPRIETARY INFORMATION WHICH IS THE PROPERTY
// OF MENTOR GRAPHICS CORPORATION OR ITS LICENSORS AND IS SUBJECT TO LICENSE TERMS.
//

`timescale 1 ns / 1 ns

module cache_wb(paddr, pdata, prw, pstrb, prdy, p0);

    input   paddr, prw, pstrb;
    output  prdy;
    inout   pdata;

    /*************** modport のインスタンス ***************/
    pmbus.bus_p p0;

    `define addr_size  8
    `define set_size   5
    `define word_size  16

    logic [`word_size-1:0] mdata_r, pdata_r;
    logic [`addr_size-1:0] maddr_r;
    logic                  mrw_r, mstrb_r, prdy_r;

    wire strb_mask = p0.RDY ~^ p0.RDY;

    logic [`word_size-1:0] ob_data;
    logic membusy;

    logic sysacc_r;
    wire #(5) sysacc = sysacc_r;

    wire [`addr_size-1:0]   paddr;

    wire [`word_size-1:0] #(5) pdata = pdata_r;
    wire                  #(5) prdy = prdy_r;

    wire mstrb_x = mstrb_r && strb_mask;

    assign #(5) p0.ADDR = maddr_r;
    assign #(5) p0.DATA = mdata_r;
    assign #(5) p0.RW   = mrw_r;
    assign #(5) p0.STRB = mstrb_x;


    logic [3:0] oen, wen;
    logic [3:0] hit;

    /*************** カバレッジ定義 ***************/

    // `include "cover.inc"

    /*************** Cache sets ***************/
    cache_set s0(paddr, pdata, hit[0], oen[0], wen[0]);
    cache_set s1(paddr, pdata, hit[1], oen[1], wen[1]);
    cache_set s2(paddr, pdata, hit[2], oen[2], wen[2]);
    cache_set s3(paddr, pdata, hit[3], oen[3], wen[3]);

    initial begin
        maddr_r = 0;
        mdata_r = 'bz;
        pdata_r = 'bz;
        mrw_r = 0;
```

リスト9-8 ライト・バッファを挿入したキャッシュ（cache_wb.sv）（つづき）

```systemverilog
            mstrb_r = 1;
            prdy_r = 1;
            oen = 4'b1111;
            wen = 4'b1111;
        end

    /*************** Local LRU memory ****************/

    logic [2:0] lru_mem [0:(1 << `set_size) - 1];

    integer i;
    initial for (i = 0; i < (1 << `set_size); i=i+1) lru_mem[i] = 0;

    function integer hash;
        input [`addr_size-1:0] a;
        hash = a[`set_size - 1:0];
    endfunction

    task update_lru;
        input [`addr_size-1:0] addr;
        input [3:0] hit;
        logic [2:0] lru;
        begin
            lru = lru_mem[hash(addr)];
            lru[2] = ((hit & 4'b1100) != 0);
            if (lru[2]) lru[1] = hit[3];
            else        lru[0] = hit[1];
            lru_mem[hash(addr)] = lru;
        end
    endtask

    function [3:0] pick_set;
        input [`addr_size-1:0] addr;
        integer setnum;
        begin
            casez (lru_mem[hash(addr)])
                3'b1?1 : setnum = 0;
                3'b1?0 : setnum = 1;
                3'b01? : setnum = 2;
                3'b00? : setnum = 3;
                default: setnum = 0;
            endcase
            if (prw == 1) if (top.verbose)
                $display("%t: Read miss, picking set %0d", $time, setnum);
            else if (top.verbose)
                $display("%t: Write miss, picking set %0d", $time, setnum);
            pick_set = 4'b0001 << setnum;
        end
    endfunction

    /*************** Cache control ****************/

    function [3:0] get_hit;
        input [3:0] hit;
        integer setnum;
        begin
            casez (hit)
                4'b???1 : setnum = 0;
                4'b??1? : setnum = 1;
                4'b?1?? : setnum = 2;
                4'b1??? : setnum = 3;
            endcase
            if (prw == 1) if (top.verbose)
                $display("%t: Read hit to set %0d", $time, setnum);
            else if (top.verbose)
                $display("%t: Write hit to set %0d", $time, setnum);
            get_hit = 4'b0001 << setnum;
```

```verilog
            end
        endfunction

        /*************** Memory Busy control ***************/

        always @(posedge p0.CLK) if (membusy) begin
            while (p0.RDY != 0) @(posedge p0.CLK);
            deassign mdata_r; mdata_r = 'bz;
            #5 membusy = 0;
        end

        /*************** Memory Access ***************/

        always @(posedge p0.CLK) if (sysacc) begin
            while (membusy) @(posedge p0.CLK);
                maddr_r = paddr;
                mstrb_r = 0;
            if (prw == 1) begin
                mrw_r = 1;
                @(posedge p0.CLK) mstrb_r = 1;
                assign prdy_r = p0.RDY;
                assign pdata_r = p0.DATA;
                @(posedge p0.CLK) while (p0.RDY != 0) @(posedge p0.CLK) ;
                deassign prdy_r;   prdy_r = 1;
                deassign pdata_r; pdata_r = 'bz;
            end else begin
                mrw_r = 0;
                ob_data = pdata;
                membusy = 1;
                prdy_r = 0;
                @(posedge p0.CLK);
                prdy_r = 1;
                assign mdata_r = ob_data;
                @(posedge p0.CLK);
                mstrb_r = 1;
            end
            sysacc_r = 0;
        end

        /*************** Hit/Miss Operation ***************/

        logic [3:0] setsel;

        always @(posedge p0.CLK) if (pstrb == 0) begin
            if ((prw == 1) && hit) begin
                // Read Hit..
                setsel = get_hit(hit);
                oen = ~setsel;
                prdy_r = 0;
                @(posedge p0.CLK) prdy_r = 1;
                oen = 4'b1111;
            end else begin
                // Read Miss or Write Hit..
                if (hit)
                    setsel = get_hit(hit);
                else
                    setsel = pick_set(paddr);
                wen = ~setsel;
                sysacc_r = 1;
                @(posedge p0.CLK);
                wen = 4'b1111;
            end
            update_lru(paddr, setsel);
        end

    endmodule
```

リスト9-9 top.svの修正

```
    cache_wb c (.paddr(paddr), .pdata(pdata),
//  cache    c (.paddr(paddr), .pdata(pdata),
```

cache側をコメント・アウト
cache_wbのコメントを外す

リスト9-10 ライト・バッファ

```
/*************** Memory Access ****************/
always @(posedge p0.CLK) if (sysacc) begin
  while (membusy) @(posedge p0.CLK);
    maddr_r = paddr;
    mstrb_r = 0;
  if (prw == 1) begin

<<リード動作>>

  end else begin
    mrw_r = 0;
    ob_data = pdata;
    membusy = 1;
    prdy_r = 0;
    @(posedge p0.CLK);
    prdy_r = 1;
    assign mdata_r = ob_data;
    @(posedge p0.CLK);
    mstrb_r = 1;

<<以下略>>
```

membusyによる制御
ライト中はmembusyを出力
ライト動作

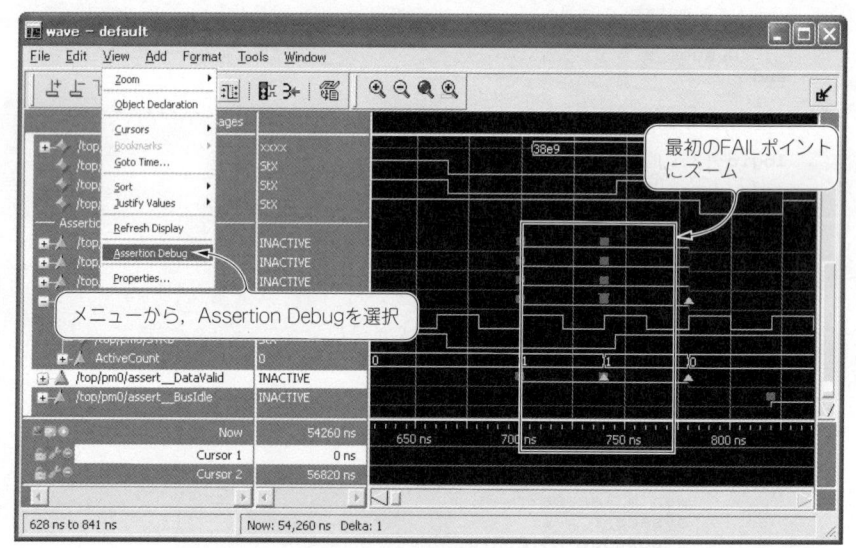

図9-10
FAILポイントを確認
ここからアサーションのデバッグがスタートする．

メニューから，Assertion Debugを選択
最初のFAILポイントにズーム

```
VSIM> run -all
```

　モジュールtopにverboseという変数を定義して，ランダム生成タスク内の$displayの実行を抑

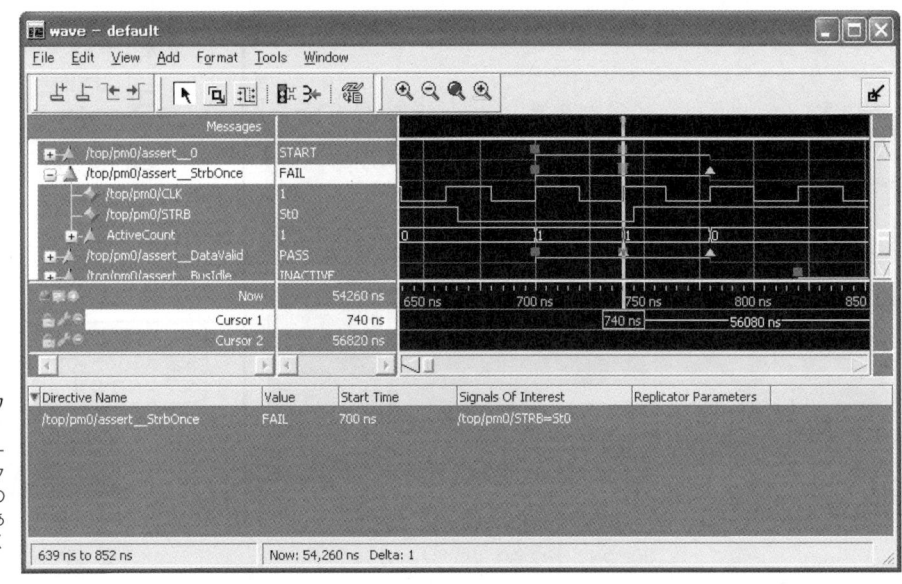

図9-11
Assertion Debug サブウィンドウ
このウィンドウでは，アサーションのFAILポイントをクリックすることで，FAILの原因となっている可能性のある信号をリストアップしてくれる．

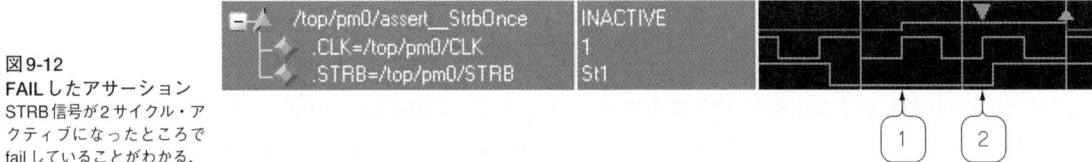

図9-12
FAILしたアサーション
STRB信号が2サイクル・アクティブになったところでfailしていることがわかる．

止しています．この機能は，本章のソース・コードから追加したものです．第8章のサンプル・コードでは利用できません．

表示されたメッセージからアサーションのFAILポイントが判断できます．同時にwaveウィンドウとAssertionsタブから，アサーション StrbOnce がFAILしたことがわかります．StrbOnceは，「STRB信号が1サイクルのみアクティブになる」という簡単なものです．waveウィンドウとデバッグGUI（graphical user interface）を使用して，問題点を探していきます．

● FAILポイントを解析する

waveウィンドウ上でFAILポイントを確認します．最初のFAILポイントにズームします（図9-10）．通常のシミュレーションでは，最初にFAILしたポイントでシミュレーションを停止してデバッグする方法が一般的です．2番目以降のFAILは，事前のFAILによって誤動作した可能性があるからです．FAILしたアサーションを展開して関連づけられた信号を確認します．

次に，waveウィンドウのメニューから「View」→「Assertion Debug」を選択します（図9-10）．waveウィンドウの下部にサブウィンドウが表示されます（図9-11）．このウィンドウは，FAILポイントでその原因と考えられる信号のリストを表示します．FAILの▼マークをクリックしてください．ウィンドウ内に信号名「STRB」が表示されます．展開した波形表示から，STRB信号が2サイクル出力された時点でFAILしていることを容易に判断できます（図9-12）．

(a) ウィンドウ全体

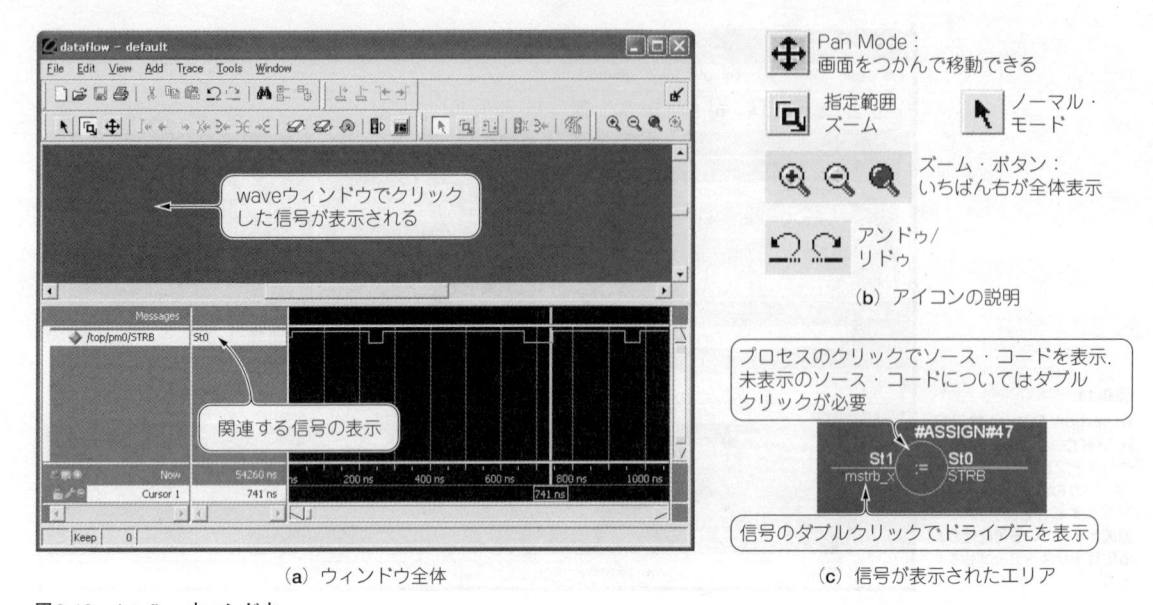

(b) アイコンの説明

(c) 信号が表示されたエリア

図9-13　dataflowウィンドウ
信号と，信号をドライブするプロセスの関係を表示する．プロセスをクリックすることで，該当するソース・コードを表示する．階層構造や複数のソース・コードを意識せずにデータの流れだけをトレースできる．

　STRB信号のFAILポイント近くでダブルクリックします．図9-13のdataflowウィンドウが表示されます．dataflowウィンドウをアンドックします．このウィンドウでは，波形から信号変化を起こしたソース記述へのトレースを行えます．図9-14のように，dataflowウィンドウとソース表示を同時に確認できるようにします．

　データ・フローの最初の表示では，STRB信号とそれをドライブするassign文が○（円）で表されています．この○をクリックします．sourceウィンドウに該当するソース・コードが表示されて矢印でその場所が示されます（図9-15）．ここでは，STRB信号にmstrb_xという信号が単純に代入されていることがわかります．マウス・カーソルを「Pan Mode」に切り替えて，dataflowウィンドウに表示された内容を中心に持ってきます．図9-13のように，assign文の入力信号をダブルクリックします．前段の入力プロセスが表示されます．表示されたassign文をクリックしてソース・コードを確認します．次の代入文を確認できます（抜粋）．

```
mstrb_x = mstrb_r && strb_mask
```

　mstrb_x信号は，mstrb_r信号とstrb_maskという信号の論理演算の結果であることがわかります．ここで，各信号のドライブ元を探査してもよいのですが，dataflowウィンドウでは，選択したプロセスの入出力信号を波形表示しています（図9-16）．この波形とソース・コードを同時に参照することで，問題となっている入力を判断できます．実際にFAILしたポイント周辺では，strb_mask信号は'1'を維持しています．つまり，mstrb_r信号に問題があるようです．mstrb_r信号をダブルクリックします．図9-17の表示になります．ここでは，mstrb_rをドライブしている二つのプロセスが表示されます．一方は，initial文による初期化のプロセスのため問題はありません．もう一方のalways文

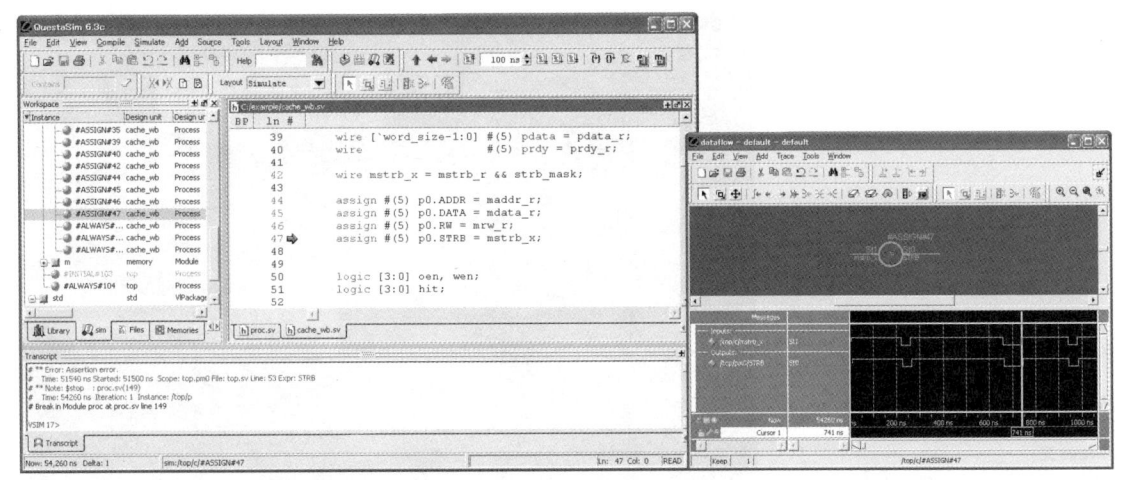

第9章 アサーション・ベース検証の手順

(a) ソース・コードの表示　　　　(b) データ・フローの表示

図9-14　データ・フローとソース・コード
dataflowウィンドウでは，ソース・コードをトレースしながらのデバッグとなるため，データ・フローとソース・コードの両方の情報を確認できる状態でデバッグすると便利．

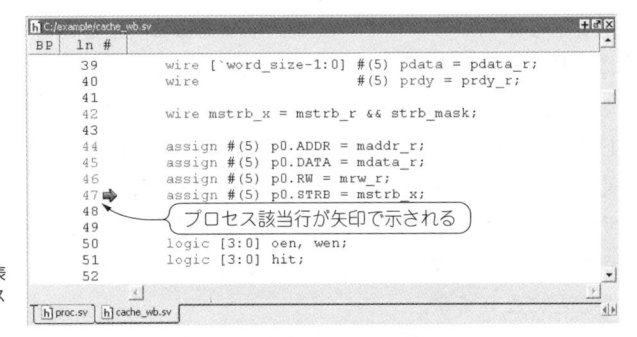

図9-15
sourceウィンドウ内のプロセス表示
dataflowウィンドウのプロセスからソース・コード中の代入文が表示される．これによって信号とその代入文の関係を迅速にトレースできる．

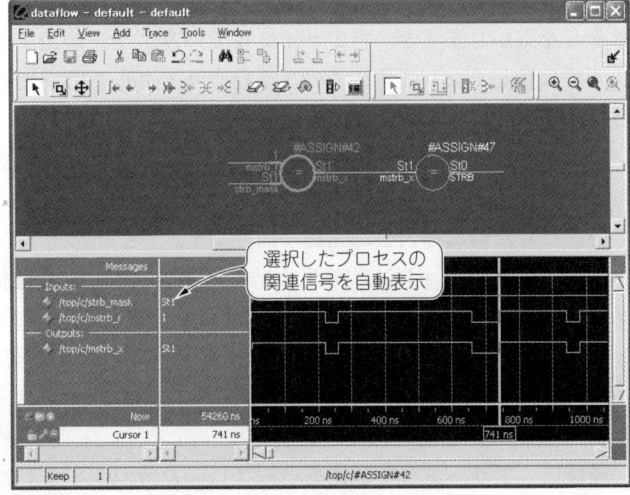

プロセス該当行が矢印で示される

図9-16
選択プロセスの入出力信号の表示
プロセスを選択して表示したソース・コードとdataflowウィンドウ内の波形表示を併用することで，問題となる入力を容易に判断できる．

選択したプロセスの関連信号を自動表示

199

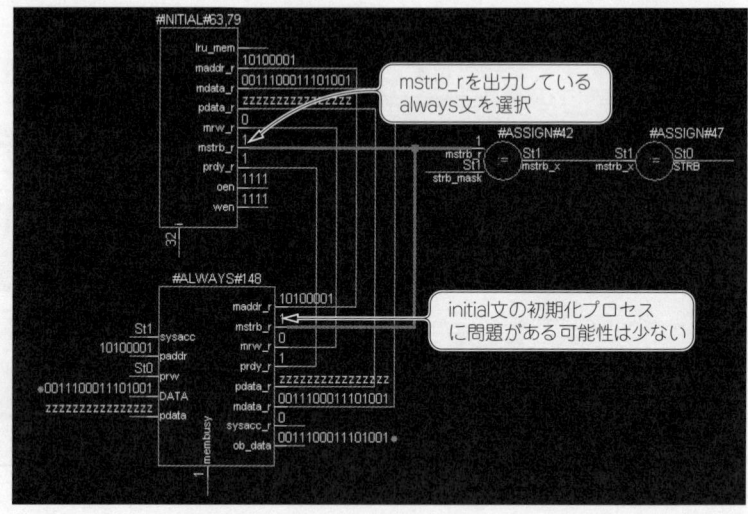

図9-17
問題となる信号をドライブしている always文
最初のassign文（アサーションの発生ポイント）から3段のトレースで問題点に到達．

をクリックしてソース・コードを確認します．

　このalways文は，**リスト9-10**に示したライト・バッファの記述であることがわかります．また，prw信号の値からライト・サイクルであることがわかります．**リスト9-10**の「ライト動作」の最後の1行に注目してください．ここでmstrb_rに'1'を出力しています．ところが，この代入文の前に1クロック・サイクルのウェイトが入っています．このウェイトによって，mstrb_r信号だけがほかの信号より1サイクル遅れて変化していたのです．この1行を削除（コメント・アウト）することでエラーは取り除くことができます．実際にソース・コードを編集してシミュレーションを再実行してみてください．アサーションのFAILがなくなることを確認できます．シミュレーションの総時間も，ライト・バッファがないときと比べて短くなっているはずです．ライト・バッファがないときと比べて，性能を改善できたことになります．

　このデバッグ作業の中で最初にAssertionsタブを確認した際に，StrbOnceではPASSとFAILの両方がカウントされていました．アサーションで定義した内容は単純なので目視でも簡単にバグを発見できそうな気がしますが，特定サイクルでのみエラーが発生するような場合は，エラーのポイントを発見するのは難しくなります．このような全サイクルで監視できることも，アサーションの大きなメリットと言えます．

　このシミュレーション・セッションでは，デバッガGUIを使用して，発生したアサーションFAILからソースをデバッグしていく様子を示しました．なお，strb_mask信号はデバッグの雰囲気を理解していただくために挿入した冗長な信号です．

　本章のアサーションは，デザイン・コンポーネントが通信を行うためのルール（アクセスのタイミングなど）を定義しています．ここでは触れていませんが，ブロック・レベルのデバッグ（キャッシュ・コントローラの動作アルゴリズム検証）もアサーションの重要な利用目的の一つとなります．

● アサーションを用いたカバレッジ
　最後に，アサーション機能をベースにしたカバレッジについて少しだけ解説します．SystemVerilog

リスト9-11 コントロール指向カバレッジ

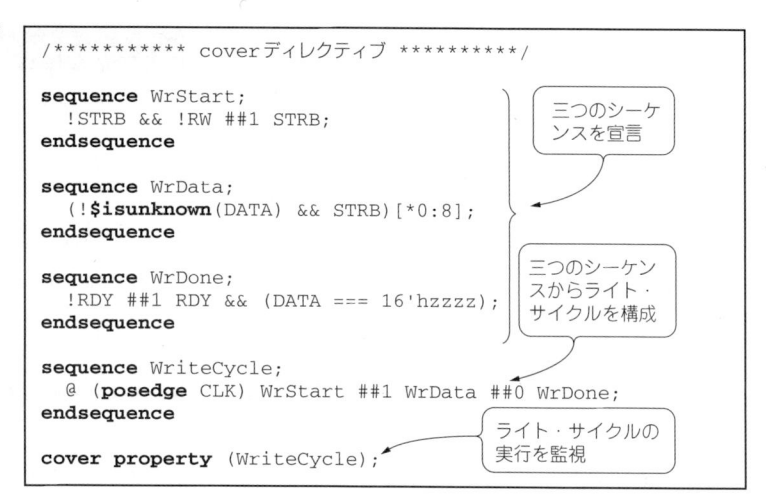

```
/*********** cover ディレクティブ **********/

sequence WrStart;
  !STRB && !RW ##1 STRB;
endsequence

sequence WrData;
  (!$isunknown(DATA) && STRB)[*0:8];
endsequence

sequence WrDone;
  !RDY ##1 RDY && (DATA === 16'hzzzz);
endsequence

sequence WriteCycle;
  @ (posedge CLK) WrStart ##1 WrData ##0 WrDone;
endsequence

cover property (WriteCycle);
```

- 三つのシーケンスを宣言
- 三つのシーケンスからライト・サイクルを構成
- ライト・サイクルの実行を監視

図9-18
Cover Directives タブ
cover ディレクティブによるカバレッジの表示と制御が行える.

- waveウィンドウに追加
- 達成度の変更

アサーションの重要な機能がシーケンス・モニタであることはすでに述べました．このシーケンス・モニタを使用して，特定の動作（ファンクション）のカバレッジを取得することができます．第8章で紹介したカバレッジは，デザイン内がある一定の状態に達したかどうかを計測する「データ指向カバレッジ」でした．一方，SystemVerilogアサーションのシーケンスを用いたカバレッジは「コントロール指向カバレッジ」と呼ばれます．このカバレッジの取得には，coverディレクティブを用います．

top.sv内のインターフェース宣言の最後にcoverディレクティブを用いたライト・サイクルのカバレッジを記述してあります（リスト9-11）．すでにコンパイルされ，準備も整っているので，dataflowウィンドウをクローズしてからリスタートを実行します．

```
VSIM> restart -f
```

次のコマンドを実行します．

```
VSIM> view cover
```

AnalysisウィンドウのAssertionsタブに追加して，CovergroupsタブとCover Directivesタブが追加されます（図9-18）．Cover Directivesタブ上でカバレッジWriteCycleを選択し，マウスを右クリック

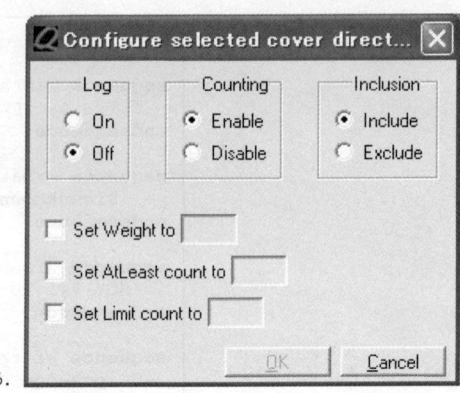

図9-19
カバレッジ達成度の変更
それぞれのカバレッジの重要度や達成回数の指標を指定できる．

します．表示されるメニューから「Add Wave」→「Selected Functional Coverage」を選択します．waveウィンドウにカバレッジが追加されます．coverディレクティブは，矢じりのようなアイコンで表示されます．シミュレーションを実行します．

```
VSIM> run -all
```

Cover Directivesタブでカバレッジを確認します．カバレッジは100％となっています．これはデフォルトのゴール（AtLeast）が1回になっているためです．第8章のcovergroupでは，言語の機能を用いて達成度の設定を変更しました．coverディレクティブでは，シミュレータの機能を用いて達成度や重み付けを変更できます．Cover Directivesタブでカバレッジを選択して，マウスを右クリックします．メニューから「Configure Directive」を選択します．**図9-19**のダイアログ・ボックスが表示されます．「Set Weight to」は重要度を指定します．「Set AtLeast count to」でゴール（目標回数）を指定します．これらの項目を指定して，カバレッジの表示がどのように変わるかを確認してください．

シミュレーションと同時に第8章で使用したカバレッジ（covergroup）を取得することも可能です．covergroup記述を**リスト9-12**に示します．これはサンプル・データの中のcover.incというファイルに格納してあります．cache_wb.sv内のinclude文のコメント・アウトを外すことで利用可能になります．covergroupを追加することで，Analysisウィンドウのすべてのタブを使用することになります．

● アサーションのその先には…

アサーションを記述することで，効率的に検証できることを理解していただけたかと思います．サンプル設計で使用したアサーションは簡単なものばかりですが，実際の設計ではより複雑なアサーションを記述する必要が出てきます．どのように複雑なアサーションでも，シミュレーションを使用したデバッグの方法は，大きくは変わりません．

アサーション・ベースの検証では，複雑なアサーションを簡単に記述するために検証用ライブラリを用いることが一般化しつつあります．標準化されたもののうち，もっとも有力なものとして，OVL（Open Verification Library）と呼ばれるライブラリがあります．OVLはSystemVerilogアサーションでも記述されており，カバレッジをとることも可能です．本章で使用したシミュレータでも，もちろん使用可能です．また，アサーションを静的に解析するプロパティ検証という方法もあります．数学的手法を用い

リスト9-12　covergroupの記述

```
/*************** カバレッジ include file ***************/
covergroup cache_cover @ (posedge p0.CLK);

    hit_cov: coverpoint hit iff (!pstrb) {
        bins s0   = {4'b0001};
        bins s1   = {4'b0010};
        bins s2   = {4'b0100};
        bins s3   = {4'b1000};
    }

    miss_cov: coverpoint hit iff (!pstrb) {
        bins miss = {4'b0000};
    }

    rw_cov: coverpoint prw iff (!pstrb) {
        bins write = {0};
        bins read  = {1};
    }

    eaddr_cov: coverpoint paddr[4:0] iff (!pstrb);

    cache_miss: cross eaddr_cov, miss_cov {
        option.at_least = 5;
        type_option.weight = 5;
    }

    hit_once: cross  rw_cov, hit_cov, eaddr_cov  {
        type_option.weight = 10;
    }

endgroup

cache_cover cov1 = new;
```

て，特定のアサーションに対するエラーのパターンを見つけたり，論理的にエラーとならないことを完全証明したりします．

第5部

SystemVerilog
モデリング編

SystemVerilog設計スタートアップ

第10章

SystemVerilogで簡易CPUバス・モデルを記述

宮下晴信

　SystemVerilogを使った簡易CPUのモデリングの例を紹介する．SystemVerilogでは，Verilog HDLに対して，新たにモデリングのための構文と検証のための構文が追加された．本章ではおもにモデリングのための構文の使いかたを解説する．
（編集部）

　SystemVerilogはVerilog HDL 2001の拡張です（pp.220-223のコラム10-2「Verilog HDL 2001による実装例」を参照）．Verilog HDL 2001に対して，以下のような新しい機能が追加されました．
- RTL記述の効率化，記述量の低減
- C/C++と同等のデータ・タイプとクラス
- 高度なモデリングに必要な機能（同期，イベント）
- インターフェース
- 検証言語（HVL：hardware verification language）と同等の機能
- アサーション
- ほかのプログラム言語とのインターフェース（現状は，C言語のみサポート）

　最初の四つはモデリング（RTL記述やビヘイビア・モデルの作成）に役立つ機能です．残りの三つは検証に役立つ機能です．本章では，SystemVerilogで追加された機能を使うことにより，これまでのVerilog HDL（Verilog HDL 1995，Verilog HDL 2001）の記述とどう変わるかを説明します．

　題材は，簡易CPUバス・モデルです．このCPUは，初期化ブロック（InitialBlock），制御ブロック（ControlBlock），命令フェッチ・ファンクション（function［31：0］Fetch），命令デコード・ファンクション（function［31：0］Decode），命令実行タスク（task Execute），バス・インターフェース，ロード・タスク（task Load），ストア・タスク（task Store）からなります．本モデルがサポートしている命令を表10-1に示します．

　これは，参考文献(1)の「PerlとVerilog HDLによる簡易CPUバスシステム記述手法（原山みや，川北浩孝著）」で紹介したモデルです．また，同じ簡易CPUバス・モデルのSystemC版をOSCI（Open SystemC Initiative）のホームページ（http://www.systemc.org/）(2),(3)などでも公開していました[注10-1]．同じ題材をいろいろな言語で記述することで，それぞれの言語の特徴を把握することができると思います（p.208のコラム10-1「SystemVerilogとSystemC」を参照）．

注10-1：参考文献(2)，(3)は，現在は公開されていない．

ここでは上述の設計に役立つ機能に絞って解説します．

● 簡易 CPU バス・モデルを SystemVerilog で記述

リスト 10-1 は，簡易 CPU バス・モデル（GenericCPU）を SystemVerilog で記述したものです．GenericCPU は，一つの initial と一つの always，二つの function，五つの task，そしていくつかの変数から構成されています．リスト 10-1 では SystemVerilog の次の機能を使っています．

- 新しい型（logic, bit, int, struct）
- ラベル（ブロック，module, function, task）

表10-1 サポートしている命令

命 令	処理内容
SETHI regX IMM	regX（X は 1～8）レジスタの上位 16 ビットに IMM（16 ビット・データ）をセットする
SETLO regX IMM	regX（X は 1～8）レジスタの下位 16 ビットに IMM（16 ビット・データ）をセットする
ADD regX regY	regX（X は 1～8）の内容に regY（Y は 0～8）の内容を加算し，regX にストアする
SUB regX regY	regX（X は 1～8）の内容に regY（Y は 0～8）の内容を減算し，regX にストアする
LOAD regX regY	regX（X は 1～8）の内容のアドレスから regY（Y は 0～8）にデータをロードする
STORE regX regY	regX（X は 1～8）の内容のアドレスに regY（Y は 0～8）のデータをストアする
HALT	シミュレータを一時的に停止する．`$stop;`を実行する
FINISH	シミュレータを終了する．`$finish(2);`を実行する

コラム 10-1　SystemVerilog と SystemC

ここでは SystemVerilog と SystemC を比較してみたいと思います．モデリングを行う場合，二つの言語に共通しているものとして，以下のものがあります．

- C/C++ と同等のデータ・タイプとクラス
- 高度なモデリングに必要な機能（同期，イベント）
- インターフェース

本章では SystemVerilog のインターフェースの使いかたについて説明したので，参考文献（3）の SystemC のモデルと比較してみてはいかがでしょうか？

SystemVerilog のほうが SystemC より優位性があるものには，以下のものがあります．

- RTL 記述の効率化，記述量の低減
- 検証言語と同等の機能
- アサーション

SystemC は，RTL 記述は得意ではありません．また，検証関係では SCV（SystemC Verification Library）があるものの，検証言語と言えるものではありません．また，アサーションはまだサポートされていません．

SystemC のほうが SystemVerilog より優位性があるものには，以下のものがあります．

- ほかのプログラム言語とのインターフェース（C/C++ 言語など）

SystemC は C++ 上に実装されているのであたりまえですね．ただし，SystemVerilog では DPI（Direct Programming Interface）-C で C 言語とのインターフェースが利用できます．

こうして比べてみると，HDL の延長として使いたいのであれば SystemVerilog が良いと思います．一方，アルゴリズム設計やアーキテクチャ検討，ソフトウェア（C/C++）に比重が置かれるような設計については SystemC を使うと良いと思います．

モデリングに限って言えば，二つの言語を混在できるシミュレータを使うことによって，どちらの言語を選択しても問題はないと思います．

第10章 SystemVerilogで簡易CPUバス・モデルを記述

リスト10-1 簡易CPUバス・モデルのSystemVerilogによる実装

```systemverilog
`timescale 1ns / 10ps
`include "OPCODE.vh"
module GenericCPU( input  logic CLK, nRST,
                   output logic [31:0] A,
                   inout  wire  [31:0] D,
                   output logic
                                nCS, nOE, nWE,
                   input  logic READY );
    reg [31:0]  DReg;
    assign      D = DReg;

    parameter   hex_file = "test.hex";
    localparam  cs_delay = 10, oe_delay = 10,
                              we_delay = 10,
                a_delay = 15, d_delay = 20;
    bit [31:0]  memory[0:1023], Reg[7:0];
    bit         eq, gt, lt;
    int         pc;

    initial begin  // Initial Block
        $display("\nGeneric CPU Model (HDL Model Version)" );
        $display("Copyright (c) 1997 Miya Harayama, All rights reserved");
        $display("Copyright (c) 2004 Harunobu Miyashita, All rights reserved");
        $display("SystemVerilog Version");
        $display("Internal Memory Size : 1024 Words");
        $display("Loading Internal Memory Data from '%s' file.", hex_file );
        $readmemh(hex_file, memory, 0);
        Reset;
    end

    always @( posedge CLK ) begin : main_block
        bit [7:0]   code;
        bit [3:0]   r0, r1;
        bit [15:0]  imm;

        if( !nRST )
            Reset;
        else begin
            {code, r0, r1, imm } = Decode( Fetch(pc) );
            $display( "PC = %x CODE = 0x%x R0 = %d R1 = %d IMM = 0x%x",
                      pc, code, r0, r1, imm );
            Execute( code, r0, r1, imm );
            DumpReg;
        end

    end : main_block

    function bit [31:0] Fetch(
                      input [31:0] PC );
        return memory[PC];
    endfunction : Fetch

    function bit [31:0] Decode(
                      input [31:0] HEX );
        return {HEX[31:24], HEX[23:20],
                HEX[19:16], HEX[15:0]};
    endfunction : Decode

    task Reset;
        disable Load;
        disable Store;
        pc             <= 0;
        Reg            <= {32'b0,32'b0,32'b0,
32'b0,32'b0,32'b0,32'b0,32'b0};
        {eq, gt, lt}   <= 3'b000;
        nCS            <= #cs_delay 1'b1;
        nOE            <= #oe_delay 1'b1;
        nWE            <= #we_delay 1'b1;
        AReg           <= #a_delay  32'bz;
        DReg           <= #d_delay  32'bz;
    endtask : Reset

    task Execute( input bit [7:0] CODE,
                  input bit [3:0] R0, R1,
                  input bit [15:0] IMM );
        integer jmp;
        jmp = 1;
        case(CODE)
        `ADD    : Reg[R0] = Reg[R0] + Reg[R1];
        `SUB    : Reg[R0] = Reg[R0] - Reg[R1];
        `MOV    : Reg[R0] = Reg[R1];
        `SETHI  : Reg[R0][31:16] = IMM;
        `SETLO  : Reg[R0][15: 0] = IMM;
        `CMP    :
          begin
            if( Reg[R0] == Reg[R1] )
                {eq, gt, lt} = {3'b100};
            else if( Reg[R0] > Reg[R1] )
                {eq, gt, lt} = {3'b010};
            else if( Reg[R0] < Reg[R1] )
                {eq, gt, lt} = {3'b001};
          end
        `JMP    : jmp = {{16 {IMM[15]}}, IMM};
        `JEQ    : if( eq )
                    jmp = {{16 {IMM[15]}}, IMM};
        `JGT    : if( gt )
                    jmp = {{16 {IMM[15]}}, IMM};
        `JLT    : if( lt )
                    jmp = {{16 {IMM[15]}}, IMM};
        `LOAD   :
          begin
            Bus_load:
                    Load( Reg[R0], Reg[R1] );
          end
        `STORE  :
          begin
            Bus_Store:
                    Store( Reg[R0], Reg[R1] );
          end
        `HALT    : $stop;
        `FINISH  : $finish(2);
        default  : $display( "ERROR : Generic CPU Model does not support Code 0x%x",
                             CODE );
        endcase

        Reg[0] = 0;
        pc += jmp;
```

リスト10-1　簡易CPUバス・モデルのSystemVerilogによる実装（つづき）

```
  endtask : Execute

  task Load( input bit [31:0] ADDR,
             output bit [31:0] DATA );
    AReg <= #a_delay  ADDR;

    @(posedge CLK)
      nCS <= #cs_delay 1'b0;

    @(posedge CLK)
      nOE <= #oe_delay 1'b0;

    @(posedge READY) begin
      @( posedge CLK )
        DATA <= D;

      @( posedge CLK ) begin
        nOE <= #oe_delay 1'b1;
        nCS <= #cs_delay 1'b1;
      end

      @( posedge CLK )
        AReg <= #a_delay  32'bz;

    end
  endtask : Load

  task Store( input bit [31:0] ADDR,
              input bit [31:0] DATA );

    AReg <= #a_delay ADDR;
    DReg <= #d_delay DATA;

    @(posedge CLK)
      nCS <= #cs_delay 1'b0;

    @(posedge CLK)
      nWE <= #we_delay 1'b0;

    @(posedge READY) begin

      @( posedge CLK )
        nWE <= #we_delay 1'b1;

      @( posedge CLK ) begin
        nCS <= #cs_delay 1'b1;
        DReg <= #d_delay  32'bz;
      end

      @( posedge CLK );
        AReg <= #a_delay  32'bz;
    end
  endtask : Store task

  task DumpReg;
    $display( "Register Contents\t\t\t\tROM Contents" );
    for( int i=0, tmp=0 ; i<8 ; i=i+1 ) begin
      tmp = i+pc-3;
      tmp = tmp < 0 ? 0 : tmp;
      $display( "Reg[%d] : %x\t\tROM[%x]=%x", i, Reg[i], tmp, memory[tmp] ) ;
    end
  endtask : DumReg

endmodule : GenericCPU
```

- 新しいfunction，taskの記述方法
- ローカル変数

以下では，これらについて説明していきます．

1） 新しい型（logic, bit, int）

ポート宣言部のwireやregはlogicに変更しました．また，内部変数のregはbitに，integerはintに変更しました．ただし，ポート宣言部のD信号だけはwireのままです．その理由は後ほど説明します．

SystemVerilogでは，wire, regのほかに，新しい型であるlogic, bitが追加されました．logicは4値（'1', '0', 'X', 'Z'）を，bitは2値（'1', '0'）を表すために使用します．また，integerと同じような働きをするintも追加されました．integerは32ビット幅のregと同じ働きをしますが，intは2値でANSI C言語のintと同じ32ビット幅の整数になります．intのほかに次のような型も追加されました．

shortint　　　：2値で16ビット幅の符号付き整数

リスト10-2 名まえ付きブロックの記述

```
always @( posedge CLK ) begin : main_block
    ....
end
```
(a) Verilog HDL 1995/2001の名まえ付きブロック

```
always @( posedge CLK ) begin : main_block
    ....
end : main_block
```
(b) SystemVerilogの名まえ付きブロック

int	:2値で32ビット幅の符号付き整数
longint	:2値で64ビット幅の符号付き整数
byte	:2値で 8ビット幅の符号付き整数

また，符号付き/なしも signed/unsigned を使うことで指定できるようになりました．

| 符号付き32ビット整数：int signed　　a; |
| 　　　　　　　（int a でも同じ） |
| 符号なし32ビット整数：int unsigned b; |

整数のほかに，小数点数の型である real，shortreal も追加されました．real は ANSI C 言語の double と同じ，shortreal は ANSI C 言語の float と同じです．

また，C言語の構造体と同様の struct も使えるようになりました．

2) ラベル（ブロック，module，function，task）

Verilog HDL 1995/2001，リスト10-2(a)のように begin～end ブロックに名まえを付けられます．SystemVerilogでは，リスト10-2(b)のように begin の後だけでなく，end の後にも名まえを付ける必要があります．

筆者は，Verilog HDL 1995/2001において，リスト10-3(a)のように endmodule や endfunction，endtask の後にそれぞれの名まえをコメントとして追加しています．こうすることで，各コードの範囲を判別できます．

SystemVerilogでは，リスト10-3(b)のように module，function，task の終わりの部分に名まえ（モジュール名，ファンクション名，タスク名）を付けることができるようになったので，コメントを付ける必要がなくなりました．また，リスト10-3(c)のように普通の文(statement)にもラベルを付けることができるようになりました．

3) function，task の新しい記述方法

SystemVerilogでは，function と task について次のような新しい記述が追加されました．

● function，task の begin～end が不要に

Verilog HDL 1995/2001では，リスト10-4(a)のように function，task の本体部分が複数文のと

きは，begin〜endで囲む必要がありました．SystemVerilogでは，**リスト10-4(b)**のようにbegin〜endが必要なくなりました．

● function，taskのreturn

Verilog HDL 1995/2001では，**リスト10-5(a)**のようにfunctionの戻り値は関数名に代入することで行い，本体部分が終了したら最後に代入した値が実際の戻り値になります．SystemVerilogでは，**リスト10-5(b)**のようにreturnを使って戻り値を指定することも可能です．また，returnを使うことにより，本体部分の最後までを実行しなくても関数を終了することができます．同じようにtaskについても，returnを使うことにより，本体部分の最後まで実行しなくても終了できます．

● functionの戻り値とfunction，taskの引き数

Verilog HDL 1995/2001では，functionの戻り値はintegerか[31:0]のようなビット幅を指定す

リスト10-3 コメントとラベルの記述

```
module GenericCPU( .... );
  ....
  function [31:0] Fetch( .... );
    ....
  endfunction // Fetch

  task Execute( .... );
    ....
  endtask // Execute
endmodule //GenericCPU
```
(a) endmodule, endfunction, endtaskへのコメント

```
module GenericCPU( .... );
  ....
  function bit[31:0] Fetch( .... );
    ....
  endfunction : Fetch

  task Execute( .... );
    ....
  endtask : Execute
endmodule : GenericCPU
```
(b) module, function, taskへのラベル

```
Bus_load:   Load( Reg[R0], Reg[R1] );
```
(c) 普通の文にもラベルが付けられる

リスト10-4　functionの記述

```
function [31:0] Decode( input bit [31:0] HEX );
  reg [31:0] code;
  begin
    code    = {HEX[31:24], HEX[23:20], HEX[19:16],
               HEX[15:0]};
    Decode = code;
  end
endfunction : Decode
```
(a) begin〜endを使ったfunction

```
function bit [31:0] Decode( input bit [31:0] HEX );
  bit [31:0] code;
  code    = {HEX[31:24], HEX[23:20], HEX[19:16],
             HEX[15:0]};
  Decode = code;
endfunction : Decode
```
(b) begin〜endを使わないfunction

るものだけでした．SystemVerilogでは，型（logic，bit）や列挙型（enum），構造体（struct）なども使えます〔**リスト10-6**（a）〕．また，functionやtaskなどの引き数も，functionの戻り値と同じように，型，列挙型，構造体を指定できます〔**リスト10-6**（b）〕．ただし，これについては**リスト10-1**では使用していません．なお，**リスト10-6**（a），（b）では，命名デコード・ファンクションからの戻り値や引き数に構造体（instruction_t）を指定しています．構造体を使うことによって関連する変数をまとめることができ，記述がわかりやすくなります．

● functionの戻り値にvoidが使用可能に

Verilog HDL 1995/2001では，functionに戻り値が必要であり，戻り値は何らかのものに代入する必要がありました．SystemVerilogではfunctionの戻り値がないvoid型も使えるようになりました〔**リスト10-6**（b）〕．

通常，引き数に指定された値はfunctionやtask内ではコピーされた値が使われます．これを値による引き数渡し（pass by value）と呼びます．SystemVerilogでは値による引き数渡しではなく，リファレンスによる引き数渡し（pass by reference）もサポートされており，この場合，inputやoutputなどの代わりにrefを使います．リファレンスは，構造体や配列（array）など，引き数に大きなデータを渡すときに使用します（**リスト10-7**）．

リスト10-7と**リスト10-6**（b）の違いは，命令デコード・ファンクションの第2引き数がoutputから

リスト10-5 戻り値の記述

```
function [31:0] Fetch( input [31:0] PC );
  begin
    Fetch = memory[PC];
  end
endfunction // Fetch function
```
（a）function名を使った戻り値

```
function bit [31:0] Fetch( input int PC
);
  return memory[PC];
endfunction : Fetch
```
（b）returnを使った戻り値

リスト10-6 構造体の記述

```
typedef struct {
  bit [7:0]   code;
  bit [3:0]   r0, r1;
  bit [15:0]  imm;
} instruction_t;

function instruction_t Decode( input bit
[31:0] HEX );
  instruction_t i;
  i.code = HEX[31:24];
  i.r0   = HEX[23:20];
  i.r1   = HEX[19:16];
  i.imm  = HEX[15:0];
  return i;
endfunction : Decode

instruction_t inst;
bit [31:0]    code;

inst = Decode( code );
```
（a）構造体の戻り値

```
function void Decode(
    input bit [31:0] HEX,
    output instruction_t i );
  i.code = HEX[31:24];
  i.r0   = HEX[23:20];
  i.r1   = HEX[19:16];
  i.imm  = HEX[15:0];
endfunction : Decode

instruction_t inst;
bit [31:0]    code;

Decode( code, inst );
```
（b）構造体の引き数

リスト10-7 リファレンスによる引き数

```
function void Decode( input bit [31:0] HEX,
                      ref instruction_t i );

    i.code = HEX[31:24];
    i.r0   = HEX[23:20];
    i.r1   = HEX[19:16];
    i.imm  = HEX[15:0];

endfunction : Decode

instruction_t inst;
bit [31:0]    code;

Decode( code, inst );
```

リスト10-8 ローカル変数の記述

```
always @( posedge CLK ) begin
  if( !nRST )
    Reset;
  else begin
    bit [7:0] code, [3:0] r0, r1, [15:0] imm;
    {code, r0, r1, imm } = Decode( Fetch(pc) );
    Execute( code, r0, r1, imm );
    DumpReg;
  end
end
```

(a) 名まえがないブロック内のローカル変数

```
task DumpReg;
  $display( "Register Contents\t\t\t\tROM Contents" );
  for( int i=0, tmp=0 ; i<8 ; i=i+1 ) begin
    tmp = i+pc-3;
    tmp = tmp < 0 ? 0 : tmp;
    $display( "Reg[%d] : %x\t\tROM[%x]=%x",
              Reg[i], tmp, memory[tmp] ) ;
  end
endtask : DumpReg
```

(b) for構文のローカル変数

refに変わったことです．また，outputとrefでは，引き数に代入された値が実際にその引き数に反映されるタイミングが異なります．outputではその引き数に代入しても，taskが終了するまで代入した値は引き数に反映されません．一方，refを使うと，代入した値はtaskが終了することを待たずにただちに引き数に反映されます．

4) ローカル変数

Verilog HDL 1995/2001では，名まえ付きブロックやfunction，task内でローカル変数を使うことができます．SystemVerilogでは，**リスト10-8(a)**のように名まえがないブロック内でもローカル変数を使うことができます．また，**リスト10-8(b)**のようにANSI C言語のfor構文と同じようなローカル変数の使いかたもできます．

リスト10-9
ポート接続の記述

```
module Test;
   wire          CLK, nRST, nCS, nOE, nWE, READY;
   wire [31:0] D, A;
   Clock       clock ( CLK );
   Reset       reset ( CLK, nRST );
   GenericCPU cpu   ( CLK, nRST, A, D, nCS, nOE, nWE, READY );
   Memory      memory( CLK, nRST, A, D, nCS, nOE, nWE, READY );
endmodule
```

（a）位置によるポート接続

```
module Test;
   wire          CLK, nRST, nCS, nOE, nWE, READY;
   wire [31:0] D, A;
   Clock       clock ( .CLK(CLK) );
   Reset       reset ( .CLK(CLK), .nRST(nRST) );
   GenericCPU cpu   ( .CLK(CLK), .nRST(nRST), .A(A), .D(D),
                      .nCS(nCS), .nOE(nOE), .nWE(nWE),
                      .READY(READY) );
   Memory      memory( .CLK(CLK), .nRST(nRST), .A(A), .D(D),
                      .nCS(nCS), .nOE(nOE), .nWE(nWE),
                      .READY(READY) );
endmodule
```

（b）名まえによるポート接続

```
module Test;
   wire          CLK, nRST, nCS, nOE, nWE, READY;
   wire [31:0] D, A;
   Clock       clock ( .CLK );
   Reset       reset ( .CLK, .nRST );
   GenericCPU cpu   ( .CLK, .nRST, .A, .D, .nCS, .nOE, .nWE, .READY );
   Memory      memory( .CLK, .nRST, .A, .D, .nCS, .nOE, .nWE, .READY );
endmodule
```

（c）.nameによるポート接続

```
module Test;
   wire          CLK, nRST, nCS, nOE, nWE, READY;
   wire [31:0] D, A;
   Clock       clock ( .* );
   Reset       reset ( .* );
   GenericCPU cpu   ( .* );
   Memory      memory( .* );
endmodule
```

（d）.*によるポート接続

● 新しいポート接続を使って記述量を大幅削減

　実際の設計では，一つの階層に非常に多くのモジュール（インスタンス）間のポート接続が必要になります．ポート接続を記述する作業は非常にめんどうであり，記述量が多くなるのでミスが発生しやすくなります．これを解決するためにSystemVerilogでは新しいポートが使えるようになりました．ここでは，簡易CPUバス・モデルのトップ階層のテストベンチにおけるポート接続を例に説明します．

　SystemVerilogでは，リスト10-9に示す四つの方法でポート接続を行えます．リスト10-9（a），（b）は，Verilog HDL 1995/2001でも使うことができます．リスト10-9（a）の「位置によるポート接続（positional port connections）」では，インスタンス化するモジュールの各ポートの順番を正しくしない

リスト10-10　インターフェースの記述

```
interface BusInterface(                          nOE  <= #10 1'b1;
input logic CLK, nRST );                         nCS  <= #10 1'b1;
  logic         READY;                         end
  logic [31:0]  A;                             @( posedge CLK )
  wire  [31:0]  D;                               A    <= #15  32'bz;
  logic         nCS, nOE, nWE;                 end
  reg   [31:0]  DReg;                        endtask : Bus_Load
  assign        D = DReg;
                                              task Bus_Store( input logic [31:0] ADDR,
  task Bus_Reset;                                              output logic [31:0] DATA
    nCS  <= 1'b1;                                                );
    nOE  <= 1'b1;                                A    <= #15    ADR;
    nWE  <= 1'b1;                                DReg <= #20    DATA;
    A    <= 32'bz;                             @(posedge CLK)
    DReg <= 32'bz;                               nCS <= #10 1'b0;
  endtask : Bus_Reset                          @(posedge CLK)
                                                 nWE <= #10 1'b0;
  task Bus_Load( input logic [31:0] ADDR,      @(posedge READY) begin
                 output logic[31:0] DATA         @( posedge CLK )
                    );                             nWE <= #10 1'b1;
    A   <= #15  ADDR;                          @( posedge CLK ) begin
    @(posedge CLK)                               nCS  <= #10 1'b1;
      nCS <= #10 1'b0;                           DReg <= #15  32'bz;
    @(posedge CLK)                             end
      nOE <= #10 1'b0;                         @( posedge CLK );
    @(posedge READY) begin                       A    <= #10  32'bz;
      @( posedge CLK )                         end
        DATA <= D;                           endtask : Bus_Store
      @( posedge CLK ) begin               endinterface : BusInterface
```

(a) インターフェース部

とバグの原因になります．これに対して，**リスト10-9（b）**の「名まえによるポート接続（named port connections）」では，明示的にポート名を指定するので接続のまちがいがなくなります．

　リスト10-9（c），**（d）**は，SystemVerilogで利用できるようになったポート接続です．**リスト10-9（c）**の「.nameによるポート接続（implicit .name port connections）」は，**リスト10-9（b）**の名まえによるポート接続と似ていますが，ポートに接続する信号の名まえとサイズが同じときに使えます．この.nameによるポート接続により，ポート接続部の記述量が半分以下になります．

　リスト10-9（d）の「.*によるポート接続（implicit .* port connections）」は，個々のポート名に対するポート接続ではなく，複数のポートに対してポートに接続する信号の名まえとサイズが一致するときに使えます．このとき，すべてのポートが一致する必要はありません．一致しないポートに対してだけ，名まえによるポート接続を行えばよいのです．

　SystemVerilogでは，.nameによるポート接続や.*によるポート接続を使うことにより，コードの記述量を大幅に削減できます．

● モジュールをインターフェースに変更する

　SystemVerilogの新しい機能として，インターフェース（interface）があります．インターフェースは，通信方式の記述を再利用しやすくするための機能です．

　リスト10-10（b）は，インターフェースを使ったGenericCPUの記述です．この例では，CPUモデル

```
module GenericCPU( BusInterface bus,
                   input logic CLK, nRST );
    ....
   (省略)
    ....
  task Reset;
    ....
   (省略)
    ....
    bus.Bus_Reset;
  endtask : Reset

  task Execute( input bit [7:0] CODE,
                input bit [3:0] R0, R1,
                input bit [15:0] IMM );
    ....
   (省略)
    ....
      `LOAD :
        begin
          Bus_Load:  bus.Bus_Load( Reg[R0],
Reg[R1] );
        end
      `STORE :
        begin
          Bus_Store: bus.Bus_Store( Reg[R0],
Reg[R1] );
        end
```

(b) インターフェースを使うモジュールのポート宣言部（GenericCPU）

```
module Memory( BusInterface bus,
               input logic CLK, nRST );
    ....
   (省略)
    ....
endmodule : Memory
```

(c) インターフェースを使うモジュール例（Memory）

```
module Test;
  logic         CLK, nRST;
  Clock         clock  ( .* );
  Reset         reset  ( .* );
  BusInterface  bus    ( .* );
  GenericCPU    cpu    ( .bus(bus),
                         .* );
  Memory        memory ( .bus(bus),
                         .* );
endmodule : Test
```

(d) インターフェースをモジュールに接続する例

とMemoryモデルの間を接続するバスをインターフェースで表します．インターフェースについては，**リスト10-10**(a)のようにmoduleの代わりにinterfaceというキーワードを使います．ポート宣言部には，外部との信号接続のために使います．それ以外は，インターフェースの内部でのみ使用することになります．

リスト10-10(a)では，バス部分で必要な信号（READY，A，D，nCS，nOE，nWE）を持っています．データ信号（D）以外はすべてlogic型の信号です．データ信号（D）は双方向信号であるため，logicではなくwireを使います．双方向信号は，Verilog HDL 1995/2001と同じように出力用信号であるDRegを定義し，このDRegをDに割り当てます．

インターフェースには，タスクを含めることができます．**リスト10-10**(a)のBusInterfaceは三つのタスク（Bus_Reset，Bus_Load，Bus_Store）を持っています．各タスクは，タスク名を区別しやすくするために変更しているだけで，内容は**リスト10-1**のReset，Load，Storeタスクと同じです．

インターフェースを使うモジュール（GenericCPU，Memory）を**リスト10-10**(b)，(c)に示します．GenericCPUのポートに**リスト10-10**(a)のBusInterfaceを宣言します．GenericCPUでは，インターフェースの各タスク（Bus_Reset，Bus_Load，Bus_Store）をポート名であるbusを使って利用します．

リスト10-10(d)では，BusInterfaceを二つのモジュール間（GenericCPUとMemory）に接続しています．インターフェースはモジュールと同じようにインスタンス化します．BusInterfaceのポートには，クロック（CLK）とリセット（nRST）を接続します．**リスト10-10**(d)の記述は.*によるポート接続

リスト10-11
modportによる入出力の明示

```
interface BusInterface( input logic CLK, nRST );
    ....
    （省略）
    ....
    modport cpu (
                import Bus_Reset,
                       Bus_Load,
                       Bus_Store,
                output A, nCS, nOE, nWE,
                ref    D,
                input  READY
              );
    modport memory (
                input  A, nCS, nOE, nWE,
                ref    D,
                output READY
              );
endinterface : Businterface
```

(a) インターフェース内のmodport宣言部

```
module GenericCPU( BusInterface.cpu bus, input logic CLK, nRST );
```

(b) インターフェースを使うモジュールのポート宣言部

```
module Memory( BusInterface.memory bus, input logic CLK, nRST );
```

(c) インターフェースを使うモジュールのポート宣言部（Memory）

```
module Test;

  logic        CLK, nRST;
  Clock clock( .* );
  Reset reset( .* );
  BusInterface bus( .* );
  GenericCPU #( .hex_file("test.hex"), .dump(1) )
              cpu( .bus(bus.cpu), .* );
  Memory memory( .bus(bus.memory), .* );

endmodule : Test
```

(d) インターフェースのmodportをモジュールに接続する

なので，自動的にCLKポートにCLKが，nRSTポートにはnRSTが接続されます．インスタンス化したbusは，GenericCPUとMemoryのbusポートに接続します．リスト10-10(d)では，.nameによるポート接続を使い，.bus(bus)という記述になっていますが，.*によるポート接続でほかのポートと接続しているので，省略することができます（ポート名とインターフェースのインスタンス名が同じ「bus」であるため）．

なお，リスト10-10(b)，(c)のポート部分のBusInterfaceは，interfaceと汎用的に表現することもできます．

リスト10-12
別のimportによる宣言

```
import task Bus_Reset(),
       task Bus_Load( input logic [31:0] ADDR, output [31:0] DATA ),
       task Bus_Store(input logic [31:0] ADDR, input  [31:0] DATA ),
```

● インターフェースの信号の入出力はmodportで明示

　インターフェースをモジュールのポートに接続した場合，インターフェース内部の信号は，接続したモジュールに対して入力なのか出力なのかわかりません．これを解決するためにmodportを使います．リスト10-11(a)はリスト10-10(a)に対してmodportを追加したものです．

　マスタ側(GenericCPU)に接続するための情報をmodport cpuとして，スレーブ側(Memory)に接続するための情報をmodport memoryとして追加します．各modportでは信号の入力(input)，出力(output)，双方向(ref)として宣言します．また，マスタ側で利用する関数もimportを使って宣言します．リスト10-11(a)のimportでは，BusInterface内のタスク(Bus_Reset, Bus_Load, Bus_Store)をmodport cpuで接続したモジュールで利用できるようにします．importでは，リスト10-11(a)以外にもリスト10-12のように関数のプロトタイプを使うことができます．こちらのほうがタスクの引き数が明確になります．

　そして，リスト10-11(b)，(c)に，modport宣言を含むBusInterfaceをポート宣言に使用するモジュール(GenericCPUとMemory)を示します．リスト10-11(b)では，GenericCPUがマスタ側なのでcpuに接続します．リスト10-11(c)では，Memoryがスレーブ側なのでmemoryに接続します．インターフェースとモジュールの間の接続については，リスト10-11(d)のようにGenericCPUのインスタンスであるcpuのbusポートにはbus.cpuを，Memoryのインスタンスであるmemoryのbusポートにはbus.memoryを接続します．

● 技術者本来の仕事に注力するためにツールを使う

　SystemVerilogには，ここまでで説明したもの以外にも多くの機能が追加されています．SystemVerilogで追加された機能を利用することにより，記述量を低減することができます．このことにより，記述を効率化し，ミスを少なくすることができます．

　進化するツール(SystemVerilogなど)をうまく使いこなすことにより，エンジニア本来の仕事に時間を割くようにしましょう．

参考文献
(1) 川北浩孝；システムオンチップ時代のスケーラブル設計手法，第4回 各種設計ノウハウ，pp.207-216, Interface 1997年11月号，CQ出版社．
(2) 宮下晴信；抽象度の違いによるモデリング，http://www.systemc.org/projects/sitedocs/document/miyashita_presentation_3/（現在は公開されていない）
(3) 宮下晴信；インターフェースによる抽象度の隠蔽，http://www.systemc.org/projects/sitedocs/document/miyashita_presentation_4/（現在は公開されていない）
(4) IEEE, IEEE 1800-2005, IEEE Standard for SystemVerilog: Unified Hardware Design, Specification and Verification Language.

コラム 10-2　Verilog HDL 2001 による実装例

　リスト10-Aは，GenericCPU を Verilog HDL 2001 の以下のような機能を使って記述したものです．
- ANSI Cタイプのポート宣言
- ANSI Cタイプのfunction/task部の引き数宣言
- localparam
- 配列に対するビット・アクセス

それぞれの機能について説明していきます．

1) ANSI Cタイプのポート宣言

　Verilog HDL 1995 では，リスト10-B(a)のようにモジュールのポート宣言には信号名を書き，本体部分にその信号の入出力タイプとビット幅を指定します．信号名の型は，別途指定する必要があります．通常，出力であればregになり，入力や入出力の場合はwireになります．ただし，wireは信号に対するデフォルトの型になるので省略することができます．つまり，型を指定していない信号はwireになります．このように Verilog HDL 1995 では，似たようなものを3回書かなくてはいけません．
　Verilog HDL 2001 では，リスト10-B(b)のようにANSI C言語の関数プロトタイプと同じように記述することができます．ポート宣言部に信号の入出力タイプ，信号の型，信号名を一度に書くことができ，記述も短く，見やすくなり，ミスを減らすことができます．この例では，11行が約半分の6行になっています．

リスト10-A　簡易CPUバス・モデルのVerilog HDL 2001 による実装

```verilog
`timescale 1ns / 10ps
`include "OPCODE.vh"
module GenericCPU( input    wire      CLK, nRST,
                   output   wire      [31:0] A,
                   inout    wire      [31:0] D,
                   output   reg
                                      nCS, nOE, nWE,
                   input    wire
READY );
  reg [31:0]   AReg, DReg;
  assign       D = DReg, A = AReg;

  parameter    hex_file = "test.hex";
  localparam   cs_delay = 10,
               oe_delay = 10, we_delay = 10,
               a_delay  = 15, d_delay  = 20;
  reg [31:0]   memory[0:1023], Reg[7:0];
  reg          eq, gt, lt;
  integer      pc;

  initial begin  // Initial Block
    $display("\nGeneric CPU Model (HDL
Model Version)" );
    $display("Copyright (c) 1997 Miya
Harayama, All rights reserved");
    $display("Copyright (c) 2004 Harunobu
Miyashita, All rights reserved");
    $display("Verilog-2001 Version");
    $display("Internal Memory Size : 1024
Words");
    $display("Loading Internal Memory
Data from '%s' file.", hex_file );
    $readmemh(hex_file, memory, 0);
    Reset;
  end

  always @( posedge CLK ) begin :
main_block
    reg [7:0]    code;
    reg [3:0]    r0, r1;
    reg [15:0]   imm;

    if( !nRST )
      Reset;
    else begin
      {code, r0, r1, imm } = Decode(
Fetch(pc) );
      $display( "PC = %x CODE = 0x%x R0 =
%d R1 = %d IMM = 0x%x", pc, code, r0, r1,
imm );
      Execute( code, r0, r1, imm );
      DumpReg;
    end

  end // main_block

  function [31:0] Fetch( input [31:0] PC
);
    begin
      Fetch = memory[PC];
    end
  endfunction // Fetch function

  function [31:0] Decode( input [31:0]
HEX );
    begin
      Decode = {HEX[31:24], HEX[23:20],
                HEX[19:16], HEX[15:0]};
    end
  endfunction // Decode function

  task Reset;
    begin
      disable Load;
```

2) ANSI Cタイプのfunction/task部の引き数宣言

モジュールのポート宣言と同じように，function部およびtask部の引き数宣言部分も ANSI C言語の関数プロトタイプのようにすることができます（リスト10-C）．

3) localparam

Verilog HDL 1995では，モジュール内の定数にparameterを使います．parameterはモジュール外部から，defparamや#()を使って上書きすることができます．しかし，上書きを禁止することはできません．Verilog HDL 2001では，モジュール内部でのみ使用可能な定数にはlocalparamを使うことがで

きます．localparamで指定した定数は，モジュール外部から変更することができません．

4) 配列に対するビット・アクセス

Verilog HDL 1995では，配列の各要素のビットにアクセスするときに，まず最初に要素を一時変数に取り出し，その一時変数に対してビットにアクセスした後，一時変数を元の配列の要素に戻すという手間のかかることを行わなければなりません〔リスト10-D(a)〕．Verilog HDL 2001では，配列の各要素に直接ビット・アクセスできるようになっています〔リスト10-D(b)〕．

```verilog
            disable Store;
            pc            <= 0;
            Reg[0]        <= 32'b0;
            Reg[1]        <= 32'b0;
            Reg[2]        <= 32'b0;
            Reg[3]        <= 32'b0;
            Reg[4]        <= 32'b0;
            Reg[5]        <= 32'b0;
            Reg[6]        <= 32'b0;
            Reg[7]        <= 32'b0;
            {eq, gt, lt}  <= 3'b000;
            nCS           <= #cs_delay 1'b1;
            nOE           <= #oe_delay 1'b1;
            nWE           <= #we_delay 1'b1;
            AReg          <= #a_delay  32'bz;
            DReg          <= #d_delay  32'bz;
        end
    endtask // Reset task

    task Execute( input [7:0] CODE,
                  input [3:0] R0, R1,
                  input [15:0] IMM );
        integer jmp;
        begin
            jmp = 1;
            case(CODE)
                `ADD    : Reg[R0]
                            = Reg[R0] + Reg[R1];
                `SUB    : Reg[R0]
                            = Reg[R0] - Reg[R1];
                `MOV    : Reg[R0] = Reg[R1];
                `SETHI  : Reg[R0][31:16] = IMM;
                `SETLO  : Reg[R0][15: 0] = IMM;
                `CMP    :
                  begin
                    if( Reg[R0] == Reg[R1] )
                        {eq, gt, lt} = {3'b100};
                    else if( Reg[R0] > Reg[R1] )
                        {eq, gt, lt} = {3'b010};
                    else if( Reg[R0] < Reg[R1] )
                        {eq, gt, lt} = {3'b001};
                  end
                `JMP    :
                    jmp = {{16 {IMM[15]}}, IMM};
                `JEQ    : if( eq )
                    jmp = {{16 {IMM[15]}}, IMM};
                `JGT    : if( gt )
                    jmp = {{16 {IMM[15]}}, IMM};
                `JLT    : if( lt )
                    jmp = {{16 {IMM[15]}}, IMM};
                `LOAD   :
                  begin
                    Load( Reg[R0], Reg[R1] );
                  end
                `STORE  :
                  begin
                    Store( Reg[R0], Reg[R1] );
                  end
                `HALT    : $stop;
                `FINISH  : $finish(2);
                default  : $display( "ERROR : Generic CPU Model does not support Code 0x%x", CODE );
            endcase

            Reg[0] = 0;
            pc = pc + jmp;
        end
    endtask // Execute task

    task Load( input  [31:0] ADDR,
               output [31:0] DATA );
        begin
            AReg <= #a_delay  ADDR;
```

コラム 10-2　Verilog HDL 2001による実装例

リスト10-A　簡易CPUバス・モデルのVerilog HDL 2001による実装 (つづき)

```verilog
      @(posedge CLK)
        nCS <= #cs_delay 1'b0;

      @(posedge CLK)
        nOE <= #oe_delay 1'b0;

      @(posedge READY) begin
        @( posedge CLK )
          DATA <= D;

        @( posedge CLK ) begin
          nOE <= #oe_delay 1'b1;
          nCS <= #cs_delay 1'b1;
        end

        @( posedge CLK )
          AReg <= #a_delay  32'bz;
      end
    end
  endtask // Load task

  task Store( input [31:0] ADDR,
              input [31:0] DATA
            );
    begin
      AReg <= #a_delay ADDR;
      DReg <= #d_delay DATA;

      @(posedge CLK)
        nCS <= #cs_delay 1'b0;

      @(posedge CLK)
        nWE <= #we_delay 1'b0;

      @(posedge READY) begin

        @( posedge CLK )
          nWE <= #we_delay 1'b1;

        @( posedge CLK ) begin
          nCS <= #cs_delay 1'b1;
          DReg <= #d_delay  32'bz;
        end

        @( posedge CLK );
          AReg <= #a_delay  32'bz;
      end
    end
  endtask // Store task

  task DumpReg;
    integer i, tmp;
    begin
      $display( "Register Contents\t\t\t\tROM Contents" );
      for( i=0 ; i<8 ; i=i+1 ) begin
        tmp = i+pc-3;
        tmp = tmp < 0 ? 0 : tmp;
        $display( "Reg[%d] : %x\t\tROM[%x]=%x", i, Reg[i], tmp, memory[tmp] ) ;
      end
    end
  endtask // DumRegu task
endmodule
```

リスト10-B　ポート宣言

```verilog
module GenericCPU( CLK, nRST, A, D, nCS, nOE, nWE, READY );
  input           CLK, nRST;
  output [31:0]   A;
  inout  [31:0]   D;
  output          nCS, nOE, nWE;
  input           READY ;
  wire            CLK, nRST;
  wire   [31:0]   A;
  wire   [31:0]   D;
  reg             nCS, nOE, nWE;
  wire            READY ;
```

(a) Verilog HDL 1995のポート宣言

```verilog
module GenericCPU( input  wire           CLK, nRST,
                   output wire   [31:0]  A,
                   inout  wire   [31:0]  D,
                   output reg            nCS, nOE, nWE,
                   input  wire           READY );
```

(b) Verilog HDL 2001のポート宣言

リスト10-C　Verilog HDL 2001のfunction/task部の引き数宣言

```verilog
function [31:0] Fetch( input [31:0] PC );
  begin
    Fetch = memory[PC];
  end
endfunction // Fetch function
```

(a) function部の引き数宣言

```verilog
task Execute( input [7:0] CODE, input [3:0] R0, R1, input [15:0] IMM );
  begin
    ...
  end
endtask // Execute task
```

(b) task部の引き数宣言

リスト10-D　配列の要素へのアクセス例

```
tmp = Reg[R0]; tmp = {tmp[31:16]:, IMM}; Reg[R0] = tmp;
```

(a) Verilog HDL 1995の記述

```
Reg[R0][15:0] = IMM;
```

(b) Verilog HDL 2001の記述

SystemVerilog設計スタートアップ

第11章

DPI-Cを使ってC++モデルを接続する

宮下晴信

第10章では，SystemVerilogを使った簡易CPUのモデリング例を紹介した．本章では，SystemVerilogの重要な機能であるDPI（Direct Programming Interface）を利用して，C++コードとSystemVerilogコードを共存させる方法を紹介する．DPIはSystemVerilogと外部言語の間のインターフェース仕様で，Verilog HDLのPLI（Programming Language Interface）を補完する． (編集部)

　Verilog HDL 1995/2001では，C言語とのインターフェースとしてPLI（Programming Language Interface）が用意されています．PLIには，1.0（tf，acc）と2.0（vpi）の2種類があります．PLIを使うことにより，Verilog HDLといっしょにC言語を利用できますが，手続きが複雑であるという問題がありました．

　SystemVerilogの場合，DPI（Direct Programming Interface）という外部言語とのインターフェースが用意されています．DPIは，SystemVerilog層（SystemVerilog layer），外部言語層（foreign language layer）と呼ばれる二つの階層から構成されており，これら二つの階層は完全に分離されています．SystemVerilog層は外部言語に依存しないので，いろいろな言語といっしょに利用することができます．ただし，SystemVerilogでは，外部言語としてまだC言語しか定義されておらず，C言語とのインターフェースはDPI-Cと呼ばれています．

　DPI-Cを使うことにより，PLIのような複雑な手続きを行わなくても，SystemVerilogコードからCコードを呼び出すことができます．また，逆にCコードからSystemVerilogコードを呼び出すこともできます．後者は，PLIにはない機能です．

　本章では，DPI-Cを使って，SystemVerilogコードからCコードを呼び出す方法，およびCコードからSystemVerilogコードを呼び出す方法を説明します．また，第10章で紹介した簡易CPUバス・モデル（SystemVerilog記述）を，SystemVerilog + DPI-CとC/C++で実装したものも紹介します．DPI-CはC言語とのインターフェースですが，ここではC++を使ったモデルとのインターフェース方法についても説明します．

● SystemVerilogコードからCコードを呼び出す

　SystemVerilogコードからCコードを呼び出す場合，以下の記述を使います．

```
import "DPI-C"
```

import "DPI-C"の記述は，関数(function)とタスク(task)の2種類に分類できます．関数とタスクの違いはSystemVerilogの場合と同じで，シミュレーション時間が進むかどうかです．

また，関数はさらにpureとcontextに分類されます．pureあるいはcontextは，"DPI-C"とfunctionの間に入れます．pureはC言語側でSystemVerilogコードにアクセスしない場合のみ使用できます．SystemVerilogコードにアクセスする場合は，pureではなくcontextを付けます．タスクの場合は，かならずcontextになります．

import "DPI-C"で宣言した関数あるいはタスクは，宣言したモジュールでのみ使うことができます．つまり，SystemVerilogのmodule内で定義する関数やタスクと同様に扱うということです．

1) pureの関数

リスト11-1(a)に関数の例を示します．リスト11-1(a)のCコード内ではSystemVerilogのコードにアクセスしていないのでpureになります．functionの後は，Cコードの関数の戻り値，関数名，関数への引き数の順になります．関数の戻り値は，次のようなSystemVerilogの型などが指定できます．

リスト11-1
import"DPI-C"の記述例(pureの関数の場合)

```
`timescale 1ns/1ps
module dpi_test1

  import "DPI-C" pure      function int CFunc_x2(input
                                                 int value);

  initial begin : main_block

    int c_value  = 0;
    int sv_value = 0;

    sv_value = 1;
    c_value  = CFunc_x2(sv_value);
    $display("<<MSG>> : sv_value(%0d)*2
                            = c_value(%0d)\n",
                            sv_value, c_value );

    $finish(2);

  end : main_block

endmodule : dpi_test1
```

(a) SystemVerilogコード(dpi_test1.sv)

```
#include "stdio.h"

int CFunc_x2( const int c_value )
{
  int new_value;
  new_value = c_value *2;
  printf("<<MSG>> : CFunc_x2, c_value = %d,
                            new_value = %d\n",
                    c_value, new_value);
  return new_value;
}
```

(b) Cコード (CFunc1.c)

```
    void, byte, shortint, int, longint,  real, shortreal, chandle, string
```

それぞれC言語の次の型に対応します．

```
    void, char, short, int, long long,  double, float, void *, char *
```

関数の戻り値として使える上記以外のものについては，参考文献（4）を参照してください．

関数名は，Cコード内の関数名を指定します．また，Cコードにある関数名がSystemVerilogのキーワードなどになっていて使用できない場合は，次のようにCコードの関数名をSystemVerilogコードの関数名に置き換えることもできます．

```
    import "DPI-C" pure ¥begin function void begin_c ();
```

beginはSystemVerilogのキーワードになっているので，関数名には使えません．そこで，Cコードの関数beginをSystemVerilogではbegin_cに置き換えています．なお，beginの前にある¥は，SystemVerilogのキーワードであるbeginと区別するために必要です．

関数への引き数は，関数の戻り値と同じ型を指定できます．また，その引き数が関数への入力になるのか，出力になるのか，あるいは入出力になるのかを示すために，input, output, inoutを指定できます．指定しないときは，inputが指定されているものとします．

リスト11-1（a）のCFunc_x2関数は，関数の戻り値がint，関数名がCFunc_x2，関数への引き数はint型の入力が一つとなります．リスト11-1（b）のCFunc_x2関数も同じように，関数の戻り値がint，関数名がCFunc_x2，関数への引き数はint型になります．関数への引き数が入力なので，Cコードの CFunc_x2関数の引き数にはconstを付けて引き数が変更されないことを明示的に示しています．CコードのCFunc_x2関数では，引き数の値を2倍します．SystemVerilogでsc_valueに1を設定したので，CFunc_x2関数の戻り値は2になり，その結果，c_valueは2になります．

2）contextの関数

次にcontextの関数DumpInfoをリスト11-2に示します．DumpInfo関数は，関数の戻り値および引き数の型がvoidです．リスト11-2（b）のCコードのDumpInfo関数では，SystemVerilogコードにアクセスする場合は関数svGetScopeとsvGetNameFromScopeを使っているので，pureではなくcontextになります．また，svGetScopeとsvGetNameFromScopeを使うため，svdpi.hファイルをインクルードしています．svdpi.hファイルはシミュレータに付いているものを使います．

CコードのDumpInfo関数では，DumpInfoを呼んだSystemVerilogのスコープ名を表示します．リスト11-2（a）のSystemVerilogコードを実行すると，DumpInfo関数を実行しているSystemVerilogのスコープ名であるdpi_test2が次のように表示されます．

```
    <<MSG>> : C (DumpInfo), dpi_test2
```

タスクについては，次のCコードからSystemVerilogコードを呼び出す方法の説明の中で解説します．

● CコードからSystemVerilogコードを呼び出す

CコードからSystemVerilogコードを呼び出す場合，以下の記述を使います．

リスト11-2　import"DPI-C"の記述例（contextの関数の場合）

```
`timescale 1ns/1ps
module dpi_test2;

   import "DPI-C" context function void
DumpInfo( void );

   initial begin : main_block

     DumpInfo();

     $finish(2);

   end : main_block

endmodule : dpi_test2
```

(a) SystemVerilogコード（dpi_test2.sv）

```c
#include "stdio.h"
#include "svdpi.h"

void DumpInfo( void )
{
  svScope scope =
              svGetScope();
  printf("¥n<<MSG>> :
          C(DumpInfo), %s¥n",
svGetNameFromScope(scope));
}
```

(b) Cコード（CFunc2.c）

```
export "DPI-C"
```

　export "DPI-C"の記述にも，import "DPI-C"と同じように関数とタスクがあります．import "DPI-C"との違いは，関数やタスクの後が関数名やタスク名のみで，戻り値や引き数がないことです．これは，SystemVerilogコードのどこかでexport "DPI-C"で宣言した関数またはタスクが定義されているためです．
　リスト11-3（a）では，以下の部分がexport "DPI-C"のコードです．

```
export "DPI-C" function SvFunc;
export "DPI-C" task     SvTask;
```

　export "DPI-C"宣言することにより，SystemVerilogの関数およびタスクをCコードで使えるようにします．SvFuncとSvTaskは，リスト11-3（a）の後半で関数およびタスクとして定義されています．import "DPI-C"とexport "DPI-C"以外の部分は，通常のSystemVerilogコードと同じです．
　SystemVerilogコードでは，CFunc_x8とCallSvTaskをimport "DPI-C"宣言しています．Cコードでは，二つの関数（CFunc_x8とCallSvTask）を定義しています．CFunx_x8関数は，SystemVerilogのSvFunc関数を呼びます．また，CallSvTask関数はSystemVerilogのSvTask関数を呼びます．そのために，Cコードの最初のところでプロトタイプ宣言を行っています．Cコードのプロトタイプ宣言では，SystemVerilogの戻り値および引き数の数，型が一致するようにしなければなりません．
　タスクには戻り値がありません．しかし，リスト11-3（b）のCallSvTask関数のように関数の戻り値はかならずint型にしなければなりません．通常，関数の戻り値は0にします．0以外の場合については，参考文献(4)を参照してください．
　リスト11-3（a）では，最初にCFunc_x8関数を呼んでいます．CFunc_x8関数では，引き数をSystemVerilogのSvFunc関数に渡します．SvFunc関数では引き数の値を4倍します．つまり，CFunc_x8関数はSvFunc関数の戻り値を4倍し，結果として引き数を8倍したことになります．
　次にCallSvTaskタスクを呼んでいます．CコードのCallSvTask関数では，SystemVerilogの

リスト11-3　export"DPI-C"の記述例

```
`timescale 1ns/1ps

module dpi_test3;

  import "DPI-C" context function int
CFunc_x8(input int value);
  import "DPI-C" context task
CallSvTask(input int no);

  export "DPI-C" function SvFunc;
  export "DPI-C" task     SvTask;

  initial begin : main_block

    int c_value  = 0;
    int sv_value = 0;

    sv_value = 1;

    c_value  = CFunc_x8(sv_value);
    $display("<<MSG>> : sv_value(%0d)*2*4
                       = c_value(%0d)\n",
                       sv_value, c_value
);

    CallSvTask(10);

    $finish(2);

  end : main_block

  function int SvFunc( input int value );
    $display("<<MSG>> : SvFunc, value   =
%0d", value );
    return value * 4;
  endfunction : SvFunc

  task SvTask( input int no );
    integer i;
    $display("");
    for( i=0 ; i<no ; i++ ) begin
      $display("<<MSG>> : SvTask at ",
$realtime );
      #10;
    end
    $display("");
  endtask : SvTask

endmodule : dpi_test3
```

(a) SystemVerilogコード(dpi_test3.sv)

```
#include "stdio.h"

int  SvFunc( int );
int  SvTask( int );

int CFunc_x8( const int c_value )
{
  int sv_value;
  sv_value = SvFunc(c_value);
                // SystemVerilog内のSvFunctionを呼ぶ
  printf("<<MSG>> : CFunc_x8 , c_value = %d, sv_value = %d\n",
                    c_value, sv_value);
  return sv_value * 2;
}

int CallSvTask( const int no )
{
  SvTask(no);    // SystemVerilogのtaskを直接コールする
  return 0;
}
```

(b) Cコード(CFunc3.c)

SvTaskタスクを実行しています．SvTaskタスクでは，10ns間隔でメッセージを10回表示したあと，終了します．

●CファイルをコンパイルしてDPI-Cライブラリを作成

　Cファイルをシミュレーションに使うには，共有ライブラリにする必要があります．ここでは，Cファ

イルから共有ライブラリ(以下，この共有ライブラリをDPI-Cライブラリと呼ぶ)を作成する方法について説明します．

DPI-Cライブラリを作成する場合，**図11-1**のように入力してCファイルをコンパイルします(ここではLinux上でgccを使うことを前提に説明する)．Cファイル(CFunc.c)は，modelディレクトリの下にあるものとしてコンパイルしています．コンパイル後のオブジェクト・ファイルは，modelディレクトリの下にCFunc.oという名まえで作成されます．

DPI-C関連のヘッダ・ファイルをインクルードするために，-Iオプションを使ってヘッダ・ファイル(svdpi.h)の場所を指定しています．`${SIMUALTOR_DIR}`は，シミュレータをインストールしたディレクトリ名になります．-Wallオプションはワーニング・チェックのオプションです．このオプションを指定することにより，いろいろなチェックを行ってくれるので，かならず指定します．-cオプションはコンパイルのみを行うことをgccに指示しています．

次に，DPI-Cライブラリを生成します．gccに-sharedオプションを指定して，オブジェクト・ファイル(model/CFunc.o)から共有ライブラリ(model/CFunc.so)を生成します．

● シミュレーション時のライブラリ指定方法を規定

SystemVerilogでは，シミュレーション実行時のDPI-Cライブラリの指定方法が決められています(これに対して，Verilog HDLのPLIライブラリの指定方法は，シミュレータによって異なっている)．**図11-2**のように，三つのDPI-Cライブラリの指定方法があります．ここでは，シミュレータ起動コマンドをsimとし，DPI-C関連以外のコマンド・オプションは指定していません．

図11-2(a)は，-sv_libオプションでDPI-Cライブラリを指定します．このとき，DPIライブラリのファイル名の拡張子.soは付けません．そして，トップ階層名(dpi_test)を指定します．

-sv_rootオプションを使って，**図11-2**(b)のようにすることもできます．-sv_rootオプションでは，DPIライブラリのあるディレクトリを指定します．-sv_libオプションで指定されたもの(この場合はCFunc)を，-sv_rootオプションで指定されたmodelディレクトリにあるかどうかを調べます．

-sv_lib，-sv_rootオプションのほかに，**図11-2**(c)のように-sv_liblistオプションを使うこともできます．-sv_liblistオプションでは，DPI-Cライブラリのリストが入っているファイルを指定します．-sv_liblistオプションで指定したファイル(bootstrap1)の内容は**図11-2**(d)のようになります．

図11-1 C言語ファイルのコンパイル
Cコードをコンパイルし，共有ライブラリにしている．

```
gcc -Wall -c -I${SIMULATOR_DIR}/include -o model/CFunc.o model/CFunc.c
gcc -shared model/CFunc.o -o model/CFunc.so
```

```
sim -sv_lib model/CFunc dpi_test
```
(a) -sv_libオプションを使ったとき

```
sim -sv_liblist bootstrap1
dpi_test
```
(c) -sv_liblistオプションを使ったとき

図11-2 DPI-Cライブラリの指定方法
オプションの異なる複数の指定方法がある．

```
sim -sv_root model -sv_lib CFunc
dpi_test
```
(b) -sv_rootオプションを使ったとき

```
model/CFunc.so
```
(d) bootstrap1の内容

シミュレーションの実行結果を図11-3に示します．

図11-3（a）はdpi_test1.sv/CFunc1.cの実行結果です．最初にCコードのCFunc_x2関数が実行され，その後，SystemVerilogコードでCFunc_x2関数の戻り値を表示しています．

図11-3（b）はdpi_test2.sv/CFunc2.cの実行結果で，CコードのDumpInfo関数が実行されます．

図11-3（c）はdpi_test3.sv/CFunc3.cの実行結果です．最初にCコードのCFunc_x8関数から呼び出されたSystemVerilogコードのSvFunc関数になります．SvFunc関数を呼び出したCFunc_x8関数内で表示し，CFunc_x8関数の戻り値をSystemVerilogコードで表示します．最後に，CコードのCallSvTask関数が呼び出したSystemVerilogコードのSvTaskタスクが10回表示しています．

このような結果から，SystemVerilogコードからCコードへ，あるいはCコードからSystemVerilogコードへアクセスできることが確認できます．

● DPI-CとC++を利用してCPUモデルを記述する

簡易CPUバス・モデルを題材に，DPI-Cを利用した具体的な記述例を紹介していきます．このCPUは，初期化ブロック（InitialBlock），制御ブロック（ControlBlock），命令フェッチ・ファンクション（function [31：0] Fetch），命令デコード・ファンクション（function [31：0] Decode），命令実行タスク（task Execute），バス・インターフェース，ロード・タスク（task Load），ストア・タスク（task Store）からなります．簡易CPUバス・モデルの詳細については，参考文献（1）を参照してください．

1）モデルの構成

第10章で紹介した簡易CPUバス・モデルは，すべてSystemVerilogで記述しました（以下，SystemVerilogモデルと呼ぶ）．本章では，CPUの機能はC++でモデル化し，バス・インターフェース部分のみSystemVerilogで記述しています．そして，C++とSystemVerilogをDPI-Cで接続します（以下，本

```
<<MSG>> : CFunc_x2, c_value = 1, new_value = 2
<<MSG>> : sv_value(1)*2   = c_value(2)
```

（a）dpi_test1.sv/CFunc1.cの実行結果

```
<<MSG>> : C(DumpInfo),   dpi_test2
```

（b）dpi_test2.sv/CFunc2.cの実行結果

```
<<MSG>> : SvFunc, value   = 1
<<MSG>> : CFunc_x8 , c_value = 1, sv_value = 4
<<MSG>> : sv_value(1)*2*4 = c_value(8)

<<MSG>> : SvTask at 0
<<MSG>> : SvTask at 10
<<MSG>> : SvTask at 20
<<MSG>> : SvTask at 30
<<MSG>> : SvTask at 40
<<MSG>> : SvTask at 50
<<MSG>> : SvTask at 60
<<MSG>> : SvTask at 70
<<MSG>> : SvTask at 80
<<MSG>> : SvTask at 90
```

（c）dpi_test3.sv/CFunc3.cの実行結果

図11-3 シミュレーションの実行結果
このような結果から，SystemVerilogコードからCコードへ，あるいはCコードからSystemVerilogコードへアクセスできていることを確認できる．

章のモデルをDPI-Cモデルと呼ぶ).

2) SystemVerilogコード

リスト11-4(a) にDPI-CモデルのSystemVerilogコードを示します.また,**リスト11-5**にはSystemVerilogモデルのうち,**リスト11-4(a)** に対応する部分を示します.同じSystemVerilogの記述になりますが,DPI-C宣言部とメイン・ブロック部(main_block)が大きく異なります.

リスト11-4 DPI-CとC++を利用した簡易CPUバス・モデル

```systemverilog
`timescale 1ns/10ps
module GenericCPU( input  logic CLK, nRST,
                   output logic [31:0] A,
                   inout  wire  [31:0] D,
                   output logic
                                nCS, nOE, nWE,
                   input  logic READY );

  reg [31:0]   DReg;
  assign       D = DReg;

  import "DPI-C" function void
DPI_GenericCPU_Init( input
string _file );
  import "DPI-C" context task
DPI_GenericCPU_Reset();
  import "DPI-C" context task
DPI_GenericCPU_Main();

  export "DPI-C" task Reset;
  export "DPI-C" task Load;
  export "DPI-C" task Store;

  parameter    hex_file = "test.hex";

  localparam   cs_delay = 10, oe_delay =
10, we_delay = 10,
               a_delay = 15, d_delay = 20;

  initial begin : initial_block

    $display("InGeneric CPU Model (HDL
Model Version)");
    $display("Copyright (c) 1997 Miya
Harayama, All rights reserved");
    $display("Copyright (c) 2004 Harunobu
Miyashita, All rights reserved");
    $display("         SystemVerilog + DPI-
C Version");

    DPI_GenericCPU_Init(hex_file);
    DPI_GenericCPU_Reset();

  end : initial_block

  always @( posedge CLK ) begin :
main_block

    if( !nRST )
      DPI_GenericCPU_Reset();

    else
      DPI_GenericCPU_Main();

  end : main_block

  task Reset;
```

(a) SystemVerilogコード(GenericCPU.v)

```cpp
#include "GenericCPU.hpp"

#ifdef __cplusplus
extern "C" {
#endif
  void
DPI_GenericCPU_Init( char
*
_file );
  int
DPI_GenericCPU_Reset( void
);
  int
DPI_GenericCPU_Main( void
);
#ifdef __cplusplus
}
#endif

static GenericCPU cpu;

void DPI_GenericCPU_Init(
char *
_file )
{
  cpu.init( _file, true );
}

int DPI_GenericCPU_Reset(
void )
{
  cpu.reset();
  return 0;
}

int DPI_GenericCPU_Main(
void )
{
  cpu.clock_posedge();
  return 0;
}
```

(b) C++のラッパ・コード(test_GenericCPU.cpp)

DPI-Cモデルでは，以下の部分でDPI-Cを使ってCコードの関数をコールしています．
- ROMイメージをファイルから内部ROMへ読み込む部分(DPI_GenericCPU_Init)
- リセット部(DPI_GenericCPU_Reset)
- メイン部(DPI_GenericCPU_Main)

これらは，SystemVerilogモデルの以下の部分に対応します．

```systemverilog
      nCS    <= #cs_delay 1'b1;
      nOE    <= #oe_delay 1'b1;
      nWE    <= #we_delay 1'b1;
      A      <= #a_delay  32'bz;
      DReg   <= #d_delay  32'bz;
    endtask : Reset

    task Load( input int ADDR, output int DATA );
      A    <= #a_delay ADDR;

      @(posedge CLK)
        nCS <= #cs_delay 1'b0;

      @(posedge CLK)
        nOE <= #oe_delay 1'b0;

      @(posedge READY) begin

        @( posedge CLK )
          DATA <=

        @( posedge CLK ) begin
          nOE <= #oe_delay 1'b1;
          nCS <= #cs_delay 1'b1;
        end

        @( posedge CLK )
          A    <= #a_delay 32'bz;
      end
    endtask : Load

    task Store( input int ADDR, DATA );
      A    <= #a_delay          ADDR;
      DReg <= #d_delay          DATA;

      @(posedge CLK)
        nCS <= #cs_delay 1'b0;

      @(posedge CLK)
        nWE <= #we_delay 1'b0;

      @(posedge READY) begin

        @( posedge CLK )
          nWE <= #we_delay 1'b1;

        @( posedge CLK ) begin
          nCS <= #cs_delay 1'b1;
          DReg <= #d_delay 32'bz;
        end

        @( posedge CLK );
          A    <= #a_delay 32'bz;
      end
    endtask : Store

  endmodule : GenericCPU
```

```cpp
#ifndef __GENERIC_CPU_HPP__
#define __GENERIC_CPU_HPP__

#include <string.h>
#include "opcode.h"

class GenericCPU {

  static const int MEM_SIZE = 1024;
  char     hex_file[1024];
  bool     dump;
  bool     debug;
  int      memory[MEM_SIZE];
  int      Reg[8];
  int      pc, eq, lt, gt;
  int      code, r0, r1, imm;
  int  fetch( int p );
  void decode( int decode );
  void execute( void );
  void dumpreg( void );
  int  readmem( const char *file, int *mem, int size );
  int  analyze_buffer( char *buffer, int *val);

public :

  void init( char *_hex_file, bool _dump );
  void reset( void );
  void clock_posedge( void );
  GenericCPU(){};
};

#endif /* __GENERIC_CPU_HPP__ */
```

(c) C++のヘッダ・コード(GenericCPU.hpp)

リスト11-4　DPI-CとC++を利用した簡易CPUバス・モデル（つづき）

```cpp
#include "GenericCPU.hpp"

#include <stdio.h>
#include <string.h>

#include <vpi_user.h>

#ifdef __cplusplus
extern "C" {
#endif
  int Reset( void );
  int Load(  int addr, int *data );
  int Store( int addr, int  data );
#ifdef __cplusplus
}
#endif

void GenericCPU::init( char *_hex_file,
bool _dump )
{
  printf("Generic CPU Model (C++ Model
Version)");
  printf("Copyright (c) 2004 Harunobu
Miyashita, All rights reservedIn");

  strcpy(hex_file, _hex_file);
  dump = _dump;

  if( readmem( hex_file, memory, MEM_SIZE
) )
    exit(1);
}
void GenericCPU::reset( void )
{
  Reset();

  for(int i=0 ; i<8 ; i++)
    Reg[i] = 0;

  pc = 0; eq = 0; lt = 0; gt = 0;
  code = 0; r0 = 0; r1 = 0; imm = 0;
}

void GenericCPU::clock_posedge( void )
{
  decode( fetch(pc) );
  execute();
  if( dump ) dumpreg();
}

int GenericCPU::fetch( int p )
{
  return memory[p];
}

void GenericCPU::decode( int decode )
{
  code = (decode >> 24) & 0x000000ff;
  r0   = (decode >> 20) & 0x0000000f;
  r1   = (decode >> 16) & 0x0000000f;
  imm  = decode         & 0x0000ffff;

  printf("PC = %08x CODE = 0x%02x R0 =   %d
R1 =   %d IMM = 0x%04xIn", pc, code, r0,
r1, imm );
}
void GenericCPU::execute( void )
{
  int jmp = 1;

  switch(code)
  {
    case CPU_ADD : Reg[r0] = Reg[r0] +
Reg[r1]; break;
    case CPU_SUB : Reg[r0] = Reg[r0] -
Reg[r1]; break;
    case CPU_MOV : Reg[r0] = Reg[r1];
break;
    case CPU_SETHI :
      Reg[r0] = ( MASK_HI(imm<<16) |
MASK_LO(Reg[r0]) );
      break;
    case CPU_SETLO :
      Reg[r0] = ( MASK_HI(Reg[r0]) |
MASK_LO(imm) );
      break;

    case CPU_CMP :
      if( Reg[r0] == Reg[r1] )      eq =
1, gt = 0, lt = 0;
      else if( Reg[r0] > Reg[r1] )  eq =
0, gt = 1, lt = 0;
      else if( Reg[r0] < Reg[r1] )  eq =
0, gt = 0, lt = 1;
      break;

    case CPU_JMP :   jmp = SET_JUMP(imm);
break;
    case CPU_JEQ :   if( eq ) jmp =
SET_JUMP(imm); break;
    case CPU_JGT :   if( gt ) jmp =
SET_JUMP(imm); break;
    case CPU_JLT :   if( lt ) jmp =
SET_JUMP(imm); break;

    case CPU_LOAD :  Load(  Reg[r0],
&Reg[r1] ); break;
    case CPU_STORE : Store( Reg[r0],
Reg[r1]  ); break;

    case CPU_HALT :  printf("Generic CPU
Model : haltIn");
      vpi_control(vpiStop);
      break;

    case CPU_FINISH :
      printf("Generic CPU Model : exit at
PC(%d)In", pc);
      vpi_control(vpiFinish);
      break;

    default :
```

(d) C++のソース・コード (GenericCPU.cpp)

第11章 DPI-Cを使ってC++モデルを接続する

```
          printf("ERROR : does not support         printf( "Register ContentsItItItROM
Code 0x%02xIn", code);                     ContentsIn" );
          break;                             for( int i=0 ; i<8 ; i++ )
    }                                        {
    Reg[0] = 0;                                int tmp = i+pc-3;
    pc = pc + jmp;                             tmp = tmp < 0 ? 0 : tmp;
}                                              printf("Reg[          %d] : %08xItI
void GenericCPU::dumpreg( void )           tROM[%08x]=%08xIn",
{                                                    i, Reg[i], tmp, memory[tmp] ) ;
                                             }
                                           }
```

(d) C++のソース・コード（GenericCPU.cpp）（続き）

- $readmemh システム・タスク
- Reset タスク
- Decode関数，Fetch関数，Execute タスク，DumpReg タスクからなるブロック

また，CコードからSystemVerilogコードをコールするために三つのタスク（Reset, Load, Store）をexport "DPI-C"宣言しています．

3）C++コード

今回の簡易CPUバス・モデルの実体は，C++で記述しています．DPI-CではC++を直接コールすることができないので，ラッパ・ファイルが必要です．**リスト11-4（b）**がそのラッパ・ファイル（test_GenericCPU.cpp）になります．

test_GenericCPU.cppファイル内ではSystemVerilogから呼び出される三つの関数（DPI_GenericCPU_Init, DPI_GenericCPU_Reset, DPI_GeneriCPU_Main）を宣言しています．test_GenericCPU.cppファイルはC++のファイルですが，extern"C" { と }で囲まれた部分をCコードの関数として扱うようにC++コンパイラに指示しています．そして，ファイル内でGenericCPUクラスのインスタンス（cpu）をグローバル変数として宣言し，三つの関数ではこのグローバル変数cpuのメンバ・メソッド（init, reset, clock_posedge）をコールしています．

リスト11-4（c）にC++のヘッダ・ファイル（GenericCPU.hpp）を，**リスト11-4（d）**にC++のソース・ファイル（GenericCPU.cpp）を示します．**リスト11-4（d）**の中で定義しているGenericCPUクラスがC++による簡易CPUバス・モデルになります．このGenericCPUクラスは参考文献（2）をベースにしています．ここではDPI-Cに関する部分についてのみ説明します．

リスト11-4（c）のヘッダ・ファイルでは，GenericCPUクラス内で使用するメンバ変数やメンバ・メソッドを宣言しています．**リスト11-4（b）**で使われている三つのメソッド（init, reset, clock_posedge）は，外部から呼び出せるように公開メンバ・メソッド（public）にしています．

リスト11-4（d）のソース・ファイルでは，**リスト11-4（c）**のヘッダ・ファイルで定義したメンバ・メソッドを定義しています．公開メンバ・メソッドであるinit, reset, clock_posedgeのほかに，fetch, decode, execute, dumpregも定義しています．fetch, decode, execute, dumpregは，**リスト11-5**のSystemVerilogコードのFetch, Decode, Execute, DumpRegに対応します．clock_posedgeでは，fetch, decode, execute, dumpregを実行しています．このclock_posedgeは**リスト11-5**のSystemVerilogコードのmain_block部に相当します．

235

リスト11-5　GenericCPUのSystemVerilogコード（GenericCPU.v）

```systemverilog
`timescale 1ns / 10ps
module GenericCPU( input   logic CLK, nRST,
                   output  logic [31:0] A,
                   inout   wire  [31:0] D,
                   output  logic
                                 nCS, nOE, nWE,
                   input   logic READY );

  reg [31:0]    DReg;
  assign        D = DReg;

  parameter     hex_file = "test.hex";

  localparam    cs_delay = 10, oe_delay = 10,
                we_delay = 10,
                a_delay  = 15, d_delay = 20;

  bit [31:0]    memory[0:1023], Reg[7:0];
  bit           eq, gt, lt;
  int           pc;

  initial begin : initial_block

    $display("\nGeneric CPU Model (HDL Model Version)" );
    $display("Copyright (c) 1997 Miya Harayama, All rights reserved");
    $display("Copyright (c) 2004 Harunobu Miyashita, All rights reserved");

    $display("SystemVerilog Version");
    $display("Internal Memory Size : 1024 Words");
    $display("Loading Internal Memory Data from '%s' file.", hex_file );

    $readmemh(hex_file, memory, 0);
    Reset;

  end : initial_block

  always @( posedge CLK ) begin : main_block
    bit [7:0]   code;
    bit [3:0]   r0, r1;
    bit [15:0]  imm;

    if( !nRST )
      Reset;
    else begin
      {code, r0, r1, imm } = Decode( Fetch(pc) );
      $display( "PC = %x CODE = 0x%x R0 = %d R1 = %d IMM = 0x%x", pc, code, r0, r1, imm );
      Execute( code, r0, r1, imm );
      DumpReg;
    end

  end : main_block
```

リスト11-4(a)でexport "DPI-C"宣言したものは，リスト11-4(d)のextern "C" { と } で囲まれた部分をCコードの関数として宣言しています．ResetはresetでLoadとStoreはexecute内で使われています．リスト11-4(a)のSystemVerilogコードではResetは引き数なしになっています．また，Loadは二つの引き数を持ち，第1引き数がint型の入力，第2引き数がint型の出力になります．Storeは二つの引き数を持ち，第1，第2引き数ともにint型の入力になっています．

一方，リスト11-4(d)のC++コードでは，resetは引き数なしで，loadは二つの引き数を持ち，第1引き数がint型，第2引き数がint型のポインタです．storeは二つの引き数を持ち，第1，第2引き数ともにint型になります．

つまり，SystemVerilogコードで引き数がinput（入力）を指定したときは，SystemVerilogに対応する型になります．そして，output（出力）またはinout（入出力）を指定したときは，C++（C）コードの引き数はSystemVerilogに対応する型へのポインタとなります．

execute内の次の二つの関数vpi_control(vpiStop)とvpi_control(vpiFinish)は，Verilog HDLのシステム・タスク$stop, $finishに対応するC言語の関数です．この関数を使うためにvpi_user.hファイルをインクルードしています．このファイルはシミュレータに付いているものを使います．

4）コンパイルとシミュレーションの実行結果

図11-4にC++ファイルのコンパイル・コマンドを示します．今までの例と違ってコンパイラにCコ

図11-4
C++ファイルのコンパイル
C++コードをコンパイルし，共有ライブラリにしている．

```
g++ -Wall -c -I${SIMULATOR_DIR}/include -o model/GenericCPU.o
model/GenericCPU.cpp
g++ -Wall -c -o model/test_GenericCPU.o model/test_GenericCPU.cpp
g++ -shared model/test_GenericCPU.o model/GenericCPU.o -o
model/GenericCPU.so
```

図11-5　CPUバス・モデルのシミュレーション結果
まず，SystemVerilogコードの初期部分(initial_block)を実行し，次にC++コードであるGenericCPUクラスのinitメソッドが実行している．そのあと，内部ROM内のコードを実行している．

```
   Generic CPU Model (HDL Model Version)
   Copyright (c) 1997 Miya Harayama, All rights
 reserved
   Copyright (c) 2004 Harunobu Miyashita, All rights
               reserved  SystemVerilog 3.1
              + DPI     Version
   Generic CPU Model (C++ Model Version)
   Copyright (c) 2004 Harunobu Miyashita,
   All rights reserved
   Internal Memory Size : 1024 Words
   Loading Internal Memory Data from 'test.hex' file.

   PC = 00000000 CODE = 0x08 R0 =  1 R1 =   0 IMM
                                             = 0x0000
   Register Contents                    ROM Contents
   Reg[      0] : 00000000        ROM[00000000]=08100000
   Reg[      1] : 00000000        ROM[00000000]=08100000
   Reg[      2] : 00000000        ROM[00000000]=08100000
   Reg[      3] : 00000000        ROM[00000001]=08200000
   Reg[      4] : 00000000        ROM[00000002]=08300000
   Reg[      5] : 00000000        ROM[00000003]=08400000
   Reg[      6] : 00000000        ROM[00000004]=08500000
   Reg[      7] : 00000000        ROM[00000005]=08600000

              .... 省略 ....
```

ンパイラ(gcc)ではなく，C++コンパイラ(g++)を使っています．

　図11-5にシミュレーションの実行結果を示します．最初にSystemVerilogコードの初期部分(initial_block)を実行し，次にC++コードであるGenericCPUクラスのinitメソッドが実行されていることが，メッセージからわかります．そのあと，内部ROM内のコードを実行しています．

参考文献
(1) 川北浩孝；システムオンチップ時代のスケーラブル設計手法 第4回, pp.207-216, Interface 1997年11月号, CQ出版社．
(2) 宮下晴信；抽象度の違いによるモデリング, http://www.systemc.org/projects/sitedocs/document/miyashita_presentation_3/ (現在は公開されていない)
(3) 宮下晴信；インターフェースによる抽象度の隠蔽, http://www.systemc.org/projects/sitedocs/document/miyashita_presentation_4/ (現在は公開されていない)
(4) IEEE, IEEE 1800-2005, IEEE Standard for SystemVerilog: Unified Hardware Design, Specification and Verification Language.

SystemVerilog設計スタートアップ

第12章

簡易CPUバス・モデルのクラス記述

宮下晴信

本章ではクラスを利用したSystemVerilogの記述例を紹介する．SystemVerilogは，C++やSystemCと同じようにクラスの概念に対応している．これを利用すると，シミュレーション・モデルやテストベンチの記述量が減る．また，再利用しやすいモデルを作成することができる． （編集部）

SystemVerilogでは，クラス(class)の概念が導入されました．このクラスは，米国Synopsys社の機能検証ツール(テストベンチ開発環境)である「Vera」[1]から取り入れた機能です．クラスの概念は機能の実装(設計記述)には使うことができませんが，モデリングや検証には非常に役に立ちます．すなわち，シミュレーション・モデルやテストベンチの記述量が減ったり，再利用性が向上したりします．

本章では，前半でSystemVerilogのクラスの基本的な内容について説明し，後半では簡易CPUバス・モデルの一部をクラスを使って実装してみます．

● C++やSystemCのクラスと若干異なる

まず，SystemVerilogのクラスについて説明していきます．

SystemVerilogのクラスは，C++やSystemCのクラスとほとんど同じです．すでにこれらの言語を使っていれば，それほど抵抗なく使えると思います．ただし，SystemVerilogのクラスはC++やSystemCのクラスと次の点で異なります．

- ガベージ・コレクションに対応している
- モジュールの中でのみ定義する
- メンバ・メソッドで関数(function)とタスク(task)をサポートしている
- 多重継承をサポートしていない

ガベージ・コレクションはJavaでもサポートされている機能で，メモリ管理を自動的に行ってくれます．つまり，動的に生成したクラスのインスタンスが不必要になった場合，SystemCのように`delete`関数で明示的にオブジェクト用のメモリを解放する必要がありません．

SystemVerilogのクラスは単独では存在できません．あくまでもモジュール内の関数やタスクと同じように，モジュール内(`module`あるいは`program`)で定義し，定義されたモジュール内でのみ使用できます．ただし，SystemVerilogのクラスを別ファイルで定義し，そのクラスを使うモジュールにおいて，クラスを定義したファイルをインクルードすることができます．こうすることでクラスの再利用を行えます．

SystemVerilogのクラスは，モジュールの関数やタスクと同じように，クラスに関数やタスクをメンバ・メソッドとして定義することができます．また，多重継承は行えませんが，モデリングや検証においてこれはとくに問題となりません．

● new関数でクラスを生成・初期化

SystemVerilogのクラスの簡単な例をリスト12-1に示します．リスト12-1では，Basketクラスを定義しています．Basketクラスには，3種類のフルーツ，つまりりんご，バナナ，オレンジを入れることができ，三つのメンバ変数（apple, banana, orange）と四つのメンバ関数（new, add, del, num）を持っています．クラスのメンバ・メソッドは関数とタスクを持てると説明しましたが，ここでは関数についてのみ説明します．タスクについては，簡易CPUバス・モデルのところで説明します．

SystemVerilogにおいて，クラスの生成および初期化はnew関数で行うので，すべてのクラスにnew関数が必要です．Basketクラスのnew関数では，三つのメンバ変数を0にしています．SystemVerilogのnew関数は，SystemCのコンストラクタに相当します．

モジュールの関数やタスクと同様に，クラスの関数やタスクにもendfunctionやendtaskの後に

リスト12-1　SystemVerilogのクラス記述

```
typedef enum {APPLE, BANANA, ORANGE} TYPE;

Class Basket;
  int apple;
  int banana;
  int orange;

  function new;
    apple  = 0;
    banana = 0;
    orange = 0;
  endfunction : new

  function void add( TYPE index, int no );
    case( index )
      APPLE  : apple  += no;
      BANANA : banana += no;
      ORANGE : orange += no;
    endcase
  endfunction : add

  function void del( TYPE index, int no );
    case( index )
      APPLE  : apple  -= no;
      BANANA : banana -= no;
      ORANGE : orange -= no;
    endcase
  endfunction : del

  function int num( TYPE index );
    case( index )
      APPLE  : return apple;
      BANANA : return banana;
      ORANGE : return orange;
    endcase
  endfunction : num

endclass : Basket
```

ラベルを付けることができます．リスト12-1のBasketクラスでも各関数のendfunctionの後にラベルを付けています．

クラスの関数は，モジュールの関数と同じように引き数および戻り値を持つことができます．戻り値には，戻り値がないvoidを使うこともできます．

リスト12-1のadd，del，num関数の第1引き数のように，typedefで定義した型を使うこともできます[注12-1]．add，del，num関数の第1引き数の型は，列挙型をtypedefで定義したタイプになり，三つの値（APPLE，BANANA，ORANGE）のみ指定できます．

Basketクラスの各関数は次のようなことをします．add関数は，第1引き数で指定したフルーツを第2引き数で指定した個数分入れます．del関数は，第1引き数で指定したフルーツを第2引き数で指定した個数分取り出します．num関数は，第1引き数で指定したフルーツがいくつあるかの値を返します（ただし，add，del関数については，エラー処理を行っていない）．

注12-1：SystemVerilogでは，typedefによって新しいタイプを定義できる

リスト12-2　Basketクラスの使用例

```
module Test;
`include "Basket.sv"
  Basket basket;
  initial begin
    basket = new;

    if( basket != null ) begin
      $display("APPLE  = %d", basket.num( APPLE  ) );
      $display("BANANA = %d", basket.num( BANANA ) );
      $display("ORANGE = %d", basket.num( ORANGE ) );
      $display("");

      basket.add( APPLE,  5 );
      basket.add( BANANA, 4 );
      basket.add( ORANGE, 3 );

      $display("APPLE  = %d", basket.num( APPLE  ) );
      $display("BANANA = %d", basket.num( BANANA ) );
      $display("ORANGE = %d", basket.num( ORANGE ) );
      $display("");

      basket.del( APPLE,  4 );
      basket.del( BANANA, 3 );
      basket.del( ORANGE, 2 );

      $display("APPLE  = %d", basket.num( APPLE  ) );
      $display("BANANA = %d", basket.num( BANANA ) );
      $display("ORANGE = %d", basket.num( ORANGE ) );
      $display("");
    end

  end
endmodule
```

● includeディレクティブを使ってクラスを読み込む

リスト12-2は，Basketクラスの使用例です．リスト12-1のコードをBasket.svというファイルにし，Testモジュール内でincludeディレクティブを使って読み込んでいます．

次にBasketクラスのインスタンスbasketを宣言しています．この時点では，インスタンスbasketはBasketクラスのインスタンスとしては初期化されていません．初期化されるのは，new関数を実行したときです．その代わりに，インスタンスbasketの値はnullに初期化されます．

SystemVerilogでは，クラスのインスタンスを宣言したとき，そのインスタンスはnullに初期化されます．インスタンスをnullと比較することで，new関数が実行されたかどうかを確認できます．

インスタンスのnew関数以外のメンバ関数へのアクセスは，インスタンスの後にピリオド（.）を付け，その後，メンバ関数名，引き数の並びになります．

initialブロック内で，インスタンスbasketをnew関数で初期化し，各フルーツの数をnum関数で表示します．次に，りんご（APPLE）を5個，バナナ（BANANA）を4個，オレンジ（ORANGE）を3個，add関数でインスタンスbasketに入れて，各フルーツの数をnum関数で表示します．そして，りんご（APPLE）を4個，バナナ（BANANA）を3個，オレンジ（ORANGE）を2個，del関数でインスタンスbasketから取り出し，各フルーツの数をnum関数で表示します．

リスト12-2のシミュレーション結果は図12-1のようになります．

● 連想配列を利用してコード量を減らす

リスト12-3は，リスト12-1と同じ四つの関数をサポートしていますが，メンバ変数の実装が違います．リスト12-1では三つのint型の変数（apple, banana, orange）ですが，リスト12-3ではint型の連想配列（fruits）です．メンバ変数を連想配列にすることにより，リスト12-1よりコード量が少なくなります．

リスト12-3　メンバ変数の実装を変えたクラス記述

```
typedef enum {APPLE, BANANA, ORANGE} TYPE;
class Basket;
  int fruits[*];

  function new;
    fruits[APPLE]  = 0;
    fruits[BANANA] = 0;
    fruits[ORANGE] = 0;
  endfunction : new

  function void add( TYPE index, int no );
    fruits[index] += no;
  endfunction : add

  function void del( TYPE index, int no );
    fruits[index] -= no;
  endfunction : del

  function int num( TYPE index );
    return fruits[index];
  endfunction : num

endclass : Basket
```

```
APPLE  = 0
BANANA = 0
ORANGE = 0

APPLE  = 5
BANANA = 4
ORANGE = 3

APPLE  = 1
BANANA = 1
ORANGE = 1
```

図12-1　リスト12-2のシミュレーション結果

このようにSystemVerilogのクラスであっても，外部に提供する関数やタスクに戻り値，および引き数を変えないで，内部の実装を変更できます．

● トップ階層は五つのモジュールで構成

ここまでの説明で，SystemVerilogのクラスの基本について説明しました．ここからは，簡易CPUバス・モデルをSystemVerilogのクラスで記述したものを紹介します．

最初に，簡易CPUバス・モデルのトップ階層のテストベンチを**リスト12-4**および**図12-2**に示します．トップ階層のテストベンチのモジュール名は`Test`で，クロック・モジュール（`Clock`），リセット・モジュール（`Reset`），バス・インターフェース（`BusInterface`），CPUモジュール（`GenericCPU`），メモリ・モジュール（`Memory`），クロック信号（`CLK`），リセット信号（`nRST`）から構成されます．モジュールおよびインターフェースのポート接続は，`.*`による接続です．`GenericCPU`モジュールと`Memory`モジュールは，`BusInterface`インターフェースで接続しています．

コラム12-1　timeunitとtimeprecision

Verilog HDLでは，VHDLと違って，各モジュール内で遅延時間を指定する際に絶対時間（1nsや1psなど）を指定することができませんでした．各モジュール内の遅延時間の単位および精度は，そのモジュールをコンパイルしたときに`timescale`ディレクティブで指定したものとなります．

例えば**リスト12-A**（**a**）の場合は，モジュールA内の遅延時間の単位は1nsで，精度は10psになります．また，モジュールB内の遅延時間の単位は100psで，精度は1psになります．

一方，SystemVerilogでは，`timeunit`と`timeprecision`が追加されました．`timeunit`と`timeprecision`はモジュールやインターフェース内で使用でき，使用したモジュールやインターフェース内でのみ有効です．

`timeunit`は時間単位を，`timeprecision`は時間精度を指定します．例えば，**リスト12-A**（**b**）のモジュールC内では，時間の単位は`timeunit`で指定した1nsに，時間の精度は`timeprecision`で指定した10psになります．`timescale`ディレクティブで指定した値にはなりません．

リスト12-A　遅延時間の指定

```
`timescale 1ns/10ps
module A;
    ...
endmodule
`timescale 100ps/1ps
    ...
module B;
    ...
endmodule
```
(a) Verilog HDL

```
`timescale 100ps/1ps
module C;
    timeunit        1ns;
    timeprecision  10ps;
    ...
endmodule : C
```
(b) SystemVerilog

以降では，Memoryモジュール，GenericCPUモジュールの順に説明します．なお，BusInterfaceインターフェースについては，第10章のリスト10-10を参照してください．また，timeunitとtimeprecisionについてはp.243のコラム12-1「timeunitとtimeprecision」を参照してください．

リスト12-4　簡易CPUバス・モデルのトップ階層のテストベンチ

```systemverilog
module Test;

  timeunit       1ns;
  timeprecision  10ps;

  logic          CLK, nRST;

  Clock         clock  ( .* );
  Reset         reset  ( .* );
  BusInterface  bus    ( .* );
  GenericCPU    cpu    ( .* );
  Memory        memory ( .* );

endmodule : Test
```

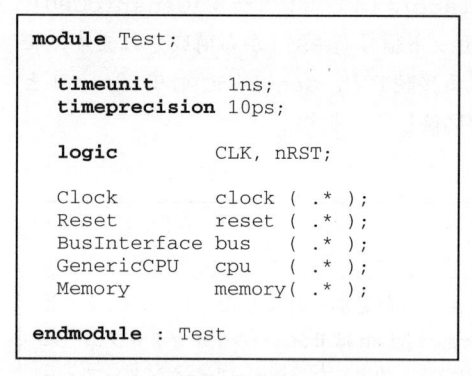

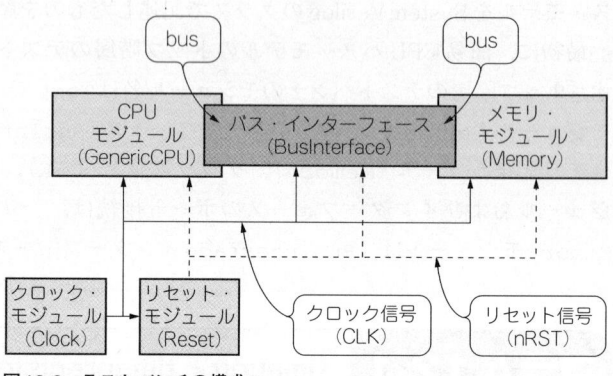

図12-2　テストベンチの構成
クロック・モジュール(Clock)，リセット・モジュール(Reset)，バス・インターフェース(BusInterface)，CPUモジュール(GenericCPU)，メモリ・モジュール(Memory)，クロック信号(CLK)，リセット信号(nRST)から構成される．CPUモジュールとメモリ・モジュールのポート(bus)は，BusInterfaceに接続している．

リスト12-5　BusInterfaceインターフェースによるMemoryモジュールの記述

```systemverilog
module Memory( BusInterface bus,
               input logic CLK, nRST );

  timeunit       1ns;
  timeprecision  10ps;

  localparam delay = 5;

  enum { S0, S1, S2, S3 } state;

  logic [31:0] memory[0:1023];

  reg [31:0]   DReg;
  assign bus.D = DReg;

  initial begin
    bus.READY <= 0;
    DReg      <= 32'bz;
  end

  always @(posedge CLK) begin

    if( !nRST ) begin
      state      <= S0;
      bus.READY  <= #delay 0;
      DReg       <= #delay 32'bz;
    end
    else begin
      case(state)
        S0 :
          begin
            if( !bus.nCS )
              state <= S1;
          end
        S1 :
          begin
            if( !bus.nOE )
              DReg  <= #delay memory[bus.A[9:0]];
              state <= S2;
          end
        S2 :
          begin
            if( !bus.nWE )
              memory[bus.A[9:0]] = bus.D;
              bus.READY <= #delay 1;
              state     <= S3;
          end
        S3 :
          begin
            if( bus.nCS ) begin
              state <= S0;
              DReg  <= #delay 32'bz;
            end
            bus.READY <= #delay 0;
          end
      endcase
    end
  end

endmodule : Memory
```

● メモリはlogic型配列からクラスのインスタンスに

まず，BusInterfaceインターフェースによるMemoryモジュールの記述をリスト12-5に示します．

Memoryモジュールは初期化部（initial文）とメイン部（always文）から構成されます．初期化部は，BusInterfaceインターフェースに対する出力信号bus.READYを0に，双方向のデータ出力信号DRegを32'bzに設定しています．メイン部はステート・マシンになっています．ステート・マシンの各状態は，enum型を使って定義しています．このenum型により，case文の各条件にはS0，S1，S2，S3が使えるようになり，コードも見やすくなります．また，波形表示などでもS0，S1，S2，S3と表示されます．

BusInterfaceインターフェースを使っているので，各信号へのアクセスはbus.Xのようになります．内部メモリ（memory）は32ビットのlogic型で1,024個の配列なので，アドレスbus.Aの下位10ビットのみを使用します．timeunitで1nsを指定しているので，遅延（#delay）は5nsになります．

次に，Memory_ClassクラスによるMemoryモジュールの記述例をリスト12-6に示します．リスト12-5の内部メモリは，logic型の配列からMemory_Classクラスのインスタンスmemになりました．Memory_ClassクラスはMemory_Class.svファイル内で定義しているので，インスタンスmemの前でincludeディレクティブを使ってインクルードしています．

リスト12-6の初期化部（initial文）では，インスタンスmemをnew関数で生成します．また，メイン・ブロック部では，インスタンスmemからデータを読み出すときはread関数を，データを書き込むときはwrite関数を使うようにしています．read関数およびwrite関数は，Memory_Classクラスのメンバ関数になります．

リスト12-7にMemory_Classクラスを示します．Memory_Classクラスには三つの関数（new，read，write）が定義されています．new関数ではとくに何もしていません．read関数では，内部メモリが指定したindexの内部メモリの値を返します．write関数は内部メモリが指定したindexの内

リスト12-6　Memory_ClassクラスによるMemoryモジュールの記述

```
module Memory( BusInterface bus,
               input logic CLK, nRST );

  ...（途中省略）...

  reg [31:0]   DReg;
  assign bus.D = DReg;

`include "Memory_Class.sv"

  Memory_Class mem;

  initial begin

    mem = new;

    bus.READY <= 0;
    DReg      <= 32'bz;
  end

  always @(posedge CLK) begin

  ...（途中省略）...

        S1 :
          begin
            if( !bus.nOE )
              DReg <= #delay mem.read(bus.A);
            state <= S2;
          end
        S2 :
          begin
            if( !bus.nWE )
              mem.write(bus.A, bus.D);
            bus.READY <= #delay 1;
            state     <= S3;
          end

  ...（途中省略）...

endmodule : Memory
```

部メモリにdataを書き込みます．内部メモリのサイズが1,024個であるので，read関数およびwrite関数ではindexの下位10ビットのみを使用しています．

内部メモリのサイズを32ビットに対応するためのコードについては，下掲のコラム12-2「連想配列を使ってMemory_Classクラスを実装する」を参照してください．

リスト12-7　Memory_Classクラス

```
class Memory_Class;

  logic [31:0]    memory[0:1023];

  function new;
  endfunction : new

  function bit [31:0] read( logic [31:0] index );
    return memory[index[9:0]];
  endfunction : read

  function void write( logic [31:0] index, logic [31:0] data );
    memory[index[9:0]] = data;
  endfunction : write

endclass : Memory_Class
```

コラム 12-2　連想配列を使ってMemory_Classクラスを実装する

内部メモリのサイズを32ビットに対応させる方法として，連想配列（associative arrays）を使う方法があります．

連想配列では，リスト12-Bのようにサイズを指定する部分を[*]にします．read関数は，memory.exists(index)においてindexで指定したインデックスにすでにデータが書き込まれていたかどうかを調べ，まだ書き込まれていないときはエラー・メッセージを表示し，32'hffffffffを返します．

リスト12-B　連想配列の記述例

```
class Memory_Class;

  logic [31:0]    memory[*];

  function new;
  endfunction : new

  function bit [31:0] read( logic [31:0] index );
    if ( memory.exists( index ))
      return memory[index];
    $display( "<<ERROR>> : Unknown Read Data");
    return 32'hffffffff;
  endfunction : read

  function void write( logic [31:0] index,
                                    logic [31:0] data );
    memory[index] = data;
  endfunction : write

endclass : Memory_Class
```

第12章 簡易CPUバス・モデルのクラス記述

● CPUモジュールは2カ所だけ変更

　GenericCPUモジュールは，初期化部，メイン部として，命令フェッチ（function [31:0] Fetch），命令デコード（function [31:0] Decode），命令実行タスク（task Execute），内部状態のダンプ（function DumpReg），バス・インターフェースとして，ロード・タスク（task Load），ストア・タスク（task Store）から構成されています．

リスト12-8　GenericCPU_Class クラス

```systemverilog
class GenericCPU_Class;
`include "OPCODE.vh"
  bit [31:0]   memory[0:1023];
  bit [31:0]   Reg[7:0];
  bit          eq, gt, lt;
  int          pc;

  function new;
  endfunction

  function void Load_File( string file );

    $display("\nGeneric CPU Model
(HDL Model Version)" );
    $display("Copyright (c) 1997 Miya
Harayama, All rights reserved");
    $display("Copyright (c) 2005 Harunobu
Miyashita, All rights reserved");
    $display("           SystemVerilog
(Class/Interface) Version");
    $display("Internal Memory Size : 1024
Words");

    $display("Loading Internal Memory Data
from '%s' file.", file );
    $readmemh(file, memory, 0);

  endfunction : Load_File

  task Reset;
    for( int i=0 ; i<8 ; i++ )
      Reg[i] =0;
    pc = 0;
    eq = 1'b0;
    gt = 1'b0;
    lt = 1'b0;
  endtask : Reset

  task Main;

    bit [ 7:0]  code;
    bit [ 3:0]  r0, r1;
    bit [15:0]  imm;

    {code, r0, r1, imm} =
Decode(Fetch(pc));
    $display( " PC = %x CODE = 0x%x R0 = %d
R1 = %d IMM = 0x%x",
              pc, code, r0, r1, imm );
    Execute( code, r0, r1, imm );

    DumpReg;

  endtask : Main

  function bit [31:0] Fetch( int PC );
    return memory[PC];
  endfunction : Fetch

  function bit [31:0] Decode( bit [31:0] HEX
);
    return {HEX[31:24], HEX[23:20],
HEX[19:16], HEX[15: 0]};

  endfunction : Decode

  task Execute( bit [7:0] CODE, bit [3:0]
R0, R1, bit [15:0] IMM );
    int       jmp;

jmp = 1;
  case(CODE)
    `ADD   : Reg[R0] = Reg[R0] + Reg[R1];
    `SUB   : Reg[R0] = Reg[R0] - Reg[R1];
    `MOV   : Reg[R0] = Reg[R1];
    `SETHI : Reg[R0][31:16] = IMM;
    `SETLO : Reg[R0][15: 0] = IMM;
    `CMP   :
      begin
        if( Reg[R0] == Reg[R1] )
          {eq, gt, lt} = {3'b100};
        else if( Reg[R0] > Reg[R1] )
          {eq, gt, lt} = {3'b010};
        else if( Reg[R0] < Reg[R1] )
          {eq, gt, lt} = {3'b001};
      end
    `JMP   : jmp = {{16 {IMM[15]}}, IMM};
    `JEQ   : if( eq )
               jmp = {{16 {IMM[15]}}, IMM};
    `JGT   : if( gt )
               jmp = {{16 {IMM[15]}}, IMM};
    `JLT   : if( lt )
               jmp = {{16 {IMM[15]}}, IMM};
    `LOAD  :
      begin
        Load( Reg[R0], Reg[R1] );
      end
    `STORE :
      begin
        Store( Reg[R0], Reg[R1] );
      end
    `HALT   : $stop;
    `FINISH : $finish(2);
```

リスト12-8 GenericCPU_Classクラス（つづき）

```
      default : $display( "ERROR : Generic
CPU Model does not support Code 0x%x",
CODE );

   endcase

   Reg[0] = 0;
   pc += jmp;

endtask : Execute

task DumpReg;
```

```
   $display( "Register Contents¥t¥t¥t¥tROM
Contents" );
   for( int i=0, tmp=0 ; i<8 ; i++ ) begin
     tmp = i+pc-3;
     tmp = tmp < 0 ? 0 : tmp;
     $display( "Reg[%d] :
%x¥t¥tROM[%x]=%x", i, Reg[i], tmp,
memory[tmp] ) ;
   end
endtask : DumpReg

endclass : GenericCPU_Class
```

リスト12-9 GenericCPU_Classクラスを使用したGenericCPUモジュール

```
module GenericCPU( BusInterface bus, input
logic CLK, nRST );

   timeunit       1ns;
   timeprecision  10ps;

   parameter string hex_file = "test.hex";
`include "GenericCPU_Class.sv"

   GenericCPU_Class cpu;

   task Reset;

     cpu.Reset();
     bus.Bus_Reset;

   endtask : Reset

   task Load( input bit [31:0] ADDR, output
bit [31:0] DATA );

      bus.Bus_Load(ADDR, DATA);

   endtask : Load

   task Store( input bit [31:0] ADDR, input
bit [31:0] DATA );
      bus.Bus_Store(ADDR, DATA);

   endtask : Store

   initial begin : initial_block

     cpu = new;

     cpu.Load_File(hex_file);

   Reset;

   end : initial_block

   always @( posedge CLK ) begin :
main_block

     if( !nRST )
       Reset;
     else
       cpu.Main;

   end : main_block

endmodule : GenericCPU
```

リスト12-8にGenericCPU_Classクラスを，リスト12-10にGenericCPU_Classクラスを使用したGenericCPUモジュールを示します．GenericCPU_Classクラスは，第10章のリスト10-1のSystemVerilogコードに非常に似ていますが，次の点が異なります．

- 初期化部の一部（ROMイメージ・ファイルを読み込む部分）を関数（Load_File）に分離した
- メイン部を一つのタスク（Main）にまとめた

Executeタスク内で呼んでいるLoadタスクおよびStoreタスクは，GenericCPU_Classクラスを使用するモジュール（この場合はGenericCPUモジュール）で定義します．

リスト12-10　引き数を持つことができるnew関数

```
function new( string file );
  Load_File( file );
endfunction
```

(a) new関数の引き数

```
initial begin : initial_block
  cpu = new(hex_file);
  Reset;
end : initial_block
```

(b) new関数の利用例

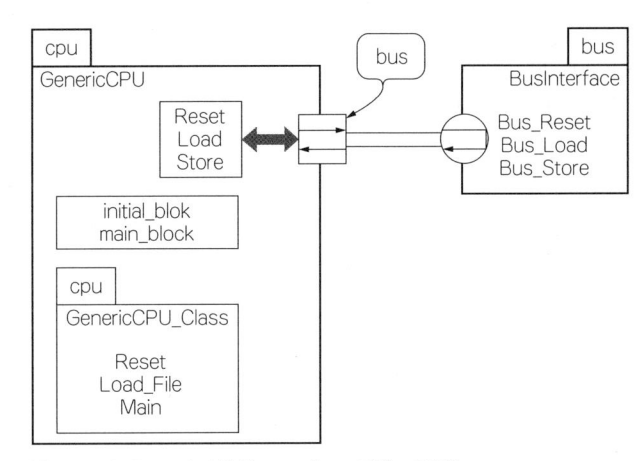

図12-3　クラスによる簡易CPUバス・モデルの実装

GenericCPUモジュールの三つのタスク(Reset, Load, Store)では, ポートbusのタスク(Bus_Reset, Bus_Load, Bus_Store)を呼んでいる. GenericCPUモジュール内には, GenericCPU_Classクラスのインスタンスcpuがある.

1) GenericCPU_Classクラスを使用する

リスト12-9のGenericCPUモジュールの記述は, GenericCPU_Classクラスを使うことにより, コード量が非常に少なくなりました. 図12-3にGenericCPUモジュールの構成を示します.

初期化部(initial文)では, GenericCPU_Classクラスのインスタンスcpuをnew関数で生成し, cpu.Load_File関数でROMイメージ・ファイルをロードします. そして, Resetタスクを呼びます. Resetタスクでは, cpu.ResetでGenericCPU_ClassクラスのResetタスクを, bus.ResetでBusInterfaceインターフェースのResetタスクを呼びます.

メイン部(always文)では, リセット状態(nRST信号が0)のときにResetタスクを呼び, 通常状態のときにcpu.MainでGenericCPU_ClassクラスのMainタスクを呼びます. Mainタスク内では, Fetch関数, Decode関数, Executeタスク, DumpReg関数が呼ばれます. Loadタスク, Storeタスクは, BusInterfaceインターフェースのBus_Loadタスク, Bus_Storeタスクを呼びます.

2) new関数に引き数を追加する

リスト12-10(a)のように, new関数は引き数を持つことができます. GenericCPU_Classクラスのnew関数に引き数(hex_file)を渡すことにより, リスト12-10(b)のようにcpu生成部とROMイメージ・ファイルのロードを1行で記述することができます.

参考文献

(1) Faisal Haque, Jonathan Michelson, Khizar Khan；The Art of Verification with Vera, http://www.verificationcentral.com/.
(2) 川北浩孝；システムオンチップ時代のスケーラブル設計手法, 各種設計ノウハウ 第4回, pp.207-216, Interface 1997年11月号, CQ出版社.
(3) 宮下晴信；抽象度の違いによるモデリング, http://www.systemc.org/projects/sitedocs/document/miyashita_presentation_3/ (現在は公開されていない)
(4) 宮下晴信；インターフェースによる抽象度の隠蔽, http://www.systemc.org/projects/sitedocs/document/miya

shita_presentation_4/（現在は公開されていない）
(5) IEEE, IEEE 1800-2005, IEEE Standard for SystemVerilog: Unified Hardware Design, Specification and Verification Language.
(6) Sutart Sutherland, Simon Davidmann, Peter Flake ； SystemVerilog for Design, Springer, 2004.

SystemVerilog設計スタートアップ

第13章

再利用性に配慮した PCIバス検証環境の構築例

宮下晴信

本章では，SystemVerilogを使った検証環境の構築法について解説する．PCIバス・システムの検証を例に，サンプル記述を示しながら，バス・レベル検証とシステム・レベル検証のポイントを説明する．SystemVerilogは，従来のVerilog HDLと比べて検証記述の言語仕様が大幅に強化された．SystemVerilogの導入や活用を成功させるためには，再利用性の高い検証環境を構築することが不可欠といえる． （編集部）

　IEEE (The Institute of Electrical and Electronics Engineers, Inc.) では，二つの言語SystemCとSystemVerilogを標準化しました．かつては，「SystemC vs. SystemVerilog」という構図で論じられることもありましたが，現在では，SystemCはTLM (transaction level modeling) をベースとしたアーキテクチャ設計やモデリングに，SystemVerilogはRTL (register transfer level) をベースとした実装設計（インプリメンテーション）および機能検証に使い分けるという流れになってきました．

　SystemVerilogの検証機能は，従来の検証言語（e言語やOpenVeraなど）と同等であり，言語仕様の中でアサーション（SystemVerilogアサーション）もサポートしています．また，C言語とのインターフェースについては，従来のVerilog HDLが持っていたPLI (Programming Language Interface) /VPI (Verilog Programming Interface) に加えて，DPI (Direct Programming Interface) が用意されており，容易にC言語を利用できるようになりました．このようにSystemVerilogは，「検証を効率化するために作られた言語」と言っても過言ではありません．

　SystemVerilogを適用すればアサーションやそのほかの機能が使えるといっても，それを使うための土台，つまり検証環境がなければ話は始まりません．そこで，本章ではSystemVerilogを使って検証するための土台となる環境（検証環境）の構築について説明します．とくに，検証環境の構成要素であるトップ・テストベンチ，バス・ファンクショナル・モデル，テスト・プログラムを中心に解説します．

● 検証ステップは3段階

　LSI設計における実装設計では，RTLのHDL記述を使って，あるまとまった機能を記述します．このあるまとまった機能のことを機能ブロックと呼びます．なお，機能ブロックは自社で開発したものだけでなく，IP (intellectual property) コアとして外部から調達することもあります．自社で開発した機能ブロックは，実装設計の後，検証しなければなりません．機能ブロックの検証は，次の三つのステップで行います（図13-1）．

- ブロック・レベル検証
- バス・レベル検証
- システム・レベル検証

　最初のステップは，機能ブロックを単体で検証するブロック・レベル検証です．ブロック・レベル検証では機能ブロック内のすべての機能を確認するだけでなく，機能ブロックと外部をつなぐインターフェース部のタイミングについても確かめます．つまり，ブロックの設計データだけで実施できる検証はすべて行います．

　機能ブロックは，内部レジスタへのアクセスのためになんらかのバスに接続されます．バスに直接接続できない場合は，バス接続回路（ブリッジ回路，ラッパ回路とも呼ぶ）を使って間接的にバスに接続されます．この段階における検証が2番目のバス・レベル検証です．バス・レベル検証では，バス・ファンクショナル・モデルを使い，ブリッジ回路を経由して機能ブロックを検証します．なお，ブリッジ回路そのものについても，検証対象となっている機能ブロックと同じようにブロック・レベル検証を行う必要があります．バス・レベル検証では，ブリッジ回路と機能ブロックの間の通信プロトコルやタイミングの確認にバス・ファンクショナル・モデルを使用します．

　最後のステップでは，バス・レベル検証の環境にCPUを追加し，CPUから機能ブロックにアクセスして正しく動作するかどうかを確認します．このステップを，ここではシステム・レベル検証と呼ぶことにします．システム・レベル検証は，おもにソフトウェアを使って行います．つまり，ハードウェア（機能ブロック）だけでなく，ソフトウェア（機能ブロックのファームウェアやデバイス・ドライバなど）の事前検証にもなります．とくにCPUを内蔵するシステムLSIの開発では，このシステム・レベル検証が重要になります．

　本章では三つの検証ステップのうち，2番目のバス・レベル検証の検証環境（トップ・テストベンチ，

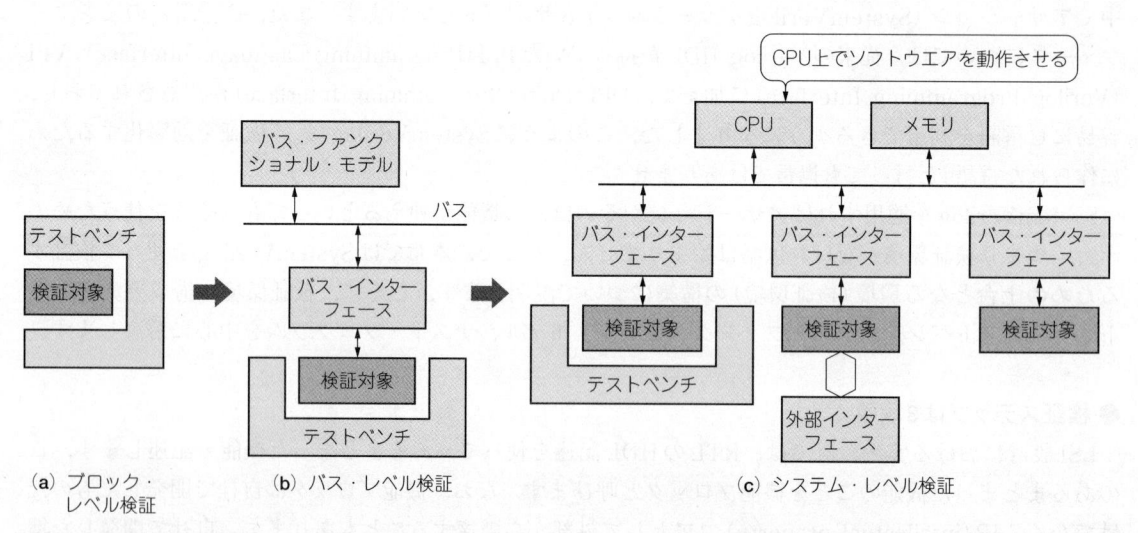

図13-1　機能ブロックの検証ステップ
機能ブロックの検証は，ブロック・レベル検証，バス・レベル検証，システム・レベル検証の三つのステップで行う．ブロック・レベル検証では，機能ブロックを単体で検証する．バス・レベル検証では，機能ブロック＋バス接続回路をバス動作のレベルで検証する．システム・レベル検証では，CPUを含むシステムに機能ブロックを組み込んで検証する．

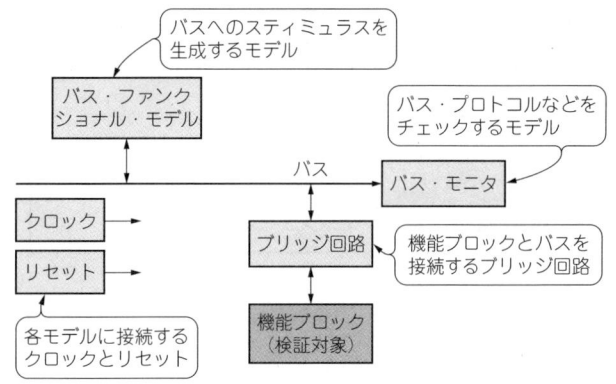

図13-2 バス・レベル検証のトップ・テストベンチ
検証対象となる機能ブロック，バスに与えるスティミュラスを生成するバス・ファンクショナル・モデル(BFM)，バス・プロトコルなどをチェックするバス・モニタ，クロック部，およびリセット部から構成される．機能ブロックへのアクセスは，バス・ファンクショナル・モデルからブリッジ回路を経由して行われる．

バス・ファンクショナル・モデル，テスト・プログラム）について，SystemVerilogによる作成方法を解説します．また，第10章に掲載した簡易CPUバス・モデルを使って，3番目のシステム・レベル検証を行うための検証環境についても説明します．

● バス・ファンクショナル・モデルにinterfaceを使用可能

　図13-2は，機能ブロックのバス・レベル検証におけるトップ・テストベンチ(最上位階層のテストベンチ)の例です．図13-2のトップ・テストベンチには，検証対象となる機能ブロック，バスに与えるスティミュラス(入力パターン)を生成するバス・ファンクショナル・モデル(BFM)，バス・プロトコルなどをチェックするバス・モニタ，クロック部，およびリセット部から構成されます．機能ブロックへのアクセスは，バス・ファンクショナル・モデルからブリッジ回路を経由して行われます．

　バス・ファンクショナル・モデルからのアクセスにおいて，リード・アクセスではリード・データを期待値と比較し，ライト・アクセスではライト・データをテスト・データとして与えます．

　従来，Verilog HDLではこのバス・ファンクショナル・モデルをモジュール(module)として実装し，モジュール内にバス・プロトコルを生成するタスクを記述していました．一方，SystemVerilogでは従来どおりモジュールを使ったバス・ファンクショナル・モデルのほかに，インターフェース(interface)を使ったバス・ファンクショナル・モデルを作成することができます．インターフェースは，SystemVerilogに導入された新しい機能です．インターフェースを利用すると，以下のことを期待できます．
- コード記述量を大幅に削減できる
- 設計の初期段階で接続などの詳細を決める必要がない
- モジュール間接続をカプセル化できる

インターフェースでは，モジュールと同じようにタイム・スケールや信号宣言，`assign`文，タスク(`task`)，関数(`function`)，`initial`文などが使えます(リスト13-1)．

● PCIバス・モデルをバス・レベルで検証

　バス・レベル検証の例題として，ここではPCI(Peripheral Component Interconnect)バスを取り上げます(p.255のコラム13-1「PCIバスについておさらい」を参照)．なお，本章で説明するバス・レベル

リスト13-1 インターフェースの構文

```
interface <インターフェース名> ( <ポート宣言> );
    <timeunit/timepresion>;
    <信号, 変数の宣言>;
    <assign文>;
    <initial文>;
    <task定義>;
    <function定義>;
endinterface [:<インターフェース名>]
```

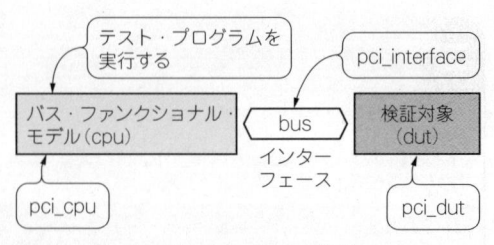

図13-3 PCIバスのトップ・テストベンチ
検証対象であるデバイス(pci_dut), pci_dutをテストするためのバス・ファンクショナル・モデル(pci_cpu), インターフェース接続から成る.

リスト13-2 トップ・テストベンチ

```
module Test;

  timeunit      1ns;
  timeprecision 100ps;

  logic         CLK, RST;

  Clock         clock( .CLK(CLK) );
  Reset         reset( .RST(RST) );

  pci_interface bus(  .CLK(CLK), .RST(RST) );

  pci_cpu       cpu(  .bus(bus), .CLK(CLK), .RST(RST) );
  pci_dut       dut(  .bus(bus), .CLK(CLK), .RST(RST) );

  final begin
    $display( "Test : finished at %0d ns", $time );
  end

endmodule : Test
```

(a) Testモジュール

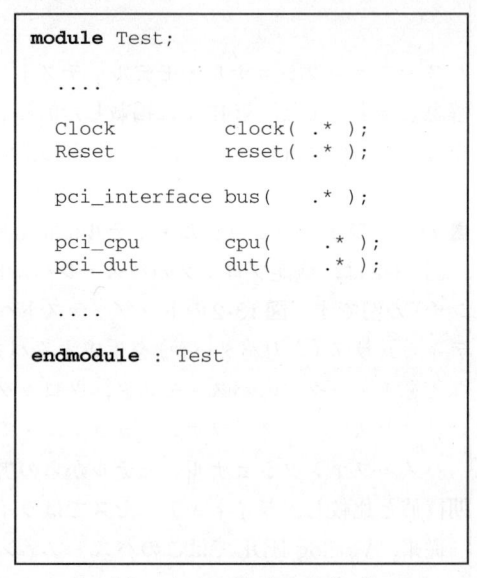

```
module Test;
  ....
  Clock         clock( .* );
  Reset         reset( .* );

  pci_interface bus(   .* );

  pci_cpu       cpu(   .* );
  pci_dut       dut(   .* );
  ....
endmodule : Test
```

(b) .*によるポート・バインド

検証のトップ・テストベンチやバス・ファンクショナル・モデルを含む検証環境は, ASICやシステムLSIの内部バス(オンチップ・バス)であるAMBA(Advanced Microcontroller Bus Architecture)やOCP(Open Core Protocol)などでも同じように使えます(バス・プロトコルや信号名が異なるだけ).

図13-3に, 検証対象であるデバイス(pci_dut), pci_dutをテストするためのバス・ファンクショナル・モデル(pci_cpu), インターフェース接続のブロック図を示します. また, リスト13-2に, トップ・テストベンチ(Testモジュール)のSystemVerilogコードを示します. pci_cpuモジュールのインスタンスcpuとpci_dutモジュールのインスタンスdutは, pci_interfaceインターフェースのインスタンスbusで接続されています. また, cpu, dut, busにはクロック部からクロック信号(CLK)が, リセット部からリセット信号(RST)が接続されています.

Testモジュール内でのタイム・スケールは, timeunitとtimeprecisionを使って1ns/100psにしています. この記述は, Verilog HDLの`timescaleディレクティブで1ns/100psを指定した場合と同じです. ただし, `timescaleディレクティブでは指定した場所から, 次に`timescaleディレク

コラム 13-1　PCI バスについておさらい

　PCI バスは 33MHz で動作するパソコン用の 32 ビット汎用 I/O バスとして開発され，現在ではパソコンのみならず，組み込みシステムの I/O バスとしても使われています．PCI バスは PCI SIG（PCI Special Interest Group, http://www.pcisig.com/）にて標準化が行われ，その後，66MHz，64 ビットへの拡張，またサーバ用として性能を向上させた PCI-X の策定，そして，PCI 規格の後継としてパソコン用チップセットに実装された PCI Express へと進化してきました．

　2005 年には PCI バスのリビジョン 3.0 がリリースされました．手元にある Interface 増刊『OPEN DESIGN』No.7「PCI バスの詳細と応用へのステップ」（CQ 出版社，1995 年発行）によると，当時の PCI バスのリビジョンは 2.0 でした．つまり，約 10 年間，リビジョン 2.x が使われてきたことになります．

　コンピュータのバス・システムではマスタおよびスレーブという用語を使っていましたが，PCI バスではマスタのことをイニシエータ，スレーブのことをターゲットと呼びます．

　図 13-A に PCI バスのプロトコルの例（リード・サイクル）を示します．イニシエータが $\overline{\text{FRAME}}$ 信号をアサートすることでサイクルが開始されます．$\overline{\text{FRAME}}$ 信号をアサートすると同時に AD 信号にアドレスを，CBE 信号にコマンドをドライブします．CBE 信号は 4 ビットの信号で，ビットの割り当てによって表 13-A に示すコマンドが使われます．イニシエータは次のデータ送信あるいは受信の準備ができると $\overline{\text{IRDY}}$ 信号をアサートします．一方，ターゲットはイニシエータからのアドレス信号およびコマンド信号をデコードし，自分のアドレスである場合は $\overline{\text{DEVSEL}}$ 信号をアサートします．また，ターゲットはデータ送信あるいは受信の準備ができると，$\overline{\text{TRDY}}$ 信号をアサートします．$\overline{\text{IRDY}}$ 信号と $\overline{\text{TRDY}}$ 信号がともにアサートされている場合にデータの転送が行われます．図 13-A には明示していませんが，このほかにもいくつかの信号を使ってデータ転送を行います．

　ここでは非常に簡単に PCI バスについて説明しました．詳細については仕様書で確認してください．参考資料として，CQ 出版社発行の TECH I シリーズ Vol.21「改訂新版 PCI バス & PCI-X バスの徹底研究」（2004 年発行）がわかりやすいと思います．

表 13-A　PCI バスのコマンド

	CBE[3]	CBE[2]	CBE[1]	CBE[0]
メモリ・リード	L	H	H	L
メモリ・リード・ライン	H	H	H	L
メモリ・リード・マルチプル	H	H	L	L
メモリ・ライト	L	H	H	H
メモリ・ライト・アンド・インバリデート	H	H	H	H
I/O リード	L	L	H	L
I/O ライト	L	L	H	H
コンフィグレーション・リード	H	L	H	L
コンフィグレーション・ライト	H	L	H	H
インタラプト・アクノリッジ	L	L	L	L
スペシャル	L	L	L	H
デュアル・アドレス	H	H	L	H

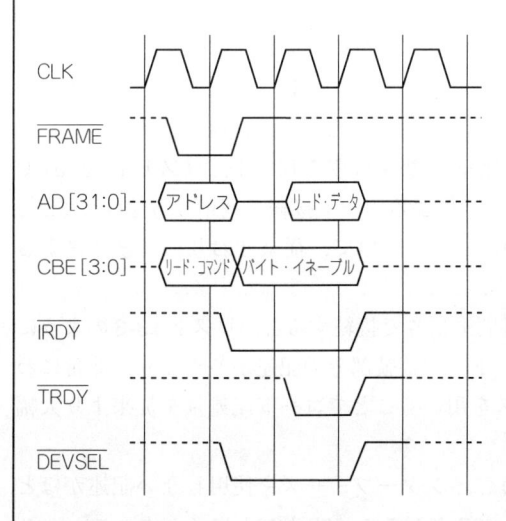

図 13-A　PCI バスのプロトコル例（リード・コマンド）

リスト13-3　Verilog HDLによる記述

```
`timescale 1ns/100ps

module Test;

    wire        CLK, RST;
    tri1        FRAME;
    tri1        IRDY;
    tri1        TRDY;
    tri1        STOP;
    tri1        DEVSEL;
    tri1 [31:0] AD;
    tri1 [3:0]  CBE;
    tri1        PAR;

    Clock       clock(  .CLK(CLK) );
    Reset       reset(  .RST(RST) );

    pci_cpu     cpu(    .CLK(CLK), .RST(RST),
                        .AD(AD), .CBE(CBE), .PAR(PAR),
                        .FRAME(FRAME), .IRDY(IRDY),
                        .TRDY(TRDY),
                        .STOP(STOP), .DEVSEL(DEVSEL) );

    pci_dut     dut(    .CLK(CLK), .RST(RST),
                        .AD(AD), .CBE(CBE), .PAR(PAR),
                        .FRAME(FRAME), .IRDY(IRDY),
                        .TRDY(TRDY),
                        .STOP(STOP), .DEVSEL(DEVSEL) );

endmodule
```

ティブで指定するまで同じタイム・スケールになりますが，timeunitとtimeprecisionは宣言したモジュールでのみ有効となります．finalブロックはSystemVerilogの新機能です．finalブロックは，$finishシステム・タスクが実行されることで呼び出されます．$finishシステム・タスクが出力するメッセージの後で，finalブロックが実行されます．リスト13-2(a)を実行した場合の結果では，シミュレーションの最後に終了したときの時間を表示します．

　SystemVerilogでは，新しいポート接続を使うことにより記述をわかりやすくできます．リスト13-2(b)は，リスト13-2(a)に対して．*によるポート接続を使ったときの記述です．．*によるポート接続を使うことで，モジュール間の接続部の記述量が少なくなります．．*によるポート接続が行えるのは，モジュール側のポート名とそのポートに接続する信号名などが同じ場合に限られます．リスト13-2(a)では，すべてのポートが同じ信号名などになっているので，．*によるポート接続を利用できます．また，インスタンスcpuとdutのポート接続のように，一部のポートについて，従来どおりの名まえによるポート接続と組み合わせて使用することもできます [1],[2]．

　インターフェースを使わずに二つのモジュール間をPCI関連信号で接続すると，リスト13-3のようにcpuとdutを接続するためのPCI関連の信号の宣言やポートへの接続部分の記述が多くなり，非常にわかりにくくなります．前述したように，インターフェースを用いることでコード記述量を従来より大幅に削減できることがわかります．

　実際の検証対象であるRTL記述は，リスト13-3のようにインターフェースを使用しない記述がほとんどでしょう．このような場合，リスト13-4のようにインスタンスdutのポートにインターフェース内の各信号を接続すれば，インスタンスcpuの部分はリスト13-2(a)，(b)と同じものがそのまま使え

リスト13-4 インターフェースの内部信号をバインドする

```
pci_dut        dut(   .CLK(CLK),    .RST(RST),
                      .AD(    bus.AD),       .CBE( bus.CBE),
                      .PAR(   bus.PAR),
                      .FRAME( bus.FRAME),  .IRDY(bus.IRDY),
                      .TRDY(  bus.TRDY),   .STOP(bus.STOP),
                      .DEVSEL(bus.DEVSEL) );
```

リスト13-5 pci_interfaceインターフェース

```
interface pci_interface( input logic CLK,
RST );

    timeunit      1ns;
    timeprecision 100ps;

    tri1          FRAME, IRDY, TRDY, STOP,
                  DEVSEL, PAR;
    tri1 [31:0] AD;
    tri1 [3:0]  CBE;

    reg           FRAMEReg, IRDYReg, TRDYReg,
STOPReg, DEVSELReg, PARReg;
    reg  [31:0] ADReg;
    reg  [3:0]  CBEReg;

    assign FRAME  = FRAMEReg;
    assign IRDY   = IRDYReg;
    assign TRDY   = TRDYReg;
    assign STOP   = STOPReg;
    assign DEVSEL = DEVSELReg;
    assign PAR    = PARReg;
    assign AD     = ADReg;
    assign CBE    = CBEReg;

    task read_mem( input bit [31:0] addr,
                   input int size,
                   output bit [31:0] data
);
        ....
    endtask : read_mem

    task write_mem( input bit [31:0] addr,
                    input int size,
                    input bit [31:0] data
);
        ....
    endtask : write_mem

    task read_io(  input bit [31:0] addr,
                   input int size,
                   output bit [31:0] data
);
        ....
    endtask : read_io

    task write_io( input bit [31:0] addr,
                   input int size,
                   input bit [31:0] data
);
        ....
    endtask : write_io

    task read_cfg( input bit [31:0] addr,
                   input int size,
                   output bit [31:0] data
);
        ....
    endtask : read_cfg

    task write_cfg( input bit [31:0] addr,
                    input int size,
                    input bit [31:0] data
);
        ....
    endtask : write_cfg

    initial begin
        FRAMEReg  = 1'bz;
        IRDYReg   = 1'bz
        TRDYReg   = 1'bz;
        STOPReg   = 1'bz;
        DEVSELReg = 1'bz;
        ADReg     = 32'bz;
        CBEReg    = 4'bz;
        PARReg    = 1'bz;
    end

endinterface : pci_interface
```

ます.このような場合でも,部分的ではありますが,インターフェースの恩恵を受けられます.

● インターフェース内にバス・アクセス用タスクを実装

前述したようにVerilog HDLによるバス・ファンクショナル・モデルはモジュール内にバス・アクセス用のタスクを実装します.一方,SystemVerilogではインターフェース内にバス・アクセス用のタスクを実装します.

リスト13-5にPCIバスのインターフェース記述を示します.リスト13-5では,timeunitとtime

precisionを使って，最初にタイム・スケールを1ns/100psと設定しています．これはPCIバスのクロック周期の30ns（周波数が33MHz）を実現するためです．

次に，PCIバス関連信号の宣言です．ただし，ここではバス・リクエスト（BR），バス・グラント（BG），エラー（SERR/PERR），および割り込み（INTAなど）の信号は使っていません．なお，PCIバスは3ステートなので，各信号の型は`tri1`としています．また，ドライブする信号は`reg`型で宣言し，`assign`文を使って接続します．このように，マルチドライブを行う信号については，SystemVerilogでもVerilog HDLと同じ方法で記述する必要があります．

次の六つのタスク宣言は，PCIバスにおける三つのタイプのバス・サイクル（メモリ，I/O，コンフィグレーション）へのリードおよびライトを行うものです．ただし，**リスト13-5**ではタスクの詳細について記述していません．実際にこの検証環境を利用するときは，タスクの内容を定義してください．最後の`initial`文は，`reg`宣言した信号を初期化しています．

● programを使ってテスト・プログラムを記述

テスト・プログラムは，バス・ファンクショナル・モデルのタスクを使って生成します．

テスト・プログラムは，従来のVerilog HDLのように`module`で記述することもできますが，ここでは`program`を使用します．`program`を使うことにより，検証対象とテストベンチ（テスト・プログラム）の間のレース状態をなくすことができます．また，ここでは説明しませんが，クロッキング（`clocking`）といっしょに使うことにより，検証対象への信号の入出力タイミングを定義することもできます．

基本的に，`program`は`module`と同じように記述できますが，大きな違いは`always`文を使用できないということです．つまり，`initial`文でテスト・プログラムを書きます．また，`module`内の変数やタスクに外部から階層をまたいでアクセスできますが，`program`内の変数やタスクは外部からアクセスできません．アクセスするとエラーになります．

リスト13-6にPCIバスのテスト・プログラムの例を示します．`module`による記述との違いは，`module/endmodule`の代わりに`program/endprogram`を使うぐらいです．プログラム名の`pci_cpu`は`module`におけるモジュール名に相当します．この例では，`initial`文でPCIメモリ空間へライト・アクセスした後，リード・アクセスを行っています．PCIバスへのアクセスには，ポート`bus`に接続した`pci_interface`内のタスクを使います．ポート`bus`内のタスクにアクセスするには，`bus.read_mem`のように`.`（ピリオド）を使います．

● modportによるポートの方向を指定する

インターフェースのインスタンスを各モジュールのポートに接続するときですが，インターフェース内の信号の方向がわかりません．これを解決するための機能が`modport`です．

リスト13-7(a)は，`modport`部分を`pci_interface`インターフェースに追加したものです．イニシエータのポートに接続するための`initiator`とターゲットのポートに接続するための`target`を定義しています．また，`initiator`では，接続したポート経由でモジュールがインターフェース内のタスクにアクセスできるようにするため，`import`を使って六つのタスクの宣言を追加しています．こうすることで，イニシエータとなるモジュールが，ポートに接続した`pci_interface`インターフェース内の六つのタスクにアクセスできます．`initiator`に各タスクの宣言を追加せずにインターフェース

リスト13-6 テスト・プログラムの例

```
program pci_cpu( pci_interface bus,
                 input logic CLK,
                 input logic RST );

  bit [31:0] addr, data, exp;
  int        size;

  initial begin

    addr = 32'h0000_1000;
    size = 4;
    exp  = 32'h0011_2233;

    bus.write_mem( addr, size, exp  );
    bus.read_mem(  addr, size, data );

    if( data != exp )
      $display("compare error
      (exp:0x%08x) != data(0x%08x)",
                                exp, data);
  end

endprogram : pci_cpu
```

のタスクにアクセスすると，エラーになります．

　modportを使う場合，各インスタンスへのポート接続は，リスト13-7（b）のようにポートbusに接続する部分をインターフェースのインスタンス名（bus）からインターフェース内の各modport名に変更します．イニシエータ側では.bus(bus)を.bus(bus.initiator)に，ターゲット側では.bus(bus)を.bus(bus.target)に変更しています．

　また，モジュール側のポートの型を変更することもできます．リスト13-7（c）では，ポートの型をpci_interfaceからpci_interface.initiator，およびpci_interface.targetに変更しています．この場合，各インスタンスのポート接続部は変更する必要はありません．

● 汎用インターフェースを利用する

　リスト13-8のようにモジュールのポートに特定のインターフェース（pci_interface）を指定するのではなく，汎用インターフェース（generic interface）を指定することもできます．汎用インターフェースを使うことにより，バス・ファンクショナル・モデルを再利用できる可能性が広がります．

　ただし，モジュール内でアクセスするタスクは，ポート（この例ではbus）に接続するインターフェース内で定義されている必要があるので注意してください．定義されていないタスクを使うとエラボレーションのときにエラーになります（ここでのエラボレーションとは，コンパイル後，シミュレーションが開始されるまでの間のことを指す）．

　ポート接続はリスト13-7（b）と同じで，インターフェース内のmodport名を指定します．pci_cpuモジュールはイニシエータなのでinitiatorを，pci_dutモジュールはターゲットなのでtargetをポートに接続します．

● CPUバス・モデルを再利用してシステム・レベル検証

　ここまでで，バス・レベル検証におけるPCIバスの検証環境の各要素（トップ・テストベンチ，バス・

リスト 13-7 modport

```
interface pci_interface( ( input logic CLK, RST );

   ....

   modport initiator( output FRAME, IRDY,
                      input  TRDY, STOP, DEVSEL,
                      inout  AD, CBE, PAR,

                      import task read_mem(  input  bit [31:0] addr,
                                             input  int        size,
                                             output bit [31:0] data ),

                      import task write_mem( input  bit [31:0] addr,
                                             input  int        size,
                                             input  bit [31:0] data ) );

                      import task read_io(   input  bit [31:0] addr,
                                             input  int        size,
                                             output bit [31:0] data ),

                      import task write_io(  input  bit [31:0] addr,
                                             input  int        size,
                                             input  bit [31:0] data ) );

                      import task read_cfg(  input  bit [31:0] addr,
                                             input  int        size,
                                             output bit [31:0] data ),

                      import task write_cfg( input  bit [31:0] addr,
                                             input  int        size,
                                             input  bit [31:0] data ) );
   modport target(    input FRAME, IRDY,
                      output TRDY, STOP, DEVSEL,
                      ref   AD, CBE, PAR );

   ....

endinterface : pci_interface
```

(a) modport

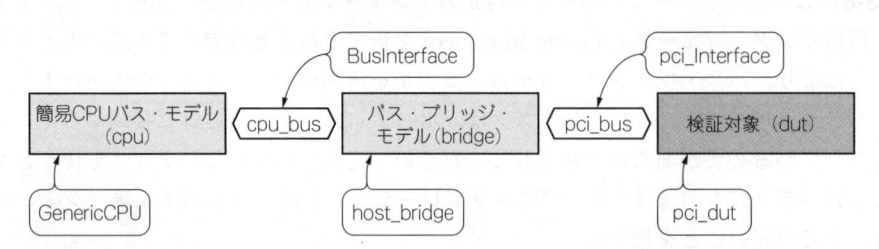

図13-4 簡易CPUバス・モデルとの接続
簡易CPUバス・モデルは，バス・ブリッジ・モデルを介して検証対象のpci_dutと接続する．簡易CPUバス・モデルとバス・ブリッジ・モデルの間はBusInterfaceインターフェースを，バス・ブリッジ・モデルとpci_dutの間はpci_interfaceインターフェースを使って接続する．

ファンクショナル・モデル，テスト・プログラム）について説明しました．以降ではシステム・レベル検証について説明します．

　システム・レベル検証ではソフトウェアを実行するCPUモデルが必要になります．ここでは

```
    module pci_cpu( pci_interface bus, input logic CLK, input logic RST );
        ....
    endmodule : pci_cpu

    module pci_dut( pci.interface bus, input logic CLK, input logic RST );
        ....
    endmodule : pci_dut

module Test;

    ....

    pci_cpu( .bus(bus.initiator), .* );
    pci_dut( .bus(bus.target),    .* );

    ....

endmodule : Test
```

(b) modportによるポート・バインド

```
module pci_cpu( pci_interface.initiator bus, input logic CLK, input logic RST );
    ....
endmodule : pci_cpu

module pci_dut( pci.interface.target bus, input logic CLK, input logic RST );
    ....
endmodule : pci_dut
```

(c) modportによるポートの型指定

リスト13-8 汎用インターフェースによるポートの型指定

```
// pci_interface.initiator busをinterface busに変更
module pci_cpu( interface bus, input logic CLK, input logic RST );
    ....
endmodule : pci_cpu

// pci_interface.target busをinterface busに変更
module pci_dut( interface bus, input logic CLK, input logic RST );
    ....
endmodule : pci_dut
```

SystemVerilogで作成した簡易CPUバス・モデルを利用します．これにより，簡易アセンブリ言語を使ってプログラムを作成できます．

図13-4のように簡易CPUバス・モデルは，バス・ブリッジ・モデルを介して検証対象のpci_dutと接続します．簡易CPUバス・モデルとバス・ブリッジ・モデルの間はBusInterfaceインターフェースを使って接続します．一方，バス・ブリッジ・モデルとpci_dutの間はpci_interfaceインターフェースを使って接続します．図13-4の構成におけるSystemVerilogの記述をリスト13-9に示します．簡易CPUバス・モデルとBusInterfaceインターフェースは，PCIバスと異なるクロック信号（CPU_CLK）およびリセット信号（CPU_RST）で動作します．クロック信号CPU_CLKについては，Clock

リスト13-9 簡易CPUバス・モデルを追加したトップ・テストベンチ

```
module Test_cpu;

    timeunit        1ns;
    timeprecision   10ps;

    logic           CPU_CLK, CPU_RST, PCI_CLK, PCI_RST;

    Clock   #(5)    sys_clock(  .CLK(CPU_CLK) );
    Reset           sys_reset(  .CLK(CPU_CLK),  .RST(CPU_RST) );
    BusInterface    cpu_bus(    .CLK(CPU_CLK),  .RST(CPU_RST) );

    GenericCPU      cpu(        .bus(cpu_bus.cpu),
                                .CLK(CPU_CLK),  .nRST(CPU_RST) );

    Clock   #(15)   pci_clock(  .CLK(PCI_CLK) );
    Reset           pci_reset(  .CLK(PCI_CLK),  .RST(PCI_RST) );
    pci_interface   pci_bus(    .CLK(PCI_CLK),  .RST(PCI_RST) );

    host_bridge     bridge(     .cpu_bus(cpu_bus.pci),
                                .CPU_CLK(CPU_CLK),  .CPU_RST(CPU_RST),
                                .pci_bus(pci_bus.initiator),
                                .PCI_CLK(PCI_CLK),  .PCI_RST(PCI_RST) );

    pci_dut         dut(        .bus(pci_bus.target),
                                .CLK(PCI_CLK),  .RST(PCI_RST) );

    final begin
      $display( "Test : finished at %0d ns", $time );
    end

endmodule : Test_cpu
```

リスト13-10 BusInterfaceインターフェースの記述

```
interface BusInterface( input logic CLK,
                        input logic RST );
  modport cpu(                                    modport pci(
    import task Bus_Reset,                          export task Bus_Load,
    import task Bus_Load                            export task Bus_Store );
        ( input logic [31:0] ADDR,
          output       [31:0] DATA ),             task Bus_Reset;
    import task Bus_Store                           $display("BusInterface : Bus_Reset");
        ( input logic [31:0] ADDR,              endtask : Bus_Reset
          input        [31:0] DATA ) );
                                                endinterface : BusInterface
```

モジュールに対して，周期の半分が5nsになるようにパラメータとして#(5)を渡しています．

BusInterfaceインターフェースのポート名は第10章のリスト10-10に掲載したものと同じですが，記述はリスト13-10のように変更しています．簡易CPUバス・モデルはmodportを使って三つのタスク・ポートをbus経由で呼び出しています．今回の変更点は，このうちの二つのタスク（Bus_Load，Bus_Store）について，PCI側に接続するバス・ブリッジ・モデル（host_bridgeモジュール）内のタスクを呼ぶようにしているところです．

このような方法は前述したインターフェース記述と多少異なるので，図13-5を使って詳しく説明します．簡易CPUバス・モデル内でポートbus経由で呼び出せるタスクは，BusInterfaceインターフェー

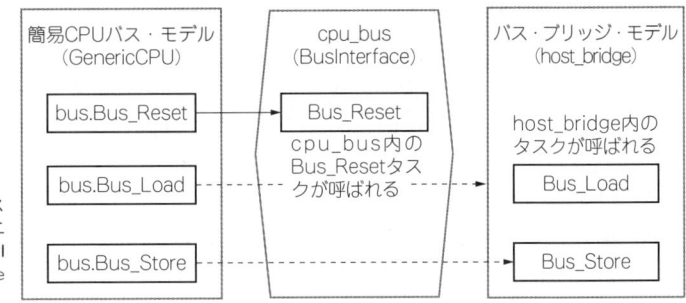

図13-5 簡易CPUバス・モデルからのアクセス
簡易CPUバス・モデルはmodportを使って三つのタスク・ポートをbus経由で呼び出している。このうちの二つのタスク(Bus_Load, Bus_Store)について、PCI側に接続するバス・ブリッジ・モデル(host_bridgeモジュール)内のタスクを呼ぶようにしている。

ス内の`modport cpu`で`import`として宣言した`Bus_Reset`タスク，`Bus_Load`タスク，`Bus_Store`タスクです．`Bus_Reset`タスクを呼び出したときは，前述のコードと同じように`Bus_Interface`インターフェース内の`Bus_Reset`タスクが呼び出され，`BusInterface:Bus_Reset`が表示されます．一方，`Bus_Load`タスクおよび`Bus_Store`タスクは`BusInterface`インターフェース内で定義されていません．その代わりに`modport pci`で`export`を使って宣言します．`BusInterface`インターフェース内の`Bus_Load`タスクあるいは`Bus_Store`タスクが呼び出された場合は，`modport pci`で接続されたモジュール内にある`Bus_Load`タスクあるいは`Bus_Store`タスクが呼び出されることになります．つまり，`cpu_bus.pci`をポートに接続した`host_bridge`モジュールの`bridge`インスタンス内にある`Bus_Load`タスクあるいは`Bus_Store`タスクが呼ばれることになります．

リスト13-11(a)に，`host_bridge`モジュールのコードを示します．`Bus_Load`タスクについては`cpu_bus.Bus_Load`タスクを，`Bus_Store`タスクは`cpu_bus.Bus_Store`タスクを呼ぶように定義しています．こうすることで`cpu_bus`ポートに接続した`cpu_bus`インスタンスの`Bus_Load`タスクおよび`Bus_Store`タスクを呼び出せるようになります．`bus_bridge`モジュールの各タスクでは，アドレスの上位20ビットをデコードし，対応するアドレスに対して`pci_bus`ポートのタスク(`Bus_Load`タスクでは`read_mem`, `read_io`, `read_cfg`, `Bus_Store`タスクでは`write_mem`, `write_io`, `write_cfg`)を呼び出しています．対応するアドレスがない場合はエラー・メッセージを表示し，`pci_bus`ポートへのアクセスは行いません．

`pci_bus`ポートへのアクセスの前後に`#25`のウェイトを入れています．`host_bridge`モジュール内で`timeunit`を1nsとしているので，25nsのウェイトになります．こうすることで，簡易CPUバス・モデルからPCIバスへのアクセスに必要な時間は50ns(25ns + 25ns) + PCIバスへのアクセス時間になります．また，**リスト13-11(b)**のように`#25`をパラメータ化し，`#s_wait`および`#e_wait`にすることにより，モジュールの外部からウェイト時間を設定することも可能となります．

以上，説明してきたように，簡易CPUバス・モデルを使ってPCIバスへのアクセスができるようになりました．あとは，簡易アセンブラを使ってPCIバスへのアクセス・プログラムを作成すれば，ソフトウェアでテストすることができます．

● 検証環境も再利用を考えて構築

本章では，SystemVerilogの新しい機能であるインターフェースを使って，簡易的とはいえPCIバス

リスト13-11 バス・ブリッジ・モデル

```
module host_bridge( BusInterface cpu_bus,
                    input logic CPU_CLK, input logic CPU_RST,
                    pci_interface pci_bus,
                    input logic PCI_CLK, input logic PCI_RST );

  timeunit      1ns;
  timeprecision 10ps;

  task cpu_bus.Bus_Load(  input logic [31:0] ADDR, output [31:0] DATA );

    int n_addr, size;
    n_addr = ADDR & 32'hffff_f000;
    size = 4;

    #25;

    case(n_addr)
      32'h0000_0000 : pci_bus.read_mem(  n_addr, size, DATA );
      32'h0000_1000 : pci_bus.read_io(   n_addr, size, DATA );
      32'h0000_2000 : pci_bus.read_cfg(  n_addr, size, DATA );
      default : $display("Bus_Load  : illegal address (0x%08x)", ADDR );
    endcase

    #25;

  endtask

  task cpu_bus.Bus_Store( input logic [31:0] ADDR, input [31:0] DATA );

    int n_addr, size;
    n_addr = ADDR & 32'hffff_f000;
    size = 4;

    #25;

    case(n_addr)
      32'h0000_0000 : pci_bus.write_mem( n_addr, size, DATA );
      32'h0000_1000 : pci_bus.write_io(  n_addr, size, DATA );
      32'h0000_2000 : pci_bus.write_cfg( n_addr, size, DATA );

      default : $display("Bus_Store : Illegal address (0x%08x)", ADDR );
    endcase

    #25;

  endtask

endmodule : host_bridge
```

(a) host_bridgeモジュールの記述

```
module host_bridge( ..... );                            ....
                                                          #e_wait;
  .....                                                 endtask
  parameter s_wait = 25, e_wait = 25;
                                                        (cpu_bus.Bus_Storeタスクも同様になる)
  task cpu_bus.Bus_Load( .... );
                                                        endmodule : host_bridge
    ....
      #s_wait;
```

(b) ウェイトをパラメータ化した記述

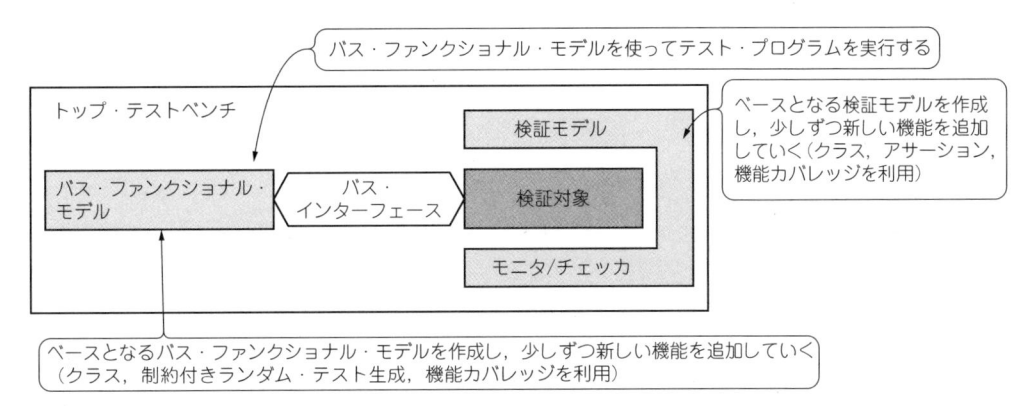

```
┌──────────────────────────────────────────────────────────────┐
│ トップ・テストベンチ          ┌─── バス・ファンクショナル・モデルを使ってテスト・プログラムを実行する
│                              ↓                    ┌─── ベースとなる検証モデルを作成
│  ┌─────────────┐         ┌─────────┐              │    し，少しずつ新しい機能を追加
│  │バス・ファンクショナル│  │ バス・ │  │ 検証モデル │              │    していく（クラス，アサーション，
│  │ モデル       │──│インター│──│ 検証対象 │              │    機能カバレッジを利用）
│  └─────────────┘  │フェース│  └─────────┘
│         ↑         └─────────┘  │モニタ/チェッカ│
│         │
└─────────┼────────────────────────────────────────────────────┘
          └─── ベースとなるバス・ファンクショナル・モデルを作成し，少しずつ新しい機能を追加していく
              （クラス，制約付きランダム・テスト生成，機能カバレッジを利用）
```

図13-6 検証環境
本章で説明した検証環境をベースに，SystemVerilogのそのほかの検証機能（クラス，制約付きランダム・テスト生成，機能カバレッジ，アサーション）を組み込んでいけば，さらに使いやすいものになるだろう．

に接続するデバイスをテストするための検証環境を構築しました．PCIバス部分をほかのバス（例えばAMBAやOCPなど）に変更することにより，基本的なモジュールの構成を変えることなく検証環境を再利用できます．

また，このような環境をベースに，SystemVerilogのそのほかの検証機能（クラス，制約付きランダム・テスト生成，機能カバレッジ，アサーション）をモデルに組み込んでいくことで，より使いやすい検証環境を構築できます（**図13-6**）．

実装設計のRTL記述は，IPコアとして再利用することがあたりまえになっていますが，検証用モデルやテストベンチなどの環境も再利用することを前提に作成していくべきだと思います．設計生産性だけでなく，検証を含めた開発全体の生産性を引き上げる必要があります．そのためには過去の資産をフルに再利用し，できる限りむだを省き，新規部分の設計や機能の追加に力を入れていくべきです．

参考文献
(1) IEEE, IEEE 1800-2005, IEEE Standard for SystemVerilog: Unified Hardware Design, Specification and Verification Language.
(2) Sutart Sutherland, Simon Davidmann, Peter Flake；SystemVerilog for Design, Springer, 2004.

第6部

Verification Methodology Manual (VMM) 活用 編

SystemVerilog設計スタートアップ

第14章

VMMの概要とvmm_logの使いかた

赤星博輝

Verilog HDLと比べると，SystemVerilogは検証機能が大幅に強化されている．しかし，これらの機能を我流で使ってしまうと，作成した検証用の部品が再利用しにくくなったり，SystemVerilogの能力を十分に引き出せない場合がある．こうした問題を軽減するために，検証ライブラリとその利用ガイドラインである"Verification Methodology Manual for SystemVerilog（VMM）"が提供されている．ここでは，VMMを活用するために必要なSystemVerilogの構文と記述例を紹介していく．　　　　　　（編集部）

2005年にSystemVerilog 3.1aがIEEE 1800として承認されました．多くのツール・ベンダがサポートを始めており，設計および検証言語としてのSystemVerilogから目が離せない状況になりました．

これまで，ハードウェアの検証言語としては，PSL（Property Specification Language）やOpenVera，e言語といった複数の言語がありました．しかし，ツールのサポートがばらばらで，別の設計環境に持っていくことが難しい場合がありました．標準化されたSystemVerilogについては，今後も，多くの対応ツールの出荷が期待されており，これまで乱立していた検証言語を統一してくれるのではないか，という希望もあります．そうした中でユーザが正しい選択を行うことが重要です．

RTL（register transfer level）設計ではVerilog HDLとVHDLの二つの標準言語が存在します．これらの言語が登場したころはこれで良かったのかもしれませんが，現時点ではデメリットのほうが大きいように感じます．今後，複数の検証言語が残ると，むだな投資が増えるように思います．

SystemVerilogは設計だけでなく検証についても多くの機能が追加されており，例えば制約付きランダム・テスト生成（以下，ランダム生成）やアサーション，機能カバレッジ，同期機構，連想配列，動的な配列，キュー（queue）などの機能を備えています．このような機能はこれまで，ハードウェアの世界では検証言語が備えていたのですが，SystemVerilogによって設計も検証も統一的に扱えるようになりました．設計も検証も同じ言語を使用することで，習得のためのコストが低くなると期待されています．

● 検証スペシャリストの"技"を学ぼう

それでは，SystemVerilogを使えばだれでも検証を効率良く行うことができるのでしょうか？　その答えは，「ある程度まではできる」と言えますが，どこまでできるかは人やグループによって決まると言えます．そこで"Verification Methodology Manual for SystemVerilog"（通称VMM，邦訳「ベリフィケーション・メソドロジ・マニュアル」，CQ出版社発行，**写真14-1**）の登場となります．

VMMはこれまでいろいろな検証を行ってきたスペシャリストが経験を踏まえて作成した検証ライブ

ラリとその検証のやりかたを記述したものです．VMMを読むことで，検証のスペシャリストが実際にやっている方法を知ることができます．また，それが単なる読みものではなく，実際にSystemVerilogシミュレータ（米国Synopsys社の「VCS」など）を使って実行できることが大きな利点です．読むだけでなく，それを実際に使用することで，本書の著者であるJanick Bergeron氏のような検証スペシャリストのやりかたを理解しやすくなります．

　VMMは，どのようなねらいで作られたのでしょう．筆者の勝手な解釈をもとに，以下で説明していきます．

1）検証における再利用を促進する

　どうしても業務では設計に比重が置かれており，検証にかけられる工数が限られている設計グループが多いと思います．このとき，単体モジュールの検証，複数モジュールの検証，ソフトウェアとハードウェアを合わせた検証などを効率良く行えているでしょうか？　また，前回の検証で使った部品を再利用している例はどのくらいありますか？

　VMMでは再利用を促進するためにライブラリを用意しています．そのライブラリでは，通信用のチャネル，データ用のクラス，ログを管理するメッセージ・サービス，ランダム生成用のクラスなどがあります．例えばテストベンチの中に複数の部品があり，それらが通信する場合，個別の部品の再利用性は通信方法に依存します．VMMはこの通信方法を統一しているため，再利用性が向上します．

　設計ではIP（intellectual property）コアを活用することがポイントになっていますが，検証でもIPが重要になってきています．そのときに，勝手なルールで作られたIPでは，それを使うだけでひと苦労です．VMMでは用意されたライブラリを使い，さらにその使用方法もルール化されています．外部から検証IPなどを導入しやすくなります．

2）検証範囲を広げる

　現在のハードウェアは規模が大きくなり，実現する機能が複雑化しています．これは，検証時に探索する空間が広くなっていることを意味します．設計者や検証エンジニアがすべての信号の挙動を指定しなければならないダイレクト・テストでは，その広くなった空間を検証するすべてのシミュレーション・パターンを作ることは困難です（例えば，32ビットの加算をチェックするパターンは2^{64}パターン必要）．SystemVerilogはランダム生成に対応しています．VMMの考えかたでは，このランダム生成の機能を活用し，ダイレクト・テストよりも広い範囲を検証することが前提となっています．

　「ランダム生成では，意味のないパターンが生成されてしまう」といって嫌われる場合もあります．し

写真14-1　Verification Methodology Manual for System Verilogとその邦訳

かし，SystemVerilogではランダム生成に制約を付けることができ，ありえないパターンを除外した有効なランダム値だけを発生します．これにより，短い記述で多くのシミュレーション・パターンを生成できます．と言っても，VMMがダイレクト・テストを否定しているわけではありません．ダイレクト・テストはランダム生成の一つのバリエーションとして実現できるようになっています．そのため，ランダム生成では目標とする検証の範囲に到達できない場合，ダイレクト・テストに簡単に切り替えることができます．

3) **検証のチェックを自動化する**

　ダイレクト・テストを行っている場合には，出力を人手（による目視）で確認してもなんとかなりました．1分間に数個のシミュレーション・パターンを作成した場合，数個の出力を数分でチェックできれば，その検証作業はなんとか実施可能と言えると思います．しかし，ランダム生成を使うと，コンピュータが山のようにシミュレーション・パターンを生成してくれます．あっという間に数万パターンを作り出しますが，その出力を人手で確認できるのでしょうか？　この場合，その検証作業は実施が困難です．出力をチェックしないシミュレーションに意味はありません．

　VMMでは，入力に対してその応答をチェックするためにアサーションやスコアボードを使うことが前提となっており，それらの使いかたについて説明されています．

4) **検証の終わりを判断する**

　ダイレクト・テストで検証を行っている場合は，すべてのテストベンチで問題が発生しなければ検証の終わりと言えますが，ランダム生成の場合はいつが検証の終わりなのでしょう？　ランダム生成を使っている場合，カバレッジをその判断材料にすることになります．一般的にはコード・カバレッジがよく使用されていますが，コード・カバレッジだけでは不十分な点があり，機能カバレッジも使用します．機能カバレッジを収集するため，SystemVerilogでは`covergroup`や`cover property`といった構文が追加されています．

● **人に対する教育やトレーニングが必要に**

　「これからは検証がたいへんになる」とは言いながら，検証に対してなかなか積極的に投資できない，という問題があります．投資と言っても，単にツールを買うだけでなく，人に対する教育やトレーニングが必要です（ツールを買ったけどうまく使えないという例は非常に多い）．

　検証言語を導入する場合には，教育のための期間がかならず必要になります．この部分のコストや時間をどのように確保するのかも含めて考えなければなりません．

● **VMMとは？**

　先述のようにVMMとは，検証ライブラリとその検証ライブラリを使った検証環境の構築のしかたと言えます．

　検証ライブラリはクラスという形でまとまっており，データを保持する`vmm_data`，データを渡す通信路である`vmm_channel`，処理を記述する`vmm_xactor`，メッセージを出力する`vmm_log`，ランダム生成を行う`vmm_atomic_gen`と`vmm_scenario_gen`，検証環境をまとめる`vmm_env`といったクラスがあります．SystemVerilogはオブジェクト指向言語なので，これらのクラスをもとに必要な機能を持ったクラスを作成します．

簡単な例を図14-1で説明します．top階層に検証対象の回路（DUT：device under test）と検証のクラスvmm_envから検証環境のクラスがインスタンスされます．vmm_atomic_genからランダム生成を行うクラスを作り，vmm_xactorからドライバやモニタ，スコアボードといった部品を作り，それらの間で通信するためにはvmm_channelを利用します．さらにVMMでは，このvmm_envから作ったクラスの中で実行フローを制御します．図14-1に示したタスク呼び出しはVMMによって決められており，それぞれで実行することも決められています．例えば，buildでは検証に使用するクラスをインスタンスし，startではインスタンスした部品を起動します．このようなやりかたがVMMには記載されています．

これらのクラスを使って検証環境を作成することで，以下の利点があります．
- 少ないコードで多くのテストを実行できる
- テストに依存するコードを少なくできる
- 再利用が促進される

とくに再利用については，設計グループ内の再利用にとどまらず，外部も含めた再利用を行えることが重要な点です．VMMに従った検証IPも同じクラスをもとに作成されているため，日ごろテストベンチなどで書いているルールをそのまま使用できることになります．VMMそのものが標準化されているため，こうした利点が出てきます．

本連載では，VMMの活用に必要なSystemVerilogの構文や記述例を紹介します．今回は，VMMのライブラリの一つであるvmm_logの使いかたを説明します．

● まず，SystemVerilogのclassを理解する

VMMでは，クラス単位に検証の部品を作ります．以下ではSystemVerilogのclassについて説明します．JavaやC++などを知っている読者の方であれば，だいたい同じような働きをすると考えて問題ありません．これらについて，少し解説していきます．

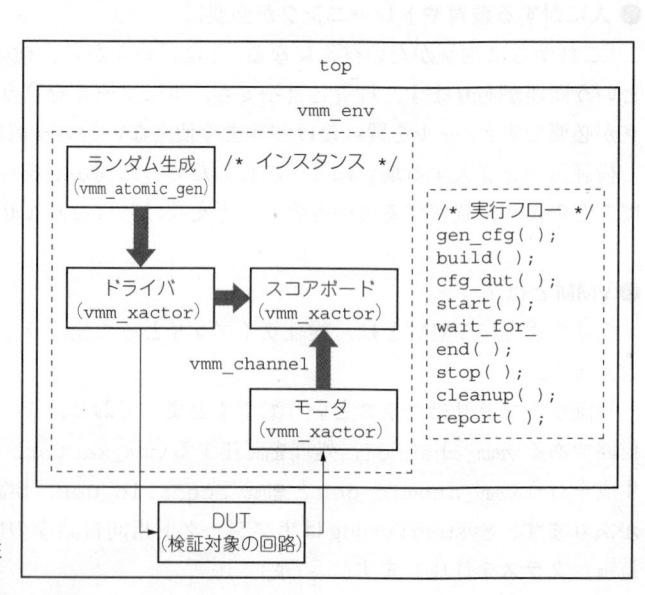

図14-1 VMMでの検証環境例
検証用ライブラリを使用することで，効率良く設計できる．また，ルールによって実行フローなどが指定されており，標準的な検証環境を構築できる．

SystemVerilogのclassでは，データを保持するプロパティ（変数）とそのclassのプロパティに対する処理を行うメソッド（functionやtask）を定義できるようになりました．例えば，2科目のデータを保持し，その平均値や表示を行うクラスgradeを**リスト14-1**に示します．

1）クラス変数とハンドル

クラスを定義したら，そのクラス変数を宣言します．

```
grade   smith;
```

ここで注意が必要です．このクラス変数というのは，ハンドル（C言語で言うポインタ）のみを保持することができます．そのため，クラス変数そのものは数学や英語の点を保存するデータ領域を持っていません．どこかに領域を確保した場合に，その場所（ハンドル）だけを記憶します．最初は，クラス変数はどこの場所も指しておらず，初期値にはnullが入っています．

2）クラス・インスタンスの生成

実際に数学や英語の点を保存するデータ領域を確保するにはnewを使用します．

```
smith = new( );
```

とすることで，データを保存する領域が確保されました．

3）クラスのプロパティへの代入・参照

領域を確保したら，値を代入できます．Verilog HDLでは階層を示すときに．を使用しましたが，クラス変数のプロパティにアクセスするときも．を使用します．クラス変数smithのmathに100を書き込む記述を示します．

```
smith.math = 100;
```

読み出すだけでなく書き込むときにも，同じように記述できます．英語の点数が数学より20点低い場合には，以下のように記述します．

```
smith.eng = smith.math-20;
```

4）クラスのメソッドを使用する

最初にクラスを定義したときに，プロパティと同時にメソッドを定義しました．このメソッドを呼び出すときにも．を使って呼び出します．クラス変数smithに対してshowとaverageというメソッドを呼び出すには，以下の記述となります．

```
smith.show("smith:");
smith.average( );
```

リスト14-1 2科目のデータを保持し，その平均値や表示を行うクラス（grade）

```
class grade;
  integer math;  //数学
  integer eng;   //英語
  function integer average( );
    average=(math+eng)/2;
    $display("average=%3d",average);
  endfunction
  task show(string str);
    $display("%s math=%3d, english=%3d",str,math, eng);
  endtask
endclass
```

5) クラス変数の代入

SystemVerilogで最初につまずくのは，このクラス変数の代入だと思います．**図14-2**を使って説明していきます．二つのクラス変数を宣言し，同時にインスタンスを作成します．

```
grade smith = new( );
grade tom   = new( );
```

このとき，以下のような代入を行ったら何が起こるのでしょうか？

```
tom = smith;
```

それぞれのインスタンスの内容をコピーするのでしょうか？ 残念ながら違います．クラス変数の代入は値が代入されるわけではなく，ハンドルが代入されます．そのため，**図14-2**に示すように，代入した後からクラス変数smithとtomが同じ領域を指すことになります．tom.math = 60;を実行し，smith.show( ) と tom.show( ) が同じ結果になることで，それが正しいことを示しています．

もし，インスタンスの値をコピーしたい場合には，クラス・プロパティに対して操作を行う必要があります．ただし，クラス・プロパティに対する記述は長くなるので，**図14-3**のようなcopyメソッドを用意することがよく行われます．

6) クラスの継承

SystemVerilogはオブジェクト指向言語なので，あるクラスをもとに，新しいクラスを作ることができます．これにより，用途によって毎回クラスを一から作る必要がなくなり，差分を作るだけで済みます．

先ほどのクラスに化学の成績を持つchemというプロパティを加えるために，継承という手法を使います．**リスト14-2**のようにクラス宣言に「extends 元のクラス」を付けることで，元のクラスのプロパティやメソッドを引き継いだ新しいクラスを作成できます．このとき新しく作ったクラスをサブクラス，

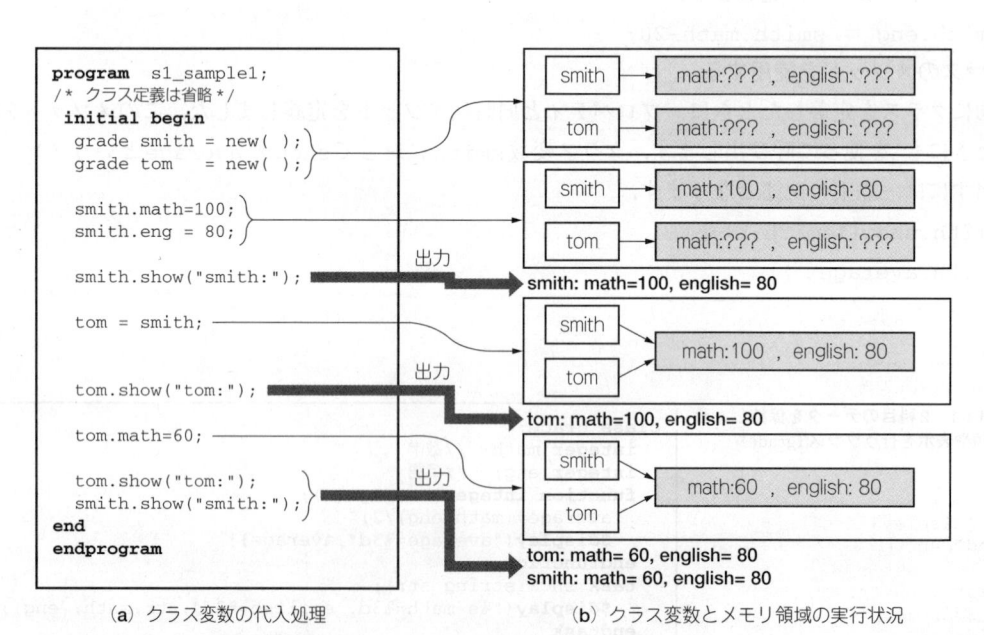

(a) クラス変数の代入処理　　　　　　　　　　(b) クラス変数とメモリ領域の実行状況

図14-2　SystemVerilogのクラス
クラス変数はハンドル（ポインタ）を格納するだけである．代入した場合の動きに注意する．

元になったクラスをスーパクラスと呼びます（図14-4）．

7）クラス・メンバのオーバロード

　継承したクラスでは，メソッドなどを変更することが可能です．平均値を計算するメソッドaverageと，出力するメソッドshowはともに数学と英語しか見ていないので，そのままでは役に立ちません．このとき，スーパクラスのメソッドを上書き（オーバロード）することができます．これによって，数学と英語，化学の成績を表示したり，平均を求めたりできるようになります．

8）スーパクラスへの代入

　新しいクラスを作るよりクラスの継承を使ったほうがよい理由は，「差分を作るだけで済むから」というだけではありません．継承して作ったクラスのハンドルをスーパクラスに代入できることも挙げられます．

　これがなぜうれしいかというと，新しい機能を持つクラスに変えても，そのほかの部分は変更しなくてもよいからです．図14-5の記述では，最終的にgradeの配列studentでメソッドなどを呼んで処理するのですが，新しいgrade3のクラスのインスタンスでも代入できるのです．リスト14-3にその例を

```
class grade;
  /* 省略 */
  function void  copy(grade dst);
    dst.math= math;
    dst.eng = eng;
  endfunction
endclass
```

（a）追加するcopyメソッド

```
initial begin
  grade   smith = new( );
  grade   tom   = new( );

  smith.math=100;
  smith.eng = 80;
  smith.copy(tom);
  ...
end
```

（b）copyメソッドを使った記述

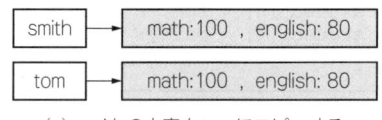

```
smith  →  math:100 , english: 80
tom    →  math:100 , english: 80
```

（c）smithの内容をtomにコピーする

図14-3　クラス変数が指す内容のコピー
インスタンスの内容をコピーしたい場合には，プロパティごとの代入が必要になる．めんどうなので，copyメソッドを作ることが一般的．

```
         grade      スーパクラス
           ↑
         grade3     サブクラス
```

図14-4　継承したときの呼びかた
元となったクラスをスーパクラス（親クラス），元のクラスを継承して作ったクラスをサブクラス（子クラス）と呼ぶ．

リスト14-2　継承を使って新しいクラスを宣言
継承を使えば，差分だけを記述することで，新しい機能を持ったクラスを作成できる．

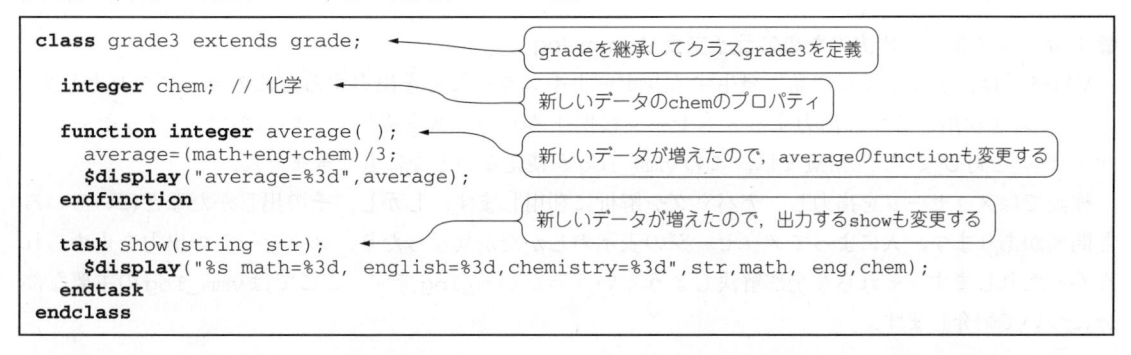

```
class grade3 extends grade;         ← gradeを継承してクラスgrade3を定義

  integer chem; // 化学             ← 新しいデータのchemのプロパティ

  function integer average( );
    average=(math+eng+chem)/3;      ← 新しいデータが増えたので，averageのfunctionも変更する
    $display("average=%3d",average);
  endfunction

  task show(string str);            ← 新しいデータが増えたので，出力するshowも変更する
    $display("%s math=%3d, english=%3d,chemistry=%3d",str,math, eng,chem);
  endtask
endclass
```

```
grade   tom   = new;
grade3  marry = new( );
grade   student[2];
student[0] = tom;
student[1] = marry;
 ...
student[0].show("tom:");
student[1].show("marry:");
```

(a) スーパクラスをベースクラスに代入できる

```
tom: math=100, english= 80
marry: math= 50, english= 60
```
virtualがないとstudentのクラスのshowを呼ぶ

(b) メソッドをvirtual宣言しない場合の実行結果

```
tom: math=100, english= 80
marry: math= 50, english= 60,chemistry   70
```
virtualで宣言された場合は，student[1]はmarryのハンドルを持っているので，grade3のshowを呼び出す

(c) メソッドをvirtual宣言した場合の実行結果

図14-5 メソッドにはvirtual
virtualを付けてメソッドを定義すると，オブジェクト指向言語の威力を最大限に活用できる．

リスト14-3 新しいgrade3のクラスのインスタンスでも代入できる
student[0]はハンドルなので，どこかにある場所のデータを指すことができる．領域を確保するのはnewである．

```
grade   tom   = new;
grade3  marry = new( );
grade   student[2];
student[0] = tom;
student[1] = marry;
```

リスト14-4 クラスgradeのメソッドにvirtualを付ける

```
class grade;
  integer math; //数学
  integer eng;  //英語
  virtual function integer average( );
     average=(math+eng)/2;
     $display("average=%3d",average);
  endfunction
  virtual task show(string str);
     $display("%s math=%3d,
              english=%3d",str,math,eng);
  endtask
endclass
```

示します．

　例えば，異なったシミュレーション・パターンを生成する新しいクラスを継承によって作っておけば，テストベンチの構造は変更不要ということになります．ただし，このときにクラスのメソッドにvirtualを指定するのがポイントです．クラスgradeのメソッドに，**リスト14-4**のようにvirtualを付けます．

　このvirtualを付けることで，**図14-5**(c)の呼び出しのときに本来のクラスのメソッドを呼び出せます．virtualを付けないと**図14-5**(b)からわかるようにスーパクラスのメソッドを呼ぶことに注意してください．VMMでは，この継承を使うことにより，非常に少ない変更で異なったシミュレーション・パターンを生成することが可能となります．

● レポートやエラー出力のためのライブラリ vmm_log

　VMMでは，さまざまな部品で発生するレポートやエラーなどを出力するためのライブラリとして，vmm_logを使用します．出力するメッセージに関するサービスを提供しているので，「メッセージ・サービス」と呼びます．VMMでは，このvmm_logが使えないとなにもできません．

　検証ではメッセージを出力し，デバッグや解析に利用します．しかし，その出しかたなどにいろいろと問題があります．人によってメッセージの表示のしかたが異なったり，メッセージの出力を止められなかったりします．それらを全部解決しようというのがvmm_logです．ここではvmm_logの主要な部分について紹介します．

表14-1 メッセージの分類と使用するマクロ
メッセージには，エラー出力やトレース出力などの異なった役割があるはず．きちんと分類しておくと，多くのメリットが出てくる．

メッセージ	使用するマクロ	エラーのレベル
verboseメッセージ	`vmm_verbose	VERBOSE_SEV
debugメッセージ	`vmm_debug	DEBUG_SEV
traceメッセージ	`vmm_trace	TRACE_SEV
noteメッセージ	`vmm_note	NORMAL_SEV
warningメッセージ	`vmm_warning	WARNING_SEV
errorメッセージ	`vmm_error	ERROR_SEV
fatalメッセージ	`vmm_fatal	FATAL_SEV

リスト14-5 エラー・メッセージを出力する記述
メッセージを出力するときは，表14-1のマクロを使う．

```
program  s1_sample6;
 `include "vmm.sv"

vmm_log  ms1;

initial begin
  ms1 = new("program", "MS1");
  `vmm_verbose(ms1, "verbose");
  `vmm_debug   (ms1, "debug");
  `vmm_trace   (ms1, "trace");
  `vmm_note    (ms1, "note");
  `vmm_warning(ms1, "warning");
  `vmm_error   (ms1, "error");
  `vmm_fata    (ms1, "fatal");
end

endprogram
```

vmm_logは，以下のサービスを提供します．

- 表示するメッセージの制御
- 複数のメッセージ・サービスのインスタンス
- メッセージ・サービスの階層化
- それぞれのメッセージ・サービスの制御，およびプロモーション/デモーション
- レポート機能

● エラー・メッセージを区別しよう

　vmm_logのサービスを活用するためには，まずメッセージがどのような種類のものであるかを分類します．例えば，デバッグのための情報，エラーに関する情報，エラーではないがワーニング（警告）として出したい情報，どう動いたかを知るトレースの情報などです．VMMでは表14-1に示す種類が用意されており，そのために使用するマクロが用意されています．ここでメッセージをきちんと分類しておくと，あとでVMMの機能を利用しやすくなります．

　VMMが提供するメッセージ・サービスを使用した簡単な例をリスト14-5に示します．今回はprogramというキーワードを使っていますが，これは検証モジュールと考えてください．programを使うことで，テストベンチと設計の間のレーシングが発生しないなどの利点があり，SystemVerilogでは検証モジュールにこのprogramを使うことが推奨されています．

　VMMを使うためにはvmm.svのファイルをインクルードします．VCS-2005.06-SP1（Synopsys社のシミュレータ）では，このファイルはインストールされたディレクトリのetc/rvmにあります．

　vmm_logクラス変数の定義は，Verilog HDLの信号を定義するのと同じです．ms1というクラス変数の宣言は，以下の記述になります．

　vmm_log ms1;

　上述したように，宣言しただけではメッセージ・サービスとしては使えないので，インスタンスを生成します．これはVerilog HDLでモジュールを定義するだけでなく，インスタンスするのと同じようなものです．

インスタンスの生成時に，logを使用するクラスなどの名まえとインスタンスの名まえをnewに与えて作成します．この名まえは自由に決めてよいのですが，メッセージの出力を制御するときに使用するので，vmm_logを複数インスタンスしたときに明確に区別できるようになっていることが必要です．

今回は，programのメッセージ・サービス1という意味で，MS1という名まえでインスタンスを作成しました．

```
ms1 = new("program", "MS1");
```

メッセージを出力するためには，**表14-1**のマクロを使って第1引き数にクラス変数を，第2引き数に出力したいメッセージを指定します．例えば，ワーニングのメッセージを出力したい場合には，以下のように記述します．

```
`vmm_warning(ms1, "warning");
```

注意点は，`vmm_fatalを呼び出すとその時点でシミュレーションが停止することです．ほかのマクロはシミュレーションを継続して実行します．

それではこの記述をコンパイルし，実行してみます．

```
% vcs -sverilog +incdir+$VCS_HOME/etc/rvm ファイル名
% ./simv
```

と入力すると，一部のメッセージのみが出力されます．デフォルトではnote，warning，error，fatalに関するメッセージが出力されます．ここで，なぜメッセージが全部出てこないのかと言うと，どのメッセージを出力するかをユーザが変更できるからです．そのほかのメッセージを出力するためには，実行時オプションで出力レベルを変更する方法と，記述中で出力レベルを変更する方法があります．これにより，ほんとうに必要な情報だけを取り出すことができます（むだな情報を出力すると処理が遅くなる）．

● メッセージの出力レベルを切り替える

まず，実行時オプションで出力レベルを変更してみましょう．このとき，オプションは + vmm_log_default = を使用し，これに続いてverbose，debug，trace，warning，error，fatal，normalを指定します．例えば，すべてのメッセージを出力させたい場合には，以下のように入力します．

```
% ./simv + vmm_log_default = verbose
```

オプションによって，どのレベルのメッセージが出力されるかを**表14-2**に示します．

複数のメッセージ・サービスをインスタンスし，記述による出力レベルの変更を行った記述が**リスト14-6**になります．二つのメッセージ・サービスMS1，MS2を作成し，TRACEレベルのメッセージを出力しています．ただし，TRACEなのでデフォルトで実行した場合にはこれらのメッセージは出力されません．先ほどの実行時オプションで出力レベルを変更したり，より細かい指定を行えるset_verboseメソッドを次に紹介します．

リスト14-6のAのコメント（//）を解除し，コンパイルと実行を行うと，すべてのメッセージが出力されます．

```
ms1.set_verbosity(vmm_log::TRACE_SEV,"/./", "/./"); // A
```

これは，logの名まえとインスタンスの名まえが任意のメッセージ・サービスの出力レベルをTRACE

に設定します．どのレベルでどのメッセージが出力されるかについては**表14-2**を参照してください．

また，BのようにMS1のインスタンス名を持ったメッセージ・サービスだけに対して出力レベルを変更することもできます．

```
ms1.set_verbosity(vmm_log::TRACE_SEV,"/./", "/MS1/"); // B
```

さらに，logの名まえでメッセージ・サービスを指定して，出力レベルを変更することもできます．

```
ms1.set_verbosity(vmm_log::TRACE_SEV,"/program/", "/./"); // C
```

確かに個別のメッセージ・サービスの出力レベルを制御できることは便利なのですが，制御する数が多くなってくると取り扱いがめんどうです．例えば，全部で100個あるメッセージ・サービスのインスタンスに対して50個の出力レベルを変更しようとしたらたいへんです．そのため，vmm_logでは階層構造を作れるようになっています．メッセージ・サービスで階層構造を作った例が**リスト14-7**です．

メッセージ・サービスのインスタンスを生成するときに上位のメッセージ・サービスがある場合は，第3引き数として与えることで階層を作成できます．第3引き数はデフォルト引き数としてnullが与えられているので，階層がない場合には与える必要がありません．以下の記述では，ms2がms1の下位階層となります．

```
ms2 = new("LOG",  "MS2", ms1);
```

ある階層以下のメッセージ・サービスに対して出力レベルを変更するためには，set_verbosityの第3引き数に'1'を設定します（これもデフォルト引き数が与えられており，指定しない場合には'0'となっている）．

```
ms1.set_verbosity(vmm_log::TRACE_SEV, "/./", "/MS1/",1); // D
```

また，メッセージ・サービスの階層を確認するために，listを使ってそのイメージをテキストで出

表14-2 オプションで出力されるレベル
○が付いたメッセージが出力される．

使用するマクロ	normal	verbose	debug	trace	warning	error
`vmm_verbose		○				
`vmm_debug		○	○			
`vmm_trace		○	○	○		
`vmm_note	○	○	○	○		
`vmm_warning	○	○	○	○	○	
`vmm_error	○	○	○	○	○	○
`vmm_fatal	○	○	○	○	○	○

リスト14-6 set_verbosityを使った出力レベル制御
複数のメッセージ・サービスを使用し，個別に制御するには，set_verbosityを使用する．

```
program s1_sample7;
`include "vmm.sv"

initial begin
  vmm_log ms1 =new("program", "MS1");
  vmm_log ms2 =new("program", "MS2");

  //ms1.set_verbosity(vmm_log::TRACE_SEV,"/./", "/./");      // A
  //ms1.set_verbosity(vmm_log::TRACE_SEV,"/./", "/MS1/");    // B
  //ms1.set_verbosity(vmm_log::TRACE_SEV,"/program/", "/./"); // C
  `vmm_trace  (ms1, "trace1");
  `vmm_trace  (ms2, "trace2");
end

endprogram
```

リスト14-7 階層を持ったメッセージ・サービス
メッセージ・サービスに階層構造を持たせることにより，例えばある階層以下のメッセージをまとめて制御できる．

```
program s1_sample8;
`include "vmm.sv"

vmm_log   ms1,ms2,ms3;

initial begin
  ms1 = new("LOG",   "MS1");
  ms2 = new("LOG",   "MS2", ms1);
  ms3 = new("LOG",   "MS3", ms2);

  ms1.set_verbosity(vmm_log::TRACE_SEV, "/./",
                                        "/MS1/",1); // D
  `vmm_trace   (ms1, "trace");
  `vmm_trace   (ms2, "trace2");
  `vmm_trace   (ms3, "trace3");
end
```

リスト14-8 レポートの生成
vmm_log を使うと，エラー・ワーニングに関する情報を自動的に収集してくれる．

```
program s1_sample9;
`include "vmm.sv"

vmm_log   ms1,ms2,ms3;

initial begin
  ms1 = new("LOG",   "MS1");
  ms2 = new("LOG",   "MS2",ms1);
  ms3 = new("LOG",   "MS3",ms2);

  `vmm_trace   (ms1, "trace");
  `vmm_error   (ms1, "error");
  `vmm_trace   (ms2, "trace2");
  `vmm_error   (ms2, "error2");
  `vmm_trace   (ms3, "trace3");
  `vmm_warning(ms3, "warning3");

  ms1.report("/./", "MS1");
  ms1.report("/./", "MS1",1);
  ms1.report("/./", "MS2");
end

endprogram
```

力できます．

```
ms1.list( );
```

これは，実際に作成した階層が正しいかどうかを確認する際に使用できます．

VMMのメッセージ・サービスを使う利点は，生成したメッセージに対する情報を自動的に収集してくれることにあります．検証ではエラー数やワーニング数が重要ですが，それをレポートする機能があらかじめ作り込まれています．わざわざ設計者や検証エンジニアが作る必要はなく，**リスト14-8**のようにreportを呼びだすだけで出力されます．このとき，どのメッセージ・サービスのレポートを生成するのかを指定できるようになっていて，例えばインスタンス名がMS1だけのレポートを表示する場合は，以下のようにします．

```
ms1.report("/./", "/MS1/");
```

また，MS1からその下位階層を含めてレポートを表示したい場合には，以下のように第3引き数に'1'を与えます．

```
ms1.report("/./", "/MS1/",1);
```

● メッセージの出力レベルを後から変更できる

VMMのメッセージ・サービスのもう一つの機能として，メッセージのレベルを後から変更できることがあります．これはメッセージのプロモーション/デモーションと呼ばれています．例えば，DEBUGレベルのメッセージをWARNINGにプロモーション（昇格）する記述は，以下のようになります．

```
ms1.modify("/./","/./",0,
/*TYPE*/,vmm_log::DEBUG_SEV ,/*TEXT*/ ,
```

第14章 VMMの概要とvmm_logの使いかた

リスト14-9 メッセージのプロモーションとデモーション
あとからメッセージの出力レベルを変更できる．

```
program s1_sample10;
`include "vmm.sv"

vmm_log ms1=new("program", "MS1");

initial begin
  ms1.modify("/./","/./",0,
    /*TYPE*/,vmm_log::DEBUG_SEV ,/*TEXT*/ ,
    /*NEW TYPE*/,    vmm_log::WARNING_SEV,/*HANDLING*/);
  ms1.modify("/./","/./",0,
    /*TYPE*/,vmm_log::WARNING_SEV ,/*TEXT*/ ,
    /*NEW TYPE*/,    vmm_log::NORMAL_SEV, /*HANDLING*/);

  `vmm_debug(ms1, "debug");
  `vmm_warning(ms1, "warning");

  ms1.report("/./","/MS1/" );
end

endprogram
```

```
/*NEW TYPE*/, vmm_log::WARNING_SEV,/*HANDLING*/);
```

また，WARNINGレベルのメッセージをNORMALにデモーション（降格）する記述も同じように表現できます．

```
ms1.modify("/./","/./",0,
/*TYPE*/,vmm_log::WARNING_SEV ,/*TEXT*/ ,
/*NEW TYPE*/,vmm_log::NORMAL_SEV, /*HANDLING*/);
```

リスト14-9の記述を実行してみると，メッセージがレベルに応じて変更されています．また，このレポートの結果が重要です．VMMのライブラリを使っていて「よくできているなぁ」と関心するのですが，このように出力レベルを変更したとき，例えばエラーやワーニングのレベルを下げる（デモーションする）と，別にカウントされることになっています．今回のレポート結果を以下に示します．ワーニングがデモーションされたと出力されています．

```
Simulation PASSED on /./ （/MS1/） at
                    0 (0 warnings, 0 demoted errors & 1 demoted warnings)
```

このdemotedの表示により，エラーやワーニングがケアレス・ミスによって消えても，発見することができます．意図的にエラーを隠そうとすることも防止できます．

VMMのライブラリはいろいろなケースに対応できるようになっており，自分たちで作るよりも高機能な検証用の部品がすでに使える状態になっている点が大きな利点だと思います．

SystemVerilog設計スタートアップ

第15章

テストベンチの作成にVMMの部品を利用する

赤星博輝

ここでは実際にVMMの部品を用いてテストベンチを作成する．また，vmm_data，vmm_channel，vmm_atomic_gen，vmm_xactor，vmm_envの使いかたを説明する．検証のエキスパートが作成したVMMのエッセンスを理解することで，検証の再利用性や効率を引き上げることができる．　　　　（編集部）

　第14章では，SystemVerilogのオブジェクト指向に関する部分と，VMMを使う際にいろいろな場面で出てくるvmm_logについて説明しました．本章では，簡単な設計に対してVMMを使ってテストベンチを作成してみます．

　VMMでテストベンチを作成するため，今回は五つの部品，すなわちデータを扱うvmm_data，テストベンチ間でデータのやり取りを行うvmm_channel，ランダム・テスト生成（以下，ランダム生成）を行うvmm_atomic_gen，処理を記述するvmm_xactor，テストベンチ環境を構築するvmm_envについて紹介します．

　ところで，なぜVMMにはいろいろな構成要素があるのでしょうか？ それはテストベンチを効率的に設計するためです．前章で説明したvmm_logを毎回作ると，かなりの工数を必要としますし，再利用しやすく作るのはさらにたいへんです．日常の検証作業で，次の開発プロジェクトのことを考えて行動する人はどのくらいいるのでしょうか？

　VMMでは基本となる部品をあらかじめ定義しており，その部品をカスタマイズして使うという手法をとります．ただし，カスタマイズするときにコードをカット・アンド・ペーストして変更を加えると，だんだんわけがわからなくなってきます．VMMでは，オブジェクト指向言語の機能を使うことで，変更点だけを追加・変更できるようになっており，検証の再利用を促進します（p.284のコラム15-1「VMMの歴史」を参照）．

● 検証ターゲットはx，y平面の判定回路

　VMMは，検証するための道具とそのガイドです．検証するものがないと説明しにくいので，検証のターゲットとしてここでは単純な判定回路を使用します．その回路とは，図15-1に示す領域に対して，「入力された点(x, y)が四角形の中にあるのか，または外にあるのか」を判定するものです．回路の入出力とデータの入力/出力タイミングを図15-2に示します．

　この回路を検証するためにどのようなデータが必要かを考えます．機能としてはX座標とY座標を与えて領域外/領域内の判定を行うものなので，X座標とY座標の二つの数値が必要です．ほんとうはien

も必要なのですが，これはあとで考えます．

● 検証で扱うデータはすべて vmm_data から派生させる

VMMでは，検証で扱うデータをvmm_dataから派生させて作ります．今回は，二つの数値を記憶す

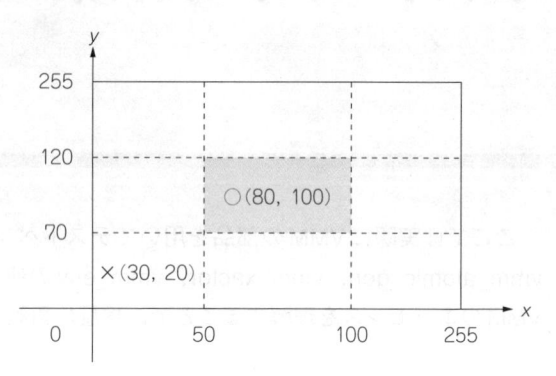

図15-1　ターゲットの領域判定回路の動き
256×256の中に（50，70）～（100，120）の長方形があり，その領域内であれば '1'，領域外であれば '0' と判定する．

コラム 15-1　VMMの歴史

　VMMの歴史は，VMMの著者のひとりであるJanick Bergeron氏の検証への取り組みの歴史ともいえます．Janick Bergeron氏からVMMの歴史について紹介していただいたので，同氏のコメントを以下に紹介します．

　「まずは1991年にセルフ・チェック機構をもつ，トランザクション・レベルのテストベンチを使い始めました．この段階ではVerilog HDLでモデルを記述し，第1世代の`vmm_log`，`vmm_data`，`vmm_env`相当のものが作成されました．このときはダイレクト・テストで物理レベルのトランザクタを使用し，バックグラウンドのノイズにはランダム生成も使いました．1994年にSONET（synchronous optical network）伝送の検証でより高い抽象度のトランザクタが必要となったのですが，Verilog HDLでは不十分なものしか記述できませんでした．

　その後，Veraやe言語の登場によりオブジェクト指向的な実装が可能となり，1998年に第1世代の`vmm_channel`を作成しました．

　2001年に（Janick氏がChief Technical Officerを務めていた）米国Qualis Design社が検証IPを提供したときは，すべてのトランザクタが`vmm_xactor`をベースにしており，`vmm_log`もほぼ現在の形になっ

ていました．トランザクタもコールバック・メソッドを提供するようになり，ユーザによる機能の拡張や修正が可能となりました．VMMで重要なランダム生成におけるファクトリ・パターンも実装されました．

　2002年の終わりには，ほぼ今の形の`vmm_env`を作りました．これは，検証環境を構築するために明確なガイドラインが欲しいということから作成しました．ほかにも，顧客からの要求に基づいて`vmm_broadcast`や`vmm_scheduler`などが作成されました．

　2003年に米国Synopsys社に所属することになり（Qualis Design社がSynopsys社に買収された），VeraでRVM（Reference Verification Methodology）の実装を行い，`vmm_notify`，`vmm_atomic_gen`，`vmm_scenario_gen`などを追加していきました．2004年にVeraのRVMをSystemVerilogで実装し直し，2005年にVMMを書籍として出版しました」．

　このように，Janick Bergeron氏は15年以上もの間，検証にかかわってきました．検証に対して積極的に環境を改善し，その活動の集大成がVMMということになります．とても参考になる部分が多いので，みなさんもぜひ，その知識に触れていただきたいと思います．

るために，vmm_dataから派生させたxy_datというクラスを作ります．このvmm_dataから派生したクラスを構成するうえで最低限必要なものは，**リスト15-1**に示すようにvmm_log，必要な変数の定義，newメソッドの三つになります．

　VMMのメリットはこれまでの検証の知識がその部品の中に埋め込まれているところで，vmm_logはVMMのルール4-58にガイドとして示されているように，静的(static)なメッセージ・サービスとして宣言します．これは，多くのデータが処理されるときに，個別にメッセージ・サービスを作ると負荷が重いことなどが理由です．

　必要な変数を定義するため，今回必要となるデータの詳細を検討します．入力するデータは8ビットで符号なしの整数になります．そのため，logic[7:0]の変数を定義すればよいのですが，VMMではデータ型について重要なツールがあります．

　VMMのルール4-59には，「変数はrand属性をつけて定義する」とあります．これは，rand属性はOFFすることはできるのですが，あとからrand属性を付けることはできないためです．例えば，そのデータの意味から本来はランダム生成しない変数でも，わざとエラーを発生させたりするためにランダム生成を使用したくなる場合があります．CRC (cyclic redundancy check)などが良い例です．ほかのデータによってCRCの値は決定されるので，本来はランダム生成を使用しないのですが，エラー状態をシミュレーションするためにCRCの値をランダム生成したい場合が出てくることがあります．

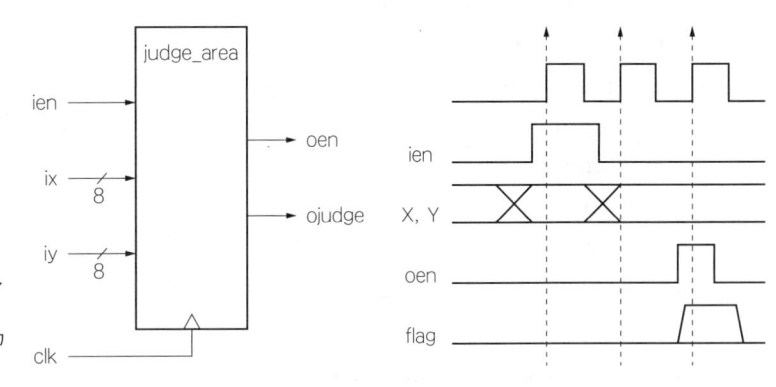

図15-2　ターゲットの入出力とそのタイミング
データを入力するときはienを'1'にし，出力するときはoenが'1'になる．

リスト15-1　データのクラスの基本
メッセージ・サービス(vmm_log)，変数，newの三つが最低限必要．

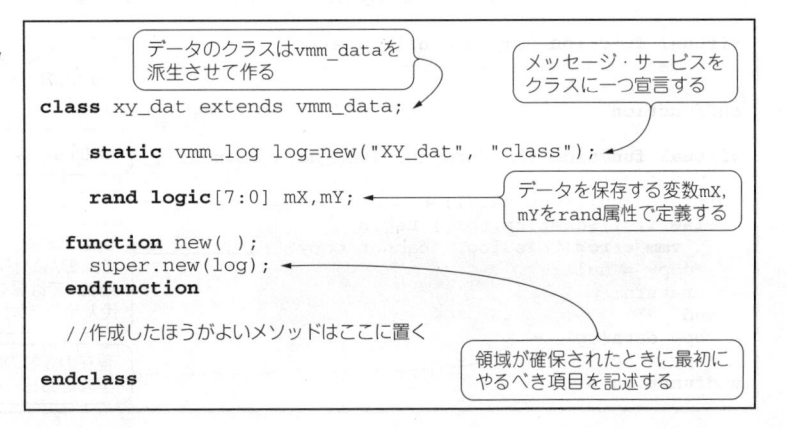

```
class xy_dat extends vmm_data;          // データのクラスはvmm_dataを派生させて作る
    static vmm_log log=new("XY_dat", "class");   // メッセージ・サービスをクラスに一つ宣言する
    rand logic[7:0] mX,mY;              // データを保存する変数mX,mYをrand属性で定義する
    function new( );
        super.new(log);
    endfunction
    //作成したほうがよいメソッドはここに置く
                                        // 領域が確保されたときに最初にやるべき項目を記述する
endclass
```

このような知識が書籍全体にちりばめられているところがVMMのおもしろさです．

● 単体テストでは，まず四つのメソッドを作成

メッセージ・サービスvmm_logをスーパクラスのnewメソッドに渡さなければならないので，newメソッドはかならず作る必要があります．また，新しく領域を確保したときに初期化したい項目などがあれば，このnewメソッド内で行えます．しかし，最低限必要な三つの項目を定義しただけですと，VMMとしてはあまりおもしろくありません．

VMMでは，実装しておいたほうがよいメソッド（VMMの「Appendix A」を参照）が定義されています．単体テストを行うためには，まず以下の四つのメソッドが重要です（やることが増えると，作成するべきメソッドも増える）．

- virtual function vmm_data allocate ();
- virtual function vmm_data copy   (vmm_data to=null);
- virtual function void copy_data   (vmm_data to);
- virtual function string psdisplay (string prefix);

各メソッドについて，説明していきます．

1) allocateメソッド

リスト15-2に示すように，allocateメソッドは領域を確保するメソッドになっています．領域を確保し，その領域のハンドラを返します．

2) copyメソッド

copyメソッドは，以下の二つの使いかたが想定されています．

```
b = a.copy();
    // 新しい領域bを確保し，bにaの内容をコピーする
a.copy(b);
    // すでにある領域bにaの内容をコピーする
```

このように，引き数を与えないでメソッドを呼び出す場合と，引き数を与えてメソッドを呼び出す場

リスト15-2 データのクラスのメソッド記述例（その1）
$cast(cp, to)がポイントで，toのハンドルをcpに代入する．これによって正しいデータ型が使われているかを判定する．

```
virtual function vmm_data allocate();
    xy_dat   t = new();         ← 新しい領域を確保し，allocateに
    allocate = t;                  その領域のハンドルを渡す
endfunction

virtual function vmm_data copy(vmm_data to=null);
    xy_dat cp;                              toがnullなら新しい領域を確保する
    if( to==null) cp=new();  ←
    else if (!$cast(cp,to) ) begin
        `vmm_error(this.log, "cannot copy");  ← それ以外なら，$castを用いてxy_dat型の変数cp
        copy = null;                             にtoのハンドルを渡す．
        return;                                  $castでは異なったクラスに代入できない．
    end                                          代入ができない場合にはエラーを出力し終了させる
    copy_data(cp);    ←                     現在の変数の内容をcpにコピーする．
    copy = cp;                                 実際にコピーを行うのはcopy_dataメソッド
endfunction
```

合があります．これを実現する手段がSystemVerilogではデフォルト引き数として用意されています．**リスト15-2**の`copy`の引き数を見ると，`vmm_data to=null`となっていますが，これは呼び出すときに引き数がない場合には引き数`to`に`null`が自動的に設定され，呼び出し時に引き数が与えられた場合には引き数の値が`to`に設定されます．

3）copy_dataメソッド

その`copy`メソッドの中で実際に値のコピーを行うのは**リスト15-3**にある`copy_data`メソッドになります．このメソッドでは，スーパクラスのデータ・コピーにはスーパクラスの`copy_data`メソッドを呼び，自分のクラスの変数はこのメソッドで代入してコピーを行っています．

4）psdisplayメソッド

また，データに関するメッセージを出力する`display`メソッドがあるのですが，その出力フォーマットを決定する`psdisplay`を作成しておきます．これによって，デバッグやログ解析に必要な情報を見やすい形で出力するようにしておくと便利です．もしもこれを作成しないと，スーパクラスの`psdisplay`が呼び出されるので，コンパイルそのものは問題なく行えるのですが，今回作成したクラスの変数に関する情報がまったく出力されない，というさみしい状態になります．

● ランダム生成ではrandomizeを呼び出す

データのクラスができたので，ランダム生成を行ってみましょう（p.288のコラム15-2「ランダム生成の威力」を参照）．今回作成した`xy_dat`の変数`x`を定義し，`new`によって領域を確保します．その変数`x`に対してメソッド`randomize`を呼び出します（**リスト15-4**）．

この`randomize`というメソッドはSystemVerilogで用意されたものです．このメソッドを呼び出すと，`xy_dat`の`mX`と`mY`に対してランダム生成を行います．`display`はVMMで用意されたメソッドで，その中から`psdisplay`を呼び出してメッセージを出力します．また，新しい値が必要な場合には，

リスト15-3 データのクラスのメソッド記述例（その2）
`psdisplay`メソッドは，`display`メソッドを呼んだときに呼び出されるメソッド．この記述を変更するだけで，さまざまなフォーマットでデータを出力できる．

```
virtual function void copy_data(vmm_data to);
   xy_dat cp;

   if (!$cast(cp,to)) begin        ← $castでtoのハンドルをcpに代入すると
      `vmm_error(this.log,"cannot copy");    同時に，型のチェックも行う
      return;
   end
   super.copy_data(to);    ← スーパクラスのcopy_dataメソッドを呼び出す
   cp.mX = this.mX;        ← xy_datのデータ要素に対するコピー処理
   cp.mY = this.mY;
endfunction

virtual function string psdisplay(string prefix);
   string str, strA, strB;
   strA.itoa(mX);    ← mXの文字列にしたものをstring型の変数
   strB.itoa(mY);       strAに代入する．これによって，ログなど
   str = {prefix, "(", strA, ",", strB, ")"};    に出力するメッセージを容易に定義できる
   psdisplay = str;
endfunction                ← SystemVerilogでは，文字列も連結できる

endclass
```

再度randomizeを呼ぶことでランダム生成が行えます．VMMではもっと良い方法を使いますが，それは本章の後半で紹介します．

● データのやり取りにはチャネルを使う

いろいろな部品を使って再利用するためには，あるルールに従って設計を行う必要があります．とくにデータのやり取りを行う通信方式が，再利用のうえで重要なポイントになります．VMMではチャネルvmm_channelを導入することで再利用を促進します．このチャネルを使うと，簡単なインターフェー

リスト15-4 ランダム生成の実行
ランダム生成を行いたい場合，randomizeメソッドを呼ぶ．このrandomizeメソッドをうまく使うには，VMMが役立つ．

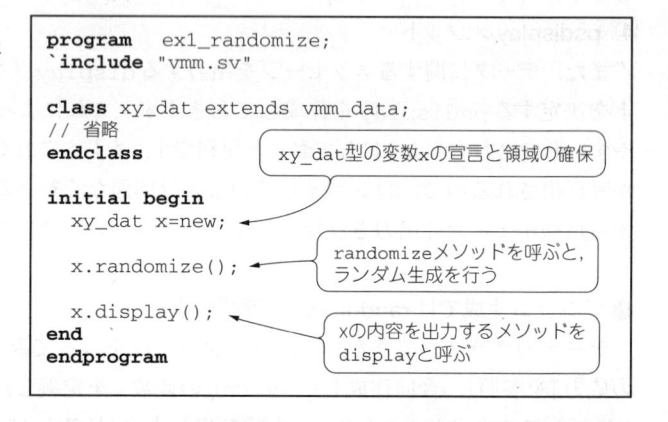

```
program  ex1_randomize;
`include "vmm.sv"

class xy_dat extends vmm_data;
// 省略
endclass

initial begin
  xy_dat x=new;       // xy_dat型の変数xの宣言と領域の確保

  x.randomize();      // randomizeメソッドを呼ぶと，
                      // ランダム生成を行う

  x.display();        // xの内容を出力するメソッドを
end                   // displayと呼ぶ
endprogram
```

コラム15-2　ランダム生成の威力

　今後の検証ではランダム生成を"うまく"使うことがポイントになります．どんどん複雑化，巨大化する設計に対してランダム生成がどのくらい効果があるのかを，ここでは考えてみます．

　今回の設計に対する検証では，1パターンで2個のデータが必要となります．設計者が手動で作成すると1秒間に何パターンを作成することができるでしょうか？ キーボードを打ちながら作成した場合，1秒間に1パターンできればよいほうでしょう．一方，VMMのランダム生成を使うとPentium M（1.1GHz動作）搭載のパソコンでも1秒間に約50万パターンを生成できます．

　また，人間はそのペースで1時間作業を続けることができませんが，計算機は24時間でも1年間でも続けることができます．さらに，機械は壊れたら交換できますが，人間が倒れたらそうはいきません．

　図15-Aに示すように，釣りざおで1匹ずつ魚を釣るのと，漁船の地引き網を使って一気に魚を取る状況に似ています．漁船のほうが効率が良いのはあたりまえですが，船を運転するために免許をとったり，船や網を調達したり，船や網の保守が必要になることを頭に入れておかなければなりません．

　うまく使うにはコツがありますが，どう使うと良い検証ができるのかを考えるのは設計者のしごとです（決して，EDAツールのしごとではない）．

図15-A　検証のやりかた
魚を取るにも1本釣りでやる方法もあれば，船から網を投げ入れる方法もある．設計のバグをとる際にもいろいろな方法がある．

スを使ってデータを送受信できます．また，このチャネルが標準部品なので，拡張するための部品をそのまま接続できます．本章では紹介しませんが，ブロードキャスト（同報）を行う部品も標準ライブラリに用意されています．

リスト15-5に示すように，チャネルを定義するにはデータ型ごとにマクロを呼びます．そのマクロにより，データ型_channelというクラスが作成されます．このチャネルを使うには，データ型_channelというクラスの変数を宣言し，実際に領域を確保する必要があります．

チャネルを使うと，データを送信するときはputメソッドを，受信するときはgetメソッドを呼び出すことで，データの送受信が行えます．例えばgetメソッドの場合，データが来るまではgetメソッドは待ちになり，データが来るとそのデータ（正確にはハンドル）を変数に代入します．これは，一つのメソッドで同期待ちの処理と受信処理の二つのしごとを行っていることになり，テストベンチの構築にはたいへん便利です．

● VMMのランダム生成は開始タイミングを制御

先ほどはSystemVerilogの機能を使ってランダム生成を行いましたが，vmm_dataとvmm_channelが使えるようになると，VMMで用意しているランダム生成のしくみを使えます．VMMでは2種類のランダム生成が用意されているのですが，今回は簡単なvmm_atomic_genを使ってみます．

リスト15-6に示すように，vmm_atomic_genもチャネルと同じようにマクロで定義するだけで簡単にでき上がります．このランダム生成のクラスは出力チャネルを持っています．使いかたは，チャネルの入力側にランダム生成のインスタンスを接続し，ランダム生成を開始するstart_xactorメソッドを呼び出します．このようにランダム生成を開始するタイミングをメソッドで制御できるのが，VMMの一つのメリットになります．また，ランダム生成したデータを使うには，getメソッドにより，チャネルの出力側でデータが出てくるのを待てばよいわけです．

チャネルとランダム生成は，どちらもマクロでデータ型を呼び出すだけで定義でき，さまざまな機能

リスト15-5　チャネルの定義と使いかた
チャネルを使うと，データの受け渡しがメソッドを呼び出すだけになる．

```
class xy_dat extends vmm_data;
    ．．．．
endclass
`vmm_channel(xy_dat)

    xy_dat           x, y;
    xy_dat_channel x_chan=new("xy_chan","u0");

    initial  begin
        x=new;
        for(int i=0;i<10;i++) begin
            x.randomize();
            #10  x_chan.put(x);
        end
    end

    initial  begin
        for(int i=0;i<10;i++) begin
            #10  x_chan.get(y);
            y.display( );
        end
    end
```

チャネルの定義はxy_datを引き数として，マクロを呼ぶだけである．xy_dat用のチャネルはxy_dat_channelとして使用できる

チャネルの領域確保時に，チャネル名とインスタンス名を付ける

チャネルx_chanにデータxを投げる

チャネルx_chanからデータを受け取る

リスト15-6　atomic_genの定義と使いかた
atomic_genを使うことで検証環境を徐々にレベルアップしていける．

```
program ex3_atomic_gen;
`include "vmm.sv"

class xy_dat extends vmm_data; /*省略*/ endclass

`vmm_channel(xy_dat)
`vmm_atomic_gen(xy_dat, "ATOMIC_GEN")

initial begin
  xy_dat              t;
  xy_dat_channel      g_d_chan=new("XY_channel","u0");
  xy_dat_atomic_gen   xy_gen  =new("u1",   g_d_chan);

  fork
    xy_gen.start_xactor();
  join_none

  for(int i=0;i <10; i++) begin
    g_d_chan.get(t);
    t.display();
  end
end

endprogram
```

- xy_datのチャネル定義
- xy_datのランダム生成を定義．チャネルと同じように，マクロにデータ型と名まえを引き数として与えて呼ぶだけ
- ランダム生成のクラスをインスタンス
- ランダム生成をスタートする
- チャネルからデータを受け取る

を利用できるすぐれものですが，このマクロ定義には少し注意が必要です．通常，SystemVerilogでは文章の終わりにセミコロン（;）を置くのですが，マクロ定義の場合はそのセミコロンが不要です．チャネルやランダム生成のマクロ周辺でエラーが出たら，「セミコロンがない」ことを確認してください．

● ランダム生成はトランザクタの一つの実装

　ランダム生成をせっかくVMMの部品で行うことになったのに，受信側はinitialの中でループ文を使って記述しているのはおかしいですね．そこで新しいクラスを紹介します．

　受信処理のように何かデータに関する作業を行うものは，VMMではvmm_xactorを使って実現します．まずは，チャネルからデータを受け取って画面に表示する部品を作ってみましょう．**リスト15-7**にあるように，vmm_xactorから継承し，新しいxy_rec20というクラスを作成します．基本的にはmainメソッドで処理を記述するのですが，トランザクタは一般にループ構造になります．ループの先頭でデータが来るのを待ちます．データを受信したらなんらかの処理を行い，結果を出力し，またループの先頭でデータを待つことになります．

　トランザクタのインスタンス時にはnewが呼ばれるので，デフォルト値を持たない引き数，すなわち今回の例ではインスタンス名とチャネルは，インスタンス時に与える必要があります．インスタンスが完了したら，トランザクタを起動します．今回はstart_xactorを呼んで，ランダム生成とトランザクタ生成を実行します．

　こうしてみると，ランダム生成とトランザクタが同じように見えます．実はそのとおりで，ランダム生成はトランザクタを使った一つの実装にすぎないのです．このようなところからVMMでは再利用が行われているのです．

● ドライバはインターフェースとトランザクタで構成

検証では，検証対象の回路に対するドライバをこの vmm_xactor を使って作ります．その前に，System Verilog の interface について説明します．

リスト15-8 のように，interface はポート信号をまとめてグループとして定義します．本章の設計では，クロック以外の信号を一つの interface として定義しました．**リスト15-9(a)** ではポートの代わりにこのまとまりである interface を使って program を定義しました．**リスト15-9(b)** のトップ・モジュールでは，インターフェース自身もインスタンスし，そのインターフェースを使って DUT (design under test；検証対象となる設計) と program を接続します．DUT は Verilog HDL 1995 (IEEE 1364-1995) の信号ごとにポート定義しているので，インターフェースと接続するためにはインターフェースの階層アクセスを使って個別信号で DUT のインスタンスを行います．

設計に対して入力データを渡す処理を行うドライバは，このインターフェースとトランザクタを使って構成することができます．今回は，ランダム生成からデータを受け取る部分はチャネルと接続し，DUT との接続にはアクセス・メソッドを使います (**リスト15-10**)．

ドライバは，ランダム生成からデータを受け取ったら，クロックの立ち上がりから10ほど遅延させ，データを出力すると同時に制御信号 ien を '1' にします．その次のクロックの立ち上がりから10遅延で，制御信号 ien を '0' にします．また，データの出力も '0' にします．

リスト15-7 トランザクタの定義
入力 (場合によっては出力) チャネルを定義し，main のメソッドでデータを受け取って，どのように処理するかを記述する．

```
class xy_rec20 extends vmm_xactor;
   xy_dat_channel     in_chan;       ← トランザクタの入力となるチャネル変数定義

   function new(string instance,
                int stream_id=-1,
                xy_dat_channel in_chan);
      super.new("xy_dat receiver", instance, stream_id);
      this.in_chan = in_chan;        ← newしたときに，実際にどのチャネルに接続するかを決定する
   endfunction

   virtual task main();
      xy_dat t;
      fork
         super.main();                ← vmm_xactorのmainでは，まずスーパクラスのmainメソッドを呼び出す
      join_none

      for (int i=0; i<20; i++) begin
         in_chan.get(t);
         t.display("xy_rec20:");      ← トランザクタはループ構造になることが多く，データが来るのを待ち，データが来ると処理を開始する
      end
   endtask

endclass
```

リスト15-8 インターフェースの定義
ポート信号をひとまとまりにして定義できる．

```
interface judge_if(input bit clk);
   logic        ien;
   logic[7:0]   ix;
   logic[7:0]   iy;                   ← 意味のあるグループでポートをまとめてinterfaceとして定義する
   logic        oen;
   logic        ojudge;
endinterface
```

● vmm_env で呼び出し順序を定義

これまでのところでVMMの決まりに従ってテストベンチを作成してきました．これまでの部分でもランダム生成やドライバは再利用が可能になります．例えば，設計の入力インターフェースが変わった場合でも，ドライバを変更するだけで対応できます．逆にドライバはそのままで，異なったシミュレーション・パターンを生成するためにランダム生成だけを変更することもできます．

リスト15-9 インターフェースの使用
インターフェースを使用するとコンパクトに記述できる．また，Verilog HDL 1995で記述されたモジュールとは，階層アクセスを使用して接続する．

```
program prog_judge(input clk, judge_if uif);
  ...
```
（programの入出力をinterfaceで定義可能）

(a) program定義でインターフェースを使った記述

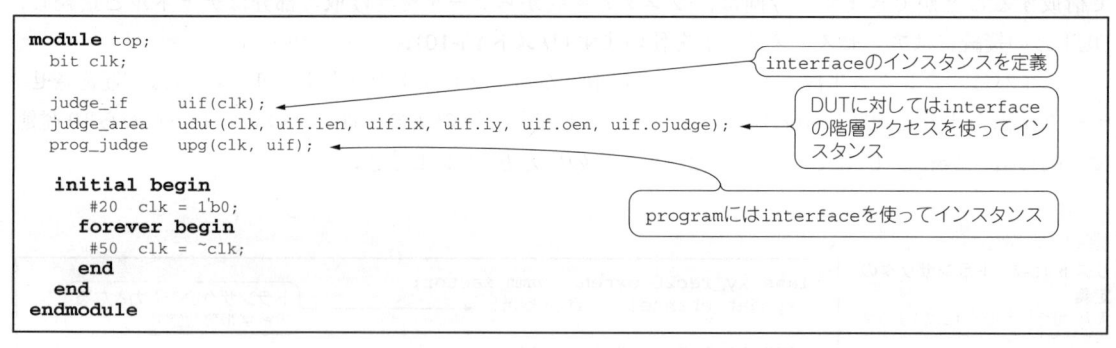

```
module top;
  bit clk;

  judge_if     uif(clk);
  judge_area   udut(clk, uif.ien, uif.ix, uif.iy, uif.oen, uif.ojudge);
  prog_judge   upg(clk, uif);

  initial begin
    #20  clk = 1'b0;
    forever begin
      #50  clk = ~clk;
    end
  end
endmodule
```

（interfaceのインスタンスを定義）
（DUTに対してはinterfaceの階層アクセスを使ってインスタンス）
（programにはinterfaceを使ってインスタンス）

(b) トップ階層でインスタンスにインターフェースを使った記述

リスト15-10 ドライバをトランザクタで作成
mainメソッドのループでデータを受信したら，インターフェース信号をドライブするdut_driveを呼び出す．

```
class xy_drive20 extends vmm_xactor;
  xy_dat_channel   in_chan;

  function new(···); /* 省略 */ endfunction

  virtual task main();
    xy_dat  t;
    fork
      super.main();
    join_none
    for (int i=0; i<20; i++) begin
      in_chan.get(t);
      dut_drive(t);
    end
  endtask

  virtual task dut_drive(xy_dat t);
    @(posedge clk)
      #10 uif.ien <= 1'b1;
          uif.ix  <= t.mX;
          uif.iy  <= t.mY;
    @(posedge clk)
      #10 uif.ien <= 1'b0;
          uif.ix  <= 0;
          uif.iy  <= 0;
  endtask
endclass
```

（データを受信したら，dut_driveメソッドを呼び出す）
（データを受信したら，dut_driveメソッドを呼び出す）

その再利用性を向上する最後の部品がvmm_envです．これによりテストベンチにおけるインスタンスや部品の呼び出し順序を規定しています．再利用するうえで困ることとして，呼び出し順序によって結果が変わってしまうことがあります．そのため，VMMでは**図15-3**のように呼び出されるメソッドと役割が決められています．例えば，先ほどのトランザクタでは，インスタンスはbuildメソッドで行いますし，トランザクタの起動はstartメソッドで行い，トランザクタの停止はstopメソッドで行います．
　リスト15-11に，build，start，stopについて拡張したメソッドを示しています．拡張する場合は，まずスーパクラスのメソッドを呼んでから，今回の検証で必要なメソッドを呼び出します．buildではチャネル，ランダム生成，ドライバをインスタンスし，startではランダム生成とドライバを起動し，stopではランダム生成とドライバを停止します．
　テストベンチとしては，programの中で次の4行の記述が必要です．

```
initial begin
  xy_env env = new;
  env.run();
end
```

　この記述は，検証環境をインスタンスし，runメソッドを呼んで実行するだけです．このrunメソッドを呼ぶと，**図15-3**のステップを上から実行します．ランダム生成した結果に対してドライバにより制御信号を付加し，ターゲット回路に入力として与えることができます．

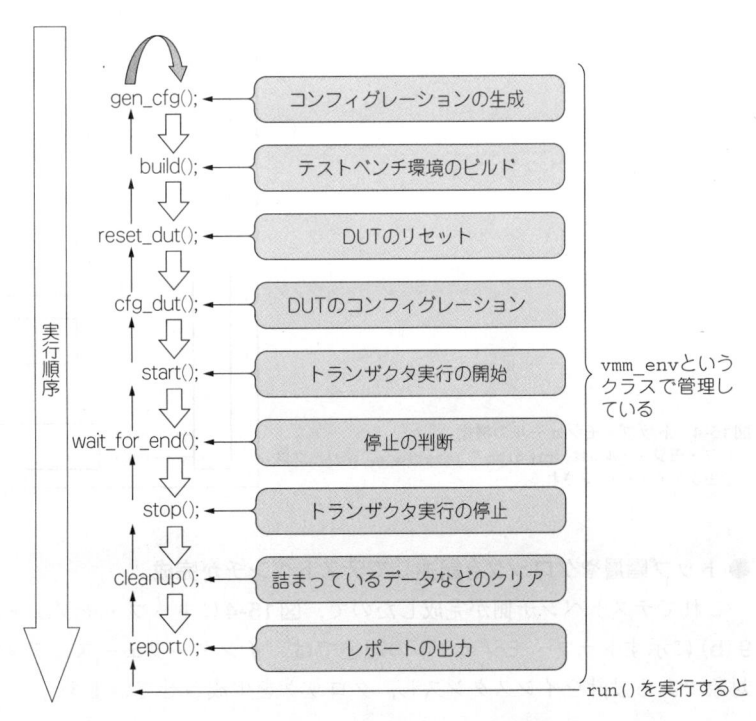

図15-3　VMMの実行ステップ
gen_cfgメソッドからreportメソッドまで順に実行される．ユーザが作ったものは，メソッドを拡張して組み込むことができる．

リスト15-11 vmm_envの作成
今回は，buildでチャネル，ランダム生成，ドライバのインスタンスを作成し，startでランダム生成とドライバを起動し，stopでランダム生成とドライバを停止した．

```
class xy_env extends vmm_env;
  xy_dat_channel      g_d_chan;
  xy_dat_atomic_gen   xy_gen;
  xy_drive20          xy_drv;

  virtual function void build();
    super.build();
    g_d_chan=new("Gen_drv_channel","u0");
    xy_gen  =new("u1",,g_d_chan);
    xy_drv = new("u2",,g_d_chan);
  endfunction

  virtual task start();
    super.start();
      xy_gen.start_xactor();
      xy_drv.start_xactor();
  endtask

  virtual task stop();
    super.stop();
      xy_gen.stop_xactor();
      xy_drv.stop_xactor();
  endtask
  /*  省略  */
endclass
```

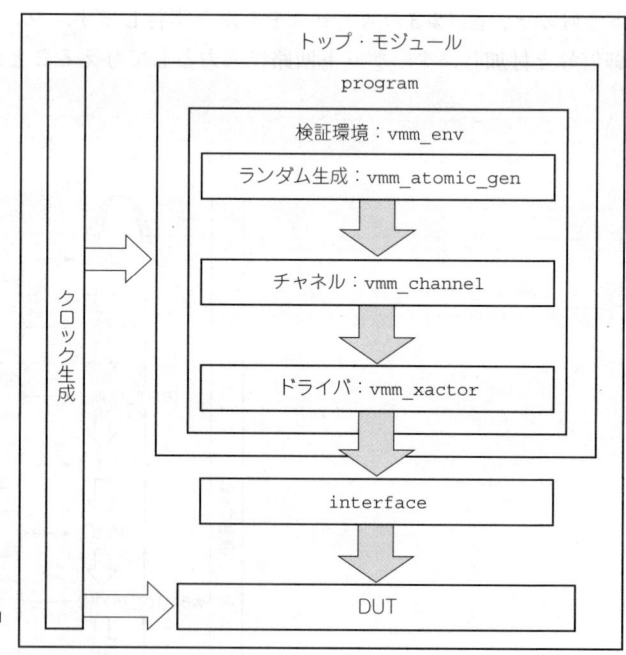

図15-4 トップ・モジュールの構成
トップ・モジュールには，programやinterface，DUT，クロック生成がインスタンスされる．

●トップ階層やクロックを記述してテストベンチが完成

これでテストベンチ側が完成したので，図15-4にトップ・モジュールの構成を示します．リスト15-9(b)に示すトップ・モジュールの記述では，インターフェースとテストベンチであるprogram，検証対象である設計をインスタンスし，クロックを生成させています．

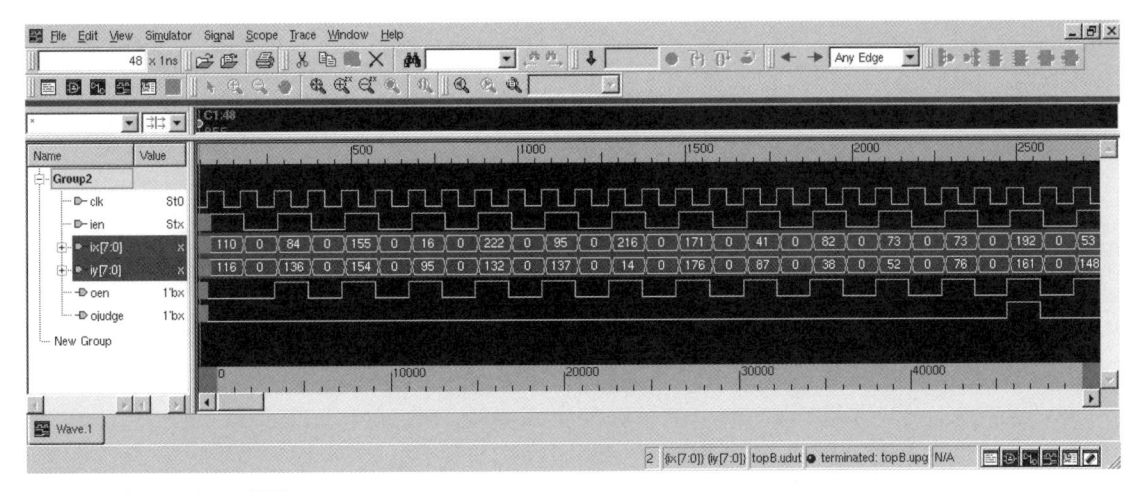

図15-5 シミュレーション波形
明示的に入力値を決めなくても，ランダム生成によってシミュレーションを進めていくことが可能となる．とはいっても，ランダム生成で検証のすべての問題が片づくほど世の中は甘くないのだが….

　クロック生成についてもいくつかのVMMのルールがあり，ルール4-15に従ってトップ・モジュールでクロックを生成し，またルール4-16に「時刻0ではクロックを発生させない」と述べられていることから，20遅延ほどずらしてクロック信号を変化させています．

　これで，実際にシミュレーションを動作させると，ランダム生成によって検証が進み，**図15-5**に示した波形が出てきます．

　本章のテストベンチで注目していただきたいのは，X, Y座標については数値を直接指定した部分がないという点です．

　検証の終わりを，実現可能なすべての組み合わせのパターンの入力とするならば，人手でそのすべてのパターンを書くことは不可能です．そんなに話を大きくしなくても，32ビット加算器のパターンですら，スクリプトやプログラムを使用しないで人手で書くことはできないでしょう．そのため，今後の検証ではランダム生成をうまく活用することが重要になります．次章以降にまた詳しく説明しますが，VMMの観点では，直接数値を記述するダイレクトなテストベンチは，ランダム生成の一つのバリエーションに過ぎません．VMMでは，ダイレクトなテストベンチとランダムなテストベンチが共存できる点がおもしろいところです．

参考文献
(1) Janick Bergeron, Eduard Cerny, Alan Hunter, Andrew Nightingale (STARC, ARM, Synopsys監訳) ；ベリフィケーション・メソドロジ・マニュアル，CQ出版社，2006年．
(2) 設計者のためのSystemVerilogお役立ち情報，http://www.eda-express.com/sp/SystemVerilog/ (programに関する資料がある)

SystemVerilog設計スタートアップ

第16章

ランダム・テスト生成の機能を使いこなそう

赤星博輝

　本章では，vmm_atomic_gen を中心としたランダム・テスト生成（以下，ランダム生成）について解説する．VMMのランダム生成とSystemVerilogの機能を使い，さまざまなシミュレーション・パターンを効率的に作成する． （編集部）

　新しい技術を導入しようとすると，いろいろな問題（壁）が発生し，その壁を乗り越える必要があります．現在の状態と理想とする状態の差が大きければ大きいほど，その壁は高くなります．

● VMM導入の三つの壁

　これまでの経験から，VMMの壁は図16-1に示すように三つの要因が組み合わさってできていると感じています．

- 新しい言語であるSystemVerilogに対するギャップ
- 新しい検証ライブラリであるVMM標準ライブラリに対するギャップ
- 新しい考え方である検証メソドロジ（verification methodology）に対するギャップ

　SystemVerilogでは，検証に関する機能が大幅に向上しています．また，オブジェクト指向プログラミングが可能になりました．これまでのVerilog HDLやVHDLといったハードウェア記述言語は，オブジェクト指向言語ではありません．このため，ハードウェア設計者はこれまで使ったことがない継承やオーバロード，オーバライドといった機能を使う必要が出てきます．C++やJavaなどに慣れた技術者であれば既に使い慣れた機能です．しかし，ハードウェア系の技術者の場合にはこれまで，C++やJavaを用いてオブジェクト指向でプログラミングする機会が少なく，導入に対する大きな壁になっています．

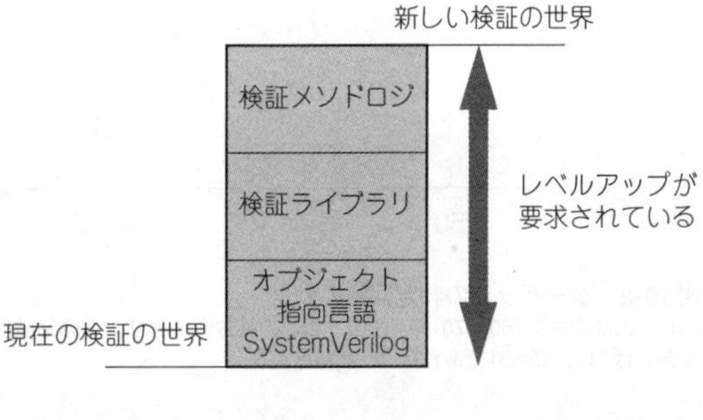

図16-1　VMMを導入する際の三つの壁
既存のHDLベースのテストベンチ環境からVMMに移行するには三つの壁がある．
これらを一つずつ乗り越えていく必要がある．

次に越えるべき壁は新しいライブラリです．初めての道具では誰でも戸惑うものです．この点については場数を踏むことで慣れる必要があります．

そして，一番問題となるのは新しい考え方（メソドロジ）です．VMMはオブジェクト指向の技術を使い，検証に必要なライブラリを構築し，最小のコーディング量で最大の検証パターンを生成することを目標にしています．この目標を満たすため，VMMにはいろいろなルールが記述されています．ただし，ルールの数が多いため，すべてを覚えておくことは難しいと思います．ルールを覚えるよりは，その背景を理解することが重要になります．

この三つの壁はそれなりに高いと思いますが，逆に乗り越えてしまえば，検証効率を大幅に改善することができます．

● 少ない記述量でランダム値を生成できる

第15章では，図16-2のような2次元データの領域判定を行う回路の検証を行いました．VMMのライブラリを使用し，図16-3のようにランダム生成（vmm_atomic_gen），チャネル（vmm_channel），トランザクタ（vmm_xactor），制御（vmm_env）を行うテストベンチ環境を作成しました．

ここで第15章の復習を行いましょう．まず，データ用のクラスを定義するときには，vmm_dataを継承して作成します．あらかじめマクロが用意されており，このデータ型を用いてマクロを呼び出すことでランダム生成を行うクラスを作成できます．少ない記述量でランダム値を生成できることがVMMのランダム生成の特徴といえます．

```
class xy_dat extends vmm_data;
//省略
endclass
// データ型定義
`vmm_atomic_gen(xy_data)
// xy_dataのランダム生成クラス定義
```

本章では，VMMのランダム生成とSystemVerilogの機能を使って，さまざまなシミュレーション・

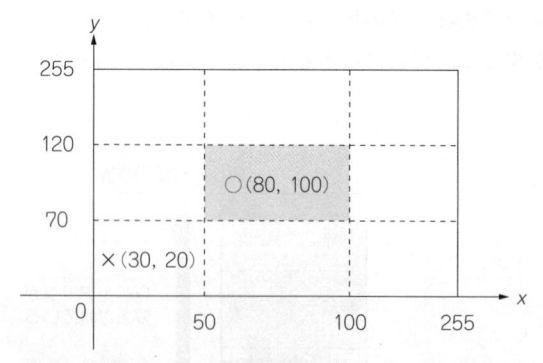

図16-2 ターゲットの判定回路の動き
256×256の中に（50, 70）～（100, 120）の長方形があり，その領域内であれば'1'，領域外であれば'0'と判定する．

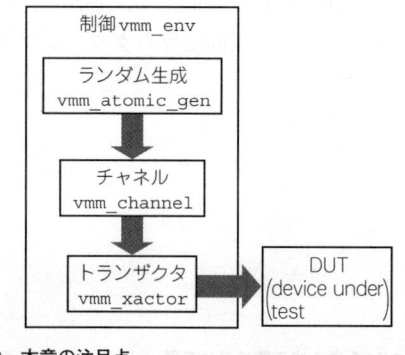

図16-3 本章の注目点
第15章ではランダム生成，チャネル，トランザクタ，制御について概要を説明したが，本章ではランダム生成について詳細を説明する．

パターンを効率的に作成する方法を紹介します．

● 一部の変数のランダム生成を停止する

図16-2のような2次元データ（mX, mY）で考えてみます．二つの変数を同時にランダム生成せずに，mXの値は固定にして，mYのみをランダム生成することで，特定の状態についてチェックしたい場合があります．ある特定の縦方向のチェックを行うケースです．このとき，新しいクラスを作って，mYのみランダム変数とすることができます．しかし，個別にクラスを作っていくと，表16-1に示すように組み合わせの数だけクラスができることになります．今回は変数が2個なので四つの組み合わせで済みますが，8変数なら256，16変数なら65536もの組み合わせを使う可能性があります．これでは，最小の記述量で最大のシミュレーション・パターンを発生させるというVMMの目標からは遠ざかってしまいます．

● randによるランダム生成のON/OFF

SystemVerilogでは，randというアトリビュートを付けた変数に対して，rand_modeというメソッドを使用して，ランダム生成をONしたり，OFFしたりできます．この機能を利用し，状況に応じてランダム生成を制御できます．

2次元のデータ（mX, mY）のmXに対してランダム生成をON/OFFする記述をリスト16-1に示します．mXに対してrand_mode(0)とすることでランダム生成をOFFに，rand_mode(1)とすることでランダム生成をONにできます．この場合はmXの変数に対してのみON/OFFを行いましたが，mYに対しても個別にランダム生成のON/OFFを行えます．

● vmm_atomic_genによるランダム生成のON/OFF

SystemVerilogだけの世界からVMMを使っている場合に話を進めていきます．VMMはSystemVerilogで実装されているので，VMMのランダム生成を行う場合でもSystemVerilogの機能を使って，ランダム生成を変数ごとにOFFしたり，またOFFしたものをONすることができます．

表16-1 アトリビュートの組み合わせ
変数が増加すると，randあり・なしの組み合わせが指数関数的に増加してしまう．そのため，VMMではrandを付けることを推奨している．

	mX	mY
Case 1	randなし	randなし
Case 2	randなし	randあり
Case 3	randあり	randなし
Case 4	randあり	randあり

リスト16-1 ランダム生成をON/OFFする
SystemVerilogで特定の変数のランダム生成をOFFするには，変数に対してrand_mode(0)とする．ランダム生成をONにするには，変数に対してrand_mode(1)とする．

```
class xy_dat extends vmm_data;
    rand logic[7:0] mX,mY;
    ...
endclass

xy_dat p=new;

initial begin
...
p.mX.rand_mode(0); // mXのランダム生成OFF
p.randomize( );
...
p.mX.rand_mode(1); // mXのランダム生成ON
p.randomize( );
...
end
```

vmm_atomic_genを使ってランダム生成している場合，ランダム生成のON/OFFはどうしたらよいのでしょうか．マクロで定義されるため，どのようにしてランダム生成をON/OFFしてよいかわからないと思われるかもしれません．

こうした場合にはVMMの文面を参照する必要があります．VMMのAppendix A-10にvmm_atomic_genに関する説明があります．データ・クラスのための変数としてrandomized_objが使用されていることがわかります．`vmm_atomic_gen(xy_dat)によって作成されたxy_dat_atomic_genのクラスに対してxy_datの変数mXの値を10に設定します．そのmXのランダム生成をOFFするための記述はリスト16-2のようになります．

また，この記述は，vmm_envの実行シーケンスの中でreset_dut()に記述しているところがポイントです．reset_dutはvmm_envで規定されている実行シーケンスの一つで，リセット時に行う処理を記述するフェーズになります．第15章のテストベンチに対して，reset_dutに本章のランダム生成をOFFする記述を追加するだけで，これまで2次元に散らばっていたシミュレーション・パターンを(X座標が固定の)1次元に散らばるパターンに変更できます．

● ランダム生成の設定の変更は実行シーケンスで行える

VMMのポイントの一つは，vmm_envの実行シーケンスで設定を変更することで，これまでとは違ったシミュレーション・パターンを生成できることにあります．これを実際の検証現場で考えてみましょう．例えば，最初に広範囲のランダム生成を用いたテストベンチを作成し，その後，コーナ・ケース(特定の条件下でしか表に現われない，検出の難しいバグ)に注目したテストを行うため，ランダム生成をOFFにしてより狭い範囲のパターンを生成する場合があります．その変更はvmm_envが用意したreset_dutというタスクに記述を追加するだけで可能となります．

ここでは，シミュレーション・パターンを変更するときに，いちいち最下層のクラスxy_datを変更するのではなく，最上位であるvmm_envのクラスだけを変更すればよいことがポイントです．変更個所がたいへん少なく，多くのパターンを流すときに有利になります．

VMMのルール4-59に「プロトコル・プロパティやフィールドに対応するクラス・プロパティは，すべてrandアトリビュートを持つものとする」という記述があります．randアトリビュートを付けておけば，rand_modeを用いていつでもランダム生成をOFFできるため，ON/OFFどちらにも対応できる

リスト16-2 vmm_atomic_genにおけるランダム生成のON/OFF
特定の変数のランダム生成をOFFするには，randomized_objの変数に対してrand_mode(0)を実行する．

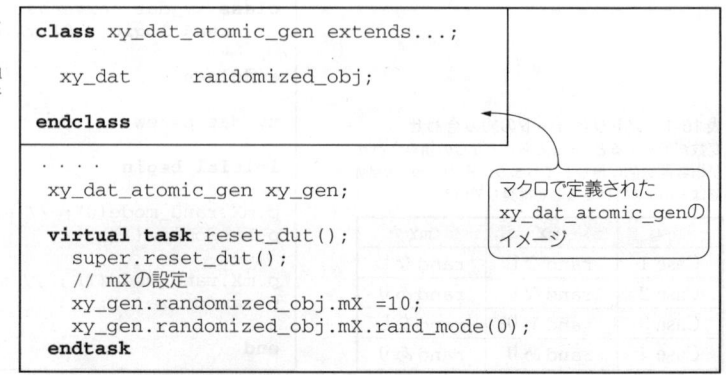

```
class xy_dat_atomic_gen extends...;
  xy_dat      randomized_obj;
endclass

....
xy_dat_atomic_gen xy_gen;

virtual task reset_dut();
  super.reset_dut();
  // mXの設定
  xy_gen.randomized_obj.mX =10;
  xy_gen.randomized_obj.mX.rand_mode(0);
endtask
```

マクロで定義されたxy_dat_atomic_genのイメージ

ようになります．これにより，テストベンチの再利用が容易になります．
　例えば，最初はmX＝100でmYを網羅的にテストするシミュレーション・パターンを生成するだけでよい場合でも，その後，mYが固定値でmXの値もランダム生成を行ったりする状況が発生したり，mX，mYを同時にランダム生成したい状況が発生する場合が考えられます．
　ルール4-59を守っておけば，すべてのケースに容易に対応できます．VMMにはこのような知識がちりばめられており，検証エンジニアには非常に有用な書籍といえます．

● 制約を使ったランダム生成

　SystemVerilogでは，ランダム生成をOFFするだけでなく，ランダム変数のとる値に制約を与えることができます．
　一般に入力として与えられるパターンは，偏りがあったり，入力として発生することがないパターンがあります．そのため，シミュレーション時になんらかの制約を与えることができないと，本来発生しないパターンをシミュレーションすることになります．意味のないシミュレーションを行えば，無駄に計算機の処理能力を使うことになります．

● constraintで制約を与える

　制約を与えるには，データを扱うためにvmm_dataを継承して作成したクラスで，constraintを用いてランダム生成時に守るべきルールを記述します．リスト16-3にmXとmYの値が同じという制約を記述した例を示します．
　こうした制約を与えることで，単純なランダム生成ではあまり発生しない状況を重点的に与えることができます．

● 複数の制約を使ったランダム生成

　さらに，SystemVerilogでは複数の制約を定義することができます．
　複雑な制約を一つの制約で記述することは難しいケースが少なくありません．そのような場合でも分割して複数の制約にすることで，簡単に記述できる場合があります．リスト16-4に二つの制約を与えた例を示します．

● 制約をON/OFFしてランダム生成

　複数の制約を記述できるということは，リスト16-5のxy_datにあるような相反する制約を与えるこ

リスト16-3　制約を与えた例
mXとmYの値は同じという制約(test_constraintA)を記述した．この制約はランダム生成時に使用される．

```
class xy_dat extends vmm_data;
  rand logic[7:0]  mX,mY;
  static vmm_log log=new("XY_dat", "class");
  function new( );
    super.new(log);
  endfunction

  constraint test_constraintA { mX == mY;}

    ...
endclass
```

リスト16-4 複数の制約を与えた例
test_constraintAとtest_constraintBのように複数の制約を与えることができる。複雑な制約は、いくつかに分けて記述する方が楽に書ける。

```
class xy_dat extends vmm_data;
  rand logic[7:0] mX,mY;
  static vmm_log log=new("XY_dat",
"class");
  function new( );
    super.new(log);
  endfunction

  constraint test_constraintA { mX ==
mY;}
  constraint test_constraintB { mX <
20;}
  ...
endclass
```

リスト16-5 矛盾する複数の制約を与えた例
CAとCBの制約を同時に成立させることはできない。しかし、制約をOFFすることが可能なので、うまく活用すると効率良くシミュレーションすることができる。

```
class xy_dat extends vmm_data;
  rand logic[7:0] mX,mY;
  static vmm_log log=new("XY_dat", "class");
  function new( );
    super.new(log);
  endfunction

  constraint CA { mX == mY;}
  constraint CB { mY > mX;}
  ...
endclass

  virtual task reset_dut();
    super.reset_dut();
    xy_gen.randomized_obj.CA.constraint_mode(0);
  endtask
```

ともできる，ということになります．ランダム生成を実行するときに相反する制約があると，ランダム生成に失敗して，シミュレーションを進めることができなくなります．

　それでは，**リスト16-5**のように相反する制約を書かないのかというと，決してそういうことではありません．SystemVerilogでは，制約をONしたりOFFしたりする機能があるので，この機能を使うことで相反する制約を有効に利用できます．そのときに使用するのが constraint_mode( ) というメソッドになります．

　リスト16-5の例では，VMMの実行シーケンスの reset_dut 時に，制約CAについて constraint_mode(0) を使うことでOFFしています．これを実行すると，制約CBだけを利用してランダム生成を行うことができます．

　また，この constraint_mode はシミュレーションの途中でも実行できるので，異なった制約を切り替えながらシミュレーションできます．

　制約により，さまざまな状況のシミュレーション・パターンを発生できるため，いろいろな状況を作り出す制約をあらかじめ全部リストアップしておけば，ランダム生成を使って効果的に検証を進めることができます．

　もちろんこれは理想的な状況の話で，実際には後からいろいろな要求が出てくることは日ごろの仕事でも皆さん経験されていることでしょう．そうした場合でも，新しい制約を簡単に追加できることがVMM（というかSystemVerilog）の特徴になります．

　ここでは，継承を使って新しい制約を記述する方法と制約だけを別に記述する方法を紹介します．

● データ・クラスの継承を利用して制約を追加

　SystemVerilogでは，継承を利用することで，既存のクラスに対して機能の追加や変更を行えます．本章では継承したクラスによって制約を追加してみます．

　リスト16-1のクラス xy_dat は制約がないものでしたが，そのクラスを継承して制約を持つクラス xy_datCA を作成したのが**リスト16-6**です．一見すると制約しか記述していないように見えますが，

リスト16-6 継承を用いた制約の追加
クラスの継承を用いることで，最小限の変更で制約を変えられる．VMMのランダム生成を使う場合には，randomized_objを新しいクラスのインスタンスに置き換えるだけでその変更を利用できる．

```
class xy_datCA extends xy_dat;
  constraint CA { mX == mY;}
endclass

virtual function void build();
  xy_datCA robj=new;
  super.build();
  g_d_chan=new("Gen_drv_channel","u0");
  xy_gen  =new("u1",,g_d_chan);
  xy_gen.randomized_obj= robj;
  xy_drv = new("u2",,g_d_chan);
endfunction
```

extends xy_datということでクラスxy_datの要素を継承し，さらにその制約を追加しています．

そのxy_datCAという新しいクラスでvmm_atomic_genを使う場合には，どうしたらよいのでしょうか．一つのやりかたとして，マクロにより`vmm_atomic_gen(xy_datCA)を定義して使用する方法があります．xy_datCAはxy_datから継承して作成したクラスなので，`vmm_atomic_gen(xy_dat)によって作成されたxy_dat_atomic_genを活用します．

xy_dat_atomic_genのクラスには，先ほども登場したxy_datを指している変数randomized_objがあります．このrandomized_objの指している先を新しいクラスに変更すると，新しいクラスを用いてランダム生成を行えます．リスト16-6に継承したクラスをランダム生成に使用するための記述を示します．変更する際には，vmm_envのbuildの実行によってランダム生成xy_dat_atomic_genの変数xy_genのインスタンスを作成し，そのxy_gen.randomized_objに新しいxy_datCAのインスタンスを代入しています．これにより，このxy_genはxy_datCAのクラスとしてランダム生成を行います．

このポイントは，randomized_objに代入できるのはxy_datもしくは継承したクラスだけということです．クラスの継承を使うことで，変更部分や追加する差分を実装するだけでよく，テストベンチの構成もほとんど再利用できます．

● 外部の制約を利用する

リスト16-7に示すように，SystemVerilogでは制約の定義をクラス定義の外で行えます．クラスの内部では，中身のない制約（未定義の制約）CAとCBを定義して，クラス定義の外にCAの制約を記述することができます．ここで重要なポイントは，クラスの中ではCAとCBの二つの制約があると定義したにもかかわらず，実際のクラス定義の外ではCAの制約のみを記述していることです．この場合は，CBの制約は実際にはないことと同じになります．

これにより，クラスを作成するときには，常に未定義の制約を数個用意しておけば，後で制約を追加することが可能となります．

VMMにも制約に関する推奨事項があります．推奨4-86に「"test_constraintsX"という名まえの未定義のconstraintブロックを宣言する」という記述があります．これは，test_constraints1，test_constraints2，…と複数個の未定義の制約を準備しておけば，クラスを作成する時点で制約のあるなしにかかわらず，後で制約を追加できるということで推奨されています．この外部に制約を記述

リスト16-7　外部に制約を追加
SystemVerilogでは，制約CA, CBがあることだけをクラスの中で宣言し，外部に制約を記述することができる．

```
class xy_dat extends vmm_data;
  rand logic[7:0] mX,mY;
  static vmm_log log=new("XY_dat", "class");

  constraint CA;
  constraint CB;
  ...
endclass

constraint xy_dat::CA {mX==mY;}
```

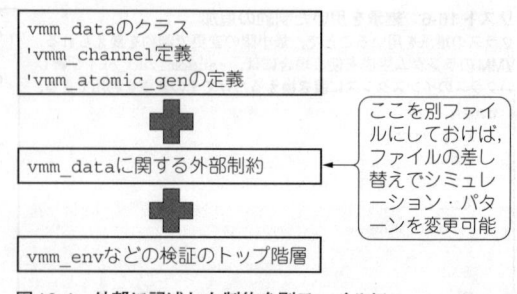

図16-4　外部に記述した制約を別ファイルに
外部に記述した制約を別ファイルにしておけば，ファイルを入れ替えることで制約を変更できる．

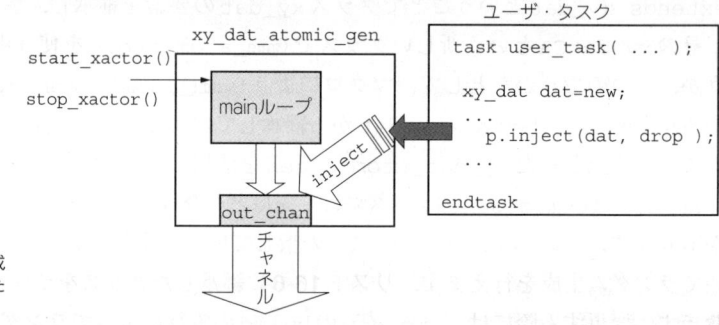

図16-5　ランダム生成とダイレクト・テスト
VMMのランダム生成atomic_genは，ランダム生成を行う仕組みに加えて，ダイレクト・テストを行うための環境が組み込まれている．

する方法を使うと，制約だけを集めたファイルをクラスの定義とは別に作成できます．

　この外部制約を別のファイルに記述するというやりかたは，制約変更の手間が少なく，管理しやすい方法だと思います．**図16-4**のように制約ごとに異なるファイルを用意しておけば，コンパイル時にそれらを切り替えることで，そのほかの部分の変更なしに異なった制約のシミュレーション・パターンを生成できます．

● ダイレクト・テストへの切り替え

　ランダム生成だけで検証がすべて終わるのなら，たいへんうれしいのですが，ランダム生成だけではチェックしたいテスト・ケースをすべて網羅することが一般的には困難です．

　ランダム生成でうまくいかない場合には，テストベンチをダイレクト・テストに切り替えます．

　ランダム生成を中心にテストベンチを組んだ場合，後からダイレクト・テストに切り替えることは，たいへんな労力が必要になるように感じます．しかし，VMMでは，ランダム生成のテストベンチができ上がっていると，その枠組みの中でダイレクト・テストのテストベンチとして使用できます．

　図16-5に示すようにvmm_atomic_genでランダム生成を行う環境（xy_dat_atomic_gen）を構築しておくと，injectというメソッドがあらかじめ組み込まれています．vmm_atomic_genでは，ランダム生成を行い，その結果をチャネルに出力するのですが，injectを使うと横からデータをチャネルに投げることができます．ダイレクト・テストを行いたい場合は，データ値をユーザが設定し，injectを呼び出します．こうすることで，ユーザが指定した値をチャネルに投げられます．

リスト16-8　ダイレクト・テスト
xy_dat_atomic_genのinjectを利用することで，任意の値をチャネルに出力できる．テストベンチの起動時，ランダム生成を起動せずにタスクdirectを呼ぶと，ダイレクト・テストを行うことになる．

```
task direct(xy_dat_atomic_gen p);
  bit drop;
  int      i;
  xy_dat dat=new;
  for(i=0; i<20 ; i++) begin
    dat.mX =i;
    dat.mY =i+1;
    p.inject( dat,drop );
  end
endtask
```

(a) injectの利用

```
virtual task start();
  super.start();
    xy_drv.start_xactor();
//    xy_gen.start_xactor();
  direct(xy_gen);
endtask
```

(b) ダイレクト・テストの実行

リスト16-8にinjectを使った例を示します．vmm_atomic_genによって作成したランダム生成のクラスxy_dat_atomic_genの持つinjectを用いて，チャネルに値を投げている記述です．injectの引き数としてxy_datのmXとmYの値を指定することで，その値をチャネルに投げることになります．

このinjectを使うときには，ランダム生成xy_dat_atomic_genは停止していることが望ましいと言えます．vmm_envの実行シーケンスのスタート時に，start_xactorを実行せずにコメント・アウトし，その代わりにユーザ・タスクであるdirectを呼び出してダイレクト・テストを実行します．

● ランダム生成後に任意の処理を行う

　VMMのランダム生成を使ったときに，いくつか不満があります．例えばランダム生成の結果を出力したい場合などに，受信側（チャネルの受け側）でしか結果を確認できません．しかし，ランダム生成したときに値をログに出力したい場合や，データの値を変更したい場合は，どのようにすればよいのでしょう．そのために，コールバックという手法が利用できることになっています．

　vmm_atomic_genから作成したxy_dat_atomic_genには，xy_dat_atomic_gen_callbacksというコールバック用のクラスが自動的に用意されます．そのクラスでは，post_inst_genというvirtualなタスクが用意されています．このクラスを継承して，新しいpost_inst_genというタスクを定義（関数のオーバライド）し，そのコールバック用のクラスを追加することで，ランダム生成後に任意の処理を行えます．

　リスト16-9に示すのが，コールバック用のクラスを継承して新しいクラスを作成したものです．post_inst_genでは第2引き数でデータが渡されることになっており，この例ではデータの値をvmm_noteを用いてメッセージに出力しています．コールバック用のクラスは定義しただけでは組み込まれないので，vmm_env（を継承したクラス）で実際に組み込む必要があります．

　リスト16-10では，コールバック用のクラスを実際にxy_dat_atomic_genの変数xy_genに組み込んでいます．組み込むときには，コールバック用のクラスをインスタンスし，そのインスタンスをxy_genにappend_callbacksするという方法を採ります．また，コールバックは複数追加できるので，コールバックを利用することで，さまざまな処理を追加できます．

　ここでのポイントは，このコールバックをvmm_envのレベルで追加できることです．VMMでは多くの機能追加・変更はvmm_envのレベルで行います．これにより，テストベンチのほとんどの部分を変

リスト16-9 コールバック・クラスの作成

vmm_atomic_genでランダム生成の記述を作成すると，自動的にコールバック・クラスが用意される．そのクラスを継承して必要な機能を実現できる．

```
class my_xy_dat_atomic_gen_callbacks extends xy_dat_atomic_gen_callbacks;
  virtual task post_inst_gen(xy_dat_atomic_gen gen, xy_dat data, ref bit drop);
    string    strX, strY, str;
    strX.itoa(data.mX);
    strY.itoa(data.mY);
    str = {"(", strX, ",", strY ,")"};
    `vmm_note(data.log, str);
  endtask
endclass
```

リスト16-10 コールバック・クラスの組み込み

コールバック・クラスを組み込むには，ランダム生成をインスタンスしたときにコールバック・クラスもインスタンスし，append_callbackで追加する．

```
class xy_env extends vmm_env;
  xy_dat_channel        g_d_chan;
  xy_dat_atomic_gen xy_gen;
  xy_drive20            xy_drv;
  my_xy_dat_atomic_gen_callbacks  xy_atm_clb;
  ...
  virtual function void build();
    super.build();
    g_d_chan=new("Gen_drv_channel","u0");
    xy_gen   =new("u1",,g_d_chan);
    xy_atm_clb = new;
    xy_gen.append_callback(xy_atm_clb);
    xy_drv = new("u2",,g_d_chan);
  endfunction
```

更しなくてもよいという特徴があります．

● ランダム生成を制御する

ランダム生成では，デフォルトで無限個のデータをランダム生成しようとします．しかし現実には，データをいくつ流すかを指定するケースが多くなります．そのため，vmm_atomic_genはstop_after_n_instsという変数を持っています．stop_after_n_instsに生成したいランダム生成の数を指定すると，指定した数だけパターンを生成して停止します．

このようにランダム生成ひとつとっても，ランダム生成のON/OFF，制約のON/OFF，制約の書きかた，コールバックなどの機能が用意されています．ぜひ，VMMを読んで，その中に書かれた内容を理解し，日ごろの業務に適用していただければと思います．

参考文献

(1) Janic Bergeron, Eduard Cerny, Alan Hunter, Andrew Nightingale (STARC, ARM, Synopsys 監訳)；ベリフィケーション・メソドロジ・マニュアル，CQ出版社，2006年．

SystemVerilog設計スタートアップ

第17章

通知サービスとチャネルの使いかた

赤星博輝

本章では，VMMで用意されている二つのクラスvmm_channelとvmm_notifyについて解説する．vmm_channelはデータの通信路を記述するためのクラスである．トランザクタを自由に接続できる．vmm_notifyは，データ以外の情報を受け渡す際に利用する． (編集部)

これまでに，情報のやり取りを行うVMMのクラスとして，vmm_channelを紹介しました．このvmm_channelを使うと，データのやり取りと同期を同時に行えます．本章ではvmm_channelの使いかたをさらに深めるとともに，データ以外の情報をやり取りするvmm_notifyについても説明します．

● vmm_channelのおさらい

VMMでは，データを通信するためのクラスとしてvmm_channelが用意されています．通信したいデータのクラスをvmm_dataから継承して作成すれば，マクロ`vmm_channelを使うことで簡単にチャネルを定義できます．このマクロを使ってチャネルを定義すると，チャネルの名前は，データ・クラス_channelとなります．リスト17-1に示す例では，データ・クラスxy_datのチャネルをマクロを使って作成したので，チャネル名はxy_dat_channelとなります．

このチャネルを使用するには，リスト17-1に示すようにnewを用いてインスタンスを作成する必要があります．インスタンスを作成すると，通信路として使用できます．データを送信する場合にはputを，データを受信する場合にはgetを使用してデータをやり取りします．

ここで重要な点は，getではチャネルにデータが存在すればそのデータを受け取って次の実行に進みますが，チャネルにデータが存在しなければチャネルにデータがputされるのを待つということです．

リスト17-1 チャネルの定義方法
vmm_dataから作成したクラスであれば，`vmm_channelというマクロを呼び出すだけで，通信するチャネルの定義が完了する．

```
class xy_dat extends vmm_data;
  static vmm_log log=new("XY_dat", "class");
  rand logic[7:0] mX,mY;
  function new( );
    super.new(log);
  endfunction

  // 必要なfunction,taskを定義する

endclass

`vmm_channel(xy_dat)
```
クラスxy_datを通信するためのチャネルを定義

データの送受信だけでなく，同期も同時に行っていることを頭に入れておきましょう．

● vmm_channelの使いかた

VMMの特徴は，vmm_channelを使ってトランザクタを自由に接続できることです．これにより再利用が容易になり，少ない工数で大量のシミュレーション・パターンを作成できます．

リスト17-2のコードを実行すると，図17-1に示すような動作を示します．時刻10にputを開始するのですが，実は時刻25にputは完了します．

この理由は，チャネルのバッファがいっぱいになっているとputしようとしてもできず，バッファに空きがでるのを待つためです．図17-2のモデルでは，データ送信側（タスクgen）のほうが待たされる

リスト17-2 チャネルをインスタンスして使用する例
チャネルを利用することで，タスクやトランザクタの間で通信を容易に行える．

```
xy_dat_channel dchan=new("XY_channel","u0");  ← チャネルのインスタンス作成
task  gen;
  xy_dat  t;
  for (int i=0; i<10; i++ )  begin
    t= new;
    t.randomize( );
    #5   dchan.put(t);
  end
endtask                                        ← データ生成側タスク

task  con;
  xy_dat  t;
    for (int i=0; i<10; i++ )  begin
      dchan.get(t);
      #20   t.display("sample data=" );
    end
endtask                                        ← データ受信側タスク

initial begin
  fork
    gen();
    con();
  join
end
```

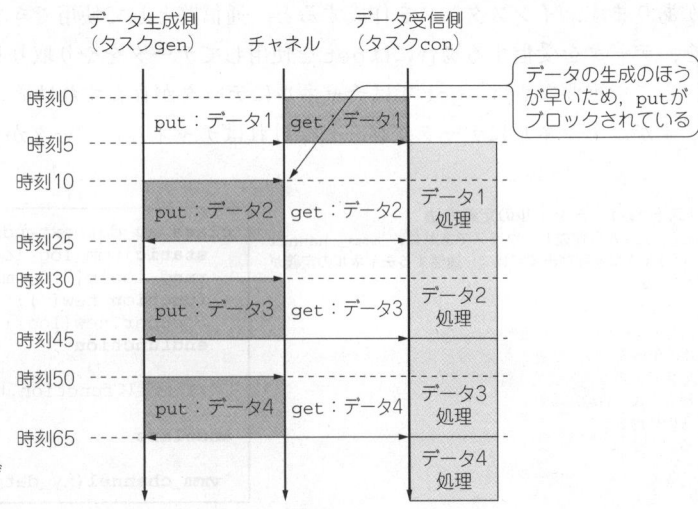

図17-1 チャネルを用いた通信のタイミング
getされないとチャネルにバッファが空かないため，データ生成側はputで待ちが発生する．

ことになります．

　データ送信側（タスクgen）がputしたデータを，データ受信側（タスクcon）がgetして使用すると，そのgetした時点でデータ送信側のputが動作を再開します．これは，データ受信側がチャネルからデータを取り出すことでバッファに空きが生じ，データ送信側のタスクの処理が再開されるためです．

● ブロッキングなどに利用できるpeek

　図17-2のように，データ受信側の処理が完了してから次のデータ送信処理を開始するには，どうしたらよいのでしょうか．このようなモデルをブロッキング完了モデルといいます．

　ブロッキング完了モデルのような場合のために，チャネルにはpeekと呼ばれるタスクが用意されています．peekはチャネルからデータを取り出すことなく，データを見ることを可能とします（peekは「のぞき見する」という意味）．

　リスト17-3に示すように，これまで受信側タスクでgetを1回呼んでいた処理を，peekとgetの2回に分けて呼び出すことにします．図17-3のように，最初にデータ受信側でpeekを呼び出すと，チャネルにデータを残したままデータを参照できるので，そのデータを用いた処理を行うことが可能となります．この時点では，チャネルからデータが取り出されていないため（チャネルのバッファが1で定義されている場合），データ生成側の処理はブロッキングされてputで停止しています．

　受信側の処理が完了した段階でgetを使用すると，チャネルからデータを取り出します．データを取り出すことで，データ送信側のputのブロッキングが解除され，次のデータ送信処理が進められることになります．

　HDLの記述では，ブロッキング代入とノンブロッキング代入の二つが重要なポイントとなりますが，ブロッキングとノンブロッキングをVMMでも利用できることがわかります．検証環境を構築するとき

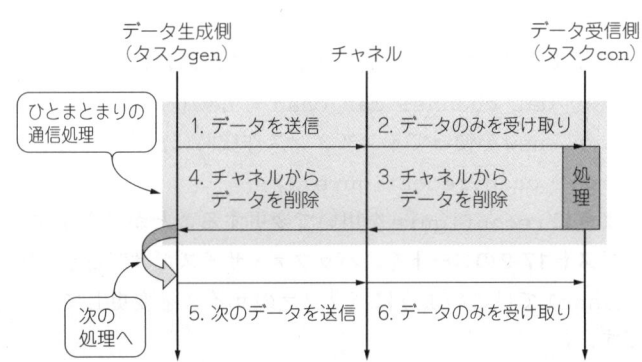

図17-2　ブロック完了モデル
データ受信側の処理が完了してから，次のデータを生成する．次のデータを生成するためにputでブロッキングしたい場合，リスト17-2の方法では実現できないことがわかる．

リスト17-3　peekを用いたブロッキング
peekを使うと，チャネルの中のデータをのぞき見（peek）できる．チャネルにデータを残したまま処理すると，送信側の処理をブロッキングできる．

```
/* peekを用いた処理に変更 */
task con;
  xy_dat  t;
  for (int i=0; i<10; i++ )  begin
    dchan.peek(t);
    #20    d.display("sample data=" );
    dchan.get(t);
  end
endask
```

peekでは，チャネルにデータを残したままデータを読み出すことが可能

処理が終わった段階で，getを使用してデータをチャネルから取り除く

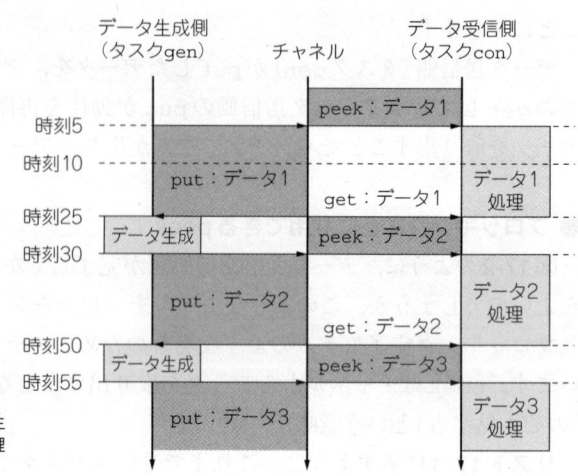

図17-3　peekを用いた場合の動作
peekを使うことでチャネルからデータが取り除かれないため，データ生成側はputで停止したままになる．getでデータを取り除くと，次の処理を開始する．

に必要に応じて選択することになるので，頭に入れておきましょう．

● **vmm_channelのバッファ・サイズを変更**

　ブロッキングとノンブロッキングのほかに検証環境で重要なものとして，入力や出力のバッファ・サイズがあります．実はvmm_channelはデフォルトでバッファ・サイズが1になっています．先ほどの例では，バッファ・サイズが1のままpeekを使うことでブロッキングを実現していました．しかし，実際にはバッファ・サイズが1ではない検証環境が必要な場合もあります．

　バッファのサイズを変更するためには，vmm_channelをインスタンスするとき（newを呼び出すとき）に第3引き数にサイズを指定するか，reconfigureの第1引き数にサイズを指定して再構成する必要があります．

　例えば，バッファ・サイズを3にするためには，

```
xy_dat_channel dat_chan = new("name", "instance", 3);
```

のようにnewを使ってインスタンス作成時に設定するか，

```
dat_chan.reconfigure(3);
```

のようにreconfigureを用いて変更することができます．

　リスト17-2のコードを，バッファ・サイズだけ変更して実行すると，図17-4の動作になります．vmm_channelではこのようにバッファのサイズを変更して，さまざまな検証の状態を作り出すことが可能です．

● **こっそり書き込むsneak**

　peakは"こっそりのぞき見する"taskでしたが，"こっそり書き込む"sneakというfunctionもあります（sneakは「こっそり入る」という意味）．チャネルのバッファがデータでいっぱいであったとしても，チャネルにデータを入れることができます．

　検証対象を監視するモニタなどでは，基本的にデータをすべて記録する必要があります．このような場合，sneakを使うことでバッファがいっぱいになっているかどうかを考えることなく，処理を継続で

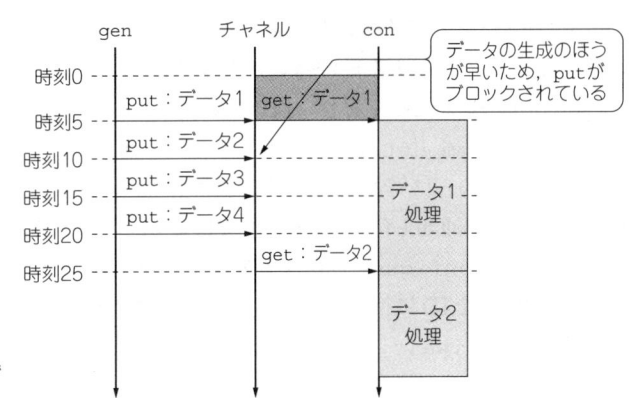

図17-4 チャネルのバッファを3個にした場合の動作
バッファを3個にすれば，バッファがデータでいっぱいになるまでputすることができる．

きます．
　バッファを大きくするという方法も使えますが，バッファをいくら大きくしても安全ということはありえません（VMMは再利用可能な検証環境を構築することがポイントのひとつ．別のプロジェクトで再利用するときにも安心なバッファのサイズなど，わからない）．
　ここで「なぜpeekはtaskで，sneakはfunctionなのか？」という疑問が出るかもしれません．functionはゼロ遅延であり，taskは時間を持つ処理を記述するものです．よってsneakは，ゼロ遅延で確実にチャネルにデータを投入できるのです．

● データ以外の情報を渡すnotify
　ここまで，データのやり取りを中心に行うvmm_channelについて説明してきましたが，これだけでは十分でない場合もあります．例えば，データやトランザクタの状態を知りたい場合，その状態をvmm_channelですべて通信しようとすると，テストベンチがくもの巣のようになって，再利用などできなくなってしまいます．
　VMMでは，データ以外の情報を渡す方法としてvmm_notifyが用意されています．このvmm_notifyには，以下の三つの同期モードがあります．
- ONE_SHOT：通知の指示を待っているスレッドのみが通知を受ける
- BLAST：通知が指示されるときの同じステップで，通知の指示を待っているすべてのスレッドが通知を受ける
- ON_OFF：ON，OFFのレベルで通知を行い，明示的にリセットするまで通知が持続される

ここでは，ONE_SHOTとON_OFFの使用方法を説明します．

● ONE_SHOTはある1時点で有効なイベントを発生
　ONE_SHOTのnotifyでは，ある1時点で有効なイベントを発生することができます．そのイベントを受け取るのは，そのイベントが発生する前にイベント待ちに入ったものになります．その通知イベントを使うためには，以下のステップが必要になります．
1) configureによって新しい通知を定義する
2) wait_forでイベント待ちを行う

3）indicateでイベントを発生させる

簡単なサンプルを**リスト17-4**に示します．vmm_notifyを使って新しい通知を定義する場合には，まずメッセージ・サービスを定義しておきます．これは，vmm_notifyでもメッセージ・サービスを利用するためです．次に通知サービスであるvmm_notifyのnt1を作成します．実際にイベントを使うためにはこのnt1に対してconfigureを行って，新しい通知（イベント）を作成します．ここで作成された通知（イベント）は識別子（ID）で管理されるので，configureの返り値を憶えておく必要があります．

この変数t1をIDに持つイベントを待つには，

通知サービス.wait_for(識別子)

と記述します．この場合は通知サービスがnt1，識別子がt1で管理されているので，

nt1.wait_for(t1)

となります．

この変数t1をIDに持つイベントを発生させるためには，

通知サービス.indicate(識別子)

とします．イベント待ちと同じように通知サービスがnt1，識別子がt1で管理されているので，

nt1.indicate(t1)

で，イベントを発生させることができます．

このサンプルの実行結果は，

CHECK1: ONE_SHOT　　　　　　　　　　100

になります．

図17-5に示すように，CHECK1においてイベントを発生する前にwait_forで待ちに入ると，その後のindicateで待ちが解除されます．またCHECK2では，wait_forを呼んだあとにまだindicateが呼ばれていないため，次のイベントを待っている状態になります．

リスト17-4　ONE_SHOTのvmm_notifyの使用例
wait_forを使うことでイベントを待ち，indicateを用いてイベントを発生させられる．

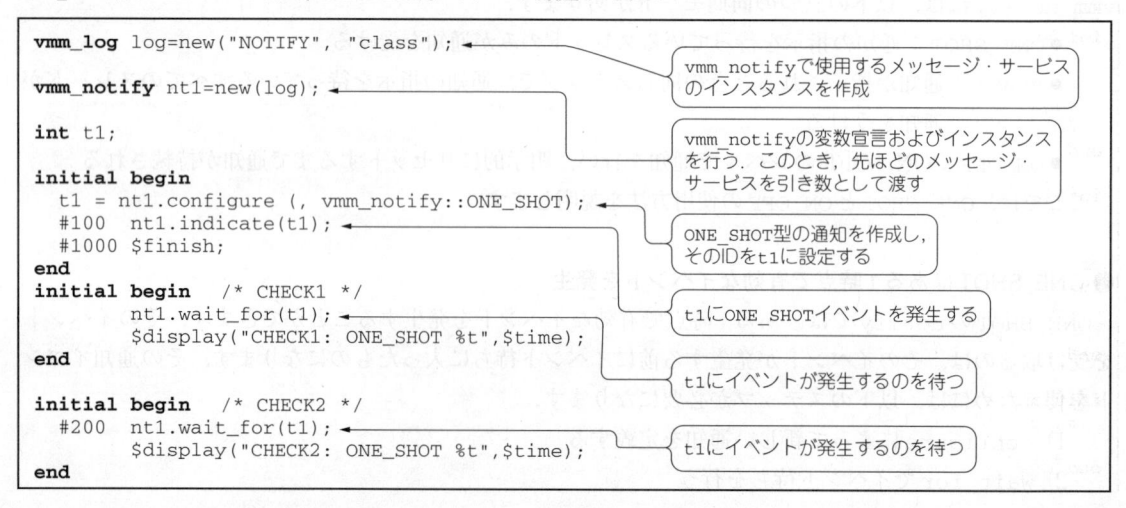

```
vmm_log log=new("NOTIFY", "class");
vmm_notify nt1=new(log);

int t1;

initial begin
    t1 = nt1.configure (, vmm_notify::ONE_SHOT);
    #100   nt1.indicate(t1);
    #1000  $finish;
end
initial begin     /* CHECK1 */
    nt1.wait_for(t1);
    $display("CHECK1: ONE_SHOT %t",$time);
end

initial begin     /* CHECK2 */
    #200  nt1.wait_for(t1);
    $display("CHECK2: ONE_SHOT %t",$time);
end
```

- vmm_notifyで使用するメッセージ・サービスのインスタンスを作成
- vmm_notifyの変数宣言およびインスタンスを行う．このとき，先ほどのメッセージ・サービスを引き数として渡す
- ONE_SHOT型の通知を作成し，そのIDをt1に設定する
- t1にONE_SHOTイベントを発生する
- t1にイベントが発生するのを待つ
- t1にイベントが発生するのを待つ

● ON_OFFは継続するON/OFFの状態を使った通知

ONE_SHOTはイベントを受け渡しするために利用しますが，状態を扱うには不適当です．そのため，状態を持つON_OFFを用いたvmm_notifyを紹介します．

ON_OFFの通知イベントを使うには，以下のステップが必要になります．

　1) configureによって新しい通知を定義する
　2) wait_forでイベント待ちを行う
　3) indicateでイベントを発生させる

簡単なサンプルをリスト17-5に示します．

ONE_SHOTと同じように通知サービスnt1を作成します．このとき，メッセージ・サービスを登録するところもONE_SHOTと同じです．通知サービスnt1に対してconfigureでON_OFFの新しい通知を作成します．このとき，ON_OFFの通知も識別子（ID）を用いて区別されるので，その識別子を変数に保

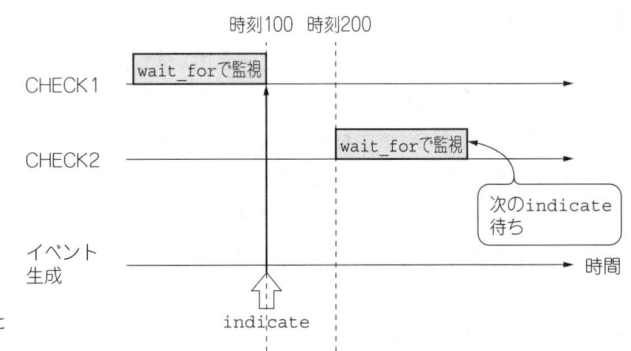

図17-5　ONE_SHOTの動作イメージ
wait_forでONE_SHOTイベントを待っていると，indicateによるイベントにより待ちを解除する．

リスト17-5　ON_OFFのvmm_notifyの使用例
ONを待つにはwait_forを，OFFを待つにはwait_for_offを利用する．ONにするにはindicateを，OFFにするにはresetを利用する．

```
vmm_log log=new("NOTIFY", "class");
vmm_notify nt1=new(log);
int t1;
initial begin
    t1 = nt1.configure (, vmm_notify::ON_OFF);       ← ON_OFF型の通知を作成し，そのIDをt1に設定する
    #100   nt1.indicate(t1);                          ← t1をONにする
    #500   nt1.reset(t1);                             ← t1をOFFに（リセット）する
    #4500  $finish;
end

initial begin  /*CHECK1*/
        nt1.wait_for(t1);                             ← t1がONになるのを待つ
        $display("CHECK1: ON %t",$time);
end
initial begin  /*CHECK2*/
    #200   nt1.wait_for(t1);                          ← t1がONになるのを待つ
        $display("CHECK2: ON %t",$time);
end
initial begin  /*CHECK3*/
    #300   nt1.wait_for_off(t1);                      ← t1がOFFになるのを待つ
        $display("CHECK3: OFF %t",$time);
end
```

存しておく必要があります．

このON_OFFの通知は，ONを待つ場合には，

　　通知サービス.wait_for(識別子)

を使用しますし，OFFを待つ場合には，

　　通知サービス.wait_for_off(識別子)

を使用します．また，すでにON(OFF)の場合にwait_for(wait_for_off)を呼ぶと，すぐに待ちが解除されます．

リスト17-5を実行したイメージが**図17-6**です．CHECK1はONになる前からwait_forを開始し，ONになったときに待ちが解除されています．CHECK2はONになってからwait_forを呼び出しており，即座に待ちが解除されています．CHECK3はOFFを待って，resetが呼ばれるとOFFになり，待ちが解除されることになります．

● チャネルにはnotifyイベントがセットされる

VMMのライブラリでは，notifyを用いた通知がいろいろなところに埋め込まれています．

例えば，vmm_channelでは，FULL，EMPTY，PUT，GOT，PEEKED，ACTIVATED，ACT_STARTED，ACT_COMPLETED，ACT_REMOVED，LOCKED，UNLOCKEDといったイベントがあらかじめ定義されています．ユーザはこれらを使用してチャネルの情報を取得することができます．

このイベントを拾うプログラムを**リスト17-6**に示します．これにより，チャネル上のイベントを利用して処理を行うことも可能になります．

● チャネルと通知の連携

vmm_channelには，あらかじめメソッドに通知が埋め込まれています．ここで，vmm_channelのメソッドをさらに四つ紹介します(**リスト17-7**)．

vmm_channelには，アクティブ・スロットという考えかたがあります．vmm_channelで有効になっているデータと考えればよいと思います．

- activte：先頭のデータをアクティブ・スロットに入れ，アクティブ・スロットの状況を

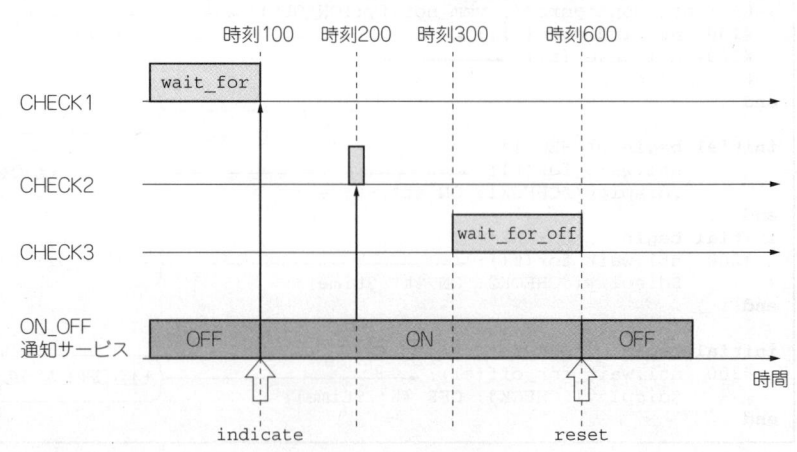

図17-6 ON_OFFの動作イメージ
ON_OFFは状態なので，ON(OFF)状態であれば，wait_for(wait_for_off)は即座に待ちが解除される．

- PENDINGにする．
- start：アクティブ・スロットの状況をSTARTEDにする．
- complete：アクティブ・スロットの状況をCOMPLETEDにする．

リスト17-6 チャネルにはvmm_notifyが組み込まれている
vmm_channelは，動作ごとに通知が発生するようにあらかじめ作成されている．この例ではpeek，get，putのイベントを受け取ることが可能．

```
initial begin
  while(1) begin
    dchan.notify.wait_for(vmm_channel::PEEKED);
    $display("NOTIFY:PEEKED @%t", $time);
  end
end

initial begin
  while(1) begin
    dchan.notify.wait_for(vmm_channel::GOT);
    $display("NOTIFY: GOT @%t", $time);
  end
end

initial begin
  while(1) begin
    dchan.notify.wait_for(vmm_channel::PUT);
    $display("NOTIFY: PUT @%t", $time);
  end
end
```

← チャネルがpeekされるのを待つ
← チャネルがgetされるのを待つ
← チャネルがputされるのを待つ

リスト17-7 チャネルの操作を詳細化
vmm_channelではチャネルの状況の詳細を示すメソッドを使用することで，より詳しい状態を通知できる．

```
for(int i=0;i<10;i++) begin
        dchan.activate(mydat);
  #20   dchan.start();
  #60   dchan.complete();
  #20   dchan.remove();
end
```

リスト17-8 詳細の通知を受け取る記述例
vmm_channelの状況を外部から検出することが可能であり，この通知を利用して，あとからさまざまな処理を組み込むことができる．

```
initial begin
  while(1) begin
    dchan.notify.wait_for(vmm_channel::ACTIVATED);
    $display("NOTIFY: ACTIVATED @%t", $time);
  end
end
initial begin
  while(1) begin
    dchan.notify.wait_for(vmm_channel::ACT_STARTED);
    $display("NOTIFY: ACT_STARTED @%t", $time);
  end
end
initial begin
  while(1) begin
    dchan.notify.wait_for(vmm_channel::ACT_COMPLETED);
    $display("NOTIFY: ACT_COMPLETED @%t", $time);
  end
end
initial begin
  while(1) begin
    dchan.notify.wait_for(vmm_channel::ACT_REMOVED);
    $display("NOTIFY: ACT_REMOVED @%t", $time);
  end
end
```

← acitvate( )を待つ
← start( )を待つ
← complete( )を待つ
← remove( )を待つ

● remove：アクティブ・スロットの状況をINACTIVEにし，データをチャネルから取り除く．

この四つを使って**リスト17-3**のブロッキング処理を書き換えたのが**リスト17-8**です．こうすることで，イベントが発生したときの処理を記述したり，ログを出力したりすることが容易になります．

こういった点は，通常の検証環境を作成する場合には作り込みが難しいところですが，VMMではあらかじめこういった機能が埋め込まれており，少しずつテストベンチを高度化することができます．

SystemVerilog設計スタートアップ

第18章

大規模回路のための検証環境を作成する

赤星博輝

　本章では，VMMに基づいて2次元領域判定回路の検証環境を作成する．ランダム・テスト生成（以下，ランダム生成）やスコアボードによる自動チェック，コールバックといった機能を利用する．最終的に，自動チェックの結果をレポートするところまで記述する．　　　　　　　　　　　　　　　　　（編集部）

　本章では，VMMに関する理解の総仕上げを行います．これまでの検証環境では，入力パターンの作成法とライブラリの使用法について説明してきましたが，チェックについてはほとんど触れてきませんでした．そこで，これまでに解説した機能を使って，第15章で示した領域判定回路のチェックを行う検証環境を作成します．

● 教育には地道な取り組みが必要

　大規模化・複雑化が進む最近の設計では，検証作業がたいへんになってきています．このような状況について，ほかの分野でどうなっているかを考えてみるのも時には重要だと思います．
　例えば，穴を掘るという作業を考えてみましょう．人はシャベルを使って穴を掘ることができます．しかし，これは掘れる穴の大きさに実質的な制限があります．大きな穴をシャベルだけで掘ることはできるのですが，効率の悪い作業になります．大きな穴を掘る場合に効率を考えると，ショベルカーなどを使うことになります．このときに考えなければならないのは，ショベルカーを使うには免許が必要であり，ショベルカーを所持またはレンタルするコストもかかることです．
　これをLSIの検証に当てはめてみます．検証対象が小規模で，個人で対応できるうちはコストはたいしてかかりません．その代わり，できる作業が限られます．大規模な開発に対応するためには，ツールの導入が必要であり，そのために教育を行い，ツールや人員のレベル維持に費用が発生するということになります．
　ツールなどは必要となった時に購入すればよいのですが，人の教育についてはそうもいきません．地道な取り組みをしておかないとレベルアップできないところに注意しておく必要があります．

● チェックの自動化を検討する

　第15章の領域判定回路は，図18-1のように2次元（256×256）の領域に対してX軸が50～100，Y軸が70～120の間に入っていれば'1'と判定し，それ以外は'0'と判定する回路でした．
　これまでの説明では，ランダム生成を用いて入力パターンを発生させ，波形ビューワで確認するとこ

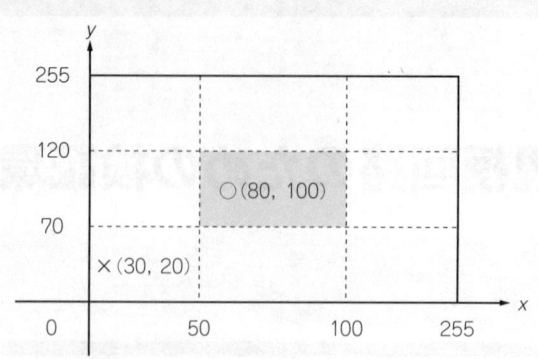

図18-1
領域判定回路の動き
256×256の領域で, $50 \leq x \leq 100$, $70 \leq y \leq 120$に入っているか入っていないかを判定する.

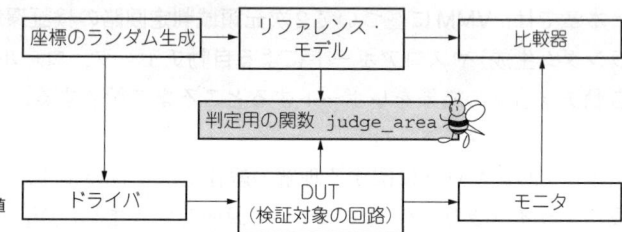

図18-2
リファレンス・モデルを使用できる場合
ランダム生成した値に対してリファレンス・モデルを使って期待値を作成し,その結果を比較することが可能となる.

ろで終わっていました.しかし,ランダム生成で大量のパターンを自動発生させた場合,設計者が波形を見て動作確認を行うのは実質的に不可能です.

それでは,ランダム生成で作成した入力パターンをどのようにチェックすればよいのでしょうか.ランダム生成を使うことが前提のVMMでは,スコアボードと呼ばれるチェック自動化の仕組みが必須になってきます.

● リファレンス・モデルの開発には問題がある

チェックの自動化は,どのように実現すればよいのでしょうか.

これは,状況によって変わってきます.例えば,C/C++言語で詳細にアルゴリズムなどの検討を行っている場合,**図18-2**のようにC/C++言語のモデルをリファレンスとして使用することができます.つまり,あらかじめ検証済みのリファレンス・モデルがあればそれを利用できます.

リファレンスになるものがない場合には,どうするかを考える必要があります.

ひとつのやり方として,設計とは別にリファレンス・モデルを開発する方法があります.このリファレンス・モデルの作成は,C言語でもHDLでもかまいません.さらに論理合成を意識する必要がないので,回路のHDL記述よりも短い時間で作成できます.

しかし,いくつかの問題点があります.

まず,同時に二つのモデル(設計とリファレンス)を開発するため,多くの開発リソースが必要になります.最近の開発では,特に人的リソースが不足気味なので,なかなかこの手法が取りにくい面があります(開発計画をうまく立て,うまくスケジューリングする必要がある).

また,リファレンス・モデルの作りかたが問題になるケースもあります.例えば,検証用リファレン

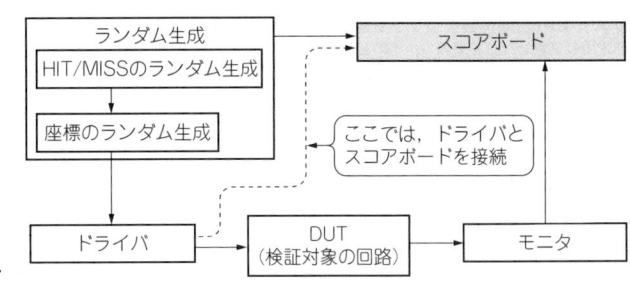

第18章 大規模回路のための検証環境を作成する

図18-3
ランダム生成を活用して期待値比較を容易に
発想を変えると，スコアボードで簡単に出力値をチェックできる．

ス・モデルの作成時に，設計側のコードと共用にする場合です．領域判定回路の検証で考えてみると，**図18-2**で判定する関数を共用している場合に相当します．これもリファレンス・モデルだけで検証が済めばよいのですが，そうでないと問題が残ることがあります．共用した場所にバグがあると，リファレンス・モデルと検証対象の回路（DUT：device under test）を比較しても，バグを検出できません．

● ランダム生成を活用する

こういった時にはアイデアが必要です．実はランダム生成を工夫すると検証がやりやすくなる場合もあります．これまで領域判定回路の検証では，2次元の座標をランダム生成し，その座標値をドライバがDUTに投入していました．これを**図18-3**のように，領域内（HIT）と領域外（MISS）という二つの状態についてランダム生成を行い，次にHITなら領域内の値でランダム生成し，MISSなら領域外の値でランダム生成します．このHITかMISSという情報をスコアボードに期待値として渡すことで，スコアボードには必要な情報が与えられます．また，モニタからは出力値が範囲に入っている場合は'1'，そうでない場合は'0'が送られてきます．期待値がHITの場合には出力値が'1'，MISSの場合には出力値が'0'であればPASSとなるので，スコアボードで簡単にチェックできることがわかります．

このように，リファレンス・モデルの代わりにランダム生成を使うことで，検証側と設計側で同じコードを使用することなく，しかも短い記述で検証を行える場合があります．

VMMのランダム生成の特徴として，短いテストベンチ記述から大量のシミュレーション・パターンを生成できることが挙げられます．また，ランダム生成で検証したいパターンを網羅できないときでも，VMMのランダム生成`vmm_atomic_gen`と`inject`を使うことで，テストベンチの構造をほとんど再利用しながらダイレクト・テストを実施できる場合があります（第16章を参照）．

このように，ランダム生成とダイレクト・テストの両方をうまく使って，検証の効率化を図ることができます．

ランダム生成を使うと，テストベンチの作りかたに関するバリエーションが増えます．いろいろと使いかたを考えてみるとおもしろいと思います．

● 領域判定回路をチェックする環境を作成

図18-3の環境を実現するために，データを扱うクラス`xy_dat`を**リスト18-1**のように変更しました（本来は継承を使うことで差分だけを実装できるが，ここでは説明のために元のクラスを変更した）．HITとMISSのためにenumを用いてデータ型`xy_kind`を定義し，その`xy_kind`の変数`kind`をランダム変数とする宣言を追加しました．スコアボードでは，このHITとMISSを使ってチェックを行います．そ

リスト18-1　期待値チェックを意識したランダム生成
判定用の変数kindを追加し，そのkindに従って制約を与えてランダム生成を行う．

```
class xy_dat extends vmm_data;
  typedef enum {HIT,MISS} xy_kind;
  rand xy_kind    kind;

  rand logic[7:0] mX,mY;

  constraint hit {
    if (kind == HIT)
       ( ( ( 50<=mX) && (mX<=100) )&& ( (70<=mY)&&(mY<=120) ) );

    if (kind == MISS)
       (! (( 50<=mX) && (mX<=100) )&& ( (70<=mY)&&(mY<=120) )));

    solve  kind before mX, mY;
  }
endclass
```

- 領域内（HIT）と領域外（MISS）のデータ型xy_kindを定義し，そのランダム変数kindを定義した
- HITの場合は領域内でランダム生成を，MISSの場合は領域外でランダム生成を行う
- mX, mYのランダム生成の前に，kindのランダム生成を行う

して制約として，変数kindがHITの場合は領域内の値，変数kindがMISSの場合は領域外の値とします．また，ランダム生成の順番の定義として，kindを最初に行い，その後にmX, mYに対して行うためのsolveという記述を加えました．このsolveはSystemVerilogで加えられた構文で，ランダム生成を効率良く行うための構文です．

● 出力値を取り出すモニタを作成

スコアボードを作成する前にモニタを作成します．ここでは，DUTの出力を監視し，出力があればその出力データを画面に出力するモニタを作ります．
このモニタは処理を行うので，VMMではvmm_xactorをベースに作成することになります（**リスト18-2**）．vmm_xactorではタスクmainで処理を記述しますが，その処理の最初にsuper.main()を呼び，その後にこのモニタで行う処理を記述します．
このxy_monitorでは，20回のデータを受信するため，タスクmainの中でfor文を使って20回receive_datを呼び出します．receive_datでは，DUTのoenが'1'になったらojudgeの値を読み込み，その値が'1'ならHIT，その値が'0'ならMISSとし，その結果をxy_datに入れて返します（ここでは，mX, mYに255を入れた）．そのreceive_datから返ってきた値を，mainのfor文の中で画面に出力します．
ただ画面に結果を出して遊んでいるようにも見えますが，この作業はDUTの結果を波形からテキスト（文字列）に変換しています．波形のままでは自動化が困難ですが，テキストに変えてしまえば検証や解析などを自動化することが容易になります．

● 出力値を自動でチェックするスコアボードの作成手順

次に，出力値を自動でチェックするスコアボードを作成します．しかし，このスコアボードは，コールバックを使用したり，トランザクタ（vmm_xactor）やシミュレーション環境（vmm_env）などを使って実現することがあり，VMMの中でも非常に複雑な部品の一つと言えます．
今回作成するスコアボードは，次のような機能を持ちます．

リスト18-2 DUTのモニタを作成
タスクreceive_datでデータを受信し、受信したデータを出力する。これは、波形データをテキスト・データに変換する作業と考えるべきである。

```
class xy_monitor extends vmm_xactor;
   function new(string inst,int s_
                                id=-1);
      super.new("monitor", inst, s_id);
   endfunction

   virtual task main();
      fork
         super.main();
      join_none
      for (int i=0; i<20; i++) begin
         xy_dat tmp=new;
         receive_dat(tmp);
         tmp.display("RECEIVE:");
      end
   endtask
```

(a) メイン・ルーチン

```
   virtual task receive_dat(xy_dat tmp);
      @(posedge clk)
         #10
      while ( !uif.oen ) begin
         @(posedge clk);
      end
      #10
      if ( uif.ojudge == 1 )
         tmp.kind = xy_dat::HIT;
      else
         tmp.kind = xy_dat::MISS;
      tmp.mX = 255;
      tmp.mY = 255;
   endtask

endclass
```

(b) タスクreceive_dat

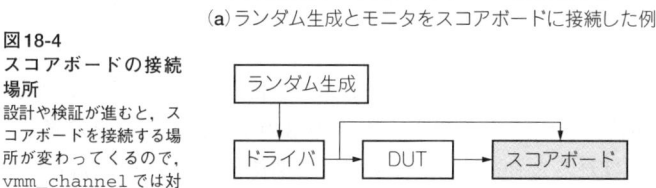

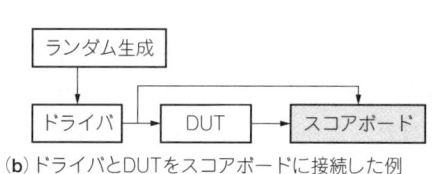

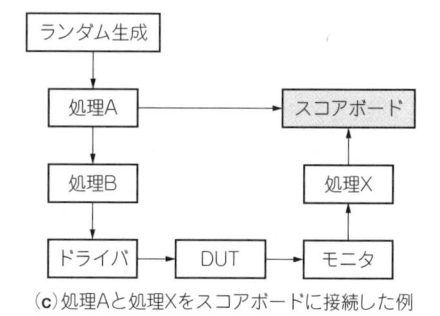

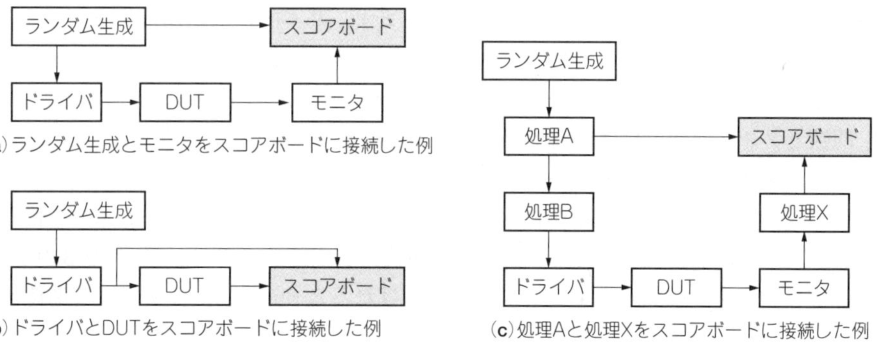

図18-4
スコアボードの接続場所
設計や検証が進むと、スコアボードを接続する場所が変わってくるので、vmm_channelでは対応が難しい。

(a) ランダム生成とモニタをスコアボードに接続した例

(b) ドライバとDUTをスコアボードに接続した例

(c) 処理Aと処理Xをスコアボードに接続した例

- ドライバから期待値データを受け取る
- モニタからDUTの出力データを受け取る
- 期待値と受信データを比較して判定する
- チェック結果に関するレポートを出力する

このとき、ドライバやモニタとスコアボードをどう接続するとよいのでしょうか。これまでにvmm_notifyやvmm_channelを紹介しましたが、これらをスコアボードの接続に使用するのでしょうか。vmm_notifyはイベントを伝えるもので、データを伝えることはできません。それでは、スコアボードとドライバやモニタをvmm_channelを使って接続するかというと、それもあまり良くない選択です。

検証したい項目や設計フェーズの進み方により、スコアボードの接続場所が異なることを示したのが図18-4です。スコアボードを接続する場所が一つではないことがわかります。もし、vmm_channelでスコアボードと接続する部品を作成した場合、スコアボードを使用しないときにトラブルが発生します。vmm_channelはデフォルトのバッファ・サイズが1になるので、スコアボードが接続されていない場合はデータを1個投げ入れた段階でブロッキングされ、動作が止まってしまいます。VMMでは、こうした場合にコールバックを使うことになります。

VMMのvmm_xactorでは任意の数のコールバックを追加できるようになっており、vmm_channel

と違って必要に応じて接続することができます．

基本的な考え方としては，常に接続する必要がある本質的なデータや制御の流れにのみ vmm_channel を使用し，接続しない場合があるものはコールバックで対応できないかを検討してみましょう．

今回は，以下の手順でスコアボードを作成します．

- スコアボード・クラス作成
- ドライバとモニタのそれぞれについて，コールバック用の仮想クラスを作成する
- ドライバとモニタにコールバック・ポイントを作成する
- スコアボード用のコールバックのクラスを作成する
- vmm_env に，スコアボード，ドライバ・コールバック，モニタ・コールバックを定義する
- vmm_env でインスタンスを作成し，コールバックを登録する
- vmm_env でスコアボード・クラスの起動を行う
- スコアボードの report を呼び出す

1）スコアボード・クラスの作成

スコアボードは**図18-5**のような構成になります．基本的には，期待値を記憶するキュー（queue）と期待値を登録する関数，出力値をチェックする関数が必要です．今回は，内部チャネル vmm_xactor を使用するための main タスクと，チェック結果をレポートする関数を作成しました．

関数とタスクの使い分けは簡単です．時間を経過させない（ゼロ遅延）処理は関数で記述し，そうでない処理はタスクで記述します．

Verilog HDL などでは，期待値を保存するために FIFO（first-in first-out）を使うことが多かったと思います．一方，SystemVerilog ではキューが使えます．そこで，**リスト18-3**のようにキューを定義し，期待値を登録する関数 send_from_gen が呼ばれると push_back を使って期待値をキューに登録するようにしました．

また，出力をチェックする関数 send_from_mon が呼ばれると内部チャネル lchan にデータを送信（put）します．すると，**リスト18-4**のタスク main の for 文の先頭で lchan.get を行い，関数 send_from_mon から送られたデータを受け取ります．チャネルからデータを受け取ると，キューから期待値を取り出し，チェックを行い，PASS/FAIL の結果を更新します．

さらに，スコアボードには結果を出力する関数 report を作成しておきます．これにより，シミュレーション終了時にこの関数 report を呼び出すことで，シミュレーション結果を出力できます．こういった仕組みを用意しておくことで，検証環境を改善することができます．

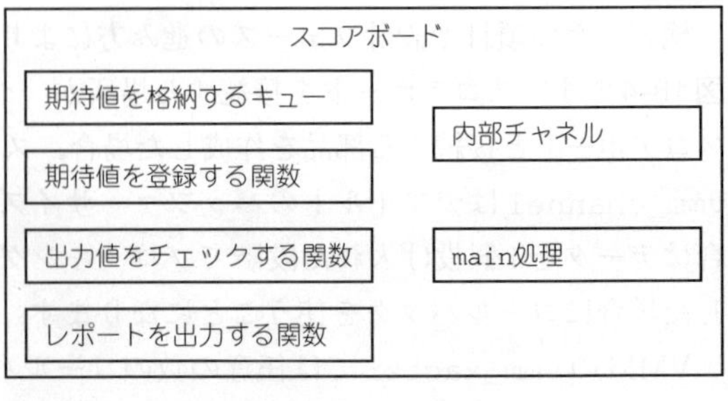

図18-5
スコアボードの構成
期待値の格納や登録，出力値のチェックだけでなく，レポートなどの機能も持たせておく．

リスト18-3
スコアボードの実現(1)
必要な変数の宣言、期待値を登録する関数、出力値をチェックする関数の実現部。

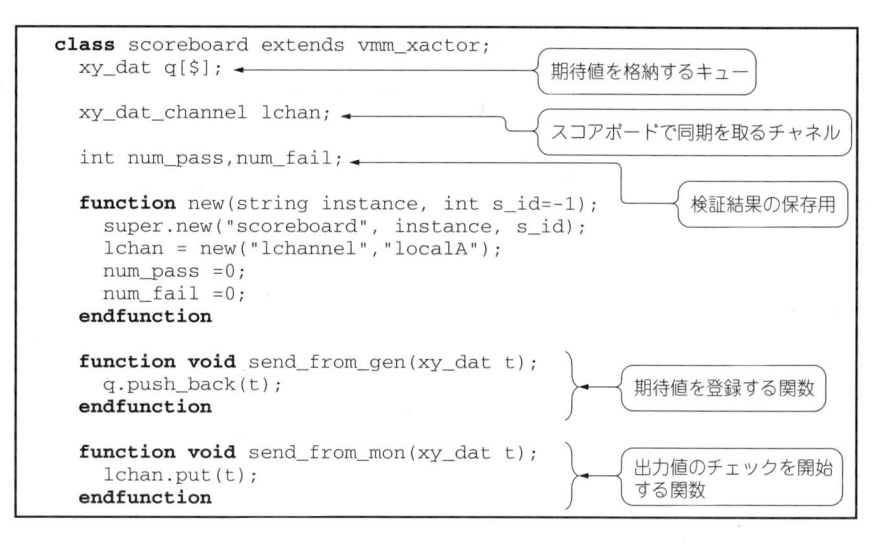

```
class scoreboard extends vmm_xactor;
    xy_dat q[$];                          ← 期待値を格納するキュー

    xy_dat_channel lchan;                 ← スコアボードで同期を取るチャネル

    int num_pass,num_fail;                ← 検証結果の保存用

    function new(string instance, int s_id=-1);
      super.new("scoreboard", instance, s_id);
      lchan = new("lchannel","localA");
      num_pass =0;
      num_fail =0;
    endfunction

    function void send_from_gen(xy_dat t);   ← 期待値を登録する関数
      q.push_back(t);
    endfunction

    function void send_from_mon(xy_dat t);   ← 出力値のチェックを開始する関数
      lchan.put(t);
    endfunction
```

リスト18-4 スコアボードの実現(2)
レポート関数や処理の中心となるmainタスクの実現部。

```
    virtual task main();
      fork
        super.main();
      join_none
      for (int i=0; i<20; i++) begin        ← チェックするデータがチャネルに送られたらここでgetし、期待値をキューから取り出す
        xy_dat t, golden ;
        lchan.get(t);
        golden = q.pop_front();
        if ( t.kind == golden.kind ) num_pass ++;   ← 判定を行い、PASS/FAILの結果を更新する
        else                         num_fail++;
      end
    endtask

    virtual  function void report ( );
      int total;
      string str,str1,str2,str3;
      total= num_pass+num_fail;
      str1.itoa(num_pass);
      str2.itoa(num_fail);                               ← チェック結果をレポートするfunction
      str3.itoa(total);
      str = { "report  pass=", str1,
          ", fail=", str2, ",  total count=", str3};
      `vmm_note(log, str);
    endfunction
endclass
```

2) コールバック用の仮想クラスの作成

次に、ドライバとモニタの改造を行います。

スコアボードにデータを登録するためには、ドライバとモニタでコールバックを使えるようにしないといけません。そのために、コールバック用の仮想クラスを作成します。モニタ用のコールバックの仮想クラスを**リスト18-5**に示します。

リスト 18-5
モニタのコールバックの仮想関数
実体のない virtual な関数 func_step1 を定義した．

```
class xy_monitor20_cb extends vmm_xactor_callbacks;

    virtual function void func_step1(xy_dat t);
    endfunction

endclass
```

リスト 18-6
モニタのタスク main に
コールバック・ポイント設定
`vmm_callback を使って呼び出す関数を定義していく．

```
virtual task main();
  fork
    super.main();
  join_none

  for (int i=0; i<20; i++) begin
    xy_dat tmp=new;
    receive_dat(tmp);
    `vmm_callback(xy_monitor20_cb, func_step1(tmp));
  end
endtask
```

データを受信した後に，func_step1 を呼び出すポイントを作成した

コールバック・クラスを指定

実際にコールバックする関数の指定

　トランザクタ vmm_xactor で使用するコールバックをまとめるクラスは，vmm_xactor_callbacks を継承して作成します．この段階では，再度，どのようなコールバックを実装するかわからないので，virtual を付けた仮想関数として func_step1 を作成しました．複数の virtual 関数を作成しておくことも可能です．

3) コールバック・ポイントの作成

　コールバックの仮想クラスができたら，ドライバとモニタにコールバックするためのしくみを組み込みます．

　トランザクタを作成する段階では，どのようなものが作られるのかわからないので，`vmm_callback を用いてトランザクタの中にコールバックするためのポイントを記述しておきます．モニタの場合には，**リスト 18-6**のようにデータを受信した後に関数 func_step1 を呼び出すポイントを作成します．

　この段階ではまだ関数 func_step1 は仮想であり実体はありませんが，このモニタをシミュレーションで使うことは可能です．この場合には，このコールバックはないものとして動作します．

4) スコアボード用コールバック・クラスの作成

　これから，機能を追加するコールバックのクラスを作成してみます．

　モニタのコールバックの仮想クラスは xy_monitor20_cb でしたが，スコアボードに接続するためのコールバック・クラスを my1_monitor20_cb として作成したのが**リスト 18-7**になります．

　仮想クラスで定義した virtual 関数と関数名や引き数が同じであれば，自由に関数を作成することができます．モニタでは，スコアボードに出力値をチェックするための関数を呼び出しています．

5) vmm_env の変数定義

　スコアボード，ドライバのコールバック，モニタのコールバックはクラスなので，**リスト 18-8**のように変数を定義しておきます．

6) vmm_env におけるインスタンスの作成とコールバックの登録

　VMM では，インスタンスの作成は vmm_env の関数 build 中で行うことになっています．そこで，

リスト 18-7
モニタ用コールバックの実体定義
スコアボードのポインタ(ハンドル)を保持し、関数 func_step1 が呼ばれたらスコアボードの関数 send_from_mon を呼び出す.

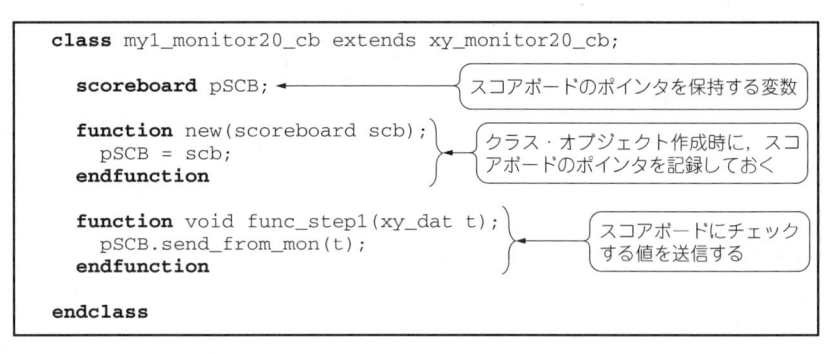

```
class my1_monitor20_cb extends xy_monitor20_cb;
    scoreboard pSCB;              ← スコアボードのポインタを保持する変数
    function new(scoreboard scb);
      pSCB = scb;                 ← クラス・オブジェクト作成時に、スコ
    endfunction                     アボードのポインタを記録しておく

    function void func_step1(xy_dat t);
      pSCB.send_from_mon(t);      ← スコアボードにチェック
    endfunction                     する値を送信する
endclass
```

リスト 18-8
xy_env の変数定義
スコアボードやコールバックに関する変数を定義する.

```
class xy_env extends vmm_env;

    xy_dat_channel      g_d_chan;
    xy_dat_atomic_gen   xy_gen;
    xy_drive20          xy_drv;
    xy_monitor20        xy_mon;                 ← スコアボード、ドライバのコー
    scoreboard          xy_scb;                   ルバック、モニタのコールバック
    my1_xy_drive20_cb   xy_drv_cb01;              に関する変数を作成する
    my1_monitor20_cb    xy_mon_cb01;
```

リスト 18-9 xy_env の関数 build の設定
スコアボード、コールバックのインスタンス、およびコールバックを登録する.

```
virtual function void build();
    super.build();
    g_d_chan   =new("Gen_drv_channel","u0");
    xy_gen     =new("u1",,g_d_chan);
    xy_drv     =new("u2",,g_d_chan);
    xy_mon     =new("u3", );

    xy_scb     =new("u3",);                    ← スコアボードの実体を作成する

    xy_drv_cb01 = new (xy_scb);                ← ドライバのコールバックの実体を作成
    xy_drv.append_callback(xy_drv_cb01);          し、ドライバのコールバックとして追
                                                  加する
    xy_mon_cb01 = new (xy_scb);
    xy_mon.append_callback(xy_mon_cb01);       ← モニタのコールバックの実体を作成し、
                                                  モニタのコールバックとして追加する
endfunction
```

リスト 18-9 に示すようにスコアボード、ドライバのコールバック、モニタのコールバックのインスタンスを作成します。その後、コールバックをドライバやモニタに登録します。ドライバやモニタというトランザクタにコールバックを登録するためには、append_callback を使います。第1引き数にコールバックのクラス名を、第2引き数に呼び出す関数を与えることで、コールバックとして登録できます。

また、append_callback を繰り返し呼び出すことで、複数のコールバックを登録することも可能です。

7) vmm_env におけるスコアボード・クラスの起動

ここで作成したスコアボードは vmm_xactor をベースに作成しています。vmm_env のタスク start によりスコアボード xy_scb の start_xactor を呼び出すことで、スコアボードを動作させます(リ

リスト 18-10 xy_env のタスク start の設定
スコアボードは vmm_xactor であるので、起動させる必要がある。

```
virtual task start();
  super.start();
  xy_gen.start_xactor();
  xy_drv.start_xactor();
  xy_mon.start_xactor();
  xy_scb.start_xactor();  ← スコアボードはトランザクタ
endtask
```

リスト 18-11 xy_env のタスク report の設定
シミュレーション終了時にスコアボードのレポートを呼び出し、検証結果を出力する。

```
virtual task report();
  super.report();
  xy_scb.report();  ← スコアボードのレポートを呼び出す
endtask
```

スト 18-10）．同じように vmm_env のタスク stop により stop_xactor を呼び出すことで，スコアボードを停止させます．

8) スコアボードの report の呼び出し

ここまで，ランダム生成と自動チェックを使用してきましたが，シミュレーションの終わりでいちばん大事なことを行います．それはレポートです．ランダム生成を使い，スコアボードで検証したときに，実際にどのような検証が行われたのかを設計者や検証エンジニアにフィードバックする必要があります．

ここでは，PASS したパターン数と FAIL したパターン数を示すようにしています．これを，vmm_env のタスク report で実行します．スコアボードはレポート用の関数 report を用意しているので，**リスト 18-11** のように vmm_env のタスク report を作成します．これにより，ランダム生成を使ってシミュレーション・パターンを大量に生成し，その大量のパターンに対する出力値をスコアボードで確認し，その結果を設計者や検証エンジニアに示すことができます．

このような検証環境を作成することはめんどうに思われるかもしれません．しかし，一度作成してしまえば，自動で検証が進んでいきます．多くのシミュレーション・パターンを生成するためには，このほうが効率的なのです．

SystemVerilog設計スタートアップ

Appendix

SystemVerilogクロニクル

明石貴昭

ここでは，Verilog HDLの誕生からSystemVerilogの標準化に至るまでの各時代のエピソードを紹介していきたいと思います．設計技術そのものとは関係ありませんが，EDA（electronic design automation）の歴史に興味のある読者の方には参考になるかと思います．

■ 1．1980年代前半，Verilog HDL誕生

一般にVerilog HDLは，「1984年にPhilip R. Moorby氏（後に米国Synopsys社Scientist）によって論理シミュレータ『Verilog-XL』用の専用ハードウェア記述言語として開発された」とされています．まずは，この部分について書いていきたいと思います．

● Verilog HDLの開発者はだれか？

1983年ごろ，米国マサチューセッツ州ActonでAutomated Integrated Design Systems社が商用シミュレータとその入力言語の開発を始めました．これがVerilog HDLの始まりです．同社は，ATPG（automatic test pattern generation）のPODEM（The Path Oriented Decision Making）アルゴリズムの開発者として知られるPrabhakar Goel氏（現在，個人投資家）が設立した会社です．社名がすぐにGateway Design Automation（GDA）社に変わったので，上記の会社を知る人は少ないと思います．

先にも書きましたように，Philip R. Moorby氏がVerilog HDLの開発者として広く知られていますが，実際にはもうひとりの人物が開発に深く関与していました．その開発者とはChilai Huang氏（後に米国Avery Design Systems社CEO）で，GDA社でMoorby氏とともに開発を行っていました．Huang氏がおもにVerilog HDL構文の設計を担当し，Moorby氏がおもにシミュレータ開発を担当していたという話を筆者は伝え聞いています．Moorby氏が執筆に参加し，すでに第5版まで発売されている書籍"The Verilog Hardware Description Language"（ISBN: 1-4020-7089-6）の影響でしょうか．Verilog HDLの開発者はMoorby氏ひとりだと思われている方が多いようです．

Philip R. Moorby氏は，GDA社が米国Cadence Design Systems社に買収された後，社内初のFellowという肩書きをもらっていました．一方，Chilai Huang氏はCadence社を去るまで「Synergy」という論理合成ツールの開発責任者で，あまり表舞台には出てきませんでした．同氏がVerilog HDLの開発者として記憶されていないのは，このためかもしれません．

GDA社を率いたPrabhakar Goel氏は，米国では"Father of Verilog"と呼ばれています．しかし，実際には米国IBM社在籍中に開発したPODEMアルゴリズムで4件の特許を持つATPG技術の権威であり，

当時はCEO職に就いていたためVerilog HDLへの技術的関与はそれほど大きくなかったと思われます．

● Verilog-XLの前にVerilogシミュレータがあった

　Verilog HDLの開発者の話はこのくらいにして，少しだけツールの話を書きたいと思います．多くの読者の方が「Verilog HDLはCadence社のVerilog-XL用ハードウェア記述言語として開発された」と聞かされてきたと思います．実際，筆者もこれまで，多くの場合にそのように説明してきました．しかし正確には，「Verilog-XL」用ではなく「Verilog」用として開発されたのが始まりです．GDA社初の論理シミュレータはVerilog-XLではなく，1984年にリリースされたVerilogという製品です．Verilog-XLは，1986年にVerilogにゲート・レベル用高速シミュレータ（XLアルゴリズム）を組み込んで発売されたVerilogの上位製品だったのです．このことを裏付ける事実をCadence社，Accellera，IEEEのマニュアルに見ることができます．それぞれのマニュアルには「Verilog is a registered trademark of Cadence Design Systems, Inc.」と，「Verilog」がCadence社の「登録商標」であることが記載されています．これはVerilogというシミュレータが存在した名残りです．

　ここまででお気づきでしょう．VerilogとするとCadence社のシミュレータ（すでに販売はしていないが…）を指すことになり，HDLそのものを呼ぶときは「Verilog HDL」となります．日本にはVerilog-XLしか導入されておらず，Verilogは販売されなかったので，多くの人が知らないのも当然です．

　余談ですが，GDA社初の製品はVerilogではありませんでした．あまり売れなかったようですが，Prabhakar Goel氏直々に開発したATPGツール「TestGen」がGDA社初の製品でした．

　また，Verilog HDLを「Verilog-HDL」と表記している広告や記事などをよく目にします．たいへん申しわけございません．これは筆者らが1990年ごろ，Cadence社でVerilog-XLを担当していたころ，Verilog-XLと合わせてなんとなく「Verilog-HDL」と日本語マニュアルや各種資料に書いていたのが一因だと思います．Googleなどで検索してみてもらえばおわかりいただけると思いますが，海外のWebサイトで「Verilog-HDL」と書いてあるところはまれです．世界では「Verilog HDL」です．たいへん失礼いたしました．お詫びして訂正いたします．

2. 1980年代後半，ネットリスト形式と動作記述言語が乱立

　Verilog HDLが登場した1980年代中ごろまで，論理回路設計では回路図エディタを使って論理ゲートのシンボルをつないでいく，いわゆるゲート・レベル設計が中心でした．このころ，二つの新しい動きが出てきました．一つは各EDAツール間のインターフェースをとろうという動き，もう一つは設計抽象度を引き上げて，設計の効率化を図ろうという動きです．

● 独自のネットリスト・フォーマットや記述言語が乱立

　当時の設計のゴールデン・データ（リファレンスとなるもっとも重要なデータ）は回路図でした．ただし，回路図エディタを供給するEDAベンダ各社はそれぞれ独自のフォーマットを採用しており，専用のトランスレータを開発しない限り，ツール間のインターフェースがとれない状況でした．

　この問題を解消するため，米国EIA（Electronic Industries Association）はEDIF（Electronic Design Interchange Format）というネットリストの共通フォーマットを規格化しました．EDIFは回路図の座標情報が取り扱えるなど，回路図データ（ゲート・レベル・ネットリスト）の標準的な交換フォーマット

として大きな期待が寄せられていました．しかし，残念ながらEDIFは当時のEDAベンダごとに方言が多数存在し，それが汎用性を低下させ，あまり成功しませんでした．論理シミュレータも開発元ごとに異なるデータ・フォーマットを採用しており，一度ユーザがツールを選定すると，いつまでもそのベンダについていかざるをえないという状況が続いていました．

もう一つの流れである設計抽象度の引き上げについては，多数のベンダが競って「動作記述言語」を開発していました．当時はまだ，RTL (register transfer level) などの抽象度がきちんと定義されておらず，「動作（回路のふるまい）を表現する」という意味でこう呼ばれていました．多くのEDAベンダは，動作モデルをC言語ライクな独自言語で定義しようとしました．Verilog HDLも当初はこうした言語の一つでしかありませんでした．

このころのおもなシミュレータには，米国Daisy Systems社の「Logician」，英国GenRad社の「HILO 3」，米国HHB Systems社の「CADAT」，米国Simucad社の「SILOS II」，米国Tegas Systems社の「Tegas」，米国Teradyne社の「LASAR」，米国Viewlogic Systems社の「ViewSim」などがあります．HILO 3を出荷していたGenRad社には，Peter L. Flake氏（後に米国Synopsys社Scientist）とPhilip R. Moorby氏の姿がありました．両氏は後に米国Co-Design Automation社（Synopsys社が吸収合併）に参加し，SystemVerilogの設計記述の基礎となったSuperlog言語やその処理系の開発に携わっています．

● Verilog-XLが優れていたからVerilog HDLは生き残れた

1980年代後半に生まれた多くの動作記述言語のうち，なぜVerilog HDLだけが生き残ったのでしょう？ 今から考えると，以下のような理由が思い浮かぶと思います．

　a）完成度の高い優れた言語だった
　b）設計抽象度をRTLに引き上げたかった（当時，Synopsys社の論理合成ツール「Design Compiler」が登場していた）
　c）シミュレータ「Verilog-XL」の完成度が高かった

ほとんどの方は，b）がおもな理由であると予想するでしょう．しかし，筆者はc）の意見に近く，「Verilog-XLのゲート・レベル・シミュレーションが高速だったから」であると思っています．前述したように，この時代はゲート・レベル設計が全盛で，増大する回路規模に対応するため，高速なシミュレータが求められていました．現在のネイティブ・コンパイルド型シミュレータに慣れたユーザーから見ると，インタープリタ型のVerilog-XLはかなり遅く感じられるかもしれません．しかし当時は，「ソフトウェア・アクセラレータ」などという意味不明なキャッチで呼ばれるほど高速でした．競合シミュレータの速度を2けたは確実に上回っており，ベンチマークでは無敵だったのです．

Verilog HDLが使われ始めたおもな理由がシミュレーション性能であったにしろ，Verilog HDLは同時にさまざまなメリットを業界にもたらしました．その一つとして，ネットリストとシミュレーション・パターンの言語を統一したことが挙げられます．

Verilog-XL出現以前の各シミュレータの入力フォーマットは各社ばらばらでしたが，それらのフォーマットは記述言語ではなく，さらにネットリスト用フォーマットとシミュレーション・パターン用フォーマットは別々でした．一方，Verilog HDLは単一言語でネットリスト，動作記述，テストベンチ記述を表現でき，これにより「DUT (device under test) の周辺回路の動作記述」イコール「テストベンチ」という考えかたが広まりました．

この状況は，現在のSystemVerilogが示している「設計記述と検証記述の統一言語」というコンセプトに似ていると思いませんか？ やはり時代は少しだけ形を変えて繰り返すのでしょうか．

3. 1980年代末，Verilog HDL vs. VHDL抗争勃発

多くのEDAベンダがVerilog HDLをはじめとする動作記述言語やシミュレータを開発していた1980年代後半ごろ，論理合成ツールも開発されていました．筆者の知る限り，この時期に商用として正式出荷されたのは，Synopsys社の「Design Compiler」と米国Silc社の「SilcSyn」だけだったと思います．少し遅れて，1990年ごろCadence Design Systems社が「Synergy」を，米国Mentor Graphics社が「Autologic」を出荷しました．

Design CompilerとSilcSynの大きな違いは入力言語でした．SilcSynは独自言語のSilcを，Design CompilerはGateway Design Automation（GDA）社の使用許諾を得てVerilog HDLを入力言語としていました．その後，Synopsys社のDesign CompilerとGDA社のVerilog-XLは，新しいコンセプトやツールの完成度の高さを武器に伸びていき，現在の論理設計手法を現実のものとしていったのです．ただし，この時点におけるVerilog HDLのポジションはあくまでもGDA社の独自言語であり，ユーザはVerilog HDLを認めたというよりも，Design CompilerやVerilog-XLを使いたかったというのが現実でした注A-1．

● 対抗馬VHDLが登場

VHDL（Very High Speed Integrated Circuits Hardware Description Language）がIEEE 1076としてリリースされたのは1987年のことです．VHDLは，米国国防総省がIC納入時の標準仕様書言語として作り出したもので，プロジェクトは1981〜1983年にIBM社，米国Intermetrics社，米国Texas Instruments社に発注されました．

VHDLより若干早い時期に米国国防総省はAda（ANSI/ISO標準）でソフトウェアの納入を行うように定めていたこともあり，VHDLの構文などはAdaの影響を強く受けました．Intermetrics社に在籍したCary Ussery氏（現在，米国Improv Systems社CEO）は，後にCadence社のHDLシミュレータ「NC-Sim」のベース・アーキテクチャであるINCA（Interleaved Native Compiled-code Architecture）の初期開発に携わりました．VHDLを広めるためのツール・キットは米国Cad Language Systems社（CLSI）から発売され，各社のパーサ（字句・構文解析ソフトウェア）として使用されました．

● VHDL普及の危機感からIEEE標準へ

IEEE標準という"錦の御旗"を手に入れたVHDLがEDA業界で注目を浴び始めたころ，半導体業界ではVerilog HDLが事実上の業界標準言語の地位を築き上げていました．しかし，このころになると多くの人が，「今後はVHDLが標準になる．なぜならVerilog HDLはGDA社の独自言語だから…」と思っていました．

転機が訪れたのは1990年．Cadence社がGDA社を買収したのです．旧GDA社のメンバはVerilog HDLを自社の独自言語として残したかったようですが，Cadence社の経営陣はVHDLの普及に対する

注A-1：余談だが，Synergyを出荷する1991年以前，Cadence社はSynopsys社からDesign CompilerをOEM調達し，Design Frameworkに統合して販売していた．

危機感から，Verilog HDLをパブリック・ドメインとすることを決断しました．そして同社は，Verilog HDLを推進する業界団体「Open Verilog International (OVI)」を立ち上げ，Verilog HDLを同団体にドネーション（寄贈）しました[注A-2]．

　Cadence社はVerilog HDLを普及させるため，Verilog-XLの高速化エンジン（XLアルゴリズム）を除いたovisimというリファレンス・シミュレータをOVIに提供しています．勘のいい読者の方はお気づきかもしれませんが，ovisimイコール初代Verilogシミュレータなのです．ovisimは，Verilog HDLに関連するツールやサービスを提供する企業に格安（1,000ドル強だったと思う）で提供され，Verilog HDLをサポートするツール群の開発がスタートしました．同時に同社は，Verilog-XLのパーサ部分を切り出してOpenVerilogツール・キットとし，CLSIに販売を委託しました．

　こうしてだれもがVerilog HDLを自由に使えるようになりましたが，VHDLはIEEE標準，Verilog HDLはいまだ，ただのパブリック・ドメイン言語ということで，市場は揺れました．当時（1993年），発表された米国Dataquest社の市場予測は，以降5年くらいの間にVHDLが大きく伸び，Verilog HDLは衰退するというものでした[注A-3]．

　こうしたVHDLとの市場競合をきっかけに，Verilog HDLもIEEE標準化へ動き出しました．このプロセスに4年強を費やし，1995年にVerilog HDLは晴れてIEEE 1364になったのです．

4．1990年代前半，市場競争に後押しされてシミュレータの性能が飛躍的に向上

　1990年にVerilog HDLの普及推進団体であるOVIが活動を開始し，IEEE 1364-1995が策定され，ovisimやOpenVerilogツール・キットがリリースされました．ユーザらがVerilog HDL市場を盛り上げ，多くのサード・パーティがツールを出荷しました．1990年代前半に出荷された製品には，米国Chronologic Simulation社の「VCS（Verilog Compiled Simulator）」，米国Frontline Design Automation社の「Baseline/Simline」，米国Fintronic USA社の「FinSim」，Simucad社の「Silos III」などがあります．

● 高速なCコンパイルド型が登場

　Frontline社は，Cadence Design Systems社にGateway Design Automation (GDA)社を売却したPrabhakar Goel氏が投資して始まった会社です．しかし，Goel氏とCadence社の間に「社員を引き抜かない」という約束があったため，開発者に旧GDA社のメンバは含まれていませんでした．Frontline社のシミュレータは当初，Verilog，Verilog-XLと同じように，エンジンごとにBaseline，Simlineと命名されていました．このシミュレータは後に「PureSpeed」と名称を変え，同社が米国Avant!社に買収されて「Polaris」となり，結局，3回も名まえが変わりました（その後Avant!社はSynopsys社に買収されたため，現在は販売されていない）．余談ですが，旧Frontline社のCEO（chief exective officer）だったBadru Agarwala氏はその後，米国AXIOM Design Automation社（旧@HDL社）のCEOになっており，「MPSim」という新しいシミュレータを発表しています．

　現在Synopsys社が出荷しているVCSの開発は，1991年設立のChronologic社で始まりました．正確

注A-2：このときCadence社は"Verilog"という登録商標を手放さなかったため，現在も商標権だけはCadence社が所有している．

注A-3：この予想は外れ，今日までともに利用されている．米国では国防総省に関係のあるプロジェクトがおもにVHDLを使用し，市場全体は概ねVerilog HDLを使用．欧州はほぼVHDL，日本は比較的早期に言語設計に移行した半導体部門がVerilog HDL，導入が遅かったシステム部門がVHDLを選び，今日に至っている．

にはVCSの開発者であり，創業者でもあるJohn Sanguinetti氏（後に米国Forte Design Systems社CTO）が米国NeXT Computer社在籍中の1990年にOVI設立の記事を見てVCSの開発を思いつき，プロトタイプを完成させました．Chronologic社はその後に設立されています．

Sanguinetti氏は1986年ごろからVerilog-XLを使用していたようですが，とくに動作/RTL記述モデルの処理速度に不満を持っていたそうです．それ以前に同氏は，一般論として，インタープリタ型シミュレータはコンパイルド型よりも10倍遅いという論文を書いたことがありました．インタープリタ型のVerilog-XLの処理速度を改善できると考えた同氏は，Verilog HDLをCコードにマッピングし，Cコンパイラで最適化を図るCコンパイルド型シミュレータ（VCS）を開発しました．VCSは，動作/RTL記述の処理についてVerilog-XLより2けた速い性能を示しました．

ここからシミュレータの性能競争が始まりました．各社ともゲート・レベルではVerilog-XLのXLエンジンを上回る速度を（1990年代後半まで）達成できませんでした．しかし，Verilog-XLには動作/RTL記述の処理が遅いという泣き所があったのです．各社は次々とCコンパイルド型のシミュレータを開発していきました．

● Cコンパイルド型からネイティブ・コンパイルド型へ

Cadence社のVerilog-XLは，内部に二つのエンジンを持っていました．ゲート・レベルを扱うXLエンジンと，それ以外（動作/RTL記述を含む）を扱うコア・エンジンです．このコアが他社の攻撃目標となったため，同社は新たなエンジンの開発を余儀なくされました．これはTurboエンジンと命名され，「Verilog-XL Turbo」というVerilog-XLの上位製品が誕生しました．このとき，+turbo+[1|2|3]とか，+twin_turboとか，最適化レベルを変更するさまざまなコマンド・ライン・オプションが生まれました．このとき筆者は，Verilog-XLの製品ラインの限界を感じました．

Verilog-XL Turboの基本構造に見切りをつけたCadence社は，1994年ごろから現在の「NC-Sim」が採用しているINCA（Interleaved Native-Compiled Architecture）の開発に着手しました．このアーキテクチャは，同社が米国Seed Solution社を買収して入手した，世界初のネイティブ・コンパイルド型のLeapfrog VHDLシミュレータがベースとなっています．このころ市場では，Verilog HDLとVHDLの混在シミュレーションの需要が高まっていました．INCAは難産で，NC-Verilogは1996年，NC-VHDLは1998年，混在対応のNC-Simが完成したのは1999年でした．

一方，Chronologic社は1994年に米国Viewlogic Systems社に買収され，VCSもネイティブ・コンパイルド型へ進化しました．当時Synopsys社は，言語戦略をVHDLからVerilog HDLに切り替えるにあたって，「Vivace」というVerilog HDLシミュレータをひそかに開発していたようです．しかし1997年にViewlogic社を買収し，VCSを同社の中核製品の一つとしました．

その後Synopsys社は，米国Sun Microelectronics社をスピンアウトした開発者が設立した米国Radiant Technology社を買収し，その技術をVCSのフロントエンドに組み込んで，さらなる最適化を試みました．これがVCSの+rad+[1|2]オプションです．

5．1990年代半ば，GUIツールや論理合成ツールでもベンダ間の買収合戦が激化

1990年代前半に起こったシミュレータの性能競争について述べましたが，ここで付け加えておきたいのが，サイクル・ベース・シミュレータです．これまで紹介したシミュレータはいずれも，信号変化（イ

ベント)とその伝播に着目するイベント・ドリブン方式でした．一方，クロック・エッジの立ち上がり時の値の組み合わせ論理を計算してレジスタを更新するのがサイクル・ベース方式です．

1990年代の半ばごろから，「イベント・ドリブンよりサイクル・ベースのほうが速い」という声が高くなり，多くのサイクル・ベース製品が登場しました．これらの製品は，確かに当時の標準ツールだったVerilog-XLと比べると高速だったのですが，前節で述べたようにイベント・ドリブン・シミュレータの最適化競争が激化し，イベント・ドリブン方式の性能がサイクル・ベース方式をしのぐようになりました．その結果，サイクル・ベース製品のほとんどは市場から消えてしまいました．ただ，NC-Sim，ModelSim，VCSといった現在のシミュレータの内部では，当時のサイクル・ベース技術のノウハウが生かされています．

● 大手ベンダのGUIツール争奪戦が不幸な結果を招く

シミュレータ以外の分野で比較的早期に市場が立ち上がったVerilog HDLツールは，シミュレーション結果を表示・解析するためのGUI(graphical user interface)ツールでした．

Verilog-XLには「$gr_waves」という波形表示機能しかなく，これはメモリ上でしか動作しませんでした．それが，サード・パーティのかっこうのターゲットとなったのです．ちなみに$gr_wavesは，現在Synopsys社Verification GroupのSenior Vice PresidentになっているManoj Gandhi氏がGateway Design Automation社在籍中に開発したものだそうです．$gr_wavesの影響は大きく，今でもほとんどの波形表示ツールはその波形色を引き継いでいます．当時のGUIツールとしては，米国Veritools社の「Undertow」，米国Design Acceleration社(DAI)の「SignalScan」，米国Simulation Technology社の「VirSim」などがありました．

SignalScanはVCSと親和性が高く，よくセット販売されていました．ところが，当時VCSを所有していたViewlogic社は，DAIではなくSimulation Technology社からGUIツールをOEM調達することを決定しました．その後Viewlogic社はSimulation Technology社を買収し，さらにSynopsys社へ売却しました．VirSimは長らくVCSに組み込まれて販売されていました(現在のVCSでは，Discovery Visualization Environmentに変更されている)．

一方，当時のCadence Design Systems社は，米国System Science社から「Simwave」という波形表示ツールをOEM調達し，同社の波形表示ツール「SimVision」に組み込んでいました．ところが1998年にSynopsys社がSystem Science社を買収したため(おもな買収のねらいはSimwaveではなく，テストベンチ開発環境「Vera」の取得だった)，Simwaveを失ったCadence社はDAIを買収してSignalScanを入手し，それをSimVisionに組み込みました．

このあたりの動きは，業界にとって不幸な出来事だったと思います．なぜならVirSimもSignalScanもシミュレータ非依存のツールだったのに，大手ベンダによる買収後は特定シミュレータに依存するツールになってしまったからです．その結果，現在は第2世代のGUIツールを出荷する米国Novas Software社やAXIOM Design Automation社が躍進しています．

● 論理合成ツールはDesign Compilerのひとり勝ち

論理合成の市場では，Silc社から数回のM&Aを経て，英国Recal-Redac社へと所有権が移った「SilcSyn」は早々に競争から脱落し，Cadence社の「Synergy」やMentor Graphics社の「Autologic」も今

333

一つパッとせず，Synopsys社の「Design Compiler」ひとり勝ちの状態が長らく続きました．そこに突然出現したのが米国Ambit Design Systems社の「BuildGates」でした．1996年のことです．

　このAmbit社にはSystemVerilogと関係する人物がいました．Ambit社の欧州担当Vice President/General ManagerのSimon Davidmann氏（後に米国Imperas社CEO）は，後にSystemVerilogの設計構文の基礎となるSuperlog言語を開発した米国Co-Design Automation社（後にSynopsys社が買収）のCEOを務めました．また，IEEE P1800WGにおいてSystemVerilogチャンピオンと呼ばれているDave Rich氏（後にMentor社に所属）もAmbit社に勤めていました．

　1998年にCadence社はAmbit社を買収しました．そして，Design CompilerとBuildGatesの間で合成結果と処理速度を競う争いが激化しました．正直BuildGatesは，Design Compilerの膨大な資産の前に成功を収めることはできませんでした．Cadence社は2003年に合成ツール・ベンダの米国Get2Chip社を買収し，三たびDesign Compilerに挑んでいます．

6. 1990年代末，フォーマル検証でも記述言語が乱立

　HDL関連のツールは，シミュレータやGUI系，論理合成ツールだけではありません．以下では，これ以外のツールの変遷について述べます．

● コード・カバレッジ・ツールが登場するも，主要シミュレータが吸収

　Gateway Design Automation社のシミュレータ「Verilog-XL」に，「Veritime」，「Verifault-XL」という兄弟製品があったことをご存じでしょうか．Veritimeはタイミング解析ツールで，Verifault-XLは故障シミュレータ（LSIテスタで使うテスト・パターンが有効かどうかを確認するためのシミュレータ）です．いずれもVerilog HDLを入力としていました．

　また，当初Verilog-XLやSynopsys社のDesign Compilerがとても高価であったことから，安価なHDL構文チェッカが重宝されました．この分野では，米国interHDL社（後に米国Avant!社が買収，同社はSynopsys社に買収された）が業界初のHDLのLintツールである「Verilint」を発売しました．米国SureFire Verification社（後に米国Verisity社が買収，同社はCadence社に買収された）の「SureLint」や米国Atrenta社の「SpyGlass」，フランスLEDA社（後にSynopsys社が買収）の「ProVerilog/ProVHDL」など，Lintツールはその後も続々製品化されました．VerilintとProVerilog/ProVHDLは現在「LEDA」に統合され，Synopsys社が販売しています．

　PLI（Programming Language Interface）によってシミュレータとつないで使うコード・カバレッジ・ツールも出現しました．これには，例えば米国Advanced Technology Center社（後にSynopsys社が買収）の「CoverMeter」，Design Acceleration社（後にCadence社が買収）の「CoverScan」，米国Summit Design社の「HDL Score」，SureFire社の「SureCov」，英国TransEDA社の「VeriSure/VHDLcover」などがありました．そのほとんどが，現在では主要なシミュレータの一機能となっています．例えばCoverMeterはSynopsys社の「VCS」に組み込まれています．HDL Scoreについては，Cadence社がSummit社からソース・コードを購入し，「NC-Sim」にバンドルして販売しています．

● フォーマル検証のモデル・チェッカがホットな市場に

　このようにHDLベースのEDAツールが整備されていく中，比較的遅れて登場したのがフォーマル検

証（形式的検証）系のツールです．最初は等価性チェッカから出荷が始まりました．米国Chrysalis Symbolic Design社（後にAvant!社が買収，現在はSynopsys社）の「Design Verifier」が最初の製品でした．その後，いくつかのツールが製品化されましたが，現在はSynopsys社の「Formality」と米国Verplex Systems社（後にCadence社が買収）の「TuxedoLEC（現Conformal-LEC）」が市場の2強となっています．

フォーマル検証系の中でもモデル・チェッカの歴史は新しく，1998年にCadence社が米国Lucent Technologies社 Bell Labs Design Automation Group（BLDA）を買収して得た「FormalCheck（現Incisive Formal Verifierの1エンジン）」が最初の製品でした（それ以前に，IBM社やBLDAが自社開発ツールの外販を表明していたが，社外ではほとんど使われなかった）．しかし，プロパティ言語（アサーション言語）がきちんと整備されていないなどの問題があり，モデル・チェッカの市場はすぐには立ち上がりませんでした．その後，多数の製品が現れて，現在ではもっともホットなEDA市場の一つとなっています．

モデル・チェッカの歴史はプロパティ言語の歴史でもあります．各社がいろいろなプロパティ言語やアサーション・ライブラリを開発し，それらが乱立し，現在に至っています．ライブラリを早い時期から市場に投入していたのはVerplex社と米国0-In Design Automation社（後にMentor Graphics社が買収）でした．とくにVerplex社のHarry D. Foster氏（後に米国Jasper Design Automation社 Chief Methodologist）が作ったOVL（Open Verification Library）は秀逸で，Accelleraにドネーション（寄贈）され，保守されています．

OVLは完全にVerilog HDLで記述されているライブラリなので問題ないのですが，多くのEDAベンダは新しいプロパティ言語を定義していました．例えば上述のFormalCheckは，最初は入力言語に名まえすら付いていませんでしたが，Verilog HDLやVHDLと似ているような似ていないような独自の言語を使っていました．また，米国Averant社の「Solidify」は「HPL（Hardware Property Language）」を，IBM社とVerplex社は，IBM社が開発した言語（Suger）をベースとする「PSL（Property Specification Language）」を，Synopsys社と米国Intel社は，Intel社が開発したForSpecをベースとする「OVA（OpenVera Assertions）」を採用するといったぐあいで，各社ともサポート言語がバラバラだったのです．

これは，Verilog HDLやVHDLが出現する前のゲート・レベル・フォーマットと同じ状況です．新しい市場が立ち上がるときは，各社が独自フォーマットを作り，市場を掌握しようとします．これは，VHS対ベータやDVDフォーマットの競争と同じですね．

7．2000年代初め，ベンダはIEEE 1364-2001のサポートに消極的

1990年代，ユーザはHDLシミュレータに性能の向上を求めていました．その一方で，ハードウェア・アクセラレータ（シミュレーション・アルゴリズムをハードウェア化した専用コンピュータ）や論理エミュレータ（所望の論理を多数のFPGAに展開するプロトタイピング装置）による高速化も脚光を浴びていました．

ところでみなさんはVerilog-XLにハードウェア・アクセラレータ製品があったことをご存じですか？ その製品は「Verilog-XLProcessor（通称XLP）」と呼ばれ，Verilog-XLの開発者であるPhilip R. Moorby氏がCadence Design Systems社で最後に手がけた製品でした．XLPは当時，Sun Microsystems社のワークステーションの標準バスだったトリプルハイトVMEサイズ2枚で構成され，Sun4/470などに組み込み可能でした．使いかたも，+xlpオプションを付けるとハードウェアXLエンジンに切り替わると

いうシンプルで使いやすいものでした．

しかし，XLPはほとんど出荷されませんでした．それまでVerilog-XL比で10倍高速だった製品が，SPARCstation 10の登場とともに5倍になり，商品価値を失ったからです．かなりの熱を放出していたことから，筆者ら内部のエンジニアの間では「ストーブ」と呼ばれていたことを憶えています．

● 隠れた業界標準ツールが言語の整合性の維持に貢献

ここでEDAツールのネタをもう一つ．起業したばかりのEDAベンチャが比較的早い時期にVerilog HDLなどに対応したツールをリリースしています．Verilog HDLのパーサ（字句・構文解析ソフトウェア）をまともに作るだけでも膨大な人員と期間が必要になるのに，なぜ早期にツールをリリースできるのでしょうか？

じつはEDA業界の中には，EDAベンダのためにツールの一部の機能を供給する企業があるのです．Verilog HDLやVHDLのれい明期にCad Language Systems社（CLSI）がツール・キットを販売していましたが，現在もHDLやHDLのパーサなどを販売する会社が存在します．その中でも有名なのが米国Interra社です．同社のパーサはみなさんが現在使用している多くのEDAベンチャのツールに採用されています．これが業界標準になっているからこそ，ツール間の言語の整合性が取れているのです．

● SystemVerilogの登場がVerilog 2001のサポートを後押し

ツールの話はこのくらいにして，言語の標準化に話題を戻します．IEEEは基本的に5年ごとに改定するというルールがあり，Verilog HDLもVHDLも約5年周期で改定されています．VHDLは1987年の規格化の後，1993年，2000年，2000年を少し変更した2002年というぐあいに改定されています．一方，Verilog HDLは2000年の改定を目指していたのですが，最終的には2001年に改定されました．

IEEE 1364-1995は，Gateway Design Automation社が定義したVerilog HDLとPLI（Programming Language Interface）1.0そのものでした．これに対して2001年の改定はユーザの意見を強く反映したものになりました．まず，VHDLにあってVerilog HDLになかったもの，例えば`signed/unsigned`，`generate`，`config`などが追加されています．予約語だけで言えば，21語が追加されました．また，Verilog-XLに依存したPLI 1.0を嫌うユーザにより，PLI 2.0が定義されました．PLI 2.0は関数名が`vpi_`で始まることから，通称「VPI（Verilog Programming Interface）」と呼ばれています．関数が煩雑なPLI 1.0と異なり，PLI 2.0では37関数に絞られました．

IEEE 1364-2001にはユーザの意見は取り入れられたのですが，EDAベンダの意見はあまり取り入れられませんでした．そのためもあってか，EDAベンダはIEEE 1364-2001のサポートに消極的でした．`signed/unsigned`や`` `ifndef ``のように明らかに有用なものはサポートしましたが，すべての言語仕様をサポートするツールはなかなか現れませんでした．

SystemVerilog/Verilog HDLのコンサルタントで，AccelleraとIEEE 1364&1800 WGのメンバである米国Sunburst Design社CEOのCliff Cummings氏はこの状況を嘆き，毎年DVCon（HDL関連の技術会議）で主要なシミュレータのIEEE 1364-2001サポートの一覧表を公開し，「少し良くなった．もっとがんばれ！」とハッパをかけ続けていました．

幸いSystemVerilogはIEEE 1364-2001の完全上位互換となるため，SystemVerilogを実装するためにはIEEE 1364-2001のサポートを避けて通れません．そのため，各EDAベンダはIEEE 1364-2001のサ

ポート範囲を急速に拡大していきました．

8．2000年ごろ，SystemVerilogの原型にあたるSuperlogが登場

　Verilog HDLをPhilip R. Moorby氏が開発したとき，彼はC言語やPascal，Fortranなどの言語を参考にしたといいます．動作モデルを表現するために，当時多くのEDAベンダが採用を試みたC言語を使わず，Verilog HDLを新たに開発したのには理由がありました．当時のソフトウェア言語はまだマルチスレッドなどの実装が貧弱で，基本的にはプログラムをシーケンシャルにしか実行できなかったのです．ところがハードウェアでは回路が並行動作します．また，シミュレーションを行うには，時間やX（不定）/Z（ハイ・インピーダンス）の概念が必要になってきます．そこで，上述の言語を参考にしながら，Verilog HDLに並列性（例えば複数のalwaysブロック）や時間の概念（例えば#遅延）などを持たせました．

● Verilog HDLには言語として欠けている部分があった

　彼がVerilog HDL言語の開発にどれくらいの期間をかけたのか，筆者ははっきりと聞いたことはありませんが，製品リリース時期から考えて，それほど時間はかけていなかったと思われます．ここで詳細は書きませんが，Verilog HDLには「これはVerilog-XLパーサのコーナ・ケース・バグだろう」と思われる奇妙な部分が多々ありますし，Verilog HDLのレース・コンディション（信号競合）で苦しんだ経験のある方も多いと思います．これは言語仕様そのものに多くのあいまいな部分があるからです．言語として足りない部分も多いように感じられます．

　とくに，Verilog HDLはシミュレーション目的で開発されたため，論理合成やフォーマル検証で使用可能なサブセットの定義が明確ではありませんでした．構文として足りない部分もありましたし，冗長であると思われる記述もありました．ちなみに合成サブセットは，後にIEEE 1364.1として規格化されました．case文がシーケンシャルにしか評価されないという問題などは，それまでのツール依存のプラグマ（// synopsys parallel_case full_caseなど）からアトリビュート（(* synthesis, parallel_case *)など）に変わり，多少進歩しましたが，まだ納得のいくものとは言いにくいようです．moduleインスタンス化の際の名まえ接続（.clk(clk)）などは，筆者も最初はなんとなく「めんどうだな？」と思っていました．

● EDA業界のベテランたちが集い，Verilog HDLを改良

　このような状況と，検証言語（HVL）やアサーション言語の乱立を背景に，Verilog HDLを見直してさまざまな"あか"を落とし，次代に優良な資産を残そうという目的で，Co-Design Automation社（後にSynopsys社が買収）が設立されました．1998年のことです．

　Co-Design社のCEO職にはGateway Design Automation社，Chronologic Simulation社，Ambit Design Automation社と渡り歩いたSimon Davidmann氏が，CTO職にはGenRad社で論理シミュレータ「HILO 3」を開発していたPeter L. Flake氏が，VP（vice president）MarketingにはCadence Design Systems社で「NC-Sim」を担当していたDavid Kelf氏が就任しました．ほかにもDave Rich氏やTom Fitzpatrick氏（ともにCadence社，Synopsys社に在籍．その後の所属はMentor Graphics社）といった，現在のSystemVerilog標準化の立役者が参加しています．

　Co-Design社は，SystemVerilogの原型となるSuperlog言語を開発し，NDA（non disclosure agreement）ベースで限定された顧客とともにブラッシュアップしていきました．現在のSystemVerilogデザイン・サブセット（設計記述）のほとんどは，このSuperlogから引き継いだものです．Superlogと命名される直前にKelf氏と会ったとき，彼はこの言語を「Verilog HDL 2005」，あるいは「Verilog++」と呼んでいました．最終的には，"Veri"を超えるということで"Super"にしたのだそうです．

　Co-Design社は，言語に加えてSuperlogシミュレータ「SystemSim」と，Superlog記述をVerilog HDL（IEEE 1364-2001）記述に変換するトランスレータ「SystemEx」を開発していました（ともに，現在は販売されていない）．SystemSimはおもしろいことに，この時代のシミュレータでありながらインタープリタ型でした．Co-Design社には途中から，Verilog HDLの開発者のひとりであるMoorby氏も参加していました．Moorby氏は，Verilog-XLという偉大なインタープリタ型シミュレータを開発していますし，CTOのFlake氏もインタープリタ型のHILO 3を開発していたので，インタープリタ型には思い入れがあったようです．筆者自身も対話的なデバッグ作業だけなら，いまでもVerilog-XLを使いたいと思うほどインタープリタ型が好きなのですが，やはり速度の面で無理がありました．

　2002年にCo-Design社がSynopsys社に買収されたときにその技術はVCSへ移管され，SystemSimは姿を消しました．たいへん失礼な言いかたになるのかもしれませんが，よく考えるとMoorby氏もFlake氏もコンパイルド型シミュレータの開発経験はなかったのです．

9．2002年夏，SystemVerilogが誕生

　2001年にCo-Design Automation社は，Superlog ESS（Extended Synthesizable Subset）をAccelleraにドネーション（寄贈）しました．これは，原則としてIEEE標準は5年ごとに改定される，というルールがあることから逆算されたタイミングでした．ご存じのようにVerilog HDLは1995年に標準となり，2001年に改定されてIEEE 1364-2001となりました．次の改定の時期は2005～2006年ごろで，IEEEの作業速度を考えると，このタイミングのドネーションが適当だったのです．

● 開発途上のバージョンとの間には上位互換性がなかった

　Accelleraのテクニカル・コミッティが1年間活動し，Superlogをブラッシュアップし，2002年6月のDesign Automation Conference（DAC，EDA技術に関する国際学会/展示会）で「SystemVerilog 3.0」としてリリースされました．

　SystemVerilog 3.0のリリース後，Synopsys社はOpenVera，OVA（OpenVera Assersions），DirectCをAccelleraにドネーションしました．そして，SystemVerilogの検証部分を大きく進化させたSystemVerilog 3.1が2003年6月のDACでリリースされました．OVAは，ほかのプロパティ/アサーション言語と同じように，プラグマ（コメント）ベースの言語でした．そのため，SystemVerilogに組み入れられる際には，セマンティクス（意味論）はほぼそのままで，シンタックス（構文）の変更が行われました．

　実はSystemVerilog 3.0には，Superlogからドネーションされたアサーション・サブセットが含まれていたのですが，SystemVerilog 3.1になる際にOVAベースへと一新されました．これによりSystemVerilog 3.0と3.1はともにVerilog HDL 2001の上位互換ながら，3.0と3.1の間に上位互換性がないという状態になりました．しかし，SystemVerilog 3.0を実装したツールは販売されませんでしたし，事実上問題は発生していないと思われます．

話を3.1に戻しますが，実はテストベンチについては，OpenVeraがほぼそのまま組み込まれています．そのため，SystemVerilogのテストベンチはOpenVeraとそっくりです．DirectCは，SystemVerilogではDPIへと進化しています．

SystemVerilog 3.1がリリースされた後，米国Bluespec社，Mentor Graphics社，Novas Software社，Synopsys社から追加のドネーションがありました．Bluespec社からはtagged union，Mentor社からはpackageとDPI拡張，Novas社とSynopsys社からはVPI拡張の提案です．これらを考慮し，ブラッシュアップを行って作成されたのがSystemVerilog 3.1aというAccelleraとしての最終版です．これは2004年のDAC開催前にリリースされました．これにてAccelleraの作業は完了し，SystemVerilog 3.1aはIEEE P1800 WGに標準化作業を託したのです．

● Verilog HDL分裂の危機を乗り越える

2004年の初夏にIEEE P1364-2005 WG（別名VSG：Verilog Standards Group）のChairであるMichael McNamara氏（Verisity社Senior Vice President of Technology，後にCadence Design Systems社Vice President）が2004年8月まででIEEE P1364-2005へのドネーションを締め切ると宣言しました．そこへ，Cadence社やFintronic USA社，米国Jeda Technologies社，Verisity社からドネーションが行われ，肝心のAccelleraからはSystemVerilog 3.1のドネーションがなく，「Verilog HDLが二つに割れるのではないか」と大騒ぎになったことがありました．Accelleraは，SystemVerilog 3.1aを完成させてからIEEEにドネーションするとのことで，これを見送ったのです．幸いこの騒動はAccelleraがIEEE P1800としてSystemVerilog 3.1aを2004年にドネーションし，IEEEが「Verilog HDLが割れることはありえない．協調して統一スタンダードを作ること」との宣言を出し，事なきをえました．

IEEE P1800-2005とIEEE P1364-2005は同じコントロールの下に置かれ，IEEE P1364-2005はIEEE P1800-2005との整合性部分のアップデートのみ，機能追加はIEEE P1800-2005に取り込まれています．

SystemVerilogは，2005年11月にIEEE 1800-2005という形で完全な標準としてリリースされました．ほぼすべてのEDAベンダがサポートを表明しています．一部のツールでは，フルサポートに近いものもでてきています．SystemVerilogはVerilog HDLと比較して記述の幅が約2倍に広がったHDVL（hardware description and verification language）です．今，みなさんがVerilog HDLを使用していて困っていることがあったらSystemVerilogで改善されていないか調べてみてください．その部分だけでも，SystemVerilogを使う価値は十分にあると思います．

なお，AccelleraのSystemVerilog 3.1aとIEEE 1800-2005の間にも，packageなどに若干の差があります．各EDAベンダが実装しているのはIEEE規格のはずですが，もし実装仕様が3.0/3.1aなどと記載されている場合はぜひ突っ込んであげてください．3.0や3.1aはプロトタイプであり，IEEE 1800-2005こそがSystemVerilogの現時点の標準です．最近ではIEEE 1800-2010という話もチラホラ聞こえてきます．2010年にはさらなる進化を遂げることでしょう．

索引

SystemVerilog 設計スタートアップ 索引

記号

##	31
##0	109
##1	108
##N	102
$fell	111
$finish	256
$past	112
$random	78
$root	25
$rose	111
$stable	111
$stop	47
$urandom	79
$urandom_range	79
.*	25, 75, 87, 216, 256
.name	75, 87, 216
/* ~ */	49
//	49
`define	48
`include	48
`timescale	46, 48
<=	42
=	42

数字

1次子	66
2値のデータ型	29

欧文

Accellera	14, 335, 336, 338
allocate	286
always	22, 39, 41, 56, 73, 86
always_comb	22, 73, 86
always_ff	23, 74, 86
always_latch	23, 74, 86
AMBA	254
ASIC	13
assert	83, 88, 100, 106
assign	39, 58
assume	89
ATPGツール	328
Badru Agarwala	331
begin	40, 60
bit	69, 210
build	293
byte	69
C/C++のデータ型	32
case	61
casex	61
casez	61
Chilai Huang	327
class	272
Cliff Cummings	336
clocking	32
constraint	301
copy	286
copy_data	287
cover	83, 89, 201
cover property	271
covergroup	166, 271
Cコンパイルド型	331
Dave Rich	334, 337
David Kelf	337
disable	63
disable iff	105
DPI	19, 32, 225
DPI-C	225
DUT	124, 272, 291, 319
EDA	13, 327
EDIF	328
enum	71
ESL	16
event	52
FAILポイント	197
final	256
for	48, 62
force	63
forever	48, 62
fork	60
function	39, 40, 56
generate	44, 45, 55
genvar	56
get	289
Gordon E. Moore	21
GOTO繰り返し	104
GUIツール	333
if	61
INCA	330
include	242
initial	46, 56
inout	37, 51, 58, 80
input	51, 58, 80
int	69, 210
interface	27, 76, 216, 253
intersect	110
IPコア	17
Janick Bergeron	270
John Sanguinetti	332
join	60
Lintツール	334
logic	69, 210
longint	69
LRUアルゴリズム	141
Magellan	114
Michael McNamara	339
min_typ_max定数式	53
modport	77, 87, 219, 258
module	37, 50
negedge	59
OCP	254
ON_OFF	313
ONE_SHOT	311
output	51, 58, 80
OVI	331
OVL	202
parameter	45, 52
PCIバス	253, 255
peek	309
Peter L. Flake	329, 337
Philip R. Moorby	327, 337
PLI	19, 334, 336
posedge	59
Prabhakar Goel	327
priority	23, 75, 87
program	258
property	89, 100, 106
psdisplay	287
PSL	99
put	289

索引

Questa ············· 123
rand ········· 31, 285, 299
randomize ··········· 287
reconfigure ·········· 310
ref ················ 80
reg ················ 69
release ············· 63
repeat ············ 48, 62
report ············· 326
RTL ·············· 39, 69
sequence ············ 89
shortint ············· 69
signed ·········· 38, 70, 85
Simon Davidmann ····· 334, 337
sneak ············· 310
SOC ··············· 13
start ·············· 293
stop ·············· 293
struct ·············· 72
Superlog ············ 337
SystemC ······· 14, 17, 19, 208
task ············· 48, 58
timeprecision ········ 243, 254
timeunit ·········· 243, 254
Tom Fitzpatrick ········ 337
typedef ··········· 71, 241
union ·············· 72
unique ·········· 23, 74, 86
unsigned ·········· 70, 84
Verilog HDL 1995 ······· 14
Verilog HDL 2001 ······ 14, 37
VHDL ············· 330
VMM ············ 269, 284
vmm_atomic_gen ··· 271, 289, 299, 306
vmm_channel ······· 271, 307
vmm_data ······ 271, 284, 298
vmm_env ······ 271, 292, 300, 324
vmm_log ······· 271, 276, 286
vmm_notify ·········· 311
vmm_scenario_gen ······ 271
vmm_xactor ······· 271, 290
void ·············· 213
VPI ··············· 336
wait ················ 63
while ············· 48, 62

あ・ア行

wire ············ 38, 44, 69
アクティブ・スロット ······ 314
アサーション ·· 30, 81, 88, 91, 95, 173, 271
アサーション・ディレクティブ ·· 81, 82
アサーション・ベース検証 ···· 16
アサーション・モニタ ······· 174
アサーション・ライブラリ ····· 335
アサーション・ラベル ····· 81, 82
アサーション言語 ········· 96
アトリビュート ········ 23, 337
アンドック ············ 134
アンパック型配列 ······· 72, 85
イベント起動 ············ 64
イベント式 ············ 59
イベント制御 ············ 59
イベント宣言 ············ 52
イベント名リスト ·········· 53
インクリメンタル・コンパイル ···· 145
インスタンス ········ 245, 273
インターフェース ···· 18, 26, 76, 87, 117, 175, 216, 253, 259, 291
インタープリタ型 ······· 329, 338
エッジ・センシティブ ······· 42
エラー・メッセージ ········ 277
エラボレーション ······· 132, 259
演算子 ············· 65, 88
演算の優先順位 ·········· 66
オーバライド ··········· 305
オーバロード ··········· 275

か・カ行

階層 ················ 25
下位モジュール接続 ········ 54
回路図エディタ ·········· 328
カウンタ ·············· 42
カバレッジ ········· 147, 161
カプセル化 ············ 253
簡易CPUバス・モデル ······ 207
記述スタイル ········· 37, 69
基数 ················ 66
期待値 ·············· 322
機能カバレッジ ····· 17, 161, 271
機能検証 ············· 13
キャッシュ・ヒット ········ 131
キャッシュ・ミス ········· 132

キャッシュ・メモリ ········ 124
キュー ·············· 322
共用体 ············ 72, 86
クラス ········· 239, 271, 272
クロッキング ············ 32
クロック ·············· 46
クロック指定 ············ 99
形式的検証 ········· 114, 335
継承 ··············· 274
継続的代入 ············ 58
ケース・アイテム ·········· 61
ゲート・タイプ ·········· 54
ゲート・レベル・シミュレーション ·· 23
けた上がり信号 ·········· 39
検証エンジニア ········ 19, 33
検証言語 ··········· 96, 337
検証メソドロジ ·········· 297
高位のモデリング ·········· 22
構造体 ············ 72, 85
コード・カバレッジ ······ 271, 334
コールバック ··········· 323
故障シミュレータ ········· 334
コメント ············ 38, 49
コントロール指向カバレッジ ·· 161, 201
コンパイラ指示子 ······ 46, 48, 67
コンパイル ············ 132
コンフィグレーション ········ 67
コンフィグレーション・ルール ···· 68
コンフィグレーション宣言 ······ 67

さ・サ行

サイクル・ベース・シミュレータ ··· 332
サイクル遅延 ········· 99, 102
シーケンス ········ 82, 89, 107
シーケンス演算子 ·········· 90
シーケンスのand ········ 109
シーケンスのor ········· 109
シーケンスの長さ一致and ····· 110
シーケンスの融合 ········ 109
シーケンスの連結 ········· 108
シード ·············· 159
式 ················· 65
識別子 ············ 37, 49
次元 ················ 52
システム・タスク ····· 47, 48, 91
システム・レベル検証 ······· 252

索引

さ行（続き）
- システム・レベル設計 ……… 13, 16, 69
- システムLSI ……………………… 13
- シフト・レジスタ ………………… 42
- シミュレーション・モデル …… 124
- シミュレーション速度 …………… 29
- シミュレータ …………………… 123
- 信号強度 …………………… 38, 54
- 数値 ……………………………… 66
- 数値表現 ………………………… 50
- スーパクラス …………………… 275
- スコアボード ……… 271, 318, 320
- ステートメント ………………… 59
- 制約付きランダム・テスト生成 … 16
- センシティビティ・リスト … 22, 24
- 双方向ポート …………………… 37
- ソース・コード・カバレッジ … 161
- 即時アサーション …… 30, 81, 88, 97

た・タ行
- 代入記号 ………………………… 42
- タイミング・コントロール ……… 59
- ダイレクト・テスト …… 270, 304, 319
- タスク ……………………… 47, 80
- タスク・ファンクション内宣言 … 57
- タスク・ポート型 ………………… 57
- タスク・ポート宣言 ……………… 58
- タスク呼び出し ………………… 64
- 遅延 ……………………………… 53
- ディレクティブ …………… 88, 242
- データ指向カバレッジ …… 161, 201
- テストベンチ …………… 45, 78, 147
- デバッグ ………………………… 132
- デモーション …………………… 281
- デューティ比 …………………… 46
- 等価性チェッカ ………………… 335
- ドライバ ………………………… 291
- トランザクタ …………………… 290

な・ナ行
- 内部変数 ………………………… 112
- ネイティブ・コンパイルド型 … 329, 332
- ネスト …………………………… 25
- ネット型 ……………… 38, 44, 53, 69
- ネット宣言 ………………… 37, 53
- ネット名リスト ………………… 53
- ノン・ブロッキング代入文 ……… 60
- ノンブロッキング ………… 114, 309

は・ハ行
- パーサ ………………… 132, 336, 337
- ハードウェア・アクセラレータ … 335
- 波形モニタ ……………………… 135
- バス・ファンクショナル・モデル … 253
- バス・ブリッジ ………………… 261
- バス・レベル検証 ……………… 252
- パック型配列 ……………… 72, 85
- ハフマン符号 …………………… 116
- パラメータ ………………… 38, 52
- パラメータ割り当て …………… 55
- 引き数の参照渡し ……………… 80
- 引き数の名まえ渡し …………… 80
- ビット幅指定 …………………… 25
- ビヘイビア・レベル記述 ……… 22
- ビヘイビア合成 ………………… 16
- 非連続繰り返し ………………… 104
- ファンクショナル・カバレッジ … 161
- ファンクション ………………… 80
- ファンクション・ポート宣言 … 57
- ファンクション呼び出し ……… 67
- フォーマット …………………… 49
- フォーマル・ベリフィケーション … 114
- 符号付きの信号 ………………… 38
- プラグマ ………………………… 19
- フリー・フォーマット ………… 38
- フリップフロップ ……………… 42
- プリミティブ・ゲート接続 …… 54
- ブロードキャスト ……………… 289
- ブロッキング ……………… 309, 316
- ブロッキング代入文 …………… 59
- ブロック・レベル検証 ………… 252
- ブロック内宣言 ………………… 61
- プロパティ ………… 30, 81, 82, 89, 96
- プロパティ演算子 ……………… 90
- プロパティ言語 ………………… 335
- プロパティ検証ツール ………… 114
- プロモーション ………………… 280
- 文法ガイド ………………… 49, 84
- 並列アサーション …… 30, 81, 88, 97
- ベリフィケーション・メソドロジ・マニュアル … 269
- 変数型 …………………………… 52
- 変数宣言 …………………… 38, 52
- 変数名リスト …………………… 52

- ポート・リスト ……………… 37, 55
- ポート記述 ……………………… 25
- ポート接続 ………… 75, 215, 256
- ポート宣言 ……………………… 51

ま・マ行
- マルチセッション ……………… 170
- メソッド ………………………… 273
- メッセージ・サービス ………… 276
- メモリ …………………………… 38
- メンバ・メソッド ……………… 240
- メンバ変数 ……………………… 240
- モジュール ………… 37, 50, 75, 87
- 文字列 …………………………… 66
- モデル・チェッカ ……………… 335
- モニタ …………………………… 320

や・ヤ行
- ユーザ定義型 ……………… 71, 85

ら・ラ行
- ライト・スルー方式 …………… 142
- ライト・バック方式 …………… 142
- ライト・バッファ ……………… 192
- ライブラリ記述 ………………… 67
- ラッチ …………………………… 41
- ランダム・テスト生成 …………… 31
- ランダム・パターン発生記述 … 154
- リファレンス・モデル ………… 318
- ループ …………………………… 48
- レジスタ型 ……………………… 69
- 列挙型 ……………………… 71, 85
- レベル・センシティブ ………… 41
- レンジ ………………… 51, 57, 60
- 連接 ……………………………… 60
- 連想配列 ………………………… 242
- 連続繰り返し …………………… 103
- ローカル変数 …………………… 214
- ローディング ……………… 132, 134
- 論理エミュレータ ……………… 335
- 論理合成ツール ………………… 330
- 論理シミュレータ ………… 327, 329
- 論理値 …………………………… 50

わ・ワ行
- ワイルド・カード ……………… 133

初出一覧（Design Wave Magazine 掲載）

第1章
2005年9月号（No.94），pp.36-41，特集第1章「SystemVerilog，まずココに注目！」，高嶺美夫

第2章
2004年3月号（No.76），pp.96-105，技術解説「記述能力，再利用性，検証機能を強化した次期Verilog言語の全ぼう」，赤星博輝

第3章
2006年5月号（No.102）別冊付録，pp.2-34，「改訂・初めてでも使えるHDL文法ガイド Verilog HDL編」，小林 優

第4章
2006年5月号（No.102）別冊付録，pp.35-59，「改訂・初めてでも使えるHDL文法ガイド SystemVerilog編」，近藤 洋

第5章
2005年9月号（No.94），pp.83-94，特集第5章「SystemVerilogアサーション入門（前編）」，赤星博輝

第6章
2005年10月号（No.95），pp.145-151，技術解説「SystemVerilogアサーション入門（後編）」，赤星博輝

第7章
2006年4月号（No.101），pp.122-132，連載「SystemVerilogシミュレーション活用チュートリアル——第1回 基本的なシミュレーションの手順」，森田栄一

第8章
2006年6月号（No.103），pp.123-133，連載「SystemVerilogシミュレーション活用チュートリアル——第2回 テストベンチの拡張」，森田栄一

第9章
2006年7月号（No.104），pp.115-126，連載「SystemVerilogシミュレーション活用チュートリアル——第3回 アサーション・ベース検証手法」，森田栄一

第10章
2004年8月号（No.81），pp.80-90，技術解説「SystemVerilogで簡易CPUバス・モデルを記述」，宮下晴信

第11章
2004年12月号（No.85），pp.121-129，技術解説「続・SystemVerilogで簡易CPUバス・モデルを記述」，宮下晴信

第12章
2005年5月号（No.90），pp.106-113，技術解説「クラスの概念を利用してSystemVerilogモデルの再利用性を向上」，宮下晴信

第13章
2005年9月号（No.94），pp.72-82，特集第4章「SystemVerilogで再利用性の高い検証環境を構築」，宮下晴信

第14章
2006年9月号（No.106），pp.118-126，連載「VMM活用テクニック——第1回 VMMの概要とvmm_logの使いかた」，赤星博輝

第15章
2006年10月号（No.107），pp.139-147，連載「VMM活用テクニック——第2回 テストベンチの作成にVMMの部品を利用する」，赤星博輝

第16章
2007年1月号（No.110），pp.125-132，連載「VMM活用テクニック——第3回 ランダム生成の機能を使いこなそう」，赤星博輝

第17章
2007年4月号（No.113），pp.115-121，連載「VMM活用テクニック——第4回 通知サービスとチャネルの使いかた」，赤星博輝

第18章
2007年6月号（No.115），pp.119-126，連載「VMM活用テクニック——第5回 大規模回路のための検証環境を作成する」，赤星博輝

Appendix
2005年10月号（No.95），p.135
2005年11月号（No.96），p.123
2005年12月号（No.97），p.139
2006年1月号（No.98），p.69
2006年2月号（No.99），p.98
2006年3月号（No.100），p.143
2006年4月号（No.101），p.86
2006年5月号（No.102），p.131
2006年7月号（No.104），p.127
連載コラム「SystemVerilogクロニクル 第1回〜第9回」，明石貴昭

- ●**本書記載の社名，製品名について** ── 本書に記載されている社名および製品名は，一般に開発メーカーの登録商標です．なお，本文中ではTM，®，©の各表示を明記していません．
- ●**本書掲載記事の利用についてのご注意** ── 本書掲載記事は著作権法により保護され，また産業財産権が確立されている場合があります．したがって，記事として掲載された技術情報をもとに製品化をするには，著作権者および産業財産権者の許可が必要です．また，掲載された技術情報を利用することにより発生した損害などに関して，CQ出版社および著作権者ならびに産業財産権者は責任を負いかねますのでご了承ください．
- ●**本書に関するご質問について** ── 直接の電話でのお問い合わせには応じかねます．文章，数式などの記述上の不明点についてのご質問は，必ず往復はがきか返信用封筒を同封した封書でお願いいたします．ご質問は著者に回送し直接回答していただきますので，多少時間がかかります．また，本書の記載範囲を越えるご質問には応じられませんので，ご了承ください．
- ●**本書の複製等について** ── 本書のコピー，スキャン，デジタル化等の無断複製は著作権法上での例外を除き禁じられています．本書を代行業者等の第三者に依頼してスキャンやデジタル化することは，たとえ個人や家庭内の利用でも認められません．

JCOPY 〈出版者著作権管理機構 委託出版物〉
本書の全部または一部を無断で複写複製（コピー）することは，著作権法上での例外を除き，禁じられています．本書からの複製を希望される場合は，その都度事前に，出版者著作権管理機構（TEL：03-5244-5088）の許諾を得てください．

SystemVerilog 設計スタートアップ

2008年 5月15日　初版発行
2019年12月 1日　第4版発行

© CQ出版株式会社　2008
（無断転載を禁じます）

編　集　　Design Wave Magazine 編集部
発行人　　寺　前　裕　司
発行所　　ＣＱ出版株式会社
　　　　　〒112-8619　東京都文京区千石 4-29-14
　　　　　☎03-5395-2148（編集）
　　　　　☎03-5395-2141（販売）

ISBN978-4-7898-3619-7
定価はカバーに表示してあります

乱丁，落丁本はお取り替えします
Printed in Japan

編集担当者　中山　俊一
DTP・印刷・製本　クニメディア㈱